薄型显示器丛书 3

平板显示器技术发展

田民波 叶 锋 著

科学出版社

北 京

图字：01-2009-7213

内 容 简 介

TFT LCD 液晶显示器在平板显示器中脱颖而出，在显示器市场独占鳌头。目前以 TFT LCD 为代表的平板显示产业发展迅速，为适应平板显示产业迅速发展的要求，本书作者编写了薄型显示器丛书。

本册主要阐述平面显示器及其技术发展，共分 3 章：第 10 章介绍液晶显示器的产业化；由于 TFT LCD 对于其他类型平板显示器可谓异曲同工，熟悉了前者可以触类旁通，因此第 11 章介绍了各类平板显示器的最新进展；第 12 章介绍了平板显示器产业现状及发展预测。本书内容系统完整、诠释确切、图文并茂、深入浅出，特别是本书源于生产一线，具有重要的实际指导意义和参考价值。

本书适合作为大学或研究所各相关专业的教科书，特别适合产业界技术人员阅读。

本书为(台湾)五南图书出版股份有限公司授权科学出版社在大陆地区出版发行简体字版本。

图书在版编目(CIP)数据

平板显示器技术发展/田民波，叶锋著. —北京：科学出版社，2010.5
(薄型显示器丛书；3)
ISBN 978-7-03-027230-0

I. ①平… II. ①田… ②叶… III. ①显示器–研究 IV. ①TN873

中国版本图书馆 CIP 数据核字(2010)第 065966 号

责任编辑：胡 凯 张 静 杨 然/责任校对：刘亚琦
责任印制：徐晓晨/封面设计：王 浩

科学出版社 出版
北京东黄城根北街 16 号
邮政编码：100717
http://www.sciencep.com

北京凌奇印刷有限责任公司 印刷

排版制作：科学出版社编务公司
科学出版社发行 各地新华书店经销
*

2010 年 4 月第 一 版 开本：B5 (720 × 1000)
2019 年 1 月第二次印刷 印张：26 3/4
字数：522 000

定价：189.00 元

(如有印装质量问题，我社负责调换)

序

以 TFT LCD 为代表的新型平板显示器件和半导体集成电路是信息产业两大基石，涉及技术面宽、产业带动力大，是国家工业化能力和竞争力的重要体现。

当前，TFT LCD 为代表的平板显示技术正在快速替代彩色显像管(CRT)为基础的传统显示技术，国内电视和显示器产业面临前所未有的挑战。2008 年，全球液晶电视出货已超过 1 亿台，占电视市场 50%以上，预计 2012 年将超过 80%。我国平板显示产业起步晚，企业规模小，目前尚未形成 32 英寸以上大尺寸液晶电视面板规模的生产能力，大尺寸液晶显示面板仍受制于人，多年积累的 CRT 电视和显示器产业面临严峻的替代危机。我国电视全球市场占有率从 CRT 时代 50%以上降至目前 20%左右，其中液晶电视全球市场占有率不足 8%，竞争优势正在丧失。这一尴尬局面也表现在工业和军事科技等领域。

另一方面，以数字化、平板化和 4C 整合为特点的新一轮产业升级和重组已在全球范围内展开。能否抓住机遇将直接影响到我国未来 20 年的产业竞争力。如果我国不发展 TFT LCD 产业，不仅会失去下一代产业更新换代的机会，而且在微电子、光电子、核心材料、装备和特种显示等技术领域与国外的差距会进一步拉大。

可喜的是，我国政府、企业、投资者、高校和科研机构对坚持自主创新、发展 TFT LCD 产业的战略意义已形成共识。温家宝总理在 2008 年政府工作报告中提出将新型显示器列为国家重大高科技产业化专项，总理将显示器产业列于年度工作报告中，足以表明政府重视程度。在政府、企业界、高校、科研和投资机构携手，多年艰苦努力下，我国平板显示产业已具有一定实力，为参与全球竞争奠定了发展基础。

TFT LCD 等新型平板显示器是技术、资本和人才密集型产业，其中人才是关键要素。专业人才培养主要依靠大学和科研机构。日、韩各约有 30 所大学、我国台湾也约有 20 所大学设有显示及相关专业，每年培养数万工程技术人员。就是这样，全球人才仍然紧缺。我国大陆设有显示相关专业的大学数量较少，这方面专业人才，特别是较为顶尖人才更紧缺。因此，推动显示技术专业人才培养和成长，是企业、大学和科研机构共同的责任。田民波教授多年来致力于平板显示技术研究，并承担多项国家重要课题和国际合作项目，是备受尊敬的专家和学者。凝聚了田教授心血和情感的这套系列著作，包括《TFT 液晶显示原理与技术》、《TFT LCD 面板设计与构装技术》和《平板显示器技术发展》，兼顾 TFT LCD 原理与技术、设计与制造及产业趋势，对其他平板显示器也作了较为详尽的介绍。本套丛书图文并茂，深入浅出，是一套难得的专业丛书。

我愿意向一切关注和有志于液晶与平板显示领域的青年学生、科研人员、业内伙伴、政府领导等各界朋友推荐此书。这不仅是一套教科书，更是几代中国科技工作者发展中国自主技术、产业的梦想和情感。

我希望中国官、产、学、研各界人士继续携手合作，推动和促进我国平板显示技术和产业的发展，共创美好明天。

王东升

京东方科技集团有限公司董事长

2009 年 6 月于北京

前　言

　　人们天生喜爱图像。通过作为人–机界面的显示器，人们可以获得信息、交流情报、参与社会、享受生活乐趣。在信息社会快速发达的今天，显示器行业充满活力，并已成为世界电子信息工业的一大支柱产业。预计到 2009 年，电子显示器市场的总规模将达到 1100 亿美元，由于其增长速度高于半导体集成电路产业，不久的将来也许会后来者居上。

　　目前，从小尺寸的手机、摄像机、数字相机，中尺寸的笔记本电脑、台式计算机、大尺寸的家用电视到大型投影设备，薄型显示器产品在显示器市场上已占主导地位。特别是家用电视领域，由于大尺寸液晶成功解决了亮度、对比度、视角、响应速度等问题，近年来随着价格的降低，液晶电视已在市场上独占鳌头。如果说世纪之交各种平板显示技术处于战国纷争，今天则是液晶独大。但液晶无论在产业化还是性能方面都存在问题：制作技术复杂(采用的 NF_3 清洗气体不环保)、功耗高、背光源用冷阴极荧光灯管中存在汞并不环保、动态分辨率低、彩色再现性差，从而动画欠逼真等。

　　PDP 在原有自发光、响应速度快、动态分辨率高、制程相对简单等优势的基础上，近年来又在提高发光效率、降低功耗，特别是高清晰化方面取得进展。数年来被液晶挤压得喘不过气来的等离子电视市场终于回暖，2008 年第二季度等离子电视全球增幅高于液晶。实际上，松下等离子显示技术公司一直在强化对 PDP 的投资。与此同时，11 型 OLED 电视正式推向市场(尽管 20 万日元的售价难以被市场所接受)、厚膜介电体 CBB 型无机 EL 电视发布、被视作黑马的 SED 登场、DMD 及 LCOS 型背投电视在北美市场扩大、LED 室外大屏幕在奥运期间无限风光、电子纸及有机薄膜晶体管开始应用推广等。这些都清楚地表明，在薄型显示技术领域，仍然充满机遇和挑战。

　　近年来，在平板显示器产业化领域处于世界前沿的跨国公司，在高强度投入、建设新一代生产线(2008 年正建设第 10 代线)，强强联合、加速企业间的重组与再编，开发新型显示方式、扩大市场，完善现有生产体系、加强技术革新等方面不遗余力，且卓有成效。从世界范围看，目前平板显示器产业布局稳定、产能集中、技术垄断、市场竞争激烈，价格不断下降。

　　但这并不意味着我们没有参与的机会。无论是以日、韩企业为代表的垂直统合型，还是以中国台湾企业为代表的水平分业型，都需要有成百上千的中小型企业为之提供关键组件(key component)及材料；为回避关税和借助劳动力密集的优势，平板显示器模块组装大多转移到发展中国家进行；随着技术的普及和市场的扩展，产业也势必发生整体转移。面对瞬息万变的形势，如何理清头绪、看准方向、科学决策、伺机介入，对于决策者、参与者、相关者都极为重要。不能"仅低头拉车，还要抬头看路。"

本书的目的就是讨论这些方向性、战略性的问题。其中第10章讨论液晶显示器的产业化：在顺调发展的同时又存在隐患——既有喜，又有忧；由于 TFT LCD 对于其他类型平板显示器可谓异曲同工，熟悉了前者可以触类旁通，因此第 11 章介绍各类平板显示器的最新进展，包括 PDP、OLED 和 PLED、无机 EL、FED、LED、VFD、电子纸、DMD 和 DLP、背投电视等；第 12 章论述平板显示器产业现状及发展预测，重点介绍日本、韩国、中国台湾地区、中国内地的 FPD 产业。

作者力求以图文并茂、通俗易懂的方式，全方位地反映薄型显示器的应用之广、发展之快、涉及面之宽、技术之精细，既指出最新进展、发展方向，又指出问题所在、解决措施。以数据满载的方式，献给在薄型显示器及相关产业领域，包括显示器制程、制造装置、关键组件及材料等，从事技术、制作、经营、管理、决策的读者，帮助他们了解薄型显示器技术的全貌和精髓。特别是以技术推移和最尖端进展为焦点，对今后的发展进行了预测和展望。

本书若能帮助读者"眼观六路，耳听八方"，作者将不胜喜悦。作者知识有限，不妥或疏漏之处在所难免，恳请读者批评指正。

田民波

北京　清华大学

材料科学与工程系　教授

叶　锋

深圳市道尔科技有限公司

董事长

目　　录

第10章 液晶显示器的产业化

10.1 液晶显示器产业的发展趋势
——从小型化到大型化再到多样化

液晶屏是液晶显示器的核心。作为显示器件的液晶屏，市场对其要求主要集中在两个方面，一是显示面积，二是显示信息量。在显示面积不变的条件下，显示信息量取决于像素数(图像分辨率规格，即 display format)和灰阶数(颜色数)。只有像素数足够高，图像才能精细清晰；只有灰阶数足够多，图像才能自然逼真。此外，所要求的性能还有视角和响应速度等。这些都属于显示质量或显示品位。应该说，目前液晶显示器产业的发展趋势主要体现在上述"显示面积"和"显示信息量"上。

10.1.1 母板玻璃大型化的背景

液晶显示器于 20 世纪 70 年代达到实用化，到 90 年代由于在笔记本电脑上的成功应用而发展成为一大产业。到 90 年代后半期开始用于计算机监视器，目前正稳步占领电视市场，其发展速度令人眼花缭乱。在 90 年代以后的生产线上，母板玻璃的尺寸不断扩大，2005 年第 6 代(1 500mm×1 850mm)、2007 年第 8 代(2 200mm×2 600mm)生产线正式投产，目前第 9 代(2 600mm×3 100mm)生产线正在筹建中。

如图 10-1 所示，随着液晶屏由笔记本电脑向计算机监视器再向大型电视的转变，画面尺寸的增加速度逐渐加快，而母板玻璃尺寸的增加速度更快。画面尺寸的扩大，一方面是信息设备本身的要求；另一方面也是提高大型屏生产效率的有效措施。因此，母板玻璃大型化是大势所趋。母板玻璃尺寸的大型化与显示屏毫米级尺寸的差别化是今后液晶屏厂商的竞争战略。

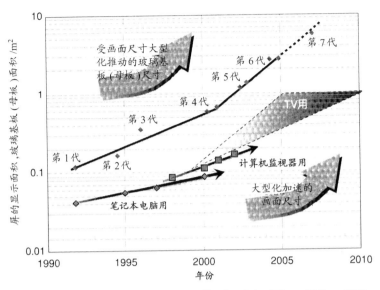

图中的第 6 代尺寸为 1 500mm×1 800mm+α, 第 7 代尺寸为 1 850mm×2 200mm (2006 年投产的第 8 代尺寸为 2 200mm×2 600mm)。在大型化方面走在前头的显示屏各个厂商，将扩大玻璃基板(母板)尺寸置于战略地位。图中曲线所描绘的显示屏面积，是针对当时先端制品而言(而主流产品的面积要比图中所描绘的面积小)

图 10-1　液晶屏画面尺寸的增加推动玻璃基板(母板)尺寸更快地增加

10.1.2　多样化的画面尺寸将扩展液晶产业的领域

如上所述，画面尺寸大型化已成为液晶屏的发展潮流。其结果，30 型以上的直视型液晶显示器也达到实用化，并进一步向大型化方向发展，如在 EDEX 2004 电子显示器展览会上，三星展出 54 型(PVA)、LG 展出 55 型(S-IPS)、夏普展出 45 型(ASV)，在 2004 年 10 月，夏普还推出 65 型制品①。看看我们身边的电子设备，可以说是液晶显示器无处不在，而为满足各式各样设备的搭载要求，液晶屏最主要的差别还是画面尺寸。正因为液晶屏尺寸范围广，且能满足不同的业务要求，因此液晶显示器得到广泛的推广和普及。图 10-2 表示液晶显示器的应用与画面尺寸分布，可以看出，从小画面到大画面其几乎覆盖了所有领域。为参考与比较，图中也示出了 CRT 和 PDP，在一定的尺寸范围内，二者正与 LCD 处于竞争之中。

画面尺寸在十几型以下的显示器，LCD 独领风骚；从十几型到 30 型之间，LCD 与 CRT 处于竞争之中；三十几型以上的大型领域，LCD 与 PDP 处于竞争之中；更大的画面尺寸，特别是在 100 型量级以上，采用 HTPS(high temperature poly-silicon, 高温多晶硅)液晶与 LCOS(liquid crystal on silicon, 单晶硅基板上的

---

① LG 于 2006 年 3 月 8 日发布当时世界最大 100(英寸)型(1in=2.54cm)；夏普于 2007 年初展示出 108 型，并已于 2008 年下半年将该产品推向市场。

反射型液晶)的投影仪将占统治地位。

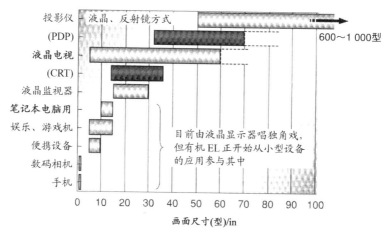

图 10-2　液晶显示器的应用与画面尺寸分布，从小画面到大画面几乎覆盖了所有领域

对于 CRT 所占的领域，看来将由 LCD 取而代之，对此持怀疑态度的人已越来越少。关于 PDP 所占的领域，有两种观点：一种观点认为，PDP 与 LCD 各自发挥长处，长期共存，共同发展；另一种观点认为，由直视型液晶和投影型液晶双方覆盖的领域，早晚会取代 PDP。到底朝哪个方向发展，取决于今后的技术进步。

在投影仪领域，采用半导体工艺制作的 HTPS 与 LCOS 正与 DMD 方式处于竞争之中。在中小型显示领域，有机 EL 显示器正在走向实用化，其会蚕食一部分 LCD 的市场。

10.1.3　扩大画面尺寸的过度竞争将引发结构性不景气

图 10-3 表示硬盘记录密度的技术动向，而图 10-1 表示液晶屏面积的扩大趋势。如果将图 10-3 与图 10-1 相对比，发现二者有惊人的相似性。那么，二者的趋势代表什么意义呢？

图 10-3 表示 HDD 的记录密度随时间的推移，从图中可以看出，HDD 的竞争点是"记录更多的信息"，即在激烈的竞争中记录密度以更快的速度上升。相比之下，图 10-1 表示显示屏的显示面积和母板玻璃基板面积随时间的推移，从图中可以看出，液晶显示器的竞争点是"显示更多的信息"，为此，各公司纷纷推出更大画面尺寸的显示器。

那么，这种激烈竞争的结果又将如何呢？久保川昇提出"过技术(over technology)引发结构性不景气"的观点，现摘录如下："HDD 最大的附加值表现为记录容量，能比其他公司更早地将大容量制品投入市场，可以获得更高的超额利润(pioneer gain)。为此,各个厂商纷纷推出更高记录密度的产品。在用户追求更大容量 HDD 的时代,这一竞争的胜者能获得非常高的利润;但是,到现在为止,在 HDD 的容量比用户所需要的容量增加快得多的时代,即使记录密度再提高,也往往并不表现为容量的增加,而是追求使 HDD 上搭载的磁头和其他附件数目更少。"

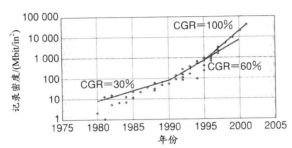

伴随 HDD 的激烈竞争,其记录密度快速提高。到 1990 年前后,年增加率为 30%(10 年 10 倍),20 世纪 90 年代前半期,年增加率为 60%(10 年 100 倍),20 世纪 90 年代后半期,年增加率为 100%(10 年 1000 倍),呈加速增加势态。同半导体集成电路存储密度每 3 年 4 倍(摩尔定律,年增加率 60%)的增加速度相比,HDD 记录密度的增加速率更快。截至 2010 年,HDD 记录密度已达 1 000Gbit/in^2,即 1Tbit/in^2

图 10-3 HDD 记录密度的推移

如果将上述摘录中的"HDD"换成"液晶屏",将"容量"、"记录密度"换成"画面尺寸",则前半段所讲的不正是目前液晶产业的现状,而后半段所讲的不正是今后液晶产业将要面对的问题吗?

液晶屏的大型化,一般是先于市场需求而超前进行的。在这种背景下,作为生产者的液晶屏厂商之间展开激烈竞争,以通过更大的画面尺寸,获得超额利润。竞争的结果,画面尺寸及母板玻璃尺寸急剧扩大。

关于今后的液晶屏市场,许多厂商瞄准电视市场正筹建新的大型基板生产线,并将 50 型、甚至 80 型电视也纳入计划之中。采用不断开发成功的最新技术(见第 9 章),制作这类大型液晶显示器目前看来应该说问题不大。但是,届时能培育成可消化这类大型屏的市场吗?如果其生产数量大大超过市场需求,势必造成结构性的不景气。为了不落入前面谈到的"过技术引发结构性不景气",不仅要考虑技术的可能性,还应特别考虑市场的成熟度。

10.1.4 功能饥渴状态下不断增加的显示信息量

以上通过与硬盘的发展动向类比,讨论了液晶显示器画面尺寸的发展趋势。之所以二者的发展趋势相类似,看来是因为其都属于信息处理器件。另一个处理信息的重要器件是半导体集成电路。

　　液晶显示器(特别是 TFT LCD)的制作沿用了集成电路制程中培育起来的工艺，因此，人们经常对二者的制作工艺及产品性能等进行对比讨论。下面，针对作为存储器件的 DRAM 和作为显示器件的液晶显示器，以对比的方式，重点讨论后者的发展趋势。

　　成功描述半导体集成电路发展趋势的，是著名的摩尔定律。对于 DRAM 来说，如图 10-4 所示，单位芯片面积的存储容量每 3 年增加到 4 倍。而对于作为显示器件的液晶来说，也可以看出类似的规律。同样如图 10-4 所示，液晶的显示容量为像素数×灰阶数。真正意义上的液晶显示器(特别是 TFT LCD)自 20 世纪 90 年代起，作为计算机用显示器而崭露头角，而激烈的产业化竞争也随之而来。如图 10-4 所示，液晶的显示容量，即像素数×灰阶数，也同 DRAM 的存储容量一样，以每 3 年 4 倍的速度增加。与半导体集成电路类推，上述像素数×灰阶数也称为总比特(bit)数。显示画面中制作的三极管数(等于像素数)与使用每个三极管写入像素的灰阶数之积，可以看作等同于 DRAM 的集成度。像素写入的灰阶显示的信息，取决于周边连接的驱动 IC 的比特数。

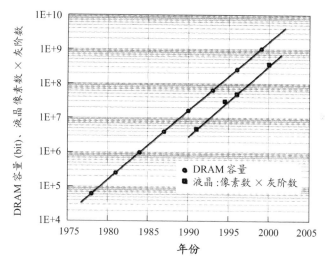

图 10-4　液晶总比特数(像素数×灰阶数)与 DRAM 密度发展趋势的对比(图中分别按液晶前沿制品、DRAM 前沿开发品的参数作图)

　　这样，一方面在像素数×灰阶数不变的前提下，增大画面尺寸可以降低微细加工的难度，提高观视者的临场感和参与感；另一方面，像素数×灰阶数即显示信息量的增加，可以更加平滑细腻地显示逼真的图像。

　　对于 DRAM 和硬盘来说，为提高"存储密度"这一功能，一直在进行持续的技术开发。市场对能存储更多信息器件的要求是强烈和无止境的。其结果，DRAM 如图 10-4 所示，其集成度以每 3 年 4 倍的速度提高；硬盘如图 10-3 所示，其记录密度以更大的加速度提高。其共同的背景是，相对于"存储密度"这一功能来说，处于"功能饥渴状态"。关于功能饥渴，可定义为：电子器件所提供的功能，与系统侧(电子器件的用户)所要求的水平相比，处于压倒性不足的状态。

那么，液晶显示器的情况又是如何呢？至少可以说，在 20 世纪 90 年代是处于功能饥渴状态。市场对计算机用显示器的要求是，在不断扩大画面尺寸的同时，增加像素数(显示器的显示规格)与灰阶数。为此，生产厂商纷纷加入到竞争之中。在此背景下，显示屏尺寸的扩大、图像分辨率的提高、灰阶数的增加成为当时计算机用显示屏发展的主要潮流。那么，今后的情况又将如何呢？

上述状况，因液晶显示器用途不同存在很大差异。首先，看看笔记本电脑用液晶显示器，其画面尺寸呈逐渐增加态势(见图 10-1)。目前高端笔记本电脑搭载的多为 15 型级的显示器，画面尺寸与 A4 纸相当，再大造成携带不便，失去便携的意义(与台式计算机兼用的巨型笔记本电脑的显示屏尺寸有的要更大些)。另一方面，对于决定显示信息量的像素数、灰阶数来说，其增加的倾向暂时会持续下去，但也并非无限制地增加。显示器是供人看的，一味追求高性能而跨入超越人感觉的世界，由此造成价格攀升，恐怕难以被人接受。

对于监视器用途而言，画面尺寸仍有进一步增大的余地。现在的主流机型为 15~17 型，但考虑到桌面上的操作性，希望画面尺寸再大些更好。从生理学考虑，也许以 20 型为限，但市售产品达到该尺寸领域仍需时日。关于像素数，一般未见到像笔记本电脑用途那样的急剧增加的倾向。其背景是，相对于笔记本电脑(没有 CRT 与之竞争)竞争的重点是高精细度(图像分辨率)，监视器用液晶显示器与 CRT 竞争的重点是价格。也就是说，在同图像分辨率较低的 CRT 的竞争中，在画面尺寸等同的条件下，监视器用液晶显示屏的当务之急是降低价格。

对于电视用途而言，为实现置换 CRT 的目标，液晶显示器的当务之急是降低价格。目前，电视用液晶显示器同监视器用一样，都是在"画面尺寸"上展开激烈竞争。但是，直视型液晶画面尺寸的扩大是无限的吗？答案是否定的。对于数十型以上的超大画面来说，投影型占据优势。关于"像素数"，目标是达到 HD 电视的水平，但图像分辨率超过播放规格决定的水平，"高精细化"已无差别可言[①]。

如此看来，在 20 世纪 90 年代计算机用途中见到的液晶显示器画面尺寸扩大、显示信息量增加的倾向，按用途不同，今后都会达到顶点。图 10-4 中所示 DRAM 集成度提高的趋势已持续了 30 年，在业界的共同努力下，这一趋势估计还能持续 10 年以上。相比之下，对于液晶显示器来说，由于加入人的视觉因素，其性能指

---

① 最新研究表明，即使图像分辨率已超越人眼的分辨能力极限，但人仍能感觉到图像分辨率的微小差异。近几年(特别是北京奥运会之后)，不仅是液晶电视，等离子电视等也逐渐从高清晰度电视(HDTV)向全高清(full HD)、超高清(super HD)发展。

针依应用目的不同，都会有一定的限制。

可说明这种显示器性能极限的实例是数码相机。在最初数码相机普及时期，其像素数大致在 30 万上下，此后在短短的 2~3 年，像素数由 200 万提高到 500 万甚至 800 万，目前这种高像素数码相机已达到实用水平。对于一般应用来讲，达到这种程度的信息显示量也就足够了。从另一方面讲，过高的像素数也有不利的一面，如对计算机来讲，为显示超过 200 万像素的庞大数据的显示器，目前并不多见。

10.1.5　共同营造继续发展的空间

为使今后液晶市场继续扩大，应该如何做呢？是继续使目前的功能饥渴状态继续下去，还是形成新的功能饥渴状态？无论哪一种情况，仅靠液晶企业自身的力量是远远不够的。在其周围构筑需要这些功能的环境是极为重要的。

一个例子是计算机用显示屏的高精细化。按目前的状况，要求显示屏高精细化的基础还不十分健全。例如，管理图形显示性能的图形转换器(graphics adapter)的性能还跟不上液晶屏高精细化的速度。为了能够以高精细化的图像且动态地显示计算机模拟及计算机图形，不仅对显示屏，对整个计算机也提出高性能化的要求。在此基础上，还需要开发能充分发挥高精细画面功能的应用环境。只有高精细屏有用武之地，才能激发厂商生产高性能液晶屏的热情。

对于监视器来说也有类似的情况。尽管目前焦点仅集中于画面尺寸和价格，但一旦同 CRT 的竞争胜出之后，新的关注点将是显示信息量的扩大，即在液晶的强项上再次发生高精化的竞争。这种局面即将出现，需要共同为此打造基础。

对于电视用途来说，以置换 CRT 为目标，目前关注的焦点是画面尺寸和价格，而从以往的经验看，这最终体现为价格的竞争。另外，从画面尺寸看，40~50 型量级也纳入批量生产计划之中，但更大画面尺寸的机型目前还看不出大量需要的市场前景。从技术上讲，60~80 型超大型屏的制作并不存在什么问题，但若不预先培育这种超大型液晶显示器的市场，最终存在引起单纯供给过剩的危险性。目前看来，扮演液晶成长的画面尺寸大型化(源于功能饥渴)能继续延伸，但如果没有市场期盼的"新的功能"需要的出现，则难以维持其继续成长。为此，不仅需要液晶厂商的努力，而且需要以高度信息社会为目标的各行各业的大力支持。

在同 DRAM 进行比较时，另一个重要的论据是比例定律(scaling law)。DRAM 的发展趋势是由功能饥渴和比例定律共同决定的。液晶的发展趋势也符合比例定律，但由于其为显示器件，不像半导体集成电路那样同价格优势相关联(指随集成度提高，平均每个存储单位的价格降低)。有关比例定律的详细讨论请见 10.2 节。

10.2 步入成熟期的液晶产业

10.2.1 液晶和半导体各自符合不同的比例定律

半导体集成电路集成度的提高符合摩尔定律，即其容量按"每3年4倍"的速度提高。这种比例定律(scaling law)表示，构成集成电路的元件尺寸随半导体微细化技术的进步而不断缩小。上述微细化的定量指标称为特征线宽(design rule 或 pattern rule)。目前产业化水平的特征线宽已达 130~90nm(甚至 40nm)的水平。另外，对于 TFT 液晶的阵列基板工程来说，由于采用了与集成电路制作同样的技术，从而呈现出与半导体比例定律相类似的发展趋势。但由于阵列基板是在大尺寸玻璃板上完成微细加工，从而其信号线宽度比集成电路的要宽得多。图 10-5 表示液晶屏信号线宽的发展趋势，为进行比较，图中也示出半导体集成电路的特征线宽。

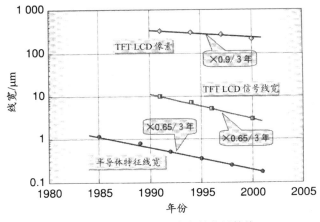

图 10-5 液晶屏信号线宽的发展趋势

作为高精细化显示商品的 TFT 液晶屏，到目前为止人们都力求做到像素的高精细化。高精细化意味着使像素尺寸缩小，这需要应对几个设计上的挑战。即使如此，对开口率影响很大的信号线线宽的微细化也是极为重要的技术。从信号线线宽的动向看，各个显示屏厂商的设计标准有所不同，但总的说来是按每 3 年 0.65 倍的比例向微细化方向发展。与半导体集成电路的特征线宽相比，尽管 TFT 的特征线宽要大一个数量级，但图 10-5 中两条曲线的斜率是一致的。如果考虑到制作液晶显示器采用的是与制作集成电路相同的成膜、曝光、蚀刻技术，则上述的一致性不难理解。

在此必须注意的是，虽说液晶和集成电路微细化技术的动向相同，但二者要实现的目标和效果却有很大差异。对于半导体集成电路来说，微细化直接体现为集成度的提高。其结果，集成度以每 3 年 4 倍的比率提高。集成度的提高直接使下游用户受益(体现为性能的提高)。

而对于液晶显示器来说，微细化的直接效果是使像素的开口率提高，从而提高显示品位(如亮度提高等)，但由于像素缩小所带来的效果就不像集成电路集成度提高那样明显。图 10-5 也示出像素微细化的趋势，注意像素大小是由屏尺寸与像素数共同决定的。

消费者在购买液晶显示器时，尽管显示质量的高低日益成为选择的条件之一，但其还不是决定价格的主要因素。换句话说，尽管液晶显示器的发展也符合比例定律，但由于其属于显示器件，比例定律并不能同价格优势直接关联。

10.2.2　液晶屏扩大的比例定律——北原定律和西村定律

前述"玻璃基板(母板)尺寸"的扩大及液晶屏幕"画面尺寸"的扩大都有规律性可循。如图 10-1 所示计算机用的画面尺寸，大致按"每 3 年 1.2 倍"的比例扩大，换算为画面面积，则按"每 3 年 1.44 倍"的比例扩大；如图 10-4 所示"总比特数"中的像素数，按"每 3 年 1.7 倍"的比例增加。可以看出，像素数的增加比例高于画面尺寸的扩大比例。由此也可以看出，如图 10-5 所示，由于像素尺寸的缩小而实现高精细化。根据上述两个数据，经简单计算(1.7/1.44)便可知道，像素密度按"每 3 年约 1.2 倍"的比例增加。

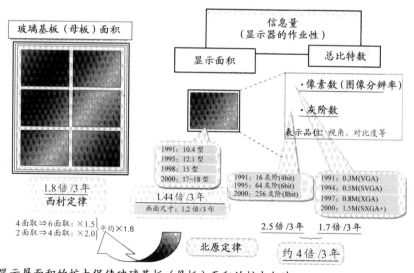

显示屏面积的扩大促使玻璃基板(母板)面积的扩大加速

图 10-6　玻璃基板(母板)面积扩大规律与液晶显示屏扩大规律之间的关系

实际上，十几年前 10.4 型 VGA 的像素尺寸为 330μm，2000 年前后 14.1 型级别 SXGA 的像素尺寸大致为 200μm，像素尺寸逐年缩小，定量描述为"每 3 年缩小到 0.9 倍"。换算为像素密度,也是按"每 3 年约 1.2 倍"的比例增加。

为了更高效率地生产大画面尺寸的显示屏,玻璃基板尺寸也必须大型化。而玻璃基板尺寸的扩大也符合一定规律,如图 10-1 所示,自 20 世纪 90 年代起,母板玻璃尺寸按"每 3 年 1.8 倍"的比例扩大。进入 21 世纪,换代加速,但代与代之间的面积比缩小。

上述有关液晶屏的扩大规律汇总于图 10-6。其中包括为显示更多信息量(作业性),作为显示器画面的扩大规律,一般称其为北原定律;以及为高效率地生产这种显示器,母板玻璃尺寸的扩大规律,一般称其为西村定律。到目前为止,液晶产业的发展仍未脱离上述两个定律。

10.2.3 大型液晶屏的熟悉曲线——小田原定律

作为电子器件的液晶屏,同半导体集成电路一样,价格下降与市场扩展互为因果、相互促进。对于液晶来说,也有与集成电路的熟悉曲线(learning curve)相当的经验规划可循。图 10-7 给出描述这种经验规则的熟悉曲线,一般称其为小田原定律。如该曲线所示,当累积生产面积达到 2 倍时,则液晶屏产业重心的单位面积价格降低 22%~23%。图中既给出截止到 2001 年的发展业绩,又给出长期发展趋势(见曲线的右下角部分)。1995 年、1998 年、2001 年曾分别落入液晶晶周期(crystal cycle,类似集成电路硅周期(silicon cycle))的谷底。特别是 2001 年下降的幅度更大。但是,从长期发展趋势看,直到 2015 年估计仍会沿图中所示的曲线上下波动。

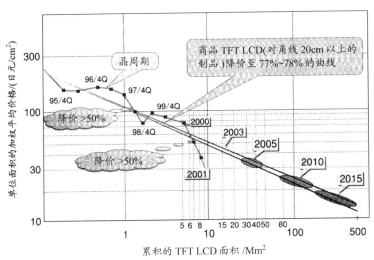

图 10-7　液晶屏价格的熟悉曲线(小田原定律)

液晶同半导体的情况相类似,也符合一般的良性发展规律即"随产量的增加,如果显示屏价格下降，则市场会进一步扩展"。但是，其中特别重要的是，与降低价格相匹配的市场是否存在？或者说，通过沿此曲线的价格下降，能不能培育出新的市场？若答案是肯定的，则产业发展前景良好；若答案是否定的，也就是说即使价格沿曲线下降，仍不会出现与此价格相匹配的市场，则产业没有继续发展的空间，只能自生自灭。

据迄今为止的经验看，尽管存在类似于集成电路的周期律，会出现上下波动，但确实存在与价格下降相匹配的广阔市场，因此液晶市场具有良好的发展前景。

10.2.4　液晶三定律描述了 20 世纪 90 年代的发展轨迹

以上介绍的液晶三定律，即描述液晶制品发展趋势的北原定律，描述生产技术发展趋势的西村定律，描述液晶屏价格发展趋势的小田原定律之间是密切相关的。作为重要的参考指标，这些定律既描绘了迄今为止液晶产业走过的道路，又指明了液晶产业今后的发展方向。液晶产业的未来是沿过去的延长线，以良性方式走向光辉的未来？还是像 CRT 产业一样，即使降价也不能刺激市场？通过对过去的发展轨迹进行冷静分析，有利于对将来的发展方向做出正确判断。

图 10-8 表示上述液晶三定律的相互关系。首先是市场所要求的制品的动向，而后是制作该制品的生产技术的动向，再是支配所生产显示屏价格的市场动向。而且，价格动向反过来又影响制品动向，形成一个循环。

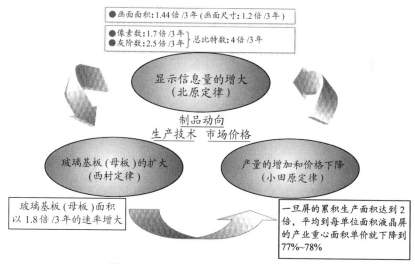

图 10-8　20 世纪 90 年代的液晶三定律

上述三定律之间的关系，表面上看与半导体集成电路的情况十分类似。集成电路产业也有上述的循环关系："集成度按每 3 年 4 倍的比例提高"(制品动向)⇒"硅技术"(生产技术)⇒"价格下降的熟悉曲线"(价格动向)。但对于集成电路来说，"集成度提高"与"硅技术"相结合直接结出的果实尽管是价格下降，但这种下降仅指每比特的价格，而芯片的单价却在上升。换句话说，厂商和用户达到双赢(win-win)的结果。那么，液晶是否也按相同的循环发展呢？如下所述，答案并非是完全肯定的。

10.2.5　三个定律的反面——落入负螺旋的危险性

图 10-9 表示从液晶三定律反面看到的情况。若从玻璃基板大型化的动向开始考虑，三定律之间存在出现危险关系的可能性。对于液晶来说，通常以"为使显示屏价格下降，需要玻璃基板大型化"作为出发点。若将这种以西村定律为依据的玻璃基板大型化作为首要考虑，将会造成什么结果呢？

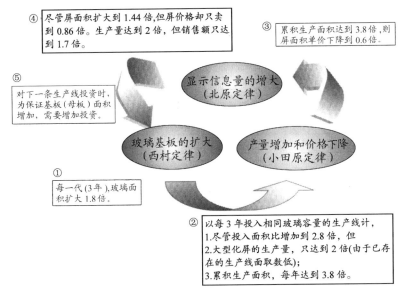

④尽管屏面积扩大到 1.44 倍，但屏价格却只卖到 0.86 倍。生产量达到 2 倍，但销售额只达到 1.7 倍。

③累积生产面积达到 3.8 倍，则屏面积单价下降到 0.6 倍。

⑤对下一条生产线投资时，为保证基板(母板)面积增加，需要增加投资。

显示信息量的增大（北原定律）

玻璃基板的扩大（西村定律）

产量增加和价格下降（小田原定律）

①每一代(3 年)，玻璃面积扩大 1.8 倍。

②以每 3 年投入相同玻璃容量的生产线计，
1.尽管投入面积比增加到 2.8 倍，但
2.大型化屏的生产量，只达到 2 倍(由于已存在的生产线面取数低)；
3.累积生产面积，每年达到 3.8 倍。

图 10-9　液晶产业三定律的反面——落入负螺旋的危险性

据此，随累积生产面积的大幅度增加，按小田原定律，显示屏单位面积的价格有可能大幅度下降。而且，显示屏这种单位面积价格的下降比例，有可能大大超过符合北原定律的显示屏面积的扩大比例，即尽管显示屏的面积增大了，但每个屏的价格却降低了。也就是说，在这里不存在像集成电路那样的厂商和用户的双赢关系。

再进一步，由北原定律返回到西村定律过程中，有发生严重衰退的可能性。为了利用下一代生产线高效率地生产大尺寸显示屏，就要超越西村定律的扩大比例，生产更大尺寸的玻璃基板。为此，需要注入比以前更多的投资。其结果有可能落入下述的恶性循环：显示屏面积尽管扩大了，每块屏的价格却下降了，更为严重的是，为高效地生产此种显示屏，投资额却要增加。

目前之所在未落入上述的恶性循环，得益于所谓的"面取数魔术"。所谓面取数，是指一块母板玻璃切割成显示屏玻璃的块数。在玻璃母板尺寸一定的条件下，依屏尺寸及切割方式不同，母板玻璃的利用率不同。显然，母板玻璃尺寸越大，可供选择的切割方式越多，提高母板玻璃利用率的余地越大，称此为"面取数魔术"。也就是说，投资额的增加可以通过"面取数魔术"获得更高效益。

以上以液晶三定律的正反两面，分析了 20 世纪 90 年代液晶产业的发展概况。进入 21 世纪的今天，液晶产业依然会按三定律的循环发展模式继续增长吗？

如图 10-1 所示，在进入 21 世纪的前 10 年，玻璃基板面积的扩大比例将呈加速势态。按图中所示玻璃基板的扩大速度，从开始的"每 3 年 1.8 倍"将加速到"每 2 年 2 倍"。那么，这种状况对三定律的循环发展模式将会产生什么影响呢？"玻璃基板的扩大比例增加"，即"累积生产面积的大幅度增加"，从而意味着"显示屏单位面积价格的下降"。简单说来，包括如图 10-1 所示画面尺寸的扩大比例加速在内，三定律的循环将加速进行。

但是，对此必须有清醒的认识。作为玻璃基板尺寸扩大依据的"画面尺寸大型化"，在现阶段只是"预见①"而已。三定律循环的起点是从"大型玻璃基板尺寸"开始，而需要这种大型玻璃基板的大画面尺寸电视及其价格，是以"将来的期待值"为依据的。这些同 20 世纪 90 年代的发展趋势都是不一样的。90 年代的循环，以显示屏制品大型化为先行，而大型玻璃基板生产线是为高效率地生产这种显示屏制品而建立的。进入 21 世纪的前 10 年，玻璃基板加速向大型化进展，生产厂商基于对将来发展的期待，争先恐后地向下一代或下两代玻璃生产线"先行投资"，扩大生产规模。这种建立在"需求增加将促进降价"、"降价将促进需求增加"的"鸡蛋与母鸡"式的循环期待，显然会引发很大的风险。

对将来的这种期待能否变为现实，取决于上述液晶三定律的循环。基于前面对液晶三定律循环发展模式的分析，人们对将来的期待，既有沿良性方向，因"液晶三定律的循环加速"而继续向前发展的可能性，又有陷入严重衰退的可能性。而"面取数魔术"为前一种可能性提供了保证。向下一代或下两代玻璃基板生产线"先行投资"，显然会在"面取数魔术"方面占据优势。为适应 TFT 原来按"每 3 年一代"转向"每 2 年一代"更快的世代交替，也需要缩短开发周期，加大投资强度。

迄今为止，"每 3 年一代"世代交替的取得，并非仅显示屏厂商一家之功，而是包括装置厂商、材料厂商等业界全体共同努力的结果。特别是，为开发面向新一代显示屏的制造装置，需要一定的时间周期。不考虑这一点而一味加速"液晶三定律的循环"，显然是对"面取数魔术"寄托过高的期望。倘若"面取数魔术"

---

① 2008 年夏普已推出 108 型液晶电视产品，表明"画面尺寸大型化"加速进行。

并不能发挥那样大的"魔力",则上述循环有陷入负螺旋的可能性。

10.2.6 脱离传统定律发展的可能性

如上所述,20 世纪 90 年代液晶产业一直以"面积扩大"为其经营目标。其中又包括:① 显示屏面积的扩大(制品);② 玻璃基板面积的扩大(生产技术);③ 累积面积的扩大,从而屏价格下降的这三个相互紧密联系而又共同促进的环节。可以说,这种构图造就了 20 世纪液晶显示器(也包括半导体集成电路)的大批量生产。

那么,进入 21 世纪的今天,20 世纪 90 年代型的大批量生产模式还能延续下去吗?考虑到作为液晶主要支柱之一的半导体集成电路自身,其 20 世纪型的生产模式几近极限,正在探索新的发展模式,液晶也可能同作为 20 世纪型生产模式基础的三定律诀别,说不定会采用新的经营模式。倘若迄今为止仍适用的液晶三定律加速循环,"面取法魔术"将不堪重负,届时液晶三定律将陷入负螺旋,20 世纪 90 年代型的经营模式终将破灭。

10.3 节将对液晶产业结构,特别是对支撑液晶屏制造业的装置产业进行分析,在此基础上,对液晶产业的特征进行深入探讨。需要特别指出的是,20 世纪 90 年代液晶产业之所以如此迅猛地发展,完全得益于由半导体集成电路制造中培育起来的技术和装置。

10.3 支撑液晶产业成长的制造装置

10.3.1 支撑 TFT 液晶世代交替的周边产业

集成电路产业中的摩尔定律,得益于半导体微细加工技术的进步,集成度"每 3 年提高 4 倍"的经验规律,自 20 世纪 60 年代由 Intel 公司的摩尔提出以来,作为集成电路技术及其产业的基本规律,至今已适用近 40 年。近年来,尽管"摩尔定律已达到适用极限"的议论不绝于耳,但由于业界的共同努力,依然获得"3 年提高 4 倍"的产业化成果,即摩尔定律依然适用。那么,支撑"每 3 年提高 4 倍"规律的背景是什么呢?简而言之,是由于集成电路技术的进步速度同支撑其进步的装置产业及材料产业等周边产业的进步速度相配合,从而获得每 3 年一代的产业化成果,如图 10-10 所示。即开发每一代技术所需要的时间大致为 3 年。这里并非指某一项具体的技术,而是包括支撑集成电路技术的周边技术在内的产业开发技术的总和。对于处于激烈竞争中的器件厂商来说,必须在尽量短的时间内开发出新技术,并在市场竞争中取胜;而对于周边产业来说,制造装置的开发和材料的开发都需要一定的时间。二者平衡的结果形成"每 3 年一代",即"每 3 年 4 倍"的规律。

技术进步的速度与支撑其进步的周边产业协调速度的平衡，造成"每3年提高4倍"的增长规律

图 10-10 支撑摩尔定律"每3年提高4倍"的背景

液晶工程，特别是 TFT 工程，采用的是与半导体集成电路同样的工艺技术，其制造装置的技术秘密(know-how)也是在集成电路制造工程中培育的。考虑到这种背景，液晶的世代交替也同半导体集成电路一样，"每3年一代"，也就不足为奇了。20 世纪 90 年代的 TFT 液晶产业从第一代进展到第四代，平均每3年一代。期间，基板面积按西村定律扩大，10 年正好扩大了一个数量级。

10.3.2 表演"面取数魔术"的制造装置

Display Search 公司给出的数据值得我们认真思考。如 10.2 节所述，从 20 世纪 90 年代起的 10 年周期内，基板面积正好扩大 10 倍，而所产显示屏的单位面积价格大约降为 1/4。由这两个数据进行计算，可以大概估计伴随基板面积增加的制造装置价格上升比例为 $10 \div 4 = 2.5$ 倍。

站在装置制作厂商的立场，制作大型化液晶产品的装置，随着其所用材料、加工机械，以及所用部件价格的上升，其价格提高是天经地义的。极端的情况，有些设备的价格甚至与基板面积成正比。但按业界的一般看法，制作大型化液晶产品装置的实际价格是按基板面积之比的平方根($\sqrt{}$)倍的比例增加。但实际上，按前述两个数值相除得到的装置价格的增加，更准确地可以按 $10^{0.4} = 2.5$ 表示，即价格按基板面积之比的 0.4 次方增加，其可以控制在比面积之比的平方根倍更低的水平。在与液晶屏厂商进行价格交涉的过程中，液晶屏厂商坚持价格不能降低到"保证投资生产性(效率)提高的金额"以下，这种观点是有其背景的。

以制造装置单体看，投资生产性(效率)可由下式表述：

$$制造装置的生产性 \propto \frac{基板面积}{装置价格 \times 生产节拍} \tag{10-1}$$

式中，若保持生产节拍为 1，控制装置价格按基板面积增加比例的 0.4 次方提高，则制造装置的投资生产性是相当高的。如前所述，在基板面积扩大 10 倍的期间，若装置价格上升幅度控制在 2.5 倍，则装置的投资效率可高达 4 倍。

进一步，若着眼于整个生产线，投资生产性(效率)可以按下式考虑：

$$投资生产性 \propto 显示屏生产量 \div 投资金额$$
$$= \frac{母板玻璃投入资片数 \times 面取数 \times 成品率}{阵列基材用设备金额+屏设备金额+模组设备金额+CIM·输运用金额+基建·CR金额} \tag{10-2}$$

为提高整个生产线的投资生产性，降低显示屏的价格，在抑制设备投资金额上升的同时，需要扩大基板面积，以提高显示屏玻璃的面取数。即做到与面取数增加部分相比，设资金额上升部分是很低的。这便是"面取数魔术"。

在 Display Search 公司公布的其他数据中，还有一些更值得思考的数据。10 年间，生产设备(装置)的投资总额大约增加到 2 倍。据此，若计算相对于基板面积增加部分的投资总额的增长率，则为 $10^{0.3} = 2.0$，即只增加了基板面积之比的 0.3 次方(比 1/3 次方，即 0.33 次方低)。这意味着什么呢？

关于投资总额，在式(10-2)中，阵列基板用设备金额所占比例很大。一般来说，投资金额的大约一半用于阵列基板用的设备。在阵列基板工程中，10 年间在工艺步骤减少，即掩模数减少方面取得明显进展。由于掩模数减少，TFT 阵列制造工艺步骤减少，从而有效地抑制了投资额过度提高。其结果，生产设备(装置)的投资总额只按基板面积之比的 0.3 次方增长。

10.3.3 高额的厂房建设费用会超过制造装置费用吗？

在 Display Search 公司公布的数据中，不仅包括生产设备，还包括厂房建设费用。10 年间厂房的建设费用提高到 3.5 倍，即厂房建设所需费用按基板面积增加倍数的 0.55 次方增加($10^{0.55} = 3.5$)。注意，这比按基板面积增加倍数的 1/2(= 0.5)次方更高。与前述生产设备投资总额的增加为 2 倍，即仅为基板面积增加倍数的 0.3 次方($10^{0.3} = 2$)相比，厂房建设费用增加的比例要大得多。

在厂房建设费用中，超净工作间建设费用占很大比例。而超净工作间的建设费用与其洁净度成反比。例如，1 000 级的建设费用约为 55 万日元/m²，而 100 级的为 80 万日元/m²。随着玻璃基板面积的扩大，超净工作间的面积也要增大，自然其建设费用会提高。例如，第 5 代生产线需要容积为 100m×120m×3 层的超净工作间。如果第 5 代液晶生产线全部按 100 级建设，总建设费用会超过 100 亿日元。若能采用 1 000 级的超净工作间，则建设费用可降低到 7 成。玻璃基板面积以每代 1.8 倍(最近为每代 2 倍)的比例扩大，为适应其要求，若仅单纯地扩大超净工作间的面积，其建设费用势必也与基板面积呈正比增加。为避免这种情况发生，需要对超净工作间中装置(包括基板输运设备)的结构、布置等进行重大改造，仅在必要的空间保持超净，以降低建设费用。其结果，厂房建设费用不再与玻璃基板面积呈正比增加，超净工作间的生产效率(单位超净工作间面积的玻璃面积投入量)提高，由此可将厂房建设投资额控制在基板面积增加比例的 0.55 次方。这其中，也包括由于前述工艺步骤的减少，进而装置台数减少而产生的效果。

若将厂房建设费用同设备投资费用相比较，则如图 10-11 所示，第 3 代前后，制造设备投资总额：厂房建设费用约为 4：1，第 5 代约为 3：1，到第 6 代则接近 2：1。如前所述，若设备投资总额按基板面积增加比例的 0.3 次方增加，厂房建设费用按 0.55 次方增加考虑，则上述结果有其必然性。随着基板尺寸大型化继续进展，迟早有一天厂房建设费用会赶上、甚至超过制造设备的投资总额。

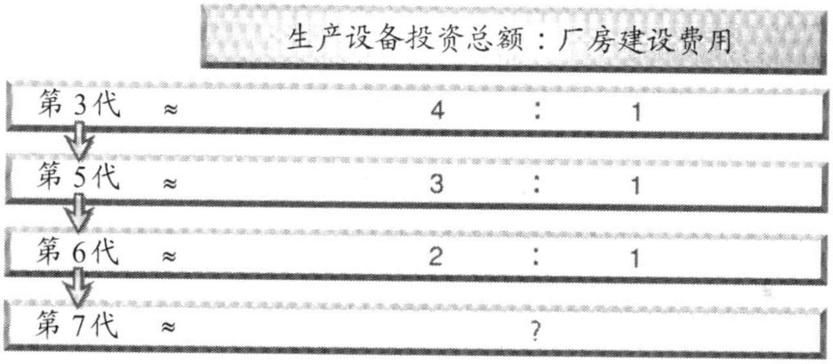

生产设备投资总额：厂房建设费用		
第 3 代 ≈	4 ： 1	
第 5 代 ≈	3 ： 1	
第 6 代 ≈	2 ： 1	
第 7 代 ≈	?	

玻璃基板若按目前的速度继续扩大，早晚有一天厂房的建设费用会赶上、甚至超过生产设备的投资总额

图 10-11　生产设备投资总额与厂房建设费用之间的比较

在上述情况下，投资生产性(效率)会提高吗？根据式(10-2)，结论是肯定的。目前不仅制造设备的投资生产性已得到改善，随着包括制造设备在内的整个厂房效率的提高，进一步提高投资生产性是不言而喻的。这既指明了液晶产业的发展方向，又对业界提出挑战。

10.3.4　迅速扩大的液晶市场和逐渐缩小的装置市场

据预测，液晶屏市场今后仍会以+15%~+25%的高增长率快速发展。同 2002 年相比，2005 年的产值有望翻一番，达到 5 万亿日元(约合 500 亿美元)的规模。但另一方面，根据 SEAJ(日本半导体制造装置协会)2003 年 1 月公布的数据，制造装置的市场增长率在−10%~+20%变动，同 2002 年相比，2005 年的产值只有少许增长(在百分之几的范围内)，实质上处于止步不前的状态。

对于装置产业来说，之所以出现如此严峻的形势，主要是按前述的投资生产性考虑，前景并不乐观所致。因为提高投资生产性，意味着即使较少的投资，依靠高效率的生产，也能产生较大效益，而不是相反。

图10-12是SEMI PCS-FPD Phase-IV发展指南(road map)委员会针对第6代以后大型基板生产线，对其所需要装置台数的预测。图中所针对的是以光刻机为代表的光学工程装置。从图中可以看出，随着基板尺寸变得越来越大，电视用大型屏所需大尺寸基板用装置的台数却越来越少。根据该预测(图10-12)，不仅在有节制的市场规模下(2010年的市场规模为12万亿日元，约合1200亿美元)，即使在电视市场迅速扩张的市场规模下(2010年的市场规模为14.8万亿日元，约合1480亿美元)，其所需要的制造装置的台数也呈减少趋势。即使在市场迅速扩张的情况下，大型基板用最先进设备的台数每年在50台以下，包括用于较小尺寸基板的设备，累积台数也不会超过100台。

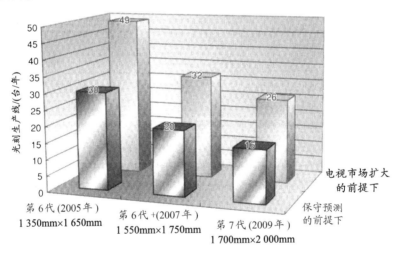

根据SEMI PCS-FPD Phase-IV指南(road map)委员会针对第6代以后大型基板生产线，对其所需装置台数的预测。预测的前提是，基板有效使用率：80%，生产线运行时间720h/月，生产线运行率：85%，屏成品率：80%。关于世代序号和基板尺寸，是依据指南委员会预测时当时的值

图10-12 装置需求的预测台数(对应电视生产用大型基板的光刻生产线装置)

随着基板尺寸大型化，若生产性不断提高，则所需装置台数会逐渐减少。2000年度光刻装置销售台数(包括用于各种基板尺寸的)估计为120台左右，但随着基板尺寸大型化的进展，2005年以后装置市场再达到如此大的销售量估计是很难的。

这种倾向对于装置厂商来说具有至关重要的意义。装置价格仅以基板面积增加比的0.4次方提高，但另一方面，装置的需求量却在减少。即使按前面SEAJ

的预测，装置的销售量充其量保持不变。进一步，随基板尺寸进一步扩大且世代交替加快，则装置的概念和构型有可能发生变化，与此相伴的开发费用和开发工时都会成倍增加，从而转化为装置厂商的负担。

换言之，仅仅靠迄今为止面取数增加而取得的生产性上升，就能激发起生产厂商间的扩大竞争(不仅是显示屏厂商，还包括装置厂商)。但从另一方面讲，过度的扩大竞争，对于表演"面取数魔术"的装置产业来讲会产生很大的冲击。说不定哪一天"面取数魔术"露出破绽，从而对整个产业造成灾难性后果，对此不能掉以轻心。

10.3.5　人们能不能获得制造装置的技术秘密?

直到 20 世纪 90 年代中期，液晶产业基本上由日本企业垄断经营。但时至今日，在制造领域，韩国、中国台湾地区已夺得头筹。发展成这种局势的原因很多，应该说制造装置中也包含其中的原因。用于生产液晶屏的制造装置，各种各类都含有其技术秘密。购买液晶屏生产线，通过引进、消化，就可以掌握液晶屏的制造技术。

另一方面，制造装置的市场过去一直被日本所垄断，时至今日，日本仍保持优势。但是，最近韩国在制造装置方面也迎头赶上。由于韩国制造的装置同日本制造的相比，价格便宜，因此，由日本垄断的装置市场正逐渐被蚕食。

在液晶技术方面，日本的 IP(intellectual property，知识产权)已不能完全确保，正逐渐向海外转移，而在制造装置方面，也必然走同样的道路。开始生产液晶显示屏的各个国家和地区，逐渐认识到周边产业(不仅包括装置产业，还包括部件产业和材料产业等)的重要性，重点发展的不仅是液晶屏制造，还包括与之相配合的周边产业。

近年来，包括制造装置、部件和材料在内与液晶产业相关的企业群已成为支撑日本经济活力的重要产业。但目前，日本液晶屏厂商的竞争力同韩国和中国台湾地区相比已略逊一筹，因此有人认为，如果日本进一步在制造装置、部件及材料产业领域丧失领先地位的话，其有可能在液晶产业被淘汰出局。为避免这种局面发生，日本企业无论如何也要确保其在周边产业的领先地位，进一步激活显示屏产业，以确保其在液晶产业中继续领先。

10.3.6　"面取数魔术"还能再表演下去吗?

目前的液晶产业，借制造装置产业之力，继续保持快速增长势态。由于人们成功抑制伴随基板面积扩大而引发的设备投资金额的上升，同时进一步削减了制作工艺步骤，从而确保了投资生产性。液晶产业的世代交替也同集成电路产业一样，按每 3 年一代的速度进展。目前第 6 代(1 500mm×1 850mm，2004 年)、第 7 代(1 870mm×2 200mm，2005 年)、第 8 代(2 160mm×2 460mm，2006 年)生产线已经投产，第 9 代

(2 400mm×2 800mm)、第 10 代(2 600mm×3 100mm)生产线正在建设之中。

今后，基板(母板)尺寸的增加速度会进一步提高，其世代交替也会进一步加速。这意味着 10.2 节所讨论的液晶三定律将加速循环。而且，如前所述，液晶三定律能以良性循环的背景是"面取数魔术"。而支撑"面取数魔术"的是装置产业。今天，随着液晶三定律循环的加速，"面取数魔术"还能继续表演下去吗？

从单个装置看，伴随基板(母板)尺寸扩大，会出现输运及现场装卸等许多不太好解决的问题。到目前为止，其价格也只是按基板面积之比的 0.4 次方上升，再高恐怕令人难以接受。而另一方面，厂房建设费用所占比例却不断增加。如果如此发展下去，要取得式(10-2)所示的投资生产性效果越来越难，"面取数魔术"走入死胡同的危险性越来越大。

过去，曾不止一次地有人提出，为提高投资生产性，需要采用全新概念的设备。但是，在目前玻璃基板尺寸扩大率加快，每 3 年一代的世代交替期间内，开发新概念设备在时间和资金上都很吃紧，只能按原来的方式，将注意力单纯地集中于基板尺寸扩大的方向上。这样，由于新概念设备没有导入，只能在原来设备基础上千方百计地改善其工艺性能，提高每道工艺在全玻璃表面的均匀性，并保证不降低生产节拍。

与此同时，通过工艺步骤的削减，装置台数的减少，有效地抑制了超净工作间向更大容积方向的扩展。这种状况，正是显示屏降价时期的真实反映。面对降价风潮，目前显示屏厂商采取的方针是，充分挖掘支撑"面取数魔术"的制造设备的潜能，在显示屏低价格竞争中占据主动。

那么，这种靠基板尺寸大型化，以便在显示屏价格迅速下降的竞争中占据主动的方针是否永久有效呢？为此有人提出进一步减少工艺步骤以及引入新概念的基板输运系统的设想。但是，只要是采用与迄今为止相同的方法，仅从厂房建设费用不断上升的情况看，上述方针就不可能永远有效。看来，不对上述方针彻底优化，今后就难以在激烈竞争中占据主动。

为了对今后液晶生产线的改革有必要的思想准备和清楚的认识，需要对迄今为止在经历世代交替的同时而使生产性(效率)提高的状况进行更详细的分析。本节是从装置产业的角度进行分析的，10.4 节将从更宽的视野，对液晶产业所经历的世代交替及其意义进行深入分析。

10.4   TFT 液晶的世代及内涵

10.4.1   TFT 液晶世代的内涵

按业界约定俗成，将 TFT 液晶产业的发展阶段按其生产线划分为世代，并简称之为代。自 20 世纪 90 年代初大批量生产开始的第 1 代,至今已发展到正式投产的第 8 代和建设中的第 10 代。那么,TFT 液晶生产线的世代称谓到底代表什么含义呢?既然是世代交替,说明其代表的本质内容发生了很大变化。那么,TFT 液晶世代的内涵究竟是什么呢?

对于半导体集成电路来说,主要是依据微细加工的技术指标,即特征线宽以及与此对应的存储容量(对于 DRAM 来说)来划分技术进步的世代。而对于 TFT 液晶来说,情况又是如何呢?

能不能像半导体集成电路那样,以微细加工的技术指标来划分 TFT 液晶进步的世代呢?例如,计算机用显示屏的显示规格(format)是从 VGA 开始,并按 SVGA、XGA、…进化的,能不能以此作为世代进步的特征呢?或者,能不能以每年都向大型化发展的显示屏尺寸作为世代进步的特征呢?再者,能不能以不同制品的关键制作工艺作为世代进步的特征呢?如此等等曾经有过各种各样不同的提案。但遗憾的是,上述所有这些,作为 TFT 世代交替的特征都不够条件。

那么,所谓液晶的世代到底指什么呢?目前,按业界的共识,将玻璃基板(母板)尺寸作为世代的象征。而且,由玻璃基板尺寸导出的二次结果是,从该玻璃基板能够多面取(即多块切割,由玻璃基板切割为 6 块以上为多面取)的显示屏尺寸,作为代表该世代的特征,其产品在市场上有更强的竞争力。以玻璃基板作为世代象征的背景如前节所述:随玻璃基板尺寸扩大,投资生产性提高,进而显示屏的价格下降。甚至可以这样说:目前所有关于提高生产性,降低价格的设想几乎都是在液晶世代上做文章。

作为显示器件的液晶屏来说,降低价格是其市场竞争力的强力武器,而降低价格的手段之一是通过基板的大型化实现多面取。通过玻璃基板大型化来降低显示屏的价格,不仅表现在设备投资方面,而且还表现在间接材料费及人工费等工厂的运行成本方面。这些费用约占液晶屏价格的一半,其余一半或一半以上的价格由部件及材料所占。尽量降低占据价格相当大比例且与工厂运行密切相关部分的价格是极为重要的。目前,在 LCD 制造中,人们已经普遍接受了依靠玻璃基板大型化来提高投资生产性,并由此来降低显示屏价格的事实,并理解了"显示屏价格下降⟹玻璃基板大型化⟹TFT 世代交替"这一模式的内涵。

与半导体集成电路技术以特征线宽为世代交替的指标相对,TFT 液晶是以玻璃基板的尺寸作为世代交替的指标。玻璃基板扩大进而面取数增加可以提高投资生产性。玻璃基板大型化既然是降低显示屏价格的强有力手法,特别是其作为 TFT 液晶世代交替的指标,必然引起各显示屏厂商的激烈竞争,以便在玻璃基板大型化方面居于世界最前列。目前,大型化基板的世代命名基本上是各个厂商各自为政,由于各个厂商力求保持其产品的个性化,看来每一代的尺寸标准难以统一。

10.4.2 按基板尺寸称呼 TFT 液晶的世代

截止到 2007 年夏，已正式投产的 TFT 液晶生产线汇总于表 10-1，其中包括玻璃基板尺寸、开始投产时间及目前相关的企业等。

表 10-1 TFT 液晶生产线运行情况汇总

世　代	玻璃基板尺寸 /(mm×mm)	开始投产 时间/年	最早实现产业化的企业
第 1 代	300×350 320×400	1991	日本从 1993 年投入近 100 亿美元，建立大尺寸 TFT LCD 生产线；韩国于 1997 年，中国台湾地区于 1998 年分别投入 20 亿美元建设第 3 代 (550mm× 650mm)或 3.5 代(600mm×720mm)TFT LCD 生产线
第 2 代	360×465 410×520	1994	
第 3 代	550×650 650×830	1996	
第 4 代	680×880 730×920	2000	
第 5 代	1 000×1 200 1 100×1 300	2002	三星电子，LG Philips，友达光电，京东方，上广电等
第 6 代	1 500×1 800 1 500×1 850	2004	夏普，三星电子，LG Philips，友达光电，奇美电子，瀚宇彩晶
第 7 代	1 870×2 200 1 950×2 250	2005	三星电子，LG Philips 友达光电，奇美电子
第 8 代	2 200×2 400 2 200×2 600	2006~2007	夏普，LG Philips 等

随着业界竞争的激化及显示屏厂商不断地推出新的生产线，各个厂商都力争在玻璃基板按尺寸的世代划分及对世代的称谓等方面捷足先登。其结果，世代划分及其称谓可以说是百花齐放。为了结束这种继续混乱的局面，很多人提出基板标准化的建议。但由于基板尺寸是各个厂商保持其产品特点与差别化，并以此提高竞争力的手段，按目前业界的共识，实现标准化是不大可能的。

即使标准化不大可能，至少对称谓混乱的世代定义也应该统一。表 10-1 就是按 SEMI PCS-FPD 推荐的对世代的定义及世代尺寸的划分列出的。

前面提到，玻璃基板面积按西山定律扩大(每 3 年扩大 1.8 倍，近年来为每 2 年 2 倍)的结果，20 世纪 90 年代这 10 年间正好扩大 10 倍。这与半导体硅圆片直径从 20 世纪 80 年代初为 4 英寸，经过 20 多年达到现在的 12 英寸(300mm)，面积之比约为 9 倍相比而言，前者的增加速度要高得多(图 10-13)。

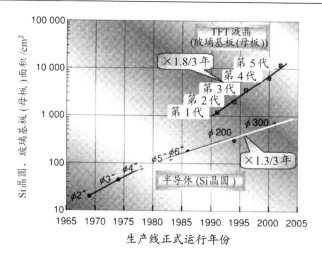

液晶显示器用玻璃基板(母板)与半导体用 Si 晶圆显示出相似的扩大规律

图 10-13　液晶显示器用玻璃基板(母板)尺寸的扩大速率

10.4.3　更快世代交替的推动力

下面分析一下玻璃基板尺寸迅速扩大及其世代交替加速进行的背景。在 TFT 液晶进入批量生产的初期阶段，日本厂商处于垄断地位。从第 1 代生产线到第 3 代生产线也是在日本率先投产。但是，到一般所称的 3.5 代前后，韩国从日本手中夺取了主导权。特别是，韩国的 LG Philips 和三星两大公司，为进一步争夺主导权，以显示屏尺寸的 1 型之差，在母板玻璃基板尺寸这一阵地上展开激烈的争夺战(图 10-14)。在此期间，由于日本处于泡沫经济的背景，只能隔岸观虎斗。

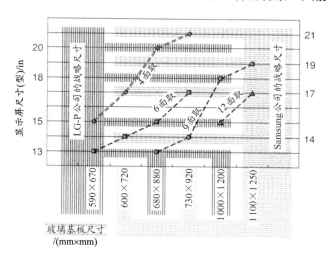

图 10-14　韩国两大公司针对计算机用显示屏，以 1 型之差展开的竞争，以及与此相应的玻璃基板尺寸的激烈竞争

于 1997 年前后开始介入的韩国这两大公司在扩大的竞争中遭遇到 1998 年的 IMF(international money fund，国际货币金融)危机，在经过一段时间的平静期之后，从 2000 年开始争夺市场主导权的竞争硝烟再起，而且制造设备的厂商也被卷入其中。图 10-14 所示主要是针对计算机用显示屏的扩大竞争，而近年来在以电视为主要用途的竞争中，日本厂商也参与其中。

10.4.4 "面取数魔术"的幕后秘密

人们自然会问，通过玻璃基板扩大的竞争，果真能提高投资生产性吗？关于投资生产性，式(10-2)已有表述：

$$
\begin{aligned}
& 投资生产性 \propto 显示屏生产量 \div 投资金额 \\
& = \frac{母板玻璃投入片数 \times 面取数 \times 成品率}{阵列基材用设备金额+屏设备金额+模组设备金额+CIM \cdot 输运用金额+基建 \cdot CR金额} \\
& \propto 面取数/基板面积之比的0.36次方
\end{aligned} \tag{10-3}
$$

式(10-3)所示是在母板玻璃投入块数与成品率一定的条件下，使阵列基板用设备金额+屏设备金额+模组设备金额+CIM · 输运用金额+基建 · CR 金额与基板增大面积之比的 0.36 次方成正比，由该面积玻璃基板面取的显示屏块数为参数进行计算的。之所以采用基板面积之比的 0.36 次方，是依据 Display Search 公司公布的投资总额数据算出的。

将由式(10-3)求出的投资生产性同玻璃基板尺寸之间的关系，按不同的显示屏尺寸作图，得到图 10-15。根据该图就可以理解为什么显示屏厂商不懈地追求玻璃基板尺寸的扩大。

对于某一条生产线上生产的玻璃基板来说，随显示屏尺寸变大，由于面取数下降，投资生产性会下降。为改变这种被动局面，需要采用更大玻璃基板尺寸的生产线，以恢复投资生产性。而且，为保持 1.3 左右的投资生产性，生产厂商甚至跨越世代，投资更大尺寸的生产线。

由图 10-15 可以看出，通过采用大型基板，不仅可提高投资生产性，而且对于不断扩大的显示屏尺寸来说，还能维持较高的投资生产性。换句话说，随着基板尺寸扩大，不仅仅是投资生产性提高，对于由于显示屏尺寸大型化而变低的投资生产性，通过基板尺寸的不断扩大而得以维持。这便是"面取数魔术"的幕后(秘密)。

顺便指出，如 10.3 节所述，显示屏的显示面积按每代 1.4 倍的比例扩大。与屏面积的这种扩大相对，为得到 1.3 倍的生产性，1.4×1.3≈1.8，即每一代的玻璃基板必须以 1.8 倍的比例增加。这便是玻璃基板扩大定律的背景。

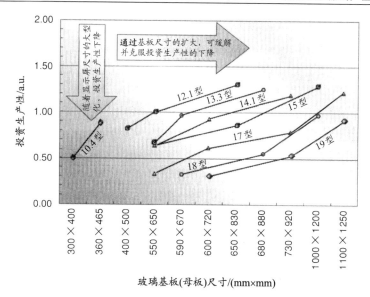

显示屏尺寸扩大导致投资生产性降低,而玻璃基板尺寸的扩大可平衡投资生
产性的下降。以 550mm×650mm 玻璃基板,6 面取 12.1 型屏的情况为基准

图 10-15 显示屏尺寸扩大和玻璃基板尺寸扩大的平衡可保证投资生产性(效率)

10.4.5 宽画面增加面取操作难度

图 10-15 是 5 代线以前, 在不同尺寸玻璃基板上面取计算机用显示屏, 其投
资生产性与玻璃基板尺寸的关系。那么, 现在已开始的用于电视显示屏的玻璃基
板的情况又是如何呢? 对于计算机用途的显示屏来说,其画面的宽高比为 4∶3(一
部分为 5∶4); 而对于电视用途来说, 主要为宽画面型, 其宽高比主要为 16∶9
型。在原来正好能高效率地面取计算机用显示屏的玻璃基板上, 要想高效率地面
取宽画面显示屏是很难做到的。因此, 尽管玻璃基板尺寸扩大是总的发展趋势,
但必须是针对具体的显示屏而言, 盲目扩大基板尺寸并不能达到提高投资生产性
的目的。对此, 10.5 节还需专门讨论。

关于第 5 代以后的玻璃基板尺寸(表 10-1、表 10-2 及后面的表 12-11), 如夏
普在龟山已投产的第 6 代线, 其玻璃基板尺寸为 1 500mm×1 800mm, 三星电子在
汤井、LG Philips LCD 在龟尾已投产的第 7 代线, 其玻璃基板尺寸为
1 870mm×2 200mm。第 6 代与第 5 代面积之比为 2.3, 而第 7 代与第 5 代面积之
比为 3.2(1.8 的平方), 按总的趋势看, 每一代玻璃基板面积大约扩大 1.8 倍。

在此必须强调的是, 上述对世代的称谓完全是基于"只要玻璃基板尺寸扩
大, 即能提高投资生产性"这一现实, 而由业界传开的。作者并不认为这种称
谓科学合理。按 SEMI PCS-FPD Forum Phase-IV 发展指南委员会的建议, 对今

后世代的命名,应使对玻璃基板尺寸范围的表述同各公司对世代的命名相统一,以促使业界提高开发效率。从这种观点讲,1.8 倍延长线上的世代进步当然受欢迎,但也不一定非要沿过去的延长线发展不可。为实现大型玻璃基板生产线,存在很多课题,这些课题不解决,基板大型化势必达到极限,对此 10.5 节还要详细讨论。

10.4.6　装置革新促进生产性的提高

以上从玻璃基板尺寸、投资生产性等观点对玻璃基板的世代进行了分析,下面从"纯技术"的角度,对玻璃基板的世代做进一步讨论。

20 世纪 90 年代初开始批量生产的 a-Si TFT 是在太阳能电池生产技术的基础上进行的。其典型设备是直列型(in-line)成膜装置(溅射镀膜装置和 CVD 装置),见图 10-16(a)。尽管开始时,第 1 代玻璃基板的尺寸很小(300mm×350mm~320mm×400mm),但采用的装置却很大,有的甚至超过 10m。如何在提高生产性的同时,降低占用超净工作间的面积,是亟待解决的问题。

恰逢此时,在半导体集成电路制造中成功采用了扇叶型(side-by-side)装置。如图 10-16(b)所示,采用这种 side-by-side 型装置,生产性大幅度提高,装置本身也更加紧凑,超净工作间中设备布置的面积效率大幅度改善。

利用这种扇叶型装置的革新,目前主要强调的是提高生产性,但从技术上讲,可提高工艺稳定性也是其重要的方面。如图 10-16(b)所示,side-by-side 型装置中作为工艺核心的真空室,处于中心部位。该真空室的作用,不仅将玻璃基板向周围的工艺室传输调度,还可在真空条件下对各个工艺室进行独立控制和操作。利用这种功能,可降低工艺室中残留气体分压,减小工艺过程中的压力波动,从而可保证工艺室中更高质量的真空。其结果,还可抑制颗粒的发生等,从而确保形成高质量的薄膜,也利于提高制品的成品率。这种工艺的基础,是半导体集成电路制造工艺实践中培育起来的。

采用 side-by-side 型装置的另一个实例,是光刻工程的集中(cluster)化。当初,作为光刻工程装置群的甩胶机、曝光机、显影机等是各自独立设置的。通过将这些装置 side-by-side 布置,可以大大减少基板盒(cassette)的搬运次数,由于设备布置得非常紧凑,其所占超净工作间的面积也小。若进一步在其中搭载检查装置,使光刻工程形成一个封闭的系统,可在提高生产性的同时,提高工艺的稳定性。

将来,使这种形态进一步发展,将蚀刻装置和剥离装置也加入其中,直全电路图形(pattern)形成,都可按 side-by-side 布置。进一步,作为理想的顶级形态,还有可能采用将所有工艺都连接起来的流水车间(flow-shop)方式,这样从玻璃基板投入到制成基板面板,在短时间内即可完成。

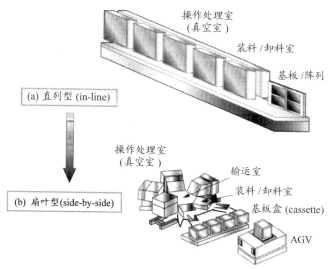

图 10-16　从直列型(in-line，图(a))到扇叶型(side-by-side，图(b))的观念转变

除了上述实例之外，在硅圆片洗净操作中，通过用 side-by-side 型装置代替批量式(batch)装置等方面的开发，不仅提高了生产性，而且提高了成品率，这便是初期世代的装置革新。这些装置的革新，是从第 1 代到第 2 代乃至第 3 代转变过程中实现的。其结果，随着基板面积扩大，投资生产性大大改善。同时，随着制作工艺的稳定，成品率也明显提高。由于成品率提高对显示屏生产性的提高、价格的降低也有很大贡献，这些制作装置的革新绝不是可有可无，而是极为重要的。

由于第 6 代、第 7 代以后的生产线主要是针对液晶电视制作，因此必须适应基板大型化和低价格的要求。在此前提下考虑第 8 代以后的生产线，首先要便于大型基板及生产线上所需装置的运输。为了降低价格，所用设备应向通用型转变，应适应不同尺寸的基板，加工精度至少不低于前一代的水平。在此基础上，还要保证性能维持及提升、生产性(效率)提高、厂房面积减小、稳定可靠运行等(图10-17)。

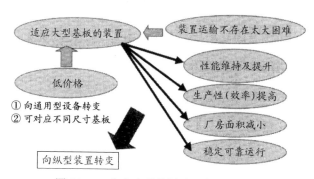

图 10-17　生产大型基板需要应对的问题

　　综合考虑这些因素，从第 8 代起，横型处理方式又被新的纵型处理方式所替代(图 10-18)，大有"返璞归真"之势。

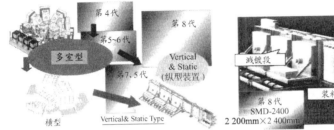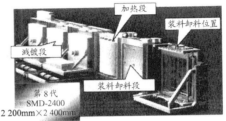

(a) 从第 6 代到第 8 代,制造系统的转变　　　　　(b) 纵型装置"SMD-2400"

随着玻璃基板(母板)尺寸的扩大，考虑到装卸、输运处理方便(最终体现为大批量生产高性能、低价格的大尺寸显示屏)，从第 8 代起，现有横型处理方式又逐渐被新的纵型处理方式所替代，大有"返璞归真"的意思

图 10-18　从第 8 代起，横型处理方式又被新的纵型处理方式所替代

10.4.7　工艺工程师的重要作用

　　在讨论制造装置的进步时，绝不能忘记工艺工程师的作用。仅靠硬件并不能产生所希望的性能，需要向硬件注入"灵魂"，承担这一任务的是工艺工程师。

　　为使包括成品率在内的液晶屏的性能达到极限，能熟练地使用制造装置是极为重要的。为保证液晶生产线正常运行，需要大量有实际操作经验的工艺工程师。在初期的液晶生产线上，精通液晶工艺的工程师很少，其大部分是从集成电路生产线上动员而来的。对于液晶阵列工程来说，无论是从装置看，还是从工艺看，都与集成电路制作工程相类似。这些工程师的介入，可以说是轻车熟路，保证了液晶生产线的正常运行。液晶屏生产线同集成电路生产线所不同的是，前者的基板是玻璃而不是硅圆片，而且玻璃基板的尺寸要大得多。但由集成电路培育起来的技术确实在液晶屏生产线中得以成功运用。

　　许多液晶屏厂商并不满足于生产线的正常运行，即要求工艺工程师在熟练自如地使用装置的前提下，还要不断对设备和工艺进行改进；而对于装置厂商来说，为了预先独立地确定装置的工艺，开发、提供性能更高的装置，需要自己培养工艺工程师。通过装置厂商工程师的知识和经验的积累，不仅能及时地改进装置特性，还能不断地将显示屏制作实践中得到技术诀窍反馈到制作装置中。这种情况同集成电路生产线中工艺工程师具有极为重要的作用相类似。

　　但从另一方面讲，液晶屏生产线确有不同于集成电路生产线的特殊要求，前者主要注重基板尺寸不断扩大的开发就是典型例证。但是，显示屏厂商的工艺工程师也必须应对扩大的基板尺寸，努力维持其工艺性能；而对于装置厂商的工程师来说，如果仅是为了开发单纯对应更大面积基板的装置，则前一台足以为后一

台作参考。对于显示屏厂商的工艺工程师来讲，必须保证大型基板的工艺性能，即工艺速度(例如，对于成膜来说包括成膜速度、对于曝光来说包括每块基板的曝光时间等)和整块基板上工艺的均匀性；对于装置厂商一侧来说，为了继续基板尺寸扩大的开发，对应大型基板装置的每个单元操作(unit process)都已确立。若按操作单元，与集成电路技术相比，液晶屏工艺本身并不难，但后者的特点是，显示屏制作的 know-how(包括设计、工艺条件和参数等)也组合到装置之中。这样，由于工艺工程师的介入，装置中组合了大量制作工艺的 know-how，则形成"无论谁购买这种装置，都能作出液晶屏"的局面。即液晶屏制作技术的 know-how 很容易向外泄漏。

另一个业界十分关注的问题是，关键设备应该自制还是外购？在液晶显示器批量生产的初期，由于掌握核心技术的厂商很少，为防止 know-how 的泄漏，这些厂商多采用自制关键设备，或采用与特定的装置厂商联合，共同开发关键设备的方针。但随着液晶显示器产业的发展，装置厂商在参考大量显示屏厂商要求的基础上，进行更深入的开发，将各个显示屏厂商的要求乃至诀窍综合到所生产的设备中。这些设备无论谁使用都能实现所希望的单元操作性能。由于综合了大量显示屏厂商的严格要求，并基于设备厂商的实力，这些设备的性能及开发速度远非自制设备所能比，从而受到市场的广泛欢迎。具有优良特性的液晶屏生产用成套设备的出现，大大加速了液晶显示器产业在亚洲的扩展。

10.4.8　TFT 液晶世代交替总会有终点站

随着玻璃基板尺寸的扩大，TFT 液晶的世代交替加快进行，在 20 世纪 90 年代为每 3 年一代，进入 21 世纪为每 2 年 1 代。这种世代交替速度加快的现象并非液晶产业所独有，而是作为 IT 产业核心的所有电子设备中普遍存在的现象。这应该算是信息时代的特征吧！

在世代交替加速循环的同时，人们自然会问，TFT 液晶将来会发展到什么程度，其世代交替有无终点站？看来，无论是谁，都会存在下述疑问：第 7 代、第 8 代是否仍然在目前发展的延长线上？其后的世代又将如何发展？玻璃基板尺寸是否存在极限？如果存在，其极限值是多大？该极限值决定于哪些因素？等等。

10.5 节将针对玻璃基板大型化的课题进行详细论述。在此之前，先对玻璃基板尺寸是否存在极限这一问题做简要讨论。

对于半导体集成电路来说，决定世代进化及其极限的是物理现象[①]。通过微细

① 对此理解不可过于绝对。实际上，随着硅圆片尺寸变大，划片、裂片时晶圆的利用率提高；随着集成度提高，平均到每个存储单元的价格下降。而为适应硅圆片尺寸变大、集成度提高的要求，设备投资、生产成本、厂房建设投资都会增加。综合起来，如果投资增加能获得更高的经济效益，厂商会争先恐后地开发下一代集成电路产品。这便是人的因素和市场规律。

化，存储容量提高、动作速度加快。而决定微细化程度的是技术极限，随着技术壁垒的突破，集成电路跨入新的世代。

而对于液晶显示器来说，决定其极限的是人。由于是显示器件，其必然受人的视觉限制。不仅是液晶显示屏的大小，包括图像分辨率在内的显示特性，还有液晶显示器生产线，都不能脱离人的视觉而盲目发展。

迄今为止，针对大画面尺寸液晶显示器，为保持其更高的生产性，玻璃基板一直向大型化方向发展。这是由于人们喜欢更大的显示画面所致。只要更大画面尺寸的显示器继续受到欢迎，从生产性观点，玻璃基板还会向更大的方向发展。但不要忘记，显示器是用来满足人的视觉要求的，其尺寸必定有一定限制。迟早达到某一尺寸极限正是今天玻璃基板向大型化发展的方向。

10.4.9　TFT 液晶的世代划分会不会变化？

相对于半导体集成电路以技术参数(如特征线宽)作为世代交替的指标而言，液晶显示器则以玻璃基板的尺寸作为世代交替的指标。虽说玻璃基板尺寸也是技术参数之一，但其大型化的主要目的还是为了提高生产性(生产效率)。其他提高生产性的手段还有很多，比如，减少掩模的数量、提高输运效率、提高超净工作间的利用率、装置的改进和革新、每道工程的改善等。实际上，这些方面的努力都在进行之中。但是，与这些努力相比，效果更为显著的是"面取数魔术"，其对 TFT 液晶世代划分起关键作用。

迄今为止，在液晶产业界，只是以玻璃基板的大小作为世代划分的标准。但从另一方面讲，基板尺寸扩大归根到底只不过是提高生产性的手段之一，正如前边已反复强调的。生产液晶屏的目的是"将具有优良性能的平板显示器广泛推向市场"。为了使液晶显示器在市场上广泛普及，价格是重要的因素是毫无疑问的。通过玻璃基板的大型化，可使显示屏价格不断下降是一个不争的事实。但是，现在给人的印象是，玻璃基板大型化就是一切，似乎并无其他目的可言。在市场竞争的压力下，由于目前显示屏价格降低主要依赖于玻璃基板尺寸的扩大，因此，其世代交替加速是必然趋势。

关于 LCD 世代的称谓，本来应该按最终产品或其采用的技术来决定。按照这种观点，LCD 的世代划分如图 10-19 所示，为有别于按玻璃基板尺寸的世代划分，图中的世代采用罗马数字。从图中可以看出，从 LCD 开始达到实用化的 20 世纪 70 年代开始，大概每 10 年进展到一个新的世代。由于每次世代交替都是渐变的过程，不能将其理解为正好在 10 年间隔处发生突变，而应该从变化趋势上加以理解。20 世纪 70 年代是以 TN 液晶，80 年代是以 STN 液晶为基础的技术，与其对应的产品打开市场并逐渐扩大。而后，20 世纪 90 年代以计算机用途为主的 a-Si TFT LCD 在市场上迅速扩展，液晶显示器产业进入高速发展期。此时代的 LCD

主要是 TN 模式,进入 21 世纪直到现在,不断开发出可对应动画显示的 IPS、MVA、OCB 等模式,随着液晶电视开发成功,其市场规模急速扩大,液晶显示器产业进入飞速发展期。

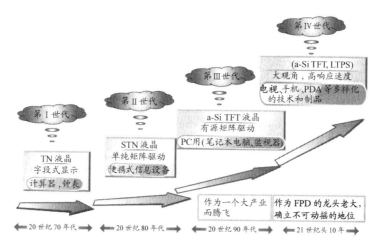

经过黎明期的第 I 世代、第 II 世代,从第 III 世代开始,作为真正意义上的产业而腾飞。现在正处于第 IV 世代,液晶作为 FPD 的龙头老大,以多样化的制品和技术确立不可动摇的地位。为了同由玻璃基板尺寸决定的产业化世代(用阿拉伯数字表示)相区别,这里的技术世代用罗马数字表示

图 10-19　液晶产业按最终产品或其采用技术的变迁

如果说从技术上此前是每 10 年进展一代,而按基板尺寸,产业上是每 3 年(进入 21 世纪是每 2 年)进展一代。面对液晶显示器产业的急剧变化和迅速发展,既需要通过大尺寸生产线的建立以保持市场竞争的有利地位,又需要高投入的研究开发,以保持技术上的领先。为了培育液晶电视这一发展前景极好的市场,在关注眼前利益的同时,千万不能忽视未来的发展。

10.5　玻璃基板尺寸大型化的背景及其限制

到前节为止,本章讨论了液晶显示器产业的发展趋势和支撑这种趋势的制造装置所起的作用,以及在这种趋势下的 TFT 显示器的世代。下面,进一步针对玻璃基板大型化的话题,讨论作为玻璃基板大型化背景的大型电视用的宽画面,而后考察基板尺寸大型化的方向及大型基板的课题、受到的限制等,最后对今后的液晶生产线进行展望和预测。

10.5.1　画面尺寸与临场感——大型显示器应具备的特性

在从 20 世纪跨入 21 世纪的过程中,作为平板显示器的液晶显示器的用途也

正在发生重大变化。20 世纪 90 年代液晶显示器主要是用于计算机，以文字信息和图形信息的显示为主要目的，基本上以单人面向画面的作业为主要使用方法。在这种情况下，对显示器所要求的是"信息量"。正如 10.2 节所述，其画面尺寸和像素数及灰阶数(总比特数)是重要参数。因此，以增大显示信息量为目标的竞争一浪高过一浪。

　　另一方面，对于近年来市场规模急速扩张的液晶电视来说，人们对液晶显示器特性的主要要求是"临场感"。而决定临场感的三个主要参数是画角①、立体视觉和高精细度(图像分辨率)。关于立体视觉，由于超出本书的内容范围，故在此省略；关于画角和高精密度，作为本书重点关注的内容，在前面已经介绍的基础上，本章还要加以补充。

　　为获得临场感，画面的水平方向尺寸极为重要，通过扩展画面可获得更好的观视效果。一般认为，画角超过 30°就会获得临场感。对于宽高比为 16：9 的宽画面来说，在画面高度 3 倍的距离上观看，视觉效果最好，此时如果扫描线是 1 080 条的高精密图像，由于达到人眼的分辨水平，从而可观看到平滑自然的图像。

　　另一个众所周知的事实是，同计算机用途相比，对于供多人同时观看且动画显示的液晶电视来说，对视角和响应速度等显示质量的要求要高得多。换句话说，同样是直视型的液晶显示器，电视用途与计算机用途的要求却是不一样的。

10.5.2　有效利用宽画面的方法

　　即使关于画面尺寸，在从目前计算机用途向电视用途的变化过程中，其考虑方法也必须变化。电视用显示屏与目前计算机用显示屏的最大差异在于宽高比。目前计算机用显示屏的宽高比为 4：3 或 5：4，而电视用宽画面显示屏的宽高比为 16：9~16：10。这种宽画面与普通画面相比，用于电视有什么优势呢？下面以目前市场上常见的 17 型监视器用显示屏为例，做一些比较。宽高比为 4：3 的 XGA 型(1 024×768)与宽高比为 16：9.6 的 XGA 型(1 280×768)对角线尺寸相同，同属 17 型，但视觉感受却是完全不同的。宽画面 17 型画面高度减少 3.7cm，而宽度扩大 2.5cm，见图 10-20。

　　为获得临场感，画角是很重要的参数。如上所述，对于相同对角线尺寸的宽画面来说，宽度的增加(2.5cm)小于高度的减少(3.5cm)。若按画面的面积计，16：9.6 的宽画面与 4：3 的画面相比，前者面积仅为后者的 92%，即尽管二者画面尺寸的称呼(按对角线的英寸数，称为型)相同，但宽画面显示屏的面积可以节约近一成。对于继续以面积定价的液晶显示屏来说，这种面积的差异有可能产生意想

---

① 画角表示单人观视画面情况下，视野的广度。从定义上看，画角同视角有互补的关系。视角表示在多人观视同一画面情况下，按每个人是否都获得相同的观视效果来定义(详见表 4-6)。

不到的市场竞争力。而且，用电视转播宽银幕电影时，宽画面显示屏的优势自不待言。由二者的对比，人们自然产生这样的疑问：将宽高比 4：3 的显示屏与 16：9(或 9.6)的显示屏，按相同对角线尺寸归为同一型合理吗？希望业界尽快解决这一问题。

左和右的宽高比分别是 4：3 和 16：9.6，哪种情况下图像显得更大些呢？哪种情况下画面显得更好看呢？

图 10-20　即使是相同的对角线尺寸，当画面的宽高比不同时，观视感觉也是不同的

关于画面的大小，一般来说，人们对其高度更为敏感。假设在画面高度一致的前提下，若通过扩大宽度来实现宽画面，则由 4：3 的 17 型变为 16：9.6 的 19.8 型。即需要将对角线尺寸扩大到 1.16 倍，而画面面积扩大到 1.25 倍，见图 10-21。

左和右的高度相同，但宽高比分别是 4：3 和 16：9.6

图 10-21　在画面高度不变的情况下，采用宽度方向更大的宽画面，可以增加临场(参与)感(适应人眼的观视生理学(视觉工学)

如果液晶显示器今后继续以面积定价，消费者自然愿意购买对角线尺寸相同，但是宽画面型的。无论怎么说，今后由大型基板生产线制造的显示器，不单是要追求大型画面，还必须考虑因画面形状(宽高比)不同造成的影响，许多厂商正是通过宽高比的不同来保持其产品的个性。而且，合理选择显示屏的形状，还能更充分地发挥"面取数魔术"的效力。

10.5.3　基板尺寸与 TFT 液晶世代——按单纯的基板尺寸扩大定律看

市场对宽画面液晶电视的需求极为旺盛，这是玻璃基板大型化的基本驱动

力。近年来，玻璃基板尺寸加速向大型化方向发展。第 5 代生产线于 2002 年，
第 6 代生产线于 2004 年，第 7 代生产线(包括 Samsung Electronics 的汤井 L7-F1
生产线，LG Philips LCD 的坡州 P7 生产线)于 2005 年先后投产。目前，玻璃基
板尺寸及其世代称谓已在业界确定，而且第 6 代以后的基板尺寸及其世代称谓
已被 SEMI PCS-FPD Forum Phase-IV 认可。关于世代称谓的原则，如 10.3 节所
述，按"西村定律"，即每代面积大致扩大 1.8 倍计。其中每代玻璃基板尺寸都
有些细微的差异，以体现不同显示器厂商产品个性的战略。但是，作为总的发
现趋势，业界对于世代的称谓及其对应的尺寸标准已达成共识，表 10-2 汇总了
目前已确定的结果。

表 10-2   用于 TFT 液晶的玻璃基板(母板)尺寸

世　代	开始运行年份	基　板　尺　寸
第 1 代	1991	330mm×350mm~320mm×400mm
第 2 代	1994	360mm×465mm~410mm×520mm
第 3 代	1996	550mm×650mm~650mm×830mm
第 4 代	2000	680mm×880mm~730mm×920mm
第 5 代	2002	1 000mm×1 200mm~1 100mm×1 300mm
第 6 代	2004	1 500mm×1 800mm~1 500mm×1 850mm
第 7 代	2005	1 870mm×2 200mm
第 8 代	2006	2 200mm×2 400mm~2 200mm×2 600mm
第 9 代	2008	2 600mm×3 000mm~2 600mm×3 100mm

注：2004 年以后为当时的预定值。

目前正在筹建第 8 代、第 9 代生产线，前者玻璃基板的尺寸范围为
2 200mm×2 400mm~2 200mm×2 600mm，预计 2006 年投产；后者玻璃基板的尺寸
范围为 2 600mm×3 000mm~2 600mm×3 100mm，并于 2008 年投产。如表 10-2 所
示，第 7 代的玻璃基板尺寸为 1 870mm×2 200mm，与第 5 代的面积相比为 3.2 倍
(1.8 的平方)，仍保持在每代面积之比为 1.8 倍的延长线上。但是，如果 TFT 世代
的称谓方法仍坚持按玻璃基板面积之比来确定，则第 8 代与第 7 代之比仅为 1.4，
第 9 代与第 7 代之比为 1.96(1.4 的平方)。这说明，随着世代的增加、玻璃基板尺
寸越来越大，再继续提高，遇到的技术问题越来越多，仅靠前一世代获得的经验
解决这些问题，困难越来越大。从而如图 10-22 所示，与第 7 代的玻璃基板面积
相比，第 8 代是按 1.4 而不是 1.8 倍，第 9 代是按 1.4^2 而不是 1.8^2 倍比例增加。为
充分了解基板尺寸大型化过程中受到的限制，下面将对大型基板制造过程中遇到
的困难和课题进行汇总。

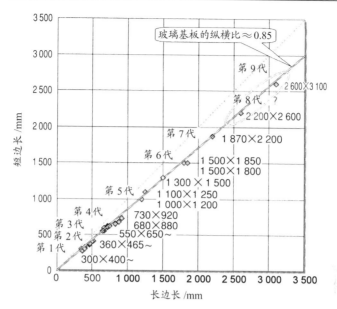

玻璃基板（母板）从第 1 代到第 7 代，代与代之间大致按面积比为 1.8 倍的
速率扩大。依照过去的经验，第 8 代以后大概会落入图中所示的椭圆之中

图 10-22 玻璃基板(母板)尺寸的变迁

10.5.4 基板尺寸大型化的课题

迄今为止，玻璃基板尺寸的扩大一直是基于下述理论进行的,即采用大玻璃基
板可使显示屏厂商获得更大的投资生产性。在装置厂商、部件材料厂商的配合下,
尽管关于玻璃基板尺寸大型化的困难不绝于耳，但并未阻挡其前进的步伐，而且
近几年还有加速之势。在 2002 年 10 月末召开的 LCD/PDP International 2002 论坛
上，2m 级及其以上尺寸玻璃基板产业化的可能性成为关注的焦点。显示屏厂商与
装置厂商、部件材料厂商、基建厂商和药液原料厂商之间展开热烈讨论。下面以
当时讨论的观点为基础，结合近年来的发展情况，简述如下。

玻璃基板大型化的目的是提高整个生产线的投资生产性，从而降低每块显示
屏的生产成本，进而使液晶显示器以更低的价格完全取代 CRT。基板尺寸大型化
是提高生产性的有力手段，但从另一方面讲，也遇到大量的课题。表 10-3 分类汇
总了玻璃基板大型化必须解决的课题。

表 10-3 中列出的无论哪一个课题，对于实现大型基板生产线来说都是重要
的。在第①项涉及整个生产线及工艺方面的课题中，假设构筑生产线时概念未发
生变化，则总投资额会大大膨胀。如果按目前的概念不变考虑，随着基板尺寸向
大型化方向进展，粗略估计，第 6 代生产线的总投资将要达到 3 千亿日元(约合
30 亿美元)，除了投资巨大之外，先进生产线往往与设备和制造工艺的知识产权

紧密相连。没有前一代生产线的基础，盲目地上下一代生产线，风险极大。

表 10-3　玻璃基板大型化必须解决的课题

序　号	分　类	必须解决的课题
①	整个生产线及工艺方面的课题	◎投资总额的增加 ◎投资生产性的确保 ◎成品率的确保与提高 ◎运行费用的增加 ◎对环境负担的增加
②	装置设备方面的课题	◎受加工制造设备的制约 ◎受装置设备运输方法的制约 ◎需要现场组装 ◎装置价格的上升 ◎占地(footprint)及重量增加 ◎生产节拍(间隔)时间(tact time)的增加
③	基建及药液原料供应方面的课题	◎工厂的超大型化及基建等：大面积土地的占用，厂房负荷的增加，微振动的对策等 ◎动力的增加：电、水、气的稳定供应，废水及使地球温暖化气体的放出 ◎药液原料使用量的增加：供应体制及方法、输运、循环再利用等
④	部件材料方面的课题	◎玻璃基板：大尺寸玻璃的制作，输运方法 ◎光刻掩模：尺寸增加，价格上升 ◎彩色滤光片：如何对应大型基板，输运方法

而且，伴随基板尺寸大型化，生产节拍(间隔)时间(tact time)、基板输运时间变长，从而使整个生产线的生产节拍平衡受到破坏，致使投资生产性恶化。与此同时，维持工程成品率的难度进一步增加。伴随基板大型化的技术课题增加，对于成品率来说，意味会遇到更多的不确定因素。成品率下降，会直接引起变动费用的增加，除造成平均到每块显示屏的赔偿费以及 R & D 费用增加外，还会对包括彩色滤光片在内的部件、材料费等造成很大影响。因此，控制成品率是极为重要的。

随基板大型化进而面取数的增加，由于平均到每块显示屏的间接材料费及运输动力费等可以降低，进而降低显示屏的价格，但材料和运输动力的绝对用量肯定要增加。其结果，对环境的负荷加重。随着今后人们对地球环境的重视，对于"单纯靠基板尺寸大型化是否为最佳选择"这一问题，需要慎重论证，认真对待。

表 10-3 中第②项列举的有关装置设备方面的课题也极为重要。伴随基板尺寸扩大，不仅单纯是装置的规模扩大(scale up)、占地(footprint)及重量增加，而且部件的加工、组装、运输等基本问题也变得越来越突出。其结果，会使装置价格提高。这样，由于装置价格增加，有可能抵消掉由"面取数魔术"而获得的投资生产性的提高。

表 10-3 中第③项列举的药液原料供应课题及第④项列举的部件材料课题也都是必须考虑的重要问题。如果这些材料的输运费用很高，则显示器的价格难以降低。而且，光刻掩模也是一个不可忽视的重要因素。由于制品的大型化，需要的光刻掩模尺寸也越来越大，而且由于制品的多样化，其价格飞腾，从而掩模价格所占的比重相应增加。掩模费用在今后也有可能会造成相当大的负担。

10.5.5　基板尺寸的多样化及液晶生产线的发展方向

目前，无论是液晶显示器业界的哪一个人，无不对一路走向大型化的母板玻璃尺寸的发展方向表现出极大的关心。作为其背景的显示屏尺寸的扩大在稳步进行，母板玻璃的尺寸也会继续扩大，这虽然不出人们的预计，但母板玻璃的扩大总有一个尽头，其尺寸总有一个极限，这也是人们的共识。业内经常引用的对比实例是 19 世纪横渡大西洋客轮的兴衰史。从 19 世纪中期开始，横渡大西洋客轮卷入大型化的竞争之中，20 世纪前半期，命名为玛丽皇后(Queen Mary)、伊丽莎白女王(Queen Elizabeth)接近 10 万吨级的客轮达到大型化的顶点，此后转向小型化，最后进入衰退状态。

回顾历史，造成上述结果的理由有两个。一个是大型客轮自身的局限性，另一个是新型运输方式的出现。前者包括更大型客轮制造技术难度加大、运行中遇到的课题增加、资金限制等；后者的主要标志是飞机的出现。进入 20 世纪，飞机的问世导致运输概念的变化，从 20 世纪中期开始，飞机的成功应用使运输跨入高速化时代，并标志着豪华客轮大型化时代的结束。大型豪华客轮大型化的局限性及其衰退不以人的意志为转移，这反映了该时代的变化特征。

图 10-23 示出横渡大西洋大型客轮的总吨位、船长、引擎功率及航速与建造年代的关系。此图不仅表示大型客轮的兴衰史，其他产业的发展动向也可以从中吸取经验和教训。其中，母板玻璃尺寸大型化的发展动向就应引以为戒。

在液晶显示器向多样化变化的过程中，过去 10 年间向计算机用途一边倒，从而要求母板玻璃向大型化发展的液晶显示器生产线，大概也会发生变化。对于显示屏尺寸仍然向大型化发展的电视用途来说，从提高投资生产性的观点，要求母板玻璃尺寸进一步扩大。

从另一方面讲，对于计算机及大量的便携用途，与过度要求基板大尺寸化相比，为提高显示器的性能，提高工艺精度显得更为重要。这其中也包括采用多晶硅工艺，2010 年初 CES 上平板计算机的大量展出，就是 LTPS 应用的最好说明。而且，为适应便携应用轻量、薄型的要求，玻璃基板的薄型化也会加速进行。

特别是，着眼于手机及便携终端等中小型显示屏，其画面尺寸从 2 型前后到 10 型以下，满足此要求的玻璃基板(母板)尺寸，从第 2 代到第 4 代就足够了。对于上述这些用途，人们正在千方百计地挖掘现有生产线的潜力。如图 10-24 所示，玻璃基板(母板)在向大型化发展的同时，更加适应多用途要求。

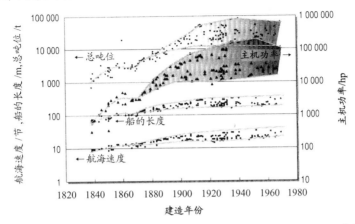

相对于航海速度和船长度的增加而言，总吨位和主机功率的增加(大型化)速度更快。特别是，随着时代的进展，船与船之间的总吨位之差变大，而主机功率之差变得更大。也就是说，应目的不同，渡轮不断向多样化的方向发展。

图 10-23　横渡大西洋大型客轮的发展史(1hp=745.700W)

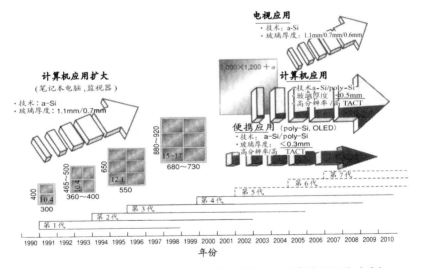

今后，为适应多样化用途的需求，会越来越多地采用各种不同玻璃基板尺寸的生产线。图中玻璃基板的代，是依据SEMI PCS-FPD Forum Phase-IV发展指南委员会讨论时的尺寸划分的。第6代以后出现的时间有比图中所示更早的倾向，但玻璃尺寸多样化的趋势没有变化

图 10-24　玻璃基板(母板)在向大型化发展的同时，更加适应多用途要求

　　即使对于需要大尺寸玻璃基板(母板)的液晶电视生产线来说，面对玻璃基板大型化的潮流，不能人云亦云，需要慎重对待。

　　图 10-25 表示玻璃基板(母板)大型化发展预测——对未来的警示。玻璃基板(母板)大型化的理论依据是建立在 20 世纪大批量生产基础之上的。随着基板尺寸

增加(2008 年已开始建设第 10 代生产线)，必须面对表 10-3 所列出的所有问题。如图 10-25 右边几条曲线所示，考虑到受供需不平衡(从而导致晶周期)冲击的增大、对环境负荷的加重、技术难度的加大、进一步还有装置市场规模的缩小等多种因素的影响，大型玻璃基板生产线能否达到预期效益，需要经过市场的检验。尽管竞争实力极强的跨国公司正着手建设第 10 代，甚至第 11、12 代生产线(图 8-2 及 12.3.2.1 小节)，但竞争力不是很强的企业万不可将希望寄托于梦想中的巨大市场而盲目先行投资。

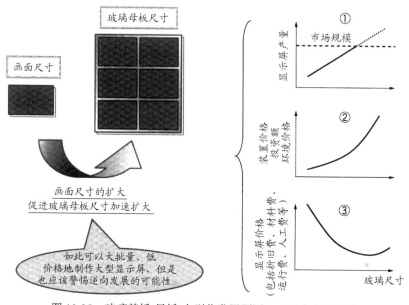

图 10-25　玻璃基板(母板)大型化发展预测——对未来的警示

10.6　关于玻璃基板(母板)尺寸的标准化

标准化程度是衡量一个产业成熟与否的标志。众所周知，时至今日整个液晶显示器产业的标准化程度还相当低，包括玻璃基板尺寸、液晶屏幕尺寸等在内的主要指标都还未实现标准化。为什么液晶显示器产业的标准化程度是如此低且进展缓慢，其发展前景又是如何呢？下面做简要介绍和分析。

10.6.1　标准化的理想和限制

标准化无论对供应产品的厂商还是对使用产品的用户都有好处。对前者的好处主要有：① 能向更广阔的市场提供服务和产品；② 对用户标准可确保可靠性，从而促进市场扩大；③ 即使在作为零部件供应、服务(商)方面，也可创造富有竞争力的市场;④ 利用已形成的外部供应网络,可即时获得派生的服务和制品需求信息。

另一方面,标准化对使用产品的用户的好处是:① 可以从多个提供服务、制品的厂商中,选择更符合自己要求的供货商;② 随着市场扩大,可获得更廉价的服务和制品;③ 利用通用化的配套市场,容易获得完备的配套设备和装置。

实现玻璃基板尺寸的标准化,一直是液晶业界的强烈要求。但从实际情况看来,装置制造厂商及提供重要部件(如玻璃基板、彩色滤光片等)的供应厂商与作为用户使用这些装置及部件的显示屏厂商之间,观点并不一致。换句话说,对于上面列出的标准化的一般性优点并不完全认同。

用户一侧对标准化最为期待的,是上述好处的第②项,即随着市场扩大,可获得更廉价的服务和制品。但从图 10-14 所示,显示屏尺寸以 1 型之差展开竞争的现状来看,若依靠基板标准化达到屏尺寸扩大及面取数维持的目的,显然受到限制,以此作为发展战略,难以为企业所接受。目前的情况是,在市场不断扩大的进展中,为了在画面尺寸扩大的竞争中取胜,对于各厂商来说,比标准化更重要的自然是保持各自的差别化。在现实玻璃基板尺寸扩大加速、每一世代的寿命(维持时间)变短、显示屏尺寸以 1 型之差扩大竞争的情况下,比标准化更为迫切的是充分利用每一世代玻璃基板尺寸扩大的机会,成功表演"面取数魔术",即通过增加面取数,提高生产性(效率),以充分保持每个厂商各自的特色。

目前,玻璃基板尺寸已成为显示屏厂商与对手竞争的手段和道具,即为了通过画面尺寸的差别化,确保投资生产性(效率)的优势,玻璃基板尺寸正以"毫米之差"进行扩大竞争。以通过"最终产品的竞争力",实现竞争优势。

10.6.2 装置厂商默认非标准化的现实

相对于显示屏幕厂商将玻璃基板尺寸作为有别于其他厂商的差别化竞争手段而言,装置厂商、关键部件及材料厂商从提高开发和生产效率考虑一直强烈希望标准化。对于装置厂商、关键部件及材料厂商而言,如果能实现玻璃基板尺寸的标准化,则有可能做到装置设计、装置制造工程乃至玻璃制造工程等的一元化,由此带来的好处不言而喻。这无论对于担负向企业提供制造装置的装置厂商来讲,还是对于担负提供玻璃基板的玻璃基板制造厂商及担负提供彩色滤光片的滤色膜厂商来讲,假设玻璃基板尺寸如同半导体硅圆片那样实现标准化,前面谈到的标准化的两点一般性好处(① 能向更广阔的市场提供服务和产品;② 对用户标准可确保可靠性,从而促进市场扩大)就可以直接转化为厂商的现实利益。

虽然这么说,来自装置厂商及关键部件及材料厂商的相反观点也是存在的。这是因为,关于玻璃基板尺寸扩大的竞争,不仅是显示屏幕厂商,装置厂商、关键部件及材料厂商也要参与其中。相对于显示屏厂商所要求的玻璃基板尺寸"以毫米为单位"的扩大,装置厂商、关键部件及材料厂商要确保比竞争对手更早一步拿到订单,捷足先登。其结果是,装置厂商不仅默认非标准化的现实,而且对于显示屏厂商所要求的玻璃基板尺寸"以毫米为单位"的扩大,是暗中使劲,苦练内功,以比对手先行一步的战略参与竞争。这便是为什么即使同一世代玻璃基板,尺寸也各不相同的背景。

到目前为止,玻璃基板尺寸仍未实现标准化。今后玻璃基板尺寸能否实现标准化仍无定论。鉴于显示屏厂商仍然以画面尺寸(包括对角线尺寸、宽高比等)作为参与竞争的差别化手段和道具,玻璃基板尺寸今后继续"以毫米为单位"扩大竞争的可能性极高。但为了探究今后实现标准化的可能性,首先应该考查作为显示器件的液晶显示器的特性,正是液晶显示器的特性才是决定玻璃基板(母板)尺寸能否实现标准化的根源。

10.6.3 已实现标准化的显示规格也在不断进展中

液晶显示屏画面上所显示的信息量,如图 10-6 所示,一般是由显示面积和总比特数二者共同来表示。而构成总比特数的像素数及灰阶数,已经由数字式的显示规格(display format)所决定,目前的竞争正沿着这种规格进行。

关于像素数的标准,最早源于 1987 年 IBM 发表的 VGA 规格(在 DOS/V 机型上搭载),而后也于 1991 年前后达到实用化的笔记本电脑中作为标准规格而采用。所谓 VGA 规格,是在与早期电视画面 4:3 宽高比相同的画面上,对应 1:1 的像素,针对 16 点(可表示的)日本语假名,具有可表示 40 字×30 行的 640×480 个像素的信息量。此后,还是 IBM 提出 XGA 规格(1 024×768)。由此,以 XGA 为基础,人们又提出画像数继续扩大的各种规格。而从事新型液晶屏开发、制造的所有厂商和相关者,均沿着上述规格,继续展开竞争。尽管近年来针对液晶电视的宽画面液晶屏不断涌现,但均未脱离由 VGA 开始,以计算机用途扩展,并已为广泛接受的显示规格(display format)。

另一方面,对于电视用途来说,各国的电视播放都已设定标准。以日本为例,目前设定有 5 种规格(图 4-49)。以此为基础,HD 电视、full HD 甚至 super HD 都会在上述显示规格中达到实用化。

即使对于便携用途的小型画面来说,也都正在采用 CIF、QCIF 等世界通用的电视信号标准(format)。近年来,随着信息量增加,可以显示计算机用规格 VGA 四分之一信息量的 QVGA 也已达到实用化。

面向上述各种用途的标准化的显示规格(display format)如第 9 章表 9-1 所示。

灰阶数的进展也与此相类似,从当初的 4bit 开始实用化,现在已达到 8bit 以上。第 4 章表 4-5 表示驱动器的比特数与显示灰阶数以及由 RGB 决定的彩色数的关系。可以看出,作为显示器显示信息量关键要素的总比特数(像素数×灰阶数),

一直沿着规格化的台阶，展开扩大竞争。

10.6.4　显示屏幕画面尺寸能否实现标准化?

在笔记本电脑推广阶段，作为显示信息量另一个要素的画面尺寸，先后按 10.4 型、11.3 型、12.1 型、13.3 型、14.1 型、……大致以 1 英寸的间隔展开竞争。小数点以下的数值，是由像素数(显示规格(display format))和像素的设计(像素尺寸四舍五入)二者共同决定的最佳值。

构成总比特数的像素数和灰阶数，由于模块组装的要求，作为下一道工序的界面必须实现通用(标准)化，需要有明确的定义。与之相对，画面尺寸作为人–机界面(man-machine interface)，其大小似乎没有严格定义的必要，经常听到"至少是多大"、"尽可能要多大"这些模糊概念。显示屏大小属于"模拟式"的，原因在于用户是人，不需要像机器零件那样精密装配。

在大型液晶电视推广前，液晶显示器的主要应用是替换 CRT。而 CRT 的画面尺寸也是"模拟式"的，大小不一，各种规格共存。而且，CRT 难以做到像液晶这样的高精细度。用户选购时，画面大小几乎是唯一指标。因此，以替换 CRT 为目的的液晶，也必然以画面大小作为主要指标。既然用户一般将具有"模拟式"特征的画面尺寸作为第一选择指标，如图 10-14 所示，显示屏厂商都是以 1 英寸之差作为差别化的竞争手段，并将其提升到战略高度。其结果，导致上游玻璃基板尺寸的扩大竞争。

近年来，随着液晶电视性能(包括亮度、对比度、视角、响应速度、色再现性、电力消耗及环境保护等)的提高和价格的下降，用户的选择标准日趋多样化，但作为表征显示信息量指针的总比特数和画面尺寸仍然是最主要的选择指标。正因为如此，显示屏画面尺寸能否实现严格意义上的标准化，目前仍难下定论。

第 11 章　各类平板显示器的最新进展

11.1　等离子平板显示器——PDP

11.1.1　等离子电视的发展概况

11.1.1.1　PDP 的最大优势在于大画面

1. 从家庭用电视到业务用显示器，应用范围极广

PDP(plasma display panel，等离子平板显示器)的最大优势在于大画面。同布劳恩管大型化极限为 36 型相比，更大尺寸的画面都不在话下，而且能实现薄型化、轻量化。即使同已成为竞争对手的液晶屏相比，目前看来，作为 50 型以上的大画面显示器，PDP 无论在技术上还是价格上仍占有优势。

PDP 因其所具有的高画质、易于实现大尺寸的特征，已广泛应用于各种不同领域和场合。例如，作为应用制品，除了家庭用电视之外，还广泛用于业务用显示器，包括公共场所(车站、空港等)的信息发布板、店铺的广告宣传板、展览会的信息公示板等，如图 11-1 所示。

客厅，起居室

店铺大堂

陈列室，展览厅

图 11-1　PDP 广泛用于各种不同领域和场合

2. 在薄型大画面电视领域，同液晶的竞争更加激烈

在薄型大画面电视的市场竞争中，液晶电视近年来在高性能方面取得进展，由于在作为传统液晶显示器弱项的视角、响应速度等方面获得明显改良，在性能上已达到与 PDP 电视不相上下的水平。因此，PDP 电视在市场销售中比之液晶电视具有价格优势的竞争领域，已从前几年的 40~50 型转移到 50 型以上，估计今后还会向更大尺寸的领域转移。图 11-2 表示松下电器产业开发的世界最大的 103 型 PDP[①]。

松下电器产业于 2006 年 1 月 5 日发表世界最大的 103 型全高清(full HD)PDP 电视(在美国拉斯维加斯举办的 2006 年 International CES 上参考展出)。此前，韩国三星电子的 102 型为世界最大。顺便指出，本书执笔当时液晶电视的世界最大尺寸为 LG Philips 的 100 型

103 型全高清等离子显示屏 (PDP)

照片提供：松下电器产业

● 主要参数

尺寸（宽高比）	103V 型(16：9)
像素数	207 万像素(水平 1 920×垂直 1 080)
像素尺寸	1.182mm×1.182mm
画面有效尺寸	宽：2 269.4mm 高：1 276.6mm 对角线：2 603.8mm
对比度（周围无光）	3 000：1

图 11-2　松下电器产业开发的世界最大 103 型 PDP

PDP 电视在大尺寸领域正被液晶迎头赶上，与之相反，PDP 电视在小尺寸领域也对液晶展开攻势，即使在 40~50 型以下，PDP 电视也正与液晶电视展开竞争。PDP 中一个一个像素从原理上讲如同荧光灯，因此难以实现微细化，一般认为，50 型以下难以实现全高清(full HD)。但是，最近富士通日立等离子显示器公司不是针对 50 型而是针对 42 型，在世界上最初(2005 年 12 月 7 日)发表全高清制品等，这表明"PDP 在小尺寸画面难以实现高精细化"这一问题正在克服之中。

11.1.1.2　PDP 的特长得以充分发挥

采用 PDP 的等离子电视的最大特点是易于实现薄型化。如图 11-3 所示，与传统的 CRT(cathod ray tube，阴极射线管，布劳恩管)电视相比，由于等离子电视

---

① 2008 年 1 月初，在美国拉斯维加斯举办的国际消费类电子产品展览会(CES)上，松下展出最新研制成功的 150 型高清等离子电视。这是迄今为止同类产品中的世界尺寸之最，像素数高达 884 万。与此同时，松下还展示出一款 42 型的面板，电能消耗只有原来的 1/2，但亮度不变。还有一款超薄的 50 型面板，厚度不到 1 英寸。

夏普公司在 2007 年初展示出 108 型全高清(full HD)TFT LCD 电视，计划于 2008 年推向市场。夏普于 2008 年初展示的 65 型超薄液晶电视，厚度只有 1 英寸多一点，重量较现有机型轻 23%。

这表明，在未来大屏幕超薄电视市场，竞争将异常激烈。

薄型、量轻(图 11-3(a))、易于实现大尺寸(图 11-3(b)、结构简单、便于设计、款式新颖等，近几年内，在家电市场上显得格外靓丽。

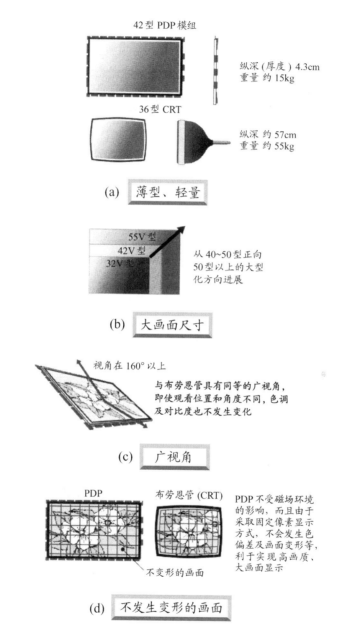

图 11-3　PDP 等离子电视与传统 CRT 电视的对比

　　PDP 为主动发光型显示器，因此 PDP 电视更容易实现高亮度和高对比度。而且与普通液晶型相比[①]，等离子电视从上下左右广阔范围都能看到清晰的画面。显示图像的对比度、亮度、彩色等画面质量都随观视角度不同而变化，人的感觉可以接受的角度范围定义为视角(参照表 4-6)。PDP 无论在水平方向还是垂直方向的视角都可达到 160°以上(图 11-3(c))，因此具有广视角特性。

同 LCD 一样，PDP 也属于点矩阵扫描型固定像素[②]的显示方式(图 11-3(d))，不像 CRT 那样易出现画面跳动、彩色错乱、图像变形等，这对于大尺寸、高画质显示来说是至关重要的。

目前电视信号正在向 BS 数字式高清晰度播放[③]的转型过程中，对高画质、大尺寸显示的要求越来越高，恰逢此时，等离子电视的市场不断扩大。

总的说来，等离子电视的优势是薄型，大画面，自发光型，彩色丰富(与 CRT 相比)，大视角，便于众多观众同时观看，响应快，具有存储特性，全数字化工作，受磁场影响小，无须磁屏蔽等。基于这些优点，其应用领域逐渐扩展。

11.1.2　PDP 的基本结构和工作原理

等离子体放电产生的紫外线照射荧光体而发射出不同颜色的光，观众从等离子电视看到的画面，正是由这些光组合而成的。等离子体发光 PDP 的每一个像素同家用荧光管灯的工作原理完全相同，只是前者的尺寸极小，而且是大量并排工作而已。

11.1.2.1　PDP 的发光源于等离子体放电

图 11-4 表示荧光灯、PDP、布劳恩管(CRT)的发光原理及彼此的区别。与 CRT 由电子束照射荧光体而使其发光的方式不同，PDP 与荧光管等相同，是通过等离子体[④]放电而发光的。

如图 11-5 所示，等离子平板显示屏由前(相对于观众而言)玻璃基板和后玻璃基板构成，前玻璃基板中布置有显示电极(包括扫描/维持电极，维持电极)，后玻璃基板中布置有数据(选址)电极。后玻璃内侧由一个个的障壁分隔为数百万个放电胞，放电胞内壁和底部分别涂覆发红(red, R)、绿(green, G)、蓝(blue, B)三原色

---

① 近年来 TFT LCD 的显示特性，包括亮度、对比度、视角、响应速度等取得突飞猛进的进展，市场上液晶电视的视角有的宣称已达 180°。

② PDP 靠具有固定像素的显示画面而发光，属于固定像素面发光的显示器。与之相对，CRT 显示器靠电子束对荧光面进行点顺序扫描照射，致使照射区域发光，因此为非固定像素发光方式。

③ 与原来电视播放的扫描线 525 条相对，BS 数字式高清晰度播放采用 1 125 条扫描线而实现高清晰度(high definition, HD)、高画质播放。

④ 等离子体(plasma)是电子从原子离脱出而形成的气体状态。通过温度升高的热及外加电压等，使围绕原子核旋转的电子从原子脱离，而形成由离子(正电荷)、电子(负电荷)、原子相混合的电离气体状态。等离子体一般伴有特定的发光，如氙(Xe)等离子体为蓝紫色，氖(Ne)等离子体为粉红色等。

光的荧光体。真空放电胞中封入 Ne(氖)和 Xe(氙)，或 He(氦)和 Xe 组成的混合惰性气体。在上述显示电极和数据电极间施加电压，引起气体放电。

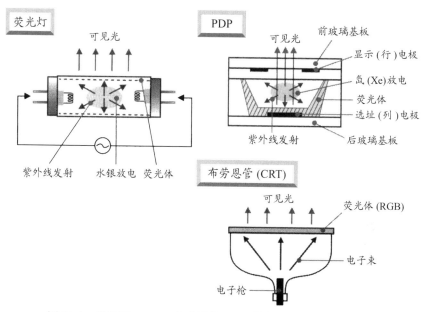

图 11-4　荧光灯、PDP、布劳恩管(CRT)的发光原理及彼此的区别

　　在气体放电状态下，气体原子被离化为离子(正电荷)和电子(负电荷)，并构成等离子体状态。等离子体状态下的离子和电子发生复合，由激发态恢复到基态过程中放出能量，并以紫外线的形式向外发射。紫外线照射涂覆于放电胞内壁及底部的红、绿、蓝荧光体，由荧光体发射出相应颜色的可见光。三原色巧妙地混合，对于观看者来说，产生丰富多彩的颜色并构成动态画面。

11.1.2.2　等离子电视的工作原理

　　彩色等离子电视的每一个显示单元——像素，由红、绿、蓝三个亚像素构成，图 11-6 为一个像素的结构示意。将数百万个 RGB 三原色对应的非常小的放电胞(即亚像素)按 X 行 Y 列排成矩阵状(节距为 0.5~1mm，目前有的已达到 0.1~0.2mm)，布满整个屏面。位于前玻璃基板的行电极(显示电极，包括扫描–维持电极、维持电极)在屏面横向施加电压；位于后玻璃基板的列电极(数据电极，又称信号电极或选址电极)在屏面纵向施加电压。像素在外加电压作用下发光，由此构成一个彩色画面。

　　下面分析其中一个像素(严格地讲是一个亚像素)发光的工作原理(图 11-7)。

　　显示像素的选择，与液晶显示器等所采用的方法完全相同，在希望显示的像素位置的矩阵交点,通过数据(列)电极和显示(行)电极,由控制电路施加电压。被选择的各像素在数据电极和显示电极所加电压作用下,产生等离子体放电。顺便指出,显示电极由扫描-维持电极和维持电极两个电极构成。

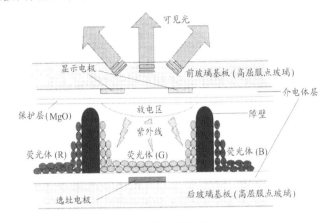

(a) PDP 的工作原理

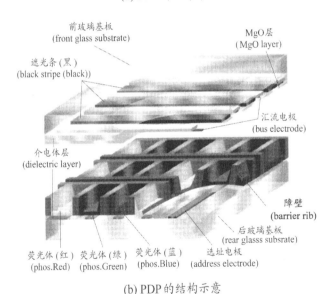

(b) PDP 的结构示意

图 11-5　PDP 的工作原理及结构示意

　　显示电极中的扫描-维持电极,除用来选择所希望的像素外,还同维持电极一起,控制、维持该像素的等离子体发光。

　　显示电极中的维持电极,同扫描-维持电极一起,控制、维持像素的等离子体发光。

　　各个电极的作用如图 11-7 所示,现结合放电过程说明如下。

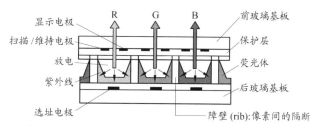

（实际上，显示电极与选址电极的位置是相互正交布置的）

当在一对显示电极间施加电压时，由玻璃基板和障壁所围的空间中产生放电并发生紫外线，该紫外线照射荧光体，发出所需要的光

图 11-6　PDP 像素的放大图

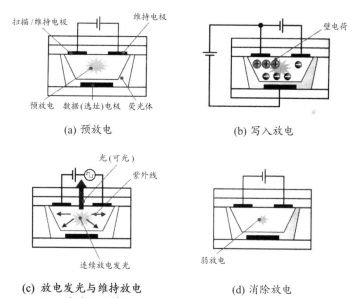

(a) 预放电

(b) 写入放电

(c) 放电发光与维持放电
(显示亮度的维持)

(d) 消除放电

图 11-7　PDP 等离子体放电的工作原理

1. 预放电——激活像素(亚像素)内的电子

在显示电极的扫描-维持电极和维持电极之间施加电压，强制性地使像素(亚像素)胞中发生预放电(图 11-7(a))。PDP 可以看成是由大量微小荧光灯集合而成的。因此，为使这些微小荧光灯稳定地发光，需要像荧光灯起辉器(glow-lamp)所起的

作用那样，产生预放电。

2. 写入放电——选择需要发光像素的数据(选址)电极

通过在需要发光像素的扫描–维持电极与数据(选址)电极之间施加电压，使其放电，在需要发光的放电胞(像素)中形成壁电荷(图11-7(b))。

3. 放电发光与维持放电(显示亮度的维持)——发生放电发光(产生紫外线)；持续发光，维持像素的持续显示状态

在扫描–维持电极与维持电极之间交互施加电压极性(正或负)变化的 AC 电压(脉冲电压)，使其发生稳定的表面发光放电(图11-7(c))。在这种情况下，依两电极施加脉冲大小(体现为脉冲频率)的不同，以使亮度发生变化。脉冲数越多，发光次数增加，则亮度越高。因此，通过控制每个像素上施加的脉冲数目，即可获得所定像素的显示亮度。

4. 消除放电——为显示下一个画面，消除像素内的壁电荷

为了消除现存的壁电荷，需要在显示电极的扫描–维持电极与维持电极之间施加相对较低的电压，使该胞中产生弱放电，以消除存在于像素内的壁电荷(图11-7(d))。这样做的结果，使曾发生放电显示的像素与不曾发生放电显示的像素双方，壁电荷达到相同的状态，使之恢复到像素选择前同一条件下的初始状态。

11.1.3 等离子电视的显示屏构造及驱动电路

PDP 是由数百万个产生等离子体放电的极小荧光灯按矩阵状排列而构成的。这些荧光灯是在间距为一百至数百微米的两块玻璃基板之间由障壁间隔而形成的，其在像素数据(电压)的驱动下而产生要显示的画面。

11.1.3.1 显示屏的基本构造

等离子电视的显示屏，是将极小的荧光灯(放电胞，其数量因显示屏尺寸及图像分辨率等画质要求不同而异)，即像素(节距一般为 0.5~1mm)，按矩阵状布置在间隔为一百至数百微米的两块玻璃基板之间而形成的。例如，图像分辨率等级为 XGA 的显示屏有 1 024×768 个像素，而 RGB 亚像素的数量是其 3 倍，因此共计有 1 024×768×3=235 万个(亚)像素。在每个像素对应的放电胞中，封入 Ne+Xe 或 He+Xe 等混合气体，混合气体的成分及压力等均属于各个公司的技术秘密。在各个放电胞的内侧分别涂覆 R、G、B 三原色荧光体。

上述产生等离子体放电发光的数以百万计的放电胞，是在发光表面一侧的前玻璃基板(内设显示电极，内表面覆以介质层和 MgO 保护膜)和后玻璃基板(内设数据电极)之间，以障壁作为间隔(隔断)而形成的。图 11-8 给出 PDP 的基本构造实例(参照图 11-5)。

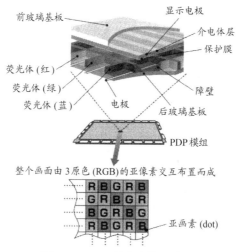

图 11-8　PDP 的基本构造实例

11.1.3.2　等离子电视的回路构成

等离子电视的电子回路主要由用于 PDP 像素显示的"图像驱动回路"和将利用电波等受信的基本高频信号变换为 PDP 驱动用数字信号的"逻辑控制回路"构成。在图像驱动回路中，保持各像素显示(色调、亮度)的维持(sustain)回路占了回路的一大半。由于 PDP 为面显示，为对各像素进行高压驱动，还要设置用于图像数据维持用的存储器等，因此需要数量庞大的电路元器件。图 11-9 给出等离子电视的回路构成实例及灰阶显示方法。

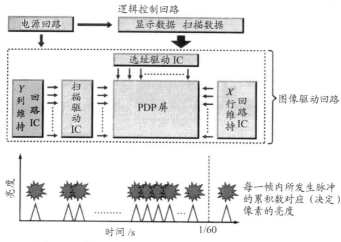

图 11-9　等离子电视的回路构成实例及灰阶显示方法

11.1.3.3　PDP 的灰阶显示决定于发光脉冲数

在液晶显示器中,各像素(cell)的发光量(光透射率控制)是利用模拟电路(如电压值的大小)加以控制,因此比较容易实现灰阶显示。但是,PDP 是发光/非发光的二值显示,因此不能用模拟电路来控制。因此,对于 PDP 来说,基本上是利用在一定时间(通常是 1/60 s)内各像素(cell)的发光时间(发光脉冲数)累积实现灰阶显示(图 11-9)。

11.1.4　PDP 的制作技术及关键材料

PDP 屏的制造工程可分为如图 11-10 所示的四个大的工程,下面对其流程做简要介绍。

11.1.4.1　玻璃基板和前面板的制造

1. 玻璃基板

等离子平板显示器(plasma display panel, PDP)中,承载像素(放电胞)等各种部材的玻璃基板占构成材料的一大半。在玻璃基板(2~3mm 厚)中,应 PDP 电视大型化、高精细化的要求,正采用耐热性优良的高软化点玻璃。由这种玻璃基板按前面板工程、后面板工程所要求的尺寸进行切割。在后面板上还要加工用于真空排气、气体封入的孔。

2. 前面板工程

首先,要形成等离子体放电所需要的显示电极,为使发光透射,显示电极必须采用透明电极(ITO 等)。其次,与透明电极的一部分重叠,还要形成汇流(总线)电极(由金属膜构成的辅助电极)。电极做成之后还要形成电极保护及等离子体放电维持(存储功能)用的介电体层。最后,还要形成表面保护膜。

11.1.4.2　后面板制造和 PDP 屏组装工程

1. 后面板工程

首先由 Ag、Cr/Cu/Cr、Al 等金属材料形成选址电极。接着,为对选址电极进行电流控制并防止绝缘破坏的保护,还要形成介电体层。而后,为了在前面板和后面板之间形成放电空间,要形成障壁(rib,高 100~150μm)。该障壁还具有防止RGB 三色荧光体亚像素之间发生干涉(从而造成混色)的功能。障壁的形成现在主要采用喷砂(sand blast)法和光刻(photolithography)法。而后,在障壁的壁面、底面由涂布法形成均匀一致的荧光体层。为保证后面板与前面板贴合、固定及气体封入后的密封,要由低熔点玻璃在后面板上形成封接层。

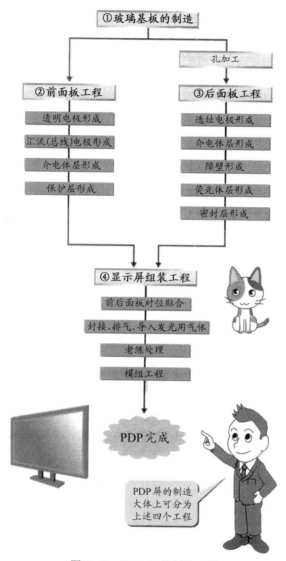

图 11-10　PDP 屏的制造工程

2. PDP 屏组装工程

将经过前工程的前面板和后面板进行高精度地对位贴合，而后再度烧成，使封接玻璃熔化以进行封接。接着，在排除屏内的大气之后导入 PDP 发光用的气体，最终完成封接密封。为达到 PDP 初期放电特性、初期发光特性稳定化的目的，密封好的屏要经过老练处理(长时间的发光确认)。完成的屏进行检查合格后，经模块工程与搭载半导体元器件的驱动回路基板相连接，最终制成 PDP 屏。

11.1.4.3 关键材料

图 11-11 给出普通 AC 型 PDP 的构成材料及功能。主要构成材料有：① 玻璃基板材料；② 透明电极材料；③ 汇流电极材料；④ 选址(数据)电极材料；⑤ 介电体材料；⑥ 保护膜材料；⑦ 障壁材料；⑧ 荧光体材料等。关于这些材料及形成方法的详细介绍请参阅作者 2001 年编著的《电子显示》一书。下面针对目前 PDP 构成材料遇到的问题和最新进展做简要介绍。

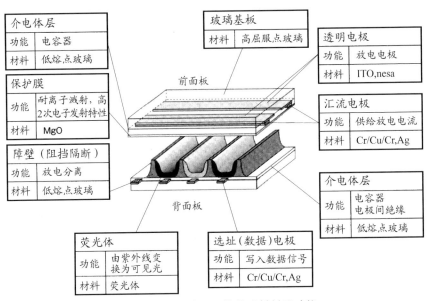

图 11-11　AC 型 PDP 的构成材料及功能

1. 如何适应无铅化

为保护环境，推进电子产品的无害化，欧盟(EU)于 2003 年 2 月 13 日正式发布 WEEE(Waste Electrical and Electronic Equipment，废弃电器电子设备)及 RoHS(the Restriction of the use of certain Hazardous Substances in electrical and electric equipment，在电器电子设备中禁止使用某些有害物质)指令，并于 2006 年 7 月 1 日起作为法令正式执行。其中 RoHS 指令明令禁用铅(Pb, 1 000ppm)、汞(Hg, 1 000ppm)、镉(Cd, 100ppm)、六价铬(Cr^{6+}, 1 000ppm)、多溴联苯(PBB, polybrominated biphenyl, 1 000ppm)、多溴二苯醚(PBDE, polybrominated diphenyl ether, 1 000ppm)等 6 种有害物质。随着世界范围内环保规制的严格化，有害物质的名单还会扩大。

对于含有 RoHS 法令禁用的有害物质，但目前完全禁用在技术上相当困难的某些制品和部件，目前作为豁免对象而暂时不受 RoHS 法令制约。例如，PDP 及液晶屏玻璃基板中所含的 Pb 等。但是，RoHS 法令规定每 3 年对其所涵盖的内容做一次补充和修正，即使现在被豁免，说不定哪一天成为禁用对象。

PDP 要做到完全无铅化，技术上难度很大。因此，2006 年 7 月欧盟正式执行的 RoHS 法令，将 PDP 作为豁免用途，对其所含的 Pb 未加特殊限制。但松下电器产业率先自律，于同年 11 月宣布，其所有机型(140 个)实现了无铅化。尽管也有与之竞争的厂商，但批量生产的所有机型全部实现无铅化的，目前只有松下电器产业一家。

在传统的 PDP 中，大体上讲，下述六类场所都含有 Pb：① 玻璃封接料；② 隔离亚像素的黑条；③ 汇流电极；④ 前面板的介电体层；⑤ 后面板的介电体层；⑥ 偶电极玻璃料。在这些位置所使用的材料已完全由含铋(Bi)玻璃所代替。

铅玻璃的软化点范围宽，可以在比较低的温度下烧成，而且，即使在高温烧成时，也显示稳定的特性，透射率高，具有与玻璃基板相接近的热膨胀系数等，作为最优秀的材料而广为采用。现有几种无铅玻璃在软化点范围、透射率及热膨胀系数等方面都存在一些问题，难以简单地替换。例如，铋(Bi)玻璃就存在软化点范围过窄的缺点。

松下电器产业通过加入添加剂，成功地抑制了 Bi 玻璃的不稳定性，解决了这种无铅玻璃的软化点范围过窄问题；在 PDP 制作工艺流程中，前面板按汇流电极→介电体层→封接玻璃层的顺序烧成，在无铅材料的选择上，可保证后一道工程的烧结温度比前一道的要低。松下电器产业依靠这些独自开发的技术，成功地推出环保型且在性能方面世界领先的超薄 PDP 电视产品。

2. 保护层材料的开发

PDP 的保护层(参照图 11-5、图 11-6)材料，与 PDP 的下述性能密切相关：① 维持电压的低电压化→降低功耗；② 更宽的放电电压裕量 —→ 降低维持电压及提高长期工作的稳定性；③ 耐溅射特性 —→ 长寿命化；④ 高透射特性→高发光效率等。正因为保护层材料如此重要，因此从 PDP 开发的当初，对保护层材料的研究开发就一直着力进行中。

先锋公司通过在 MgO 保护层上形成如图 11-12(a)所示的晶体发射层(crystal emissive layer, CEL)，成功实现如图 11-12(b)所示，将放电延迟缩短为原来 1/10 左右的效果。通过形成一层 CEL 而缩短放电延迟，有可能实现单扫描(single scan)驱动，并可进一步提高对比度。其结果如图 11-12(c)和表 11-1 所示，放电胞的大小即使由原来的 0.286mm×0.808mm 缩小至 0.121mm×0.575mm，仍可保持与原来同等的发光效率，采用同等大小的 50 型画面，对比度明显改善，而且能实现全高清(full HD)显示。

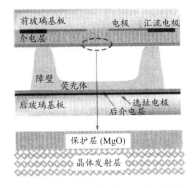

(a) 设置 CEL 层的 PDP 概略图

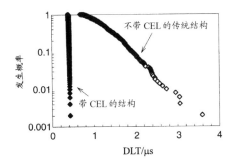

(b) 带 CEL 的 PDP 与传统 PDP 放电延迟的对比

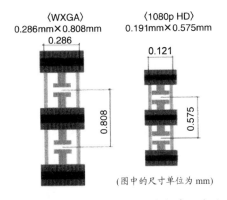

(c) 带 CEL 的 PDP 与传统 PDP 放电胞尺寸的对比

图 11-12　先锋公司开发的设置 CEL 层的 PDP 结构及 CEL 层的效果

表 11-1　带 CEL 层的 PDP 与传统 PDP 的对比

项目	传统的 50 型 WXGA	带 CEL 层的 50 型 1080p-HD
像素数	1 280(H)×768(V)	1 920(H)×1 080(V)
放电胞尺寸	0.286mm×0.808mm	0.121mm×0.575mm
发光效率	2.2 lm/W	1.81 lm/W

3. 玻璃基板及材料

(1) 玻璃基板应具备的特性

在 PDP 开发初期，制作玻璃基板所使用的是苏打石灰玻璃(因其断面呈海蓝色而称为青板玻璃)。但是，在 PDP 制程中，由于反复在 500~600℃内烧成，在热变形和热收缩等热稳定性方面往往会发生问题，因此迫切期待高屈服温度[①]玻璃；但从另一方面讲，制程中所使用的黏结剂玻璃等 PDP 构成材料都是配合苏打石灰玻璃而开发的，且一直沿用至今，因此希望采用的高屈服温度玻璃具有与苏打石灰玻璃相接近的热膨胀系数而且具有高绝缘性。

基于上述两点，从 20 世纪 90 年代起，几个玻璃厂商先后开发出与苏打石灰玻璃具有相同的热膨胀系数，但具有高屈服温度，并成功用于 PDP 基板的玻璃。

(2) 高屈服温度玻璃举例

表 11-2 以中央硝子最近开发的 CP 600V 型为例，给出高屈服温度玻璃与普通苏打石灰玻璃物性的对比。CP 600V 具有与苏打石灰玻璃基本相同的热膨胀系数，但屈服温度要高 70℃以上，而且体电阻率也比苏打石灰玻璃高 2~3 个数量级，绝缘性优秀，因此是适合于 PDP 基板的玻璃。

表 11-2　高屈服点玻璃与普通苏打石灰玻璃物性对比

项　目	CP 600V(中央硝子最近开发)	苏打石灰玻璃
密度/(g/cm³)	2.74	约 2.5
弹性模量/GPa	79	72
泊松比	0.24	0.23
热膨胀系数/(10^{-7}/℃)	85	85~90
屈服温度/℃	583	约 510
体电阻率 $\lg\rho$(250℃)/(Ω·cm)	9.6	7.2

CP 600V 的成分为 SiO_2-Al_2O_3-R_2O-R'O(R 代表碱金属，R'代表碱土金属)，基于资源和环境考虑，其中完全不含特殊成分及有害成分。

目前 PDP 电视市场上占主要份额的是超过 40 英寸的大型电视。因此，必须提供大面积玻璃。而且，为进行表面成膜及图形化等，要求不用研磨就能直接使用，为此对表面平坦度要求极高。此外，为满足市场急速扩大的需求，希望采用生产能力更高的制造方法。目前一般采用浮法制造，但为制作这种高屈服点玻璃，熔化、成形温度更高，对厚度及表面质量的控制更严格。

日本国内 PDP 玻璃基板厂商主要有旭硝子、Central 硝子、日本板硝子等公司。美国的 Corning 公司和法国的 Saint Gobain 公司也在联合进行 PDP 用玻璃基板的

---

① 材料发生不可恢复的塑性变形称之为屈服，对应的应力为屈服应力。当玻璃受高温时，由于热传导的不均匀性，在热应力作用下开始产生屈服时所对应的温度即屈服温度。

生产。

(3) PDP 用玻璃基板应解决的问题

1) 热收缩。所谓热收缩，是指加热过程中玻璃尺寸变小的现象。从概念上可以这样来理解，玻璃是非稳定状态，一旦被加热，由于结构弛豫而变得更致密，从而导致尺寸收缩。在这种情况下，弛豫速度同加热温度下玻璃的黏滞性(黏度)密切相关。高屈服点玻璃在热处理过程中的黏滞性(黏度)高，弛豫速度慢，从而热收缩小(图 11-13)。

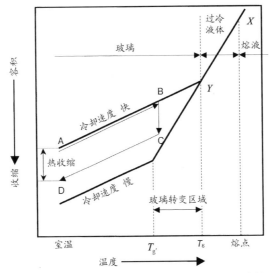

图 11-13 玻璃的容积与温度的关系——发生热收缩的原因

在 PDP 制作过程中，需要对经过多次热处理形成放电胞的后面板和形成电极图形的前面板进行对位贴合。尽管屏制作厂商可以按预先估计的收缩量形成图形，但如果每块基板的热收缩量参差不齐，则很难保证对位精度，造成贴合不良等。为提供热收缩量稳定的基板玻璃，必须对玻璃的制造条件严格管理。

最近，随着 PDP 向全高清(full HD)进展，需要像素进一步精细化，从而对热收缩的管理提出更高要求。

2) 黄变。PDP 中的金属电极多使用银。涂布银浆料的玻璃基板在加热时会变成黄色，这是由于浸入基板的银会以胶体(colloidal)析出，并对短波长的光发生散射所致，称这种现象为"黄变"。黄变严重时会造成短波长光的强度下降，有损于PDP 显示屏的显示质量。

从玻璃物性与组成关系看，Ag^+的扩散系数低、还原成分少的玻璃对抑制黄变效果较好。而且，即使玻璃成分相同，优化玻璃制作工艺也能有效抑制黄变的发生。

3) 提高强度防止破损。在 PDP 制造过程中，由于基板尺寸大，再加上基板玻璃的热膨胀系数较大，升降温多次反复，往往发生"热致破损"。在多数情况下，破损从边角发生。一般认为基板玻璃破损是在对玻璃进行处理、输送以及显示屏制程中，在基板端部引发的缺陷所造成的。

为防止破损发生，在提高基板玻璃强度的同时，需要将 PDP 玻璃基板端面加工成球面形。为防止带裂纹的玻璃及从破损玻璃掉落下来的玻璃碎屑、颗粒等对其他玻璃基板造成损伤，对玻璃基板的输送方法、加工处理方法等也要严加控制。

(4) PDP 用玻璃基板的薄型化

相对于液晶显示器中多采用厚度为 0.5~0.7mm(手机、数码相机用为 0.2~0.3mm)的超薄玻璃基板而言，PDP 中从开始就采用厚度为 2.8mm 的玻璃基板。

大型显示屏很重，移动及放置等都不太容易。作为显示屏轻量化的一环，人们正在探讨减轻玻璃基板厚度的可能性。对于 50 型的 PDP 来说，采用 2.8mm 厚的玻璃基板，前后面板贴合在一起的重量约为 12kg。如果玻璃基板的厚度减薄到 1/2，则重量减半。

从另一方面讲，若玻璃基板的厚度减薄，在 PDP 的制造工程中会发生玻璃基板变形等问题，必须严加注意。

例如，在加热工程中，玻璃基板的面内一旦出现温度不均匀，在某一时段内，玻璃基板会出现大的变形。当玻璃基板越薄时，在很小的温度差下，这种变形就会很大。为减小这种变形，需要严格调整加热条件，使玻璃基板的温度不均匀性降至最低。

而且，由于玻璃基板的厚度越薄，支撑基板时产生的挠度越大，故需要对设备及支撑方法等做必要的调整。

为保证薄型玻璃基板顺利通过 PDP 制程，玻璃厂商也应该预先利用计算机模拟等方法，一方面改进制造工艺，另一方面协助 PDP 制造厂商确定最佳工艺条件。

11.1.5　PDP 的产业化动向及发展前景

11.1.5.1　产业化及市场动向

直到 2006 年年中，在平板显示器市场，30 型以下为液晶电视，30 型以上为等离子电视。但是，由于液晶电视制造技术的飞跃进展，30 型以上大型领域，液晶电视无论在性能还是价格上，都达到与等离子电视一争高下的水平。到 2006 年年末，液晶电视在 40 型领域也展开与等离子电视的市场竞争。

图 11-14 表示等离子电视与液晶电视 $1m^2$ 价格从 2003 年到 2006 年第三季度变化的对比。在 2004 年一季度，等离子电视与液晶电视的价格之比为 2.5，而到 2006 年第三季度，二者的价格差几乎为零。对于大画面的 FPD 来说，PDP 制作

成本低的绝对优势保持到 2004 年。此后液晶电视的降价速度明显高于等离子电视。随着等离子电视的价格优势逐渐消失，在 40 型左右的大尺寸领域，液晶电视与等离子电视的市场占有率竞争空前加剧(最近的竞争请见 11.1.9 节)。

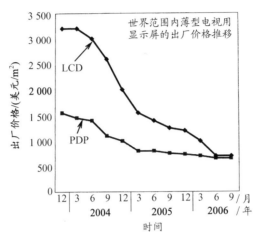

图 11-14　等离子电视与液晶电视价格变化的对比

图 11-15 表示 2006 年度世界几大 PDP 厂商出厂台数所占份额。中国台湾地区曾涉足 PDP 制造，但几年前已全部撤出。据称中国台湾地区的设备及技术机密(know-how)等已转移到中国内地。目前印度也正在开展 PDP 的开发。不过，目前从事等离子电视批量生产并提供商品的厂商只有日本的三家，韩国的两家。

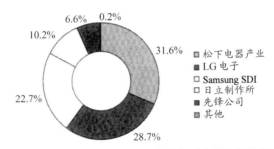

图 11-15　2006 年 PDP 按出厂台数各厂商所占的份额

11.1.5.2　PDP 产业界的应对措施

1. 采用大型玻璃基板生产线

随着大尺寸领域液晶电视与等离子电视竞争的加剧，对 PDP 的显示质量和制作成本提出更高要求，主要表现在 VGA 级的需求下降，HD 级乃至 full HD 级的需求增加，以及采用效率更高的制作技术等。从 2006 年下半年起，采用 40 型×6

面取/8 面取等的大型生产线将是提高竞争力的关键。

采用大型基板生产线进行 42 型 HD 级的生产,曾因成品率低下及掩模制造等会成为整个制程的瓶颈,因此一直未能推广。这些问题的解决将大大提高等离子电视的竞争力。

2. 进一步提高等离子电视的性能

等离子电视具有广视角、高响应速度、高亮度、高色纯度、高色再现性、高对比度度等优于液晶电视的优势,但在高精细度(高图像分辨率)、低功耗方面略逊液晶电视一畴。

采用 11.1.6 节将要介绍的各种新技术,等离子电视的性能不断提高。从 2006 年初起,全高清(full HD)等离子电视已经面市,在高精细化方面取得突出进展。表 11-3、表 11-4 给出富士通日立等离子显示器公司推出的 HD ALIS 屏与 42 型 full HD ALIS 屏特性参数的对比。

表 11-3　HD ALIS 屏的特性参数

项　目	42V 型	37V 型
有效画面尺寸(水平×垂直)/(mm×mm)	922×524	814×448
总像素数 (水平×垂直)	111 万 (1 024×1 080)	111 万 (1 027×1 080)
宽高比	16:9	16:9
像素节距(水平×垂直)/(mm×mm)	0.9(0.30×3)×0.49	0.8(0.27×3)×0.42
峰值亮度/(cd/m^2)	1 400	1 300

表 11-4　42 型 full HD ALIS 屏的特性参数

项　目	特性参数
有效画面尺寸(水平×垂直)/(mm×mm)	922×518
总像素数 (水平×垂直)	207 万(1 920×1 080)
宽高比	16:9
像素节距(水平×垂直)/(mm×mm)	0.48(0.16×3)×0.48
峰值亮度/(cd/m^2)	1 000
暗室对比度	3 000:1

采用华夫型障壁结构并使封入的氖气分压加大等,已使发光效率由原来的 1.8lm/W 提高到 2.2lm/W。由此,42 型等离子电视的功耗可降低到 288W,这比同等尺寸液晶电视的功耗还低。

研究开发目标是将发光效率由现在的 2.2lm/W 提高到 10lm/W(相对于荧光灯的发光效率 60~100lm/W,说不定仍有潜力可挖)。如此,也许能实现功耗为 50W 的等离子电视。不过,即使 PDP 自身的发光效率提得很高,但驱动电路等的功耗降低也并非容易做到。

3. 模块及封装工程向销售地转移加速

作为今后超薄电视投资战略的一环，FPD 模块及封装等后道工程正加速向销售地转移。这种产业转移的主要原因之一是关税方面的考虑，如果从外部向欧盟(EU)和中国内地等以电视制品或以将驱动系统、信号系统等部件组装好的模组形态输入，则要交纳 10% 以上的关税，而以零部件的形态输入则可以免除。原因之二是中国等销售地的劳动力资源丰富，适合发展模块及封装等劳动力密集型产业。

目前，韩国的 LG 电子和三星 SDI 两大 PDP 公司已在中国设立等离子电视的模组及封装工厂。今后，包括日系企业在内，也有可能在欧美等地设立类似的工厂。

4. 中国和印度企业的介入

中国台湾地区的 PDP 产业这几年逐渐终止，如 CPT、FPDC 的撤出，DDMC 产业筹划的停止等，但 2006 年末至 2007 年初又有重振旗鼓的动向。目前世界上新加入 PDP 产业的有印度的 Videocon 和中国的双虹两家公司。前者通过并购法国 Thomson 布劳恩管事业部、取得原 NEC 公司的玉川生产线，在印度建设 Anany 工厂，预定 2006 年 11 月批量生产，集中生产 50 型宽屏 XGA 产品。后者是由中国内地的大型电视厂商长虹(Changhong)和大型布劳恩管厂商彩虹(IRICO)共同设立的 PDP 模组生产厂商。批量生产据点设置在长虹的成都绵阳，预计 2008 年年末正式运行月产 20 万台(换算为 42 型)规模的多面取生产线。尽管 2008 年 5 月 12 日四川汶川 8 级大地震造成重大损失，但中国人的实力不可低估(详见 11.1.9 节)。

11.1.5.3　大画面薄型电视的价格比较

根据瑞穗(みずほ)证券公司汇总的资料，平均每台 40 型以上薄型电视需要向生产工厂的投资额，PDP 比之 LCD 仍然较低，说明前者的投资效率更佳。

而且，从屏模块价格比较，PDP 由机电厂商内制化比例高，而且与屏相比，回路部件所占比例大，通过实现系统 LSI 化等，价格下降的空间更大些。相比而言，因 LCD 模块中屏需要外部供货的部件多，与回路部件相比，所占的价格比例也高，还受制约于原材料供需平衡等，价格削减的不稳定因素较多。总而言之，若按目前的情况，对于 40 型以上薄型电视来说，PDP 比之 LCD 在价格上仍处于优势。表 11-5、图 11-16 分别给出 LCD、PDP 屏投资效率及模组价格的比较。

表 11-5　LCD、PDP 屏投资效率比较

LCD 厂商	工厂名(玻璃基板世代，片数/月)	生产能力/万台	设备投资额/亿日元	平均每台的投资额/日元
夏普	龟山第一(第 6 代①，6 万片)	200	1 650	85 200
	龟山第二(第 8 代，9 万片)	750	3 500	46 667
S-LCD	牙山(第 7 代，7.5 万片)	500	2 100	42 000
LG Philips	坡州(第 7.5 代，9 万片)	850	5 300	62 352
AUO	台中(第 7.5 代，6 万片)	550	3 000	54 545
PDP 厂商	工厂名(面板数/玻璃基板)	生产能力/万台	设备投资额/亿日元	平均每台的投资额/日元
松下电器	尼崎第一(切割 6 块)	300	950	31 667
	尼崎第二(切割 8 块)	600	1 800	30 000
富士通日立等离子显示器	二番馆	120	700	58 333
	三番馆	240	850	35 417
LG 电子	龟尾 A3(切割 8 块)	192	660	34 375

注：LCD 换算为 45 型(但 7.5 代换算为 42 型)，PDP 换算为 42 型；

　　①玻璃基板按世代的大型化进展请见图 4-6、表 10-1、表 10-2 等。

资料来源：瑞穗(みずほ)证券エクイティ调查部(2006 年 1 月)。

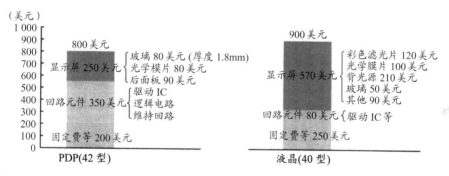

图 11-16　LCD、PDP 模组的价格比较(资料来源：瑞穗(みずほ)证券エクイティ调查部(2006 年 1 月))

11.1.6　不断进展中的各大公司的 PDP 技术

11.1.6.1　日新月异的 PDP 技术

在大型平板显示器市场，PDP 电视与液晶电视的竞争空前激烈。目前的 PDP 电视正从像素(放电胞)结构/荧光体材料(发光效率提高)、驱动半导体元器件/驱动方式等方面通盘考虑，进一步以高精细化、高画质和低功耗为目标，力争保持性能价格比的优势，争夺市场主导权。

11.1.6.2　富士通日立等离子显示器公司

1. TERES 驱动

为实现 PDP 像素(放电胞)的发光放电，作为驱动电压，通常需要加 160V 左右。TERES[①]驱动利用回路革新，可使驱动电压降低到原来的一半。如图 11-17 所示，驱动放电胞的 X 电极(X 行驱动回路)、Y 电极(Y 列驱动回路)各自所加的是正负相反的脉冲电压。这样，加于放电胞上的电压与过去等效，也是 160V，从而可实现通常的放电。由于 X、Y 各自回路的工作电压减半，致使回路构成简化，元器件的耐压要求也可降低，从而对电子回路的高品质化和低价格十分有利。

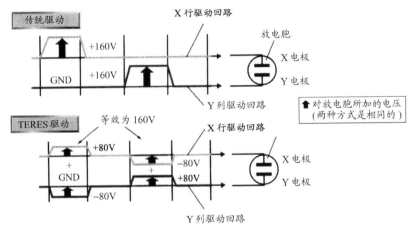

图 11-17　TERES 驱动方式(资料来源：富士通日立等离子显示器公司)

2. ALIS 方式

传统方式是在两对显示电极之间都要隔有一对不发光放电的电极，以便保持一定的间隔。而采用 ALIS[②]方式，是将发挥扫描、显示功能的上下所有显示电极按奇数线和偶数线进行时分隔显示，由其组合进行全画面显示(图 11-18)。也就是说，即使是过去非发光的区域，也加以利用进行显示，由于发光区域提高到 1.5 倍，从而可获得更高亮度；而且，即使采用相同构成的电极数，图像分辨率也是现行方式的两倍，故可实现高精细化。

3. Delta 障壁结构

图 11-19 所示的 Delta 障壁具有蜂窝状结构，由于障壁结构的弯曲，可使单元放电间隙面积增加，不放电间隙面积减小，上下障壁面的存在降低了放电区的光

---

① TERES(technology of reciprocal sustainer)——互补(反向脉冲加压)维持驱动技术。

② ALIS(alternate lightning of surfaces method)——表面交替发光方式。另外，在 ALIS 基础上进一步向大画面扩展的，还有称做 e-ALIS(extended ALIS)的技术。

电串扰。这些不仅可以实现高亮度(1 200cd/m^2)，而且达到了目前最高的发光效率(2.15lm/W)。上下单元专门备有通道，供排气充气中。采用这一结构可以不更改制造技术及电路驱动方式。但这种放电胞结构对前后基板对位、ITO 线条的精度、障壁与数据电极之间的对位有更高的要求。

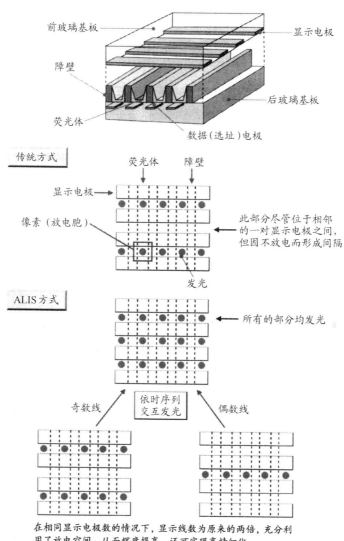

图 11-18　ALIS 方式

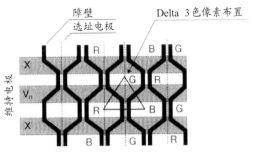

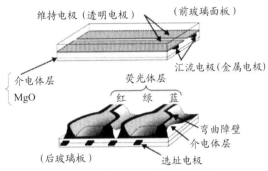

图 11-19 具有 Delta 型障壁结构的 PDP

11.1.6.3 松下电器产业(松下等离子显示器公司)

松下电器依仗其独立开发的非对称放电胞结构屏、真黑(real black)画面驱动方式、亚像素控制等技术，实现业界领先的高亮度、高画质 PDP。

1. 利用非对称放电胞结构实现 3 原色绝妙的发光平衡

在光的 3 原色 RGB 中，蓝(B)色的发光效率最低。因此，为获得人眼可见更加鲜艳逼真的彩色，应使蓝色的发光量增加，以达到 3 原色的发光平衡。然而，PDP 的亮度是由发光脉冲数决定的，因此，在保证亮度的前提下为实现高亮度的白光，需要在放电胞结构上采取措施，以改变 RGB 各自的发光强度。正是基于这种考虑，松下电器产业通过采用使红、绿、蓝放电胞尺寸比例微妙变化的非对称胞结构(图 11-20)，实现了 3 原色绝妙的发光平衡。利用这种方法，在提高亮度、对比度的同时，还可实现亮度很高的白色。

2. 真黑(real black)驱动方式

等离子电视显示黑色最为超群的理由，在于放电胞不发光即可实现黑。但对于实际的 PDP 来说，即使在黑画面时，胞中常常仍会有微弱电流流过。这是由于，若常态不处于预备放电状态，则不能进行瞬时的 ON 和 OFF 切换，从而不能产生动画的流动效果。为此，采用真黑(real black)驱动方式，在进一步减弱胞预备放电的基础上，每次放电完成之后，将胞内荧光体的发光抑制到最低限度，实现黑色真黑，从而实现整个画面更加庄重逼真、富于立体感的显示效果。

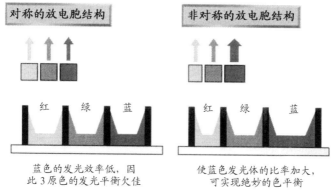

图 11-20　非对称放电胞结构

3. 亚像素控制技术

在 PDP 及液晶等电视中，一个像素(pixel)实际上是由 RGB 3 色的亚像素(subpixel)构成的。利用这种三色的混合来实现全色显示。所谓亚像素控制技术，不是以像素单位(3 点)而是以亚像素单位(1 点)进行轮廓修正的技术，进一步对显示的图像进行修饰，以提高图像的表现力。实际上，利用几何学上倾斜的轮廓显示等，可以获得边沿清晰、线条平滑无锯齿感、图像分辨率更高的图像(图 11-21)。

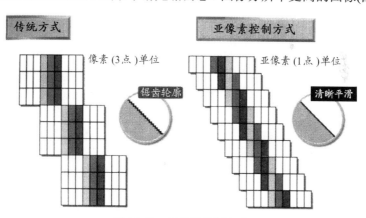

图 11-21　亚像素控制方式

11.1.6.4　先锋(先锋等离子显示器公司)

先锋公司于 2004 年 10 月将 NEC 等离子显示器公司收购。先锋公司除了自己开发的深华夫(deep Waffle)结构放电胞技术之外，还将 NEC 等离子显示器公司开发的 CCF 方式掌握于手中。

1. 并用彩色滤光片的 CCF 方式

从原理上讲，本来 PDP 是利用放电胞内部发生的紫外光照射涂布于内壁上的荧光体(RGB 3 色)，使其激发而产生可见光的。但是，通过在其前面发光侧并用彩色滤光片(彩色滤光膜或彩色滤光胶囊)，即采用 CCF 方式(图 11-22)，可使色纯度提高，进一步改善画质。激发发光经过彩色滤光片，进行色纯度修正，以实现鲜艳逼真的图像显示；与此同时，可抑制等离子体特有的由氖气放电所发出的不需要的橙光，从而获得更高的色纯度。另外，通过在障壁之上追加黑条(black strip)层，还可使外光的映入大幅度降低。

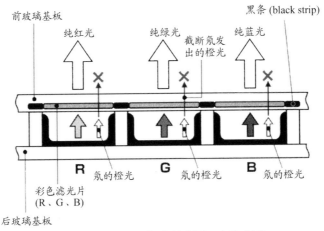

图 11-22　CCF 方式(资料来源：先锋公司)

2. 提高发光效率的深华夫(deep Waffle)结构

先锋公司通过将传统条状(strip)结构的障壁改为方格状(井字形)华夫(Waffle，蜂窝)结构的障壁(图 11-23)，以防止胞与胞之间的干涉(相邻胞之间的漏光)，实现了高效率的发光亮度。最近，在上述华夫结构障壁的基础上，进一步采用具有更深放电胞的深华夫(deep Waffle)结构障壁技术(图 11-24)，以扩大等离子体放电区域，大幅度提高了发光效率(紫外光的发光量)。

表 11-6 对日本目前的 PDP 三大公司采用的革新技术进行了汇总。

图 11-25 表示 PDP 的开发目标、课题和正在开发中的技术。从目前的市场需求看，相对于画面质量的提高而言，降低功率消耗和降低价格更为迫切。而且，降低环境负荷，采用环境友好型材料和工艺是中期开发的核心。

现行工厂使用的基板主要是适应最大 42 型屏 6 面取约 1.3m×2.7m 的规格，估计今后会逐渐扩大。但由于 PDP 的总价格中屏价格所占的比例不像 LCD 那么高，因此，除了基板大型化之外，采用什么制造技术，采用什么零部件、元器件、材料等更为重要。

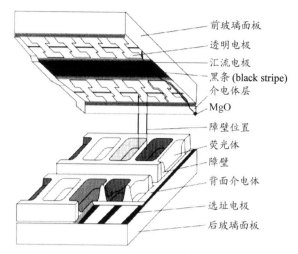

前玻璃面板
透明电极
汇流电极
黑条 (black stripe)
介电体层
MgO
障壁位置
荧光体
障壁
背面介电体
选址电极
后玻璃面板

图 11-23　具有华夫(Waffle)型障壁结构的 PDP

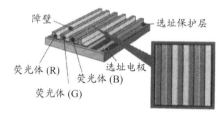

障壁
选址保护层
荧光体 (R)　荧光体 (B)
荧光体 (G)
选址电极

条状障壁的胞结构

采用这种方式,应该向屏前方发出的光,也会沿障壁向着相邻的上下胞方向串光

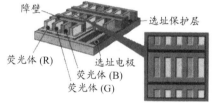

障壁
选址保护层
荧光体 (R)
荧光体 (B)
荧光体 (G)
选址电极

华夫障壁的胞结构

由于每个胞自成一体,可防止向周围串光,从而可提高向屏前方的发光量

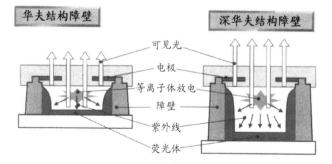

华夫结构障壁　　　**深华夫结构障壁**

可见光
电极
等离子体放电
障壁
紫外线
荧光体

华夫结构的沟槽再加深,从而荧光体的面积增加,可使发光量进一步提高

图 11-24　深华夫(deep Waffle)障壁构造(资料来源: 先锋公司)

表 11-6　日本生产 PDP 的三大公司革新技术汇总

公司 \ 革新技术	器件结构		驱动及控制		技术及材料	
	结构	特点	方法	特点	技术	关键部件及材料
富士通日立等离子显示器公司(FHP)	ALIS(表面交替发光)结构及进一步向大尺寸发展的 e-ALIS 结构	行电极等间距按奇偶分左右二边引出 特点:结构简单,开口率高1.5倍,亮度高1倍,电极数不变时分辨率高1倍	ALIS(表面交替发光)驱动及进一步向大画面发展的 e-ALIS 驱动方式	分二场,第一场奇数行与下方偶数行放电发光,第二场偶数行与下方奇数行放电发光 特点:IC 数量与普通法相同,结构简单,但开口率、亮度、分辨率均明显提高	大尺寸玻璃基板及相关技术	埋入转写障壁,直雕障壁,电镀沉积汇流电极
	Delta 障壁结构	弯曲障壁使放电胞呈蜂窝状,减少光电串扰,提高发光效率和亮度。但对上、下基板对位及线条精度有更高要求	TERES(互补反向脉冲加压维持)驱动技术	X、Y 电极悬浮,同时各自外加正负相反的 80V 脉冲 特点:电压降一半,功耗降低、成本减半。元器件的耐压要求可降低,利于电子回路的高品质化和降低价格	2005 年 12 月 7 日发布世界最初 full HD 对应的 42 型 PDP 模组	
松下电器产业(松下等离子显示器公司)	非对称 RGB 放电胞结构	实现三原色绝妙的发光平衡,在提高辉度、对比度的同时,可获得高亮度白色	Plasma AI(自适应亮度增强)技术	根据平均信号电平,决定最佳子场配置和维持脉冲数 特点:峰值亮度增加一倍,但功耗不增加。在低显示率的情况下,也能获得高亮度	大尺寸玻璃基板及相关技术	无铅化 2006 年 11 月宣布所有机型 (140 个) 全部实现无铅化
	Delta 障壁结构	弯曲障壁使放电胞呈蜂窝状,减少光电串扰,提高发光效率和亮度。但对上、下基板对位、线条精度有更高要求	亚像素控制技术	不是以像素单位(3 点)而是以亚像素单位(1 点)进行轮廓修正 特点:可获得边沿清晰、线条平滑无锯齿感,分辨率更高的图像	2006 年 1 月 5 日发表当时世界最大 103 型全高清 (full HD) 型 PDP 电视	
	无 ITO 栅栏电极	特点:色温高,技术简单,可降低成本	Real black(真黑)驱动方式	用斜坡电压产生预放电 特点:极高对比度度		

续表

革新技术 公司	器件结构		驱动及控制		技术及材料	
	结构	特点	方法	特点	技术	关键部件及材料
先锋(先锋等离子显示器公司)	CCF(包封式彩色滤光片)方式	光经过彩色滤光胶囊,进行色纯度修正,可实现鲜明逼真的图像显示,减少外光映入,提高显示效率	CLEAR(一场一次引火)驱动技术	亮场集中在前部,暗场集中在后部,最后一子场都为 ON 特点:对比度高,擦写稳定,功率小,不产生伪轮廓	大尺寸玻璃基板及相关技术	高 Xe 浓度提高发光效率、亮度,降低功耗
	T 型电极及华夫(Waffle)、深华夫障壁结构	防止胞与胞之间的光电串扰,实现高效率的发光亮度。深华夫障壁结构扩大等离子体放电区域,大幅提高发光效率和亮度	ALE(峰值亮度增强)技术	根据平均亮度水平,提高暗背景下峰值亮度 特点:峰值亮度高	直贴彩色滤光片强化耐冲击性,增加综合功能,替代原来的彩色滤光片基板	高纯度CEL(晶体发射层)减低放电延迟,利于高速驱动

① 各公司均采用三电极表面放电结构、寻址与显示分离(ADS)驱动(富士通拥有专利)。

② 先锋公司于 2004 年 10 月将 NEC 等离子显示器公司收购,从而将后者开发的 CCF 方式掌握于手中。

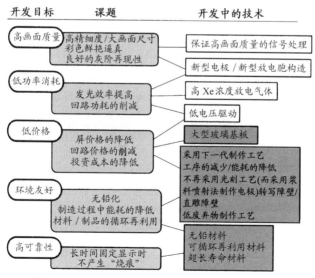

图 11-25　PDP 的开发目标、课题和开发中的技术

11.1.6.5　PDP 结构开发的最新进展

在 PDP 的结构方面，除了上述的非对称放电胞及华夫、深华夫结构，近年来未发现重大的变革。目前正在开发但仍未达到实用化的主要有三星 SDI 等正在开发的 MARI 电极、首尔大学等正在开发的 Delta 型障壁结构及则武(ノリタケ)公司等正在开发的水平对向型电极方式。

1. MARI 电极方式

MARI 电极方式是利用长间隙维持(sustain)电极，使放电发生在正光柱区域的方式，目的在于改善 PDP 的发光效率。目前市售的 PDP 均为表面放电方式，若将这种结构改造成为可在正光柱区域放电，需要加长放电间隙，实现起来很困难。但通过对维持电极采取措施，实现了长间隙电极结构。图 11-26 表示三星 SDI 开发的 MARI 电极 PDP 与原来型 PDP 的结构比较。

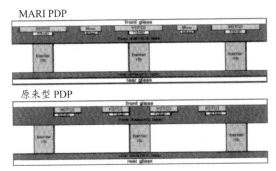

图 11-26　三星 SDI 开发的 MARI 电极 PDP 与原来型 PDP 结构的比较

图 11-27 是由计算机模拟得到的 MARI 电极方式中放电间隙中间所设电极的效果，显示即使采用长间隙也可实现稳定的放电，由此提供 MARI 电极方式高发光效率的佐证。

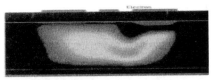

(a) 中间(M)电极作为阳极而起作用

(b) X 和 Y 电极共用

图 11-27　由计算机模拟得到的 MARI 电极方式中放电间隙中间所设电极的效果

　　但是 MRAI 电极提高发光效率的效果在全高清(full HD)屏中并未达到预想目标,看来还需要同其他结构(如下面介绍的 Delta 型障壁结构)相组合。

　　2. Delta 型障壁结构

　　采用富士通研究所和三菱电机开发的 Delta 型障壁(图 11-19),可获得 3lm/W 级的发光效率。但是,目前要低价格地制作 Delta 型障壁是相当困难的。

　　三星 SDI 与首尔大学的 Wang 教授共同进行了具有 Delta 障壁 PDP 的基础研究,试制成 42 型 PDP。利用 Wang 教授试制的涂布绿色荧光体的小型试验屏,达到 6.9lm/W 的发光效率。

　　采用 Delta 型障壁获得高发光效率的理由,如图 11-28 所示由红外线图像检出装置观测到的结果所示,在具有相同精细度的 Delta 型障壁的屏结构中,可涂布荧光体的面积同条型障壁和华夫型障壁的情况相比,扩大 60%左右。而且,为实现全高清(full HD),障壁尺寸必须减小。利用条形障壁或华夫型障壁,如果障壁间隔太窄,由放电引发的离子碰撞障壁加剧,致使发光效率下降。如图 11-28 所示,采用 Delta 型障壁,即使在高精细化的情况下,离子碰撞障壁的比例也较小,从而这也是获得高发光效率的理由之一。

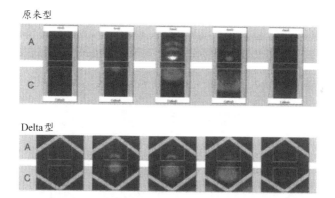

图 11-28　由红外线图像检出装置观测到的 Delta 型障壁与原来型障壁放电发生经过的比较

　　3. 则武(ノリタケ)公司的水平对向电极方式

　　则武公司试制了采用图 11-29(a)所示水平对向电极结构的 PDP。如图 11-29(b)所示,相对于水平方向维持电极来说,通过使数据电极上所加的脉冲电压时间发生 0.5s 左右的延迟,可使发光效率提高到 4.3lm/W。

　　尽管采用则武方式的电极结构获得了 4.3lm/W 的发光效率,但将这种结构用于大型高精细化电视,似乎还处于初级阶段。

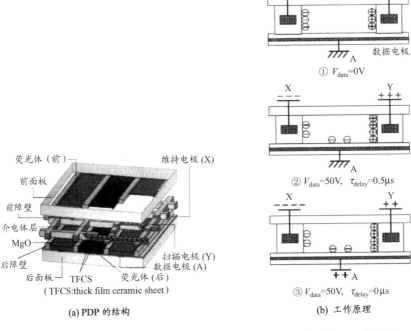

图 11-29　则武(ノリタケ)公司的水平对向电极方式 PDP 的结构及工作原理

11.1.7　PDP 电视在全高清(full HD)制品开发中的竞争激烈

11.1.7.1　全高清 PDP 电视开发的必要性

PDP 在面向 40~50 型以上大画面显示，及对应高清晰度(high-vision，HD)播放的数字电视等是十分得意的领域。相反，对于小型化来说，由于像素本身是由微小荧光灯构成，通过微细化实现高图像分辨率是相当难的。但是，在高图像分辨率方面十分得意的液晶电视，作为全高清(full HD)制品，近年来已成功打入 40~50 型电视领域，如此发展下去，抢占 60 型以上大型化领域的市场也不在话下。迫于这种形势，PDP 电视阵营也不示弱，正从后院(40~50 型甚至更小)对液晶阵营发起反击。由此，在 40~50 型高图像分辨率显示对应的全高清(full HD)制品开发的竞争空前激烈。

11.1.7.2　PDP 难于实现小型化的理由

一般对于 PDP 屏来说，如果像素(放电胞)尺寸加大，则亮度提高，但像素数减少从而图像分辨率下降。相反，为增加图像分辨率若使像素变小，则发光放电量变小从而亮度下降。若再进一步减小像素，除了亮度过低之外，放电延迟还会加大，这使小型化的困难进一步增加。图 11-30 是全高清(full HD)与高清晰度(HD)关于像素的比较。

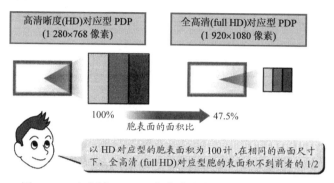

图 11-30　全高清(full HD)与高清晰度(HD)关于像素的比较

11.1.7.3　各大公司在全高清 PDP 电视领域的竞争

1. 松下电器产业(松下等离子显示器公司)

松下电器产业正式推出等离子电视"VIERA"系列产品。2005 年 8 月发表日本最早的 full HD 65 型等离子电视"TH-65 PX 500"，并在 CEATEC JAPAN 2005(2005 年 10 月 4 日)会场上展出。而且，在同一会场上还展出 full HD 50 型参考制品，该制品是在原来发表的 full HD 65 型 PDP 屏的基础上，进一步对屏的开口率及驱动回路加以改良，通过障壁构造及像素微细加工技术的开发而实现的。以像素尺寸做对比，原来 50V 型 HD 屏为 0.81mm×0.81mm，而 full HD 65 型屏为 0.576mm×0.576mm。另外，在 International CES(2006 年 1 月 4 日)，松下电器产业(松下等离子显示器公司)还发表了当时世界最大 103 型 full HD 型的 PDP 电视。

2. 先锋(先锋等离子显示器公司)

先锋在 CEATEC JAPAN 2005 展示出开发的 full HD 50 型制品。通过在屏内形成新开发的薄膜层(高纯度晶体发射层，即表 11-6 中所述的 CEL(crystal emissive layer)，抑制了亮度低下及放电特性延迟(迟慢)等，成功地实现了小型化。这种高纯度晶体发射层(CEL)，是在前面板的保护膜层上新设的氧化物材料层，由于其可放出紫外线及电子，作为新的紫外光的发生源，而使发光效率提高。而且，通过本制品的开发，使发光效率提高到 2.2lm/W，实现大幅度降低功耗的目的。

3. 日立制作所(富士通日立等离子显示器公司)

富士通日立等离子显示器公司在小型化方面开发出世界最初 full HD 对应的 42 型 PDP 模组(2005 年 12 月 7 日)。在技术上是将该公司 ALIS 方式的优越性进一步改良，同其他公司 42 型级的 XGA 显示规格相比，像素数约达 2.6 倍，计 207 万像素。量产于 2007 年春实现。

11.1.8 PDP 电视的最新技术动向

11.1.8.1 对 PDP 电视的研究开发重点

虽然松下于 2008 年初在 CES 上展示的 150 型高清等离子电视使同行为之一振，但近年来液晶电视向大尺寸的扩展加上其性能的飞速提高，特别是价格的大幅度下降，以及索尼于同年正式将 11 型 OLED 电视推向市场，都对 PDP 电视的继续发展提出严重的挑战。

目前，对于 PDP 电视来说，人们关注的研究开发重点主要集中在以下几个方面：

1) 为了实现 50 型超高清(super HD)的 4k2k，即 4 096×2 160 像素(dot)，需要实现放电胞的精细化，在这种情况下，要确保与原来同等的亮度及发光效率，必须开展提高画质的基础研究；

2) 为适应世界范围内绿色环保节能的要求，对于 PDP 电视来说，降低电能消耗是当务之急；

3) 为适应近几年在世界范围内出现的 FPD 降价风潮，需要进行低成本化的研究开发。

以下针对上述几个方面做简要介绍，其中针对 PDP 的最新技术动向，汇总了 2009 年 CES 等会议上所发表的成果等。

11.1.8.2 高精细化的同时实现高画质

现在 50 型全高清(full HD)PDP 的放电胞节距为 0.19mm。如果按其大小实现超高清(super HD)，则需要放电胞节距 0.1mm 情况下应与 0.19mm 情况下实现同等程度的亮度及发光效率。为此，人们正在努力开发即使在窄节距情况下也能维持高发光效率的技术。

作为代表性的研究，下面介绍 NHK 技术研究所已取得的研究成果。

图 11-31 表示试制的 PDP 的结构，其中图 11-31(a)为俯视图，图 11-31(b)为断面构造图。图 11-32 表示放电胞节距从 0.22mm 到 0.10mm 变化时，在 4 个典型值下，维持电压及放电电流的变化关系。表 11-7 中列出这些数值。从上述结果可以确认，在 0.11mm 放电胞节距时只要维持电压提高 20V，即可达到与 0.22mm 放电胞节距时几乎相同或更高的亮度和发光效率。

如果能实现该论文所表述的 0.1mm 节距 50 型的 PDP，则有可能制成 100 型的超高清(super HD)PDP。当然，该论文完全是基于由单个胞制成的放电胞得出的结果。实际上，具有表 11-7 中第一栏所示性能的 50 型屏，即是实现 4 096×2 160

个像素的超高分辨率 PDP 所必需的。今后，为了实现这一目标，除了材料和制作
工艺技术之外，驱动方式的实用化也是亟待解决的问题。

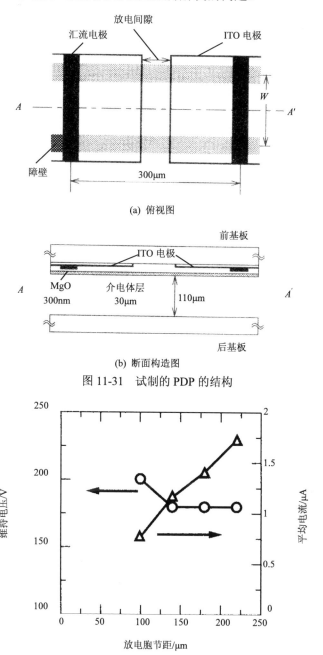

(a) 俯视图

(b) 断面构造图

图 11-31   试制的 PDP 的结构

图 11-32   维持电压及平均电流与放电胞节距间的关系

表 11-7　测定的条件

放电胞节距 W/mm	0.10	0.14	0.18	0.22
维持电压/V	200	180	180	180
平均电流密度/(mA/cm^2)	4.56	4.71	4.95	4.85

11.1.8.3　降低电能消耗

在 2008 年举办的几个 FPD 展览会上，展示 PDP 电视的各厂商都宣称已经将电能消耗降低到 2/3。当向参展商请教降低电能消耗的成功经验时，他们的回答异口同声，惊人地相似："对 PDP 的构成材料及驱动方式都进行少许改良，积少成多，其综合效果就能达到降低电能消耗的目的。"实际上，这种回答最难仿效。

对降低电能消耗产生重要影响的构成材料主要是保护层材料及荧光体材料。根据气体放电的基础理论，受离子轰击如果从阴极的保护层表面发射的 2 次电子(γ-电子)数多，则在较低的电压下便可开始、并维持放电。由于保护层材料决定着放电开始电压，因此，它是降低电能消耗的最主要影响因素。

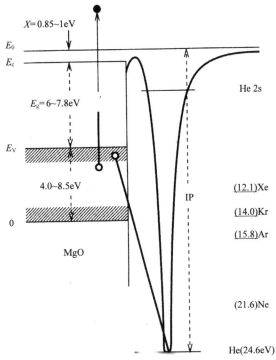

图 11-33　轰击 MgO 的离子的基态能级与 Auger

MgO 作为保护层材料具有优良的特性，自发现以来，至今一直在使用。但是，由于 PDP 的优越性乃至今后的出路在于大画面，发展至今，为实现低电能消耗，人们正在寻找性能超越 MgO 的保护层材料。特别地，为实现高亮度、高发光效率而封入的放电混合气体中 Xe 的比率高时，如图 11-33 中能带图所表示的那样，电子从 MgO 的价带向 Xe 的基态能级(12.1eV)迁移时，能量差小。获得与该能量差相当而被激发并向真空中发射的 2 次电子数少(图 11-34)，其结果，亮度和发光效率都较低。

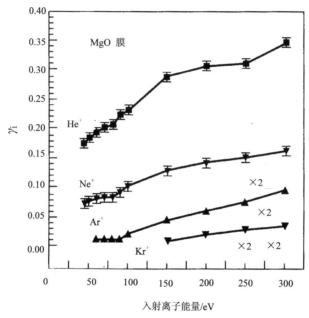

图 11-34　MgO 的 γ_i 及与各种离子相关的中和过程

如图 11-33 所示的那样，如果保护层材料的能带间隙 E_g 比 MgO 的更窄，则与 Xe 的基态能级间的能量差变大，因此，通过 Auger 中和，向真空激发放出的 2 次电子数变多。若以受离子轰击的 2 次电子放出系数 γ_i 更大作为寻找保护层材料的指针，则最近作为保护层材料的带隙(E_g)更窄的 SrO 等材料受到关注。按 E_g 的大小，有 MgO>CaO>SrO 的次序，而氙离子轰击下这些材料的 γ_i 的大小与上述次序正好相反，按放电开始电压大小有 MgO>CaO>SrO。因此，有人试制了以 SrO 作为保护层材料的 PDP。

首尔大学的 Whang 教授以 SrO 作为保护层材料试制了 PDP 屏，并与采用 MgO 的情况进行了比较，其结果如图 11-35 所示。从图中可以看出，采用 SrO 的与采用 MgO 的情况相比，前者在较低的维持电压下，就可获得高亮度和高发光效率。但是，这并不能说明 E_g 窄的材料好，而可按由于引起 Auger 中和过程的保护层材料的 E_g 与离子的基态能级之间相组合来解释，这一点非常重要。进一步，除了 γ_i 与 E_g 之间并无那样强的相关性之外，能带间隙 E_g 变窄时，绝缘电阻会变低。这样，势必在放电时造成保护层材料上保持的壁电荷量低，存储裕量(memory margin)窄，致使驱动条件变得更为严格。有人自 1980 年起就基于实现低电压驱动的目的，专注于 SrO+CaO 保护层材料的研究，至今未取得实用性结果，大概也是基于同样的理由吧！

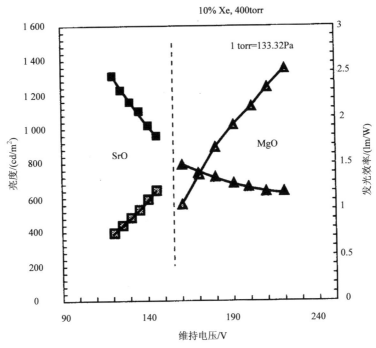

图 11-35　以 MgO 和 SrO 作阴极所试制 PDP 的亮度及发光效率与维持电压间的关系

11.1.8.4　提高对比度

由于可替代 MgO 而直接用于保护层材料的探索遇到困难，人们通过在 MgO 中掺杂杂质而降低驱动电压的方向上进行新的保护层材料的开发，其中 Samsung SDI 及 LG 一直在进行这方面的试验。在 PDP 的研究开发领域，向 MgO 中进行杂质掺杂只是借用了半导体杂质掺杂的名词。与半导体物理中一般所使用的，杂质掺杂量相对于母体来说仅为 $1/10^6$ 而言，对于 PDP 来说，MgO 中掺入的杂质量一般在 1/10~1/100，因此，与其说是杂质，还不如说是形成化合物更为确切。

到目前为止，一方面是对 MgO 加以改良，以达到降低放电及维持电压，以及缩短放电统计延迟，提高对比度的目的；另一方面是通过在 MgO 中掺杂杂质，以达到同样的目的。这两方面的研究开发都在进行之中。

关于前者，是由先锋开发的采用高纯度晶体层(CEL)的方式，由此，放电统计延迟时间有可能降低到以前的 1/10，显示黑时的亮度可降低到原来的 1/5，对比度得到明显改善。

关于放电延迟时间，可分为形成延迟和统计延迟两种。所谓放电统计延迟，是与保护层的阴极面在受离子轰击停止后，从阴极表面继续放出电子相关联。由于离子轰击停止后还会继续放出电子，在 PDP 中发现这种现象的当初，曾称这种电子为"外来电子"(exo electron)。"外来电子"本来是在切削金属表面时及晶体原子崩落时所发生的现象。PDP 中离子轰击停止后继续放出电子的现象之所以被命名为"外来电子"，足见人们当时对这种现象理解不深，臆想这种电子像幽灵那样或隐或现。

最近，Samsung 和松下在过去工作的基础上，正在对放电统计延迟现象做进一步的测定和考察。Samsung SDI 的 Choi 等人通过使表面温度上升，进而使壁电荷消除的光电子放出测量结果，测定了 MgO 中掺杂材料的杂质能级。松下的 Yoshino 等人在由壁电荷维持壁电位的情况下，考察了对放电统计延迟的影响。由于这两个测定结果是更早进行的，随着人们对放电统计延迟的正确理解，人们正在期待进一步实现低电压化及低电能消耗。

11.1.8.5　PDP 今后的发展

目前，日本的 PDP 厂商只剩下松下一家。继 2009 年 CES 之后，与日本 PDP 产业相关的话语权，非松下莫属。松下现已发布的最新 PDP 主要在下述性能方面有明显改善：

1) 显示黑时的性能改善；
2) 对比度的进一步提高；
3) 电能消耗减少 1/2。

众所周知，通过采用 LED 背光源，液晶电视的电能消耗向着更低的方向发展。但是，采用 LED 背光源系统，除了必须以廉价的单个 LED 上市为前提之外，当在 LCD 电视中装上 LED 背光源时，LED 的亮度和色度的经时变化需要随时调整，价格降低和技术开发都需要时间。

对于 PDP 来说，目标主要集中于荧光材料和保护层材料的开发。通过这些关键材料及驱动方式等的综合研究开发，人们对进一步提高 PDP 的性能，特别是降低电能消耗，寄以厚望。

11.1.9　中国内地的 PDP 电视产业正在做大做强

11.1.9.1　逆流而上

近一两年，世界 PDP 业界有两件事最令人注目：一是日本的富士通日立和先锋先后宣布退出 PDP 阵营，这样，曾经是世界 PDP 产业最强的日本，现只剩下松下等离子显示器一家；二是中国的长虹逆流而上，大举加入世界 PDP 电视行列。这样，在世界范围内就形成日本松下，韩国三星 SDI、LG 电子，中国长虹四家相争的格局。

上述一出一进形成强烈的反差，令常人难以理解。

之所以说长虹是逆流而上，主要基于下述理由。

1) 若干年前，世界上涉足 PDP 的企业很多，仅日本就有日立、富士通、NEC、先锋、松下、东丽等。其中先锋(Pioneer)公司以 PDP 电视开发的先头部队于 1997 年在业界率先将 50 英寸型高精细电视(HD 电视)推向市场(当时售价为 250 万日元)，作为下一代电视技术开发的先驱，对业界起到牵引和推动作用，并于 2004 年收购 NEC 等离子显示器公司等，以积极进取的姿态投入开发。但当时松下及日立也同样进行设备投资，从 2004 年日本国内等离子电视的市场占有率看，先锋已屈居松下、索尼、日立等之后。像先锋这样的技术先驱，在开拓市场的同时还必须拼死搏斗，最后以失败退场的例子，正充分反映了数字家电世界的残酷竞争现实。

2) 若干年前 PDP 可以实现大型屏的优势，近几年已被 TFT LCD 迅速赶上。PDP 能，而 LCD 不能的尺寸界限，开始是 32 型，后来是 37 型、40 型，今天直到 52 型、65 型、108 型，TFT LCD 实现大型屏在技术上已无任何障碍。

3) 原来 PDP 电视相对于 TFT LCD 电视价格较低的优势越来越小，在 40 型以下普通家庭常用的领域，二者的价格甚至发生逆转。尽管 TFT LCD 所用基础材料和加工部件的品种多、数量大，其价格占总成本的 60%~70%，但相对于 PDP 和 OLED 而言，TFT LCD 用基础材料和加工部件的通用性更高，厂商自主开发的余地更大，竞争更激烈，更容易优化。特别是，近年来简约工艺的采用致使其降价的空间更大。

4) 原来 TFT LCD 在用于家用电视性能方面的劣势，如视角小、响应速度慢、色再现性差等，由于其自身的迅速改进，已完全达到可接受的水平。而除了原有优势，如图像分辨率高、轻量薄型、电能消耗小、驱动电压低之外，TFT LCD 容易实现触控屏(直接的人机对话)、容易实现 3D 显示以及挠性化等，意味着 TFT LCD 仍有巨大的应用空间和发展潜力。

5) 相反，PDP 电视的缺点，如图像分辨率低(目前是 HD，目标是 full HD；而 TFT LCD 正从 full HD 向 super HD 进展)、电能消耗大、气体放电会产生电磁辐射等，正成为人们攻击的重点。

在这种形势下，长虹敢于逆流而上，作者佩服他们的勇气和胆量，但同时也为他们捏一把汗。

在国内外一些专家的讲演以及某些科研项目(特别是 OLED)的申请报告中，经常引用图 11-36 所示电视显示技术进展及发展预测图。试图以此图说明，随着电视显示技术的发展，彩电已进入平板(国外已改称薄型，因为还将包括挠性显示器、电子纸等)电视时代：曾经垄断显示产业 60~70 年的 CRT 目前正在退出市场；PDP、LCD 正处于上升阶段，OLED 将在 5~10 年后逐渐成熟；挠性显示技术、3D 显示技术正在发展。无论该图的始作者是谁，出处在哪里，作者认为，这是一张容易发生误导的图，现简要说明如下。

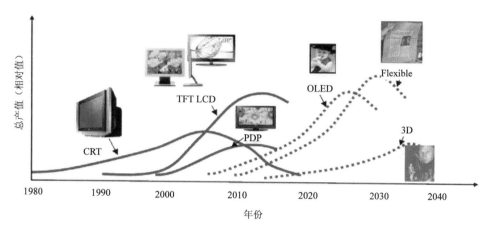

图 11-36 电视显示技术进展及发展预测图——这是一张容易产生误导的图

(1) 在 CRT 彩电辉煌时期，国产品牌占据世界市场份额的 50%以上。但兴旺之中未及时发现(确切地说是视而不见)危机，在向平板电视转型过程中贻误战机，从而造成市场份额不足 10%的尴尬局面，而且所用的"平板"几乎全部靠进口。

(2) TFT LCD 在克服了难以实现大尺寸画面、显示质量低和价格高这三方面的制约后，基于前面谈到的理由，其应用领域广泛，发展前景光明，除非市场饱和，并不存在什么"顶峰"问题。也许会像半导体硅材料那样，自半导体集成电路发明以来，硅作为不可替代材料的基础地位一直未发生，今后也不会发生动摇。应该指出的是，主管部门多年来一直对 TFT LCD 的重要性和发展潜力认识不足，相对于 PDP 和 OLED 而言，研究开发投入不够，因此谈不到什么技术积累。直到 2009 年 2 月国务院颁布《电子信息产业调整振兴规划》，明确支持 6 代以上液晶面板生产线的建设。国内又一窝蜂似的，先后有四条 8 代或 8.5 代线正在或筹划引进。但与之相关的技术、设备，还有所涉及的基础材料和加工部件(key component)等，可以说是用到什么引进什么，毫无自主开发能力而言。

(3) PDP 电视之所以能与 TFT LCD 电视相互竞争、长期共存，主要基于前者在技术上还有潜力可挖，在性能上还有提高的余地，在价格上还有下降的空间。

那种以为 TFT LCD 涉及 3 万项专利而难以介入，PDP 涉及 3 000 项专利而相对容易介入的观点是站不住脚的。实际上，今后 PDP 电视在技术开发、降低成本、开拓市场方面遇到的压力会越来越大。正如后面所指出的那样，长虹已有成套的措施自由应对。

(4) 现在说 OLED 将在 5~10 年后在电视应用方面达到成熟有些武断。实际上，从 1987 年邓青云博士发表关于有机 EL 的文章算起，至今已经过 20 余年，对于显示器这一极富应用背景的器件来说，OLED 的进展并不令人满意，许多公司下马事出有因。即使今后性能过关，其价格能否为市场所接受还有悬念。实际上，与超薄型液晶屏(夏普于 2008 年初展示的 65 型超薄液晶电视，厚度只有 1 英寸多一点)相比，做得再薄，除了宣传效果之外，实际意义已经不大。

(5) 作为电视用途，挠性的与刚性的相比，也无本质意义上的差别。仅凭"挠性"就能占据超越其他的市场份额既无可能，又不必要。而且，挠性也并非凭空产生。实际上，由不同模式液晶实现挠性化(见 11.7 节)的可能性并不低于由 OLED 来实现。

(6) 2010 年初在美国拉斯维加斯举办的 CES 展览会上，无键盘、无挠性连接的平板电脑(卡式计算机)和 3D 电视等大放异彩。这标志着显示器正向着结构简约、功能多样、人主动参与的方向发展。今后，复合功能型，系统集成型，智能思考型，一机多用型显示器将占据主导地位。现在看来，实现这些功能的最佳方式仍然是 TFT LCD。目前 TFT LCD 在 LTPS、屏上系统(system on panel)、In-Cell 化、触控屏、3D TFT LCD 等方向的发展(详见 4.6 节)，正是为了适应这些要求，国内业界应该密切关注这些方面的进展。

总之，在恢复我国电视王国的道路上，应集中力量把 TFT LCD 和 PDP 的工作做好，形成与之相配套的强大的产业化体系，而不要过多地分散有限的精力。

11.1.9.2 发展空间

1. 全球彩电市场需求概况

图 11-37 表示 2007—2011 年全球彩电市场需求概况。可以看出，2010 年，全球市场平板电视约占总体销量的 77%；而 2009—2011 年，预计各彩电类型市场容量年复合增长率分别为：TFT LCD 是 10%，PDP 是 11%，CRT 是–17%。

2. 国内彩电市场需求概况

图 11-38 表示 2007—2011 年国内彩电市场需求概况。可以看出，2009—2011 年，预计国内各彩电类型市场容量年复合增长率分别为：TFT LCD 是 27%，PDP 是 26%，CRT 是–28%。

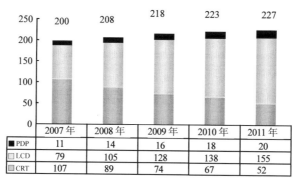

	2007 年	2008 年	2009 年	2010 年	2011 年
■PDP	11	14	16	18	20
□LCD	79	105	128	138	155
▨CRT	107	89	74	67	52

(a) 全球市场容量走势预测(单位：百万台)

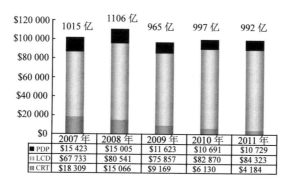

	2007 年	2008 年	2009 年	2010 年	2011 年
■PDP	$15 423	$15 005	$11 623	$10 691	$10 729
▤LCD	$67 733	$80 541	$75 857	$82 870	$84 323
▨CRT	$18 309	$15 066	$9 169	$6 130	$4 184

(b) 全球销售额走势预测(单位：百万美元)

图 11-37　2007—2011 年全球彩电市场需求概况(资料来源：Display Search)

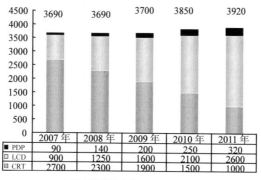

	2007 年	2008 年	2009 年	2010 年	2011 年
■PDP	90	140	200	250	320
□LCD	900	1250	1600	2100	2600
▨CRT	2700	2300	1900	1500	1000

(a) 中国市场容量走势预测(单位：万台)

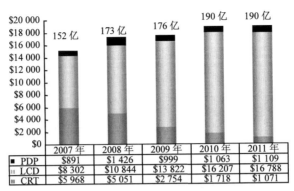

(b) 中国销售额走势预测(单位：百万美元)

图 11-38 2007—2011 年国内彩电市场需求概况(资料来源：Display Search)

单位：万台，以 42 型计

供应厂商	2008 年	2009 年	2010 年	2011 年
长虹	0	10	100	216
松下	400	676	872	1 107
先锋	67	28.5	0	0
三星 SDI	552	595	643	663
LGE	491	478	487	493
其他	3.6	5.8	8.6	8.6
合计	1 513.6	1 793.3	2 010.6	2 487.6

(a) 各主要厂商的产量预测(资料来源：Display Search)

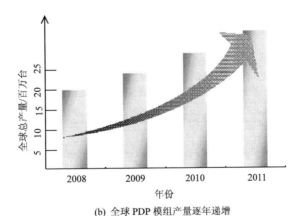

(b) 全球 PDP 模组产量逐年递增

图 11-39 2008—2011 年全球 PDP 模组产量预测

3. 全球 PDP 模组产量预测

图 11-39 表示 2008—2011 年全球 PDP 模组产量预测。其中图(a)为各主要厂商的产量预测,图(b)表示全球 PDP 模组产量逐年递增情况。预计 2009 年全球 PDP 模组实际出货量在 1 800 万台, 到 2011 年将达到 2 500 万台左右。

4. PDP 模组未来成本空间

图 11-40 表示 PDP 模组未来成本空间(与相近尺寸的 LCD 对比)。可以看出, 相比 LCD 面板, 相同尺寸 PDP 模组在较长时间内都具有成本优势; 尺寸越大, PDP 模组的成本优势越明显。

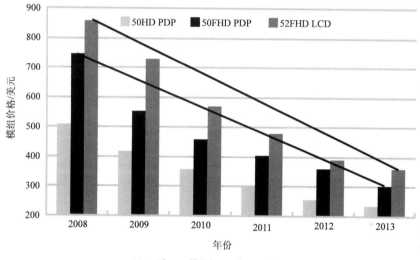

(a) 50 型 PDP 模组与 52 型 LCD 对比

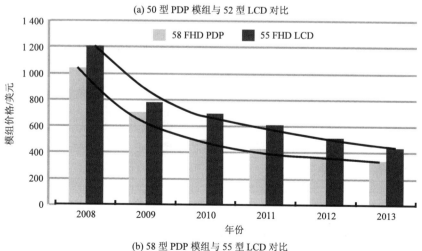

(b) 58 型 PDP 模组与 55 型 LCD 对比

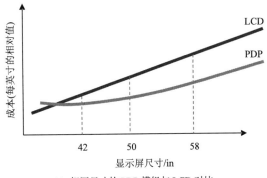

(c) 相同尺寸的 PDP 模组与 LCD 对比

图 11-40 PDP 模组未来成本空间(与相近尺寸的 LCD 对比)(资料来源：Display Search)

5. PDP 与 LCD 景气循环的关系

图 11-41 表示 PDP 与 LCD 景气循环(晶周期)的关系。从 LCD 景气循环来看，从一个循环的波谷到波峰至少存在 200 亿美元的产值差异，这个产值区间几乎超过了整个 PDP 行业的产值(2008 年全球 PDP 销售额为 150 亿美元)，PDP 完全且能长期与 LCD 共存。

图 11-41 PDP 与 LCD 景气循环(晶周期)的关系(资料来源：Display Search)

11.1.9.3 项目建设

目前，我国的 PDP 产业以长虹为龙头，正在做大做强。

长虹 PDP 项目(虹欧)位于四川省绵阳市经济技术开发区,计划总投资 20 亿美元，分期建成。

中国长虹、彩虹，美国 MP 公司共同出资建设。目前主要进行 PDP 项目一期建设和二期建设。

一期项目建设实体是四川虹欧显示器件有限公司(简称 COC)。建设地点位于四川省绵阳市经济开发区。

一期项目占地面积 291 041m^2(约 436.56 亩)，规划建筑占地 72 390m^2，总建

筑面积 162 110m²。

长虹 PDP 一期项目于 2007 年 4 月 28 日开工，经历了 5 · 12 汶川大地震，2008 年 11 月 28 日通线完成并开始试生产，2009 年 1 月 18 日第一块良品屏下线，3 月 22 日开始量产爬坡。截至 10 月上旬市场已销售近 2 万台。

在产品研发方面，第一代模组 42HD、50HD 开发已完成，50HD 正在量产爬坡；第二代 PDP 模组产品 42HD、50HD、50FHD 已开始研发，预计 2010 年 3 月开始陆续导入量产；第三代模组已开始规划研发。

在产业链建设方面，我国以长虹为龙头的 PDP 本土化产业链已初步形成。通过技术研发、器件、材料、设备四大产业联盟的建设，促进我国 PDP 产业链整体自主创新水平的提升。

项目名称	节拍	产能(42 型)	启动时间	投产时间
一期一	工序节拍 200s	108 万片/年	2007Q1	2009Q1
一期二	工序节拍 100s	216 万片/年	2009Q3	2010Q2
一期扩能	工序节拍 70s	300 万片/年	2010Q2	2011Q1
二期建设	–	300 万片/年	2011Q3	2013Q1
合计		600 万片/年		

(a) 虹欧公司的产能规划

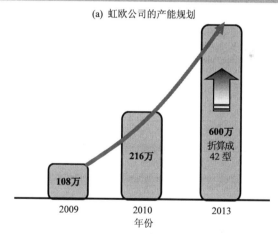

(b) 虹欧公司的产能(台数)增长

图 11-42　虹欧公司的扩产规划

在产品质量保证体系方面，正在建立和完善国内首个 PDP 模组实验平台及检验标准。通过科学、严格的供应商质量管理，过程质量管理，整机一体化质量(闭环)管理，建立具有虹欧特色的质量保证体系。

与此同时，长虹还从日立富士通公司收购了 PDP 电视生产线，并将生产基地设于家电和汽车本土化的圣地，中国未来的平板之都合肥，届时，长虹的 PDP 电视产能将进一步增强。

图 11-42 表示虹欧公司的扩产规划。

2009 年，松下、三星、LG 总共占据 PDP 模组产能的 93%，长虹约占 3%；预计 2013 年，随着长虹一期扩能和二期项目的投产，长虹 PDP 模组市场占比可能达到 19%。图 11-43 表示 PDP 产业的竞争格局。

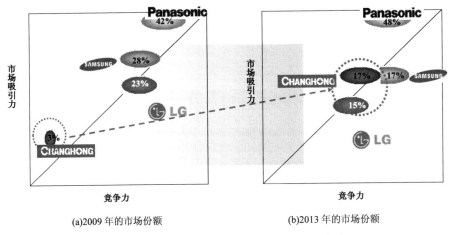

(a)2009 年的市场份额　　　　　　(b)2013 年的市场份额

图 11-43　PDP 产业中的竞争格局(长虹奋起直追)

11.1.9.4　战略目标

1. 充分发挥和挖掘 PDP 的优势

首先，对于 PDP 的现有优势，要发挥到极致。PDP 电视利用气体放电激发荧光体发光，为主动发光型显示器，与 TFT LCD 电视相比，其视角大、响应速度快、图像清晰逼真(基于优良的动态图像分辨率)、富于临场感(参与性)和震撼力是由其本性所决定的。PDP 电视制作工艺相对简单，易于实现大尺寸屏，降低价格仍有较大空间，这些都是其他显示器不能比拟的。通过结构、材料、制作工艺等进一步开发和改进(图 11-25)，保持进而充分发挥 PDP 的优势仍有较大余地。

再者，应将未被认识的 PDP 电视的优点向消费者讲清楚。例如，PDP 为瞬时 (impulse)发光型显示，相对于 TFT LCD 持续(hold)发光型显示(图 9-42)来讲，前者对于眼睛的疲劳感觉程度要小得多，见图 11-44。这对于经常看电视的儿童和老人来讲，就显得十分重要。

最重要的是充分挖掘 PDP 的潜在优势。PDP 的发光机理与荧光灯是一样的，荧光灯的发光效率是 80lm/W，而目前 PDP 产品的发光效率仅为 1.8lm/W，二者之间存在 40 倍的差距(图 11-45(a))。PDP 发光效率的提高，能促进 PDP 模组成本和能耗的显著下降。

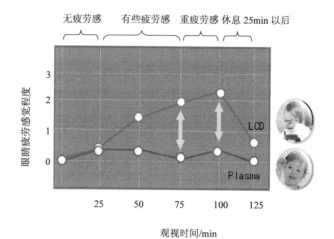

图 11-44 PDP 在眼睛疲劳感觉程度上要优于 LCD

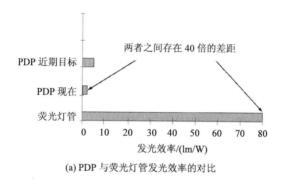

(a) PDP 与荧光灯管发光效率的对比

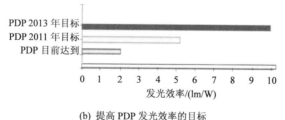

(b) 提高 PDP 发光效率的目标

图 11-45 提高 PDP 发光效率的潜力和目标

据测算，PDP 发光效率从 2.5 lm/W 提高到 5 lm/W 时，PDP 模组成本可降低 20%，能耗降低 50%；PDP 发光效率提升到 10 lm/W，PDP 模组成本可降低 50%，能耗降低 75%。图 11-45(b)表示长虹提高 PDP 发光效率的目标。作者认为，实现这一目标的难度极大。

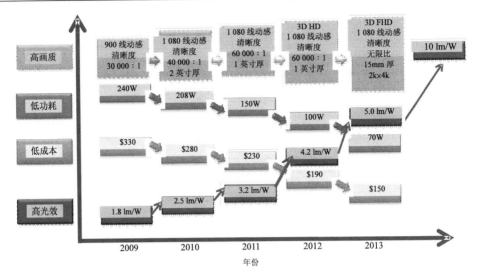

图 11-46 长虹公司 PDP 技术路线图

2. 成本优先战略

迅速提升产量和良品率，丰富产品品种，形成产品竞争优势；通过规模的扩展降低采购成本；创造市场需求，拉动资本聚集，促进产业链的发展。

在保证产品性能达到主流水平的前提下，坚持降低成本战略：

1) PDP 电视产品成本较同尺寸 LCD 电视成本低 30%；

2) 整机一体化设计成本比同行成本低 30%。

3. 坚持自主创新

在产品开发方面，实现一体化设计、制造。包括纵向整合，降低成本，提升产品竞争力；及时导入二元化、本土化的材料和器件供应。

在近期技术创新方面，实施技术跟进、低成本开发。包括滤光膜(阻挡电磁辐射、氖橙光、近红外光用)、ASIC、结构一体化、软件的开发和驱动波形的优化等。

在中期技术创新方面，实现本质意义上的自主创新。包括高发光效率、超薄设计、高清晰度(从 HD 到 full HD 再到 super HD)的实现等。

图 11-46 表示长虹公司 PDP 技术路线图。在短短的四年内要实现图中所示的目标谈何容易！作者的担心主要基于下述理由：

1) 与荧光灯相比，PDP 的放电间隙极小，所用的放电介质也不相同。因此二者在放电(击穿)与维持电压、放电强度、发光效率、功耗及亮度等方面具有很大差异。这些都是由气体放电规律所决定的。荧光灯实现 80 lm/W 的发光效率毫无困难，但 PDP 的发光效率能达到 5 lm/W 就很不容易，再想提高就更难。不能仅从数值上对二者简单类比。

2) 自 1966 年伊利诺伊大学开发 AC 型 PDP，1972 年日本 NHK 与富士通共同进行橙色单色显示板的研究开始，为了提高发光效率、降低功耗，人们进行了不懈的研究开发。据作者所知，仅三星一个公司就设有专门从事气体放电的研究所，研究人员 300 名(大多为博士)以上。但预期目标久攻不克，足见其难度之大。

3) 近年来许多公司(包括飞利浦、中国台湾地区的 CPT、日本的先锋、富士通日立等)纷纷退出 PDP 产业，其中最主要的原因是，在与 TFT LCD 竞争中，PDP 的成本优势已逐渐变为劣势。对于决定 PDP 产业生死存亡的这一关键因素，国内企业如何应对？

作者的上述担心也希望相关决策者、管理者、经营者三思。

4. 本土化产业链建设

我国 PDP 产业链建设的核心目的：掌握平板显示器产业的话语权和利润分配权。要通过技术研发，器件、材料、设备的本土化，实现我国的 PDP 产业链整体自主创新水平的提升。为此，需要建立并加强相应的联盟和产业集群：

1) 技术本土化——PDP 技术研发联盟；

2) 器件本土化——PDP 器件研发和制造联盟；

3) 材料本土化——PDP 材料研发和制造联盟；

4) 装备本土化——PDP 装备与工艺研发和制造联盟。

没有强大的产业联盟或产业集群作支撑，花大量的外汇引进再先进的生产线也是孤掌难鸣，难以发挥作用，从而不能获得应有的竞争力。这不仅是 PDP，对于 TFT LCD 和其他高新技术产业来说，都毫无例外。

11.2　有机 EL 显示器——OLED 和 PLED

11.2.1　有机 EL 显示器的发展概况

有机 EL 显示器[①]具有自发光、超薄、轻量、低功耗、大视角、高响应速度、高对比度等特点，画面清晰逼真，显示品位极高。显示器本身为全固体型的。在信息社会的今天，有机 EL 作为便携设备的下一代显示终端，已引起产业界的极大关注。

---

① 有机 EL(elcetroluminescence)，即有机电致发光，指电流通过有机材料而产生发光的现象(或技术)。EL 是 elcetroluminescence 的缩写，注意其不同于 elcetro luminescence(场致发光)。有机电致发光显示器(OELD)是一种低场致发光器件，器件中具有 pn 结结构，其工作模式与无机 LED 相似，属于电流器件，为注入型 EL。欧美学者多称其为 OLED(在特定情况下，OLED 专指采用小分子发光材料，而 PLED 专指采用大分子发光材料的有机电致发光显示器)，而日本学者多称其为有机 EL(也有小分子有机 EL 和大分子有机 EL 之分)显示器，可能是由于双方的侧重点不同。本书中简称有机电致发光显示器为有机 EL 显示器，或有机 EL，采用小分子有机发光材料的为 OLED，采用大分子有机发光材料的为 PLED。

11.2.1.1　柯达专利——一石激起千层浪

夏日傍晚，萤火虫发出一道道浅绿色荧光，勾起我们无限的遐想。闪烁萤乌贼和萤火虫便是自然界中能自己发光的生物。有机物电致发光的研究起始于 20 世纪 50 年代，W. Helfrich 等于 60 年代观测到直流电场下的有机 EL 发光，并基本上确定了电荷注入型 EL 的概念。尽管这被认为是今天有机 EL 发光的最初成果，但是作为发光元件，只有在暗室中才能勉强地确认其微弱的发光，因此从实用的观点并未引起人们的多少注意。1983 年，柯达公司的 C. W. Tang[①] 提出关于有机 EL 元件原型的专利申请，特别是 Tang 博士于 1987 年在《应用物理快报》(*Applied Physics Letter*) 上发表的论文，犹如一石激起千层浪，产生了意想不到的反响。

1. 从太阳能电池到有机 EL

太阳能电池大家并不陌生。太阳能电池接受太阳等光照，可发出电能，已广泛用于计算机等，作为清洁能源，正受到关注。一般太阳能电池中采用的 pn 结材料为硅等无机物。

能否将太阳能电池的工作原理反其道而行之，将电能转换为光能，而且其中采用的材料为有机物？在上述两方面意义的基础上，有人突发有机 EL 的奇想。

"对有机物施加电压使其发光"，这一想法乍看起来并不复杂，但真正实现起来又谈何容易！自 20 世纪 60 年代初起，就有人不断地进行尝试。遇到的主要困难是，有机物(塑料等)中难以流过电流。根据无机 EL 的经验，只有电压高到一定程度，才能观察到发光。为此，当时即使在某些有机材料上施加数百伏的高电压，也只能在黑暗中达到可感觉程度的发光。此后，在 1977 年，白川英树博士[②]等采用化学掺杂的方法，在有机物中通过π共轭高分子，使电导率获得飞跃性提高。但是，在"使有机物发光"这一点上，仍处于探索阶段。而美国柯达公司 C. W. Tang 的研究成果，在此方面揭开了新的一页。

2. Tang 博士的开创性试验

对于有机 EL 来说，需要大书特书的是 1987 年。正好在这一年，出现了席卷全球的超导热。这一年对有机 EL 具有划时代的意义，应该为其立一个纪念碑。

开始，刚一进入 20 世纪 80 年代，Eastman-Kodak 公司的研究小组成功实现了有机材料高亮度的发光。当时，美国政府针对石油危机投入大量的经费对太阳能电池进行开发，柯达公司受上述经费资助，也对太阳能电池进行研究开发。

柯达公司的研究组在太阳能电池的材料中选择了有机系，所研究的即所谓有机太阳能电池。该研究组的 Tang(C. W. Tang)博士等通过有机薄膜积层的方法，达

---

① 邓青云，美籍香港华人，在康奈尔大学获得博士学位，长期任职于美国柯达公司。

② 白川英树(Hideki Shirakawa,1936—　)，日本著名化学家，因开发成功导电性高分子材料而成为 2000 年诺贝尔化学奖三名得主之一。

到了高转换效率。在太阳能电池的研究计划完成之后，根据太阳能电池研究开发获得的经验和体会，提出能否"在有机物质中通过电流，并高效率地使其发光"的设想。他们利用成功制作太阳能电池过程中获得的真空成膜技术、电荷传输性有机材料、电极材料、元器件结构(多层结构)等，实现了很高亮度的发光。与最早的单层结构不同，采用图11-47所示的两层发光层(有机材料)结构达到高效率的发光效果。但是，其寿命极短。由于曲高和寡，即使在柯达公司内部也未获得广泛的支持和赞同，甚至该研究项目能否继续存在都成了问题。在这种情况下，作为一个公司，能做出正确判断并提供继续支持极为重要。当时开发的结构尽管可发光，但寿命却极短，只有几分钟，转眼间就会暗下来。难怪有人说："如果是这样的话，恐怕连圣诞节也不能使用。"

即使如此，在当时看来，无论从发光效率还是从发光亮度看，上述结构还是相当突出的。而且，就凭"极薄的有机膜能神奇发光"这一点，在制作者本人和相关者看来，就是一个冲击力非凡且极具发展前景的研究项目。但是，作为第三者看来则另当别论。因为在发光家族中已有众多成员，除了荧光管、白炽灯之外，还有专门的发光二极管、弧光灯等，竞争对手很多。与此相比，只有几分钟发光能力的有机 EL，显然没有竞争力。从这种观念出发，有机 EL 作为发光光源，似乎没有继续研究之必要。

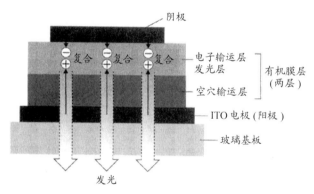

图11-47 柯达公司邓青云博士开发的两层式有机 EL 原型

3. 既要申请专利，又要发表论文！

使 Tang 博士摆脱困境、起死回生的不是别的，正是 Tang 博士自己的论文。当时，柯达公司确定的方针是"既要申请专利，又要发表论文。"公司指示 Tang 博士"一旦研究计划终结，即使只有论文，也要公开发表"。按照这一指示，Tang 博士于 1987 年在《应用物理快报》(*Applied Physics Letter*)上发表了他的得意之作。

这篇文章如一石激起千层浪，产生意想不到的反响。相对于美国来说太平洋彼岸的日本，大学里的学者、师生，企业中的专家、工程技术人员，以这篇文章先睹为快。一时间，有机 EL 炙手可热，成为人们集中议论的话题。此后，日本企业的专家纷纷访问柯达公司，求教并寻求合作。柯达公司上层部门的态度也更加积极，"若果真如此，情况不是正在发生变化吗？"并推进研究计划继续进行。

论文一经发表，日本许多大公司立即对有机 EL 表现出极大的兴趣。其中，机电企业有先锋、NEC、TDK、スタンレー、三洋电机、东芝等六大公司；化工及化学企业有三菱化学、出光兴产(石油化工)等公司。目前，在有机 EL 领域十分活跃的企业，几乎都是从一开始就盯住有机 EL 不放，并立即转入研究、开发乃至生产的。

4. 实现超薄膜从"材料选择"入手

Tang 博士提出的"发光层(有机物)两层化"的设想，是有机 EL 的一个突破口。但如何实现发光层(有机物)的两层化呢？其关键之一是如何获得"超薄膜"。

早期，在制作有机 EL 时，是在电极(阳极)上形成作为发光体的有机膜层，而后利用真空蒸镀等方法在有机膜层上沉积金属电极(阴极)。采用这种方法，发光体有机层是相当厚的。之所以要采用较厚的有机膜层，是由于材料的质量不能保证，膜层太薄可能产生针孔等。大量针孔的存在，电极金属进入针孔中会造成极间短路。为避免这类缺陷的发生，必须要求膜层在一定厚度以上。

但是，若膜层太厚，则必须施加高电压才能通过电流。实际上，正是由于膜层太厚的原因，当时即使施加数十伏、数百伏的高电压，有机层也不能发光。特别是20 世纪 60 年代，在有机 EL 初创时期，与其采用"厚膜"，人们更青睐于"单晶体"，可通过导电胶将其黏附于电极之上。在这种习惯努力的影响下，人们稀里糊涂地一味在"厚膜"上打主意。结果，即使施加再高的电压，也很难达到发光的效果。因此，当时对于"用有机 EL 来制作显示器"，既没有想到，也许是连想也不敢想。

1987 年，任职于柯达公司的 C. W. Tang 大胆创新，发现了性能优异的有机材料，由其制作有机 EL 发光层，即使极薄，也可以做到无针孔。由于膜层可以做到极薄，使其流过电流需要施加的电压可以大大降低。

特别是，这种薄膜可由"真空蒸镀"法来制作。真空蒸镀属于相当成熟的技术：在真空系统中，使被蒸镀有机物加热升华，使其沉积在冷态的基板上。与这种技术相比，显而易见，Tang 博士所发现的新材料更为关键。他本人是化学家，在柯达公司有许多现成的材料可以利用，近水楼台。这些也是 Tang 博士在有机 EL 领域有所发明，有所创造的有利条件。

总之，对于有机 EL 来说，关键中的关键是材料！

5. 多层结构(两层结构)的设想

如前所述，Tang 博士发明的另一个独到之处是，发光层不是采用一层，而是采用两层结构(采用两种不同的材料)。这样做的结果是，即使第 1 层上出现针孔缺陷，由于第 2 层的重叠，可以堵塞第 1 层的针孔，反之亦然。

对上述两层结构的材料有特殊要求：紧挨阳极的一层应具有优良的空穴(发自阳极)注入性，紧挨阴极一层应具有优良的电子(发自阴极)注入性。这样，空穴和电子都容易注入，二者容易复合发光，从而可实现高亮度。

时至今日，由 Tang 博士提出并实现的"超薄膜"、"多层结构"创意，仍然是有机 EL 开发的基础。后人所称的"柯达专利"[①]主要包括"超薄膜"、"多层结构"等内容。

至此，前面所述有机 EL 中所采用的都是"小分子系"有机材料。

11.2.1.2　小分子和大分子——柯达、CDT 各自采取的技术路线

1. 瞄准高分子系的剑桥大学研究所

有机 EL 中所用的发光材料，分"小分子系和高分子系(聚合物系)"两大类。柯达公司采用其中的小分子系，通过"多层结构及薄膜"技术，实现了有机发光。那么，高分子系(聚合物系)的情况又是如何呢？

采用高分子系材料，实现有机 EL 发光的尽管公认是剑桥大学，但最早观测到高分子电致发光的，并不是剑桥大学的学者。在高分子系中，最早采用π共轭高分子制作有机 EL 的是剑桥大学 Friend 教授的研究组。在此之后，专门成立了 CDT 公司[②]。

剑桥大学所开发的有机 EL，不能采用柯达公司的"真空蒸镀薄膜"来制作。主要是通过"甩胶涂敷"的方式，使高分子系(聚合物系)材料形成有别于"薄膜"的"厚薄"。

简单地说，"甩胶涂敷"是将液态有机材料滴落在旋转的基板正中，在离心力作用之下，在基板表面形成一层均匀膜层。其特点是不需要真空，且可在室温下成膜。

顺便指出，与小分子材料以固态-气态-固态转化的真空蒸镀成膜相对，高分子系材料需要溶于溶剂中，以溶液或浆料的状态加以利用。

2. 有机 EL 中使用的是人工合成的有机物

我们常常听到"有机肥料"、"有机蔬菜"等说法，其中"有机"表示什么意思呢？很早以前，在化学领域，人们将"构成动植物本体的，不能人工合成的"归为有机物，而"非来源于生物体的，如矿物等"归为无机物。

原来，"有机"这个词由"organic"翻译而来，而"organ"的含义是器官、

---

① 柯达专利限定于超薄膜，但该公司宣称，膜厚 1mm 以上的"厚膜"也在其专利覆盖范围之内。

② CDT(Cambridge Display Technology, 剑桥显示技术公司)为英国公司。CDT 专利限定π共轭聚合物。

内脏。与此相对，岩石、沙子等冠以"无机"。无机质这个词在日常生活中也经常使用。当时认为，来源于生物体活性的是"贵重"物质，其与非来源于生物体活性的"死"物质具有根本性的差异。随着科学技术的进步，后来人们从石油中人工制取了各种各样的有机物，再以"生物、无生物"作为区别"有机物、无机物"的依据已经没有意义，取而代之的是更加实用、简便的方法。目前，一般将"含有碳的化合物(以碳为骨架构成的化合物)"称为有机化合物。

图 11-48 表示碳氢(有机)有机化合物的基本形式。其中，1 个碳原子与 4 个氢原子构成甲烷；2 个碳原子与 6 个氢原子构成乙烷；8 个碳原子和 18 个氢原子构成辛烷；多个(数万)碳原子连接在一起构成塑料的一种(聚乙烯)。

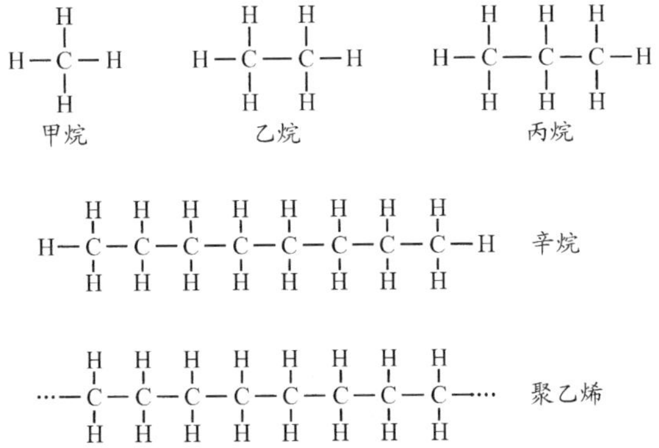

图 11-48　碳氢(有机)化物的基本形式

如此，石油化学制品全部为碳氢化合物，属于有机物。按专家的共识，石油是动植物深埋地下后转化的产物，从这种意义上讲，将碳氢化合物称为有机物，与"有机"所代表的原始含义是一致的。除了聚乙烯之外，还有聚苯乙烯、聚酯等许许多多的塑料。这些都是人工合成的碳氢化合物，即有机物。

当然，自然界中存在着大量的有机物，淀粉、DNA、纤维等都是天然有机物的实例。但目前看来，这些天然的有机物尚不能用做有机 EL 的材料。有机 EL 中使用的材料(有机化合物)可以说全部是人工合成的，而且仍处于"摸着石头过河"的探索阶段。

近年来，已开始利用 DNA 的半导体元件等的研究开发，也许不远的将来会出现利用蛋白质及纤维成分的天然型有机 EL 器件，但目前看来仍以人工合成材料为主。

3. 小分子与高分子——两个不同的世界

在此，让我们更详细地认识有机材料。有机物包括两大类：① 小(低)分子系材料；② 高分子系(聚合物系)材料。

不从材料入手，很难对有机 EL 有透彻的了解。下面，让我们首先从"小分子系、高分子系"这些名词讨论起。

小分子与高分子的区别，在于"相对分子质量的不同"。所谓相对分子质量即分子的摩尔质量。例如，对于水(H_2O)来说，H 的相对原子质量为 1，O 的相对原子质量为 16，因此 H_2O 的相对分子质量为 18。如图 11-49 所示，乙烯(C_2H_4)中的 C 的相对原子质量是 12，H 的相对原子质量是 1，所以 C_2H_4 的相对分子质量是 28。

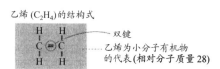

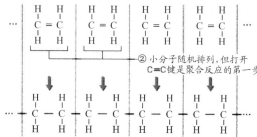

图 11-49　由小分子(乙烯)聚合为高分子(聚乙烯)的过程

为区分"小分子、高分子"，大致的相对分子质量标准如下：① 小分子：相对分子质量在 1 000 以下；② 高分子：相对分子质量在 10 000 以上。

那么，读者自然要问，"相对分子质量在 1 000~10 000 就不存在有机物吗？"当然存在[①]。"高分子本来就是由低分子聚合而成的"。原理上讲，聚合过程非常简单，如图 11-49 所示，多个乙烯小分子单体(monomer)经聚合形成长链状的大分子(高分子)。因此，高分子也称为聚合物(polymer)。本章中，单体这个词用得不多，但"聚合物"这个词却经常出现。文中在提到高分子时，多以"高分子(聚合物)"的形式出现。

4. 采用小分子材料还是高分子材料——起始的分歧点

在有机 EL 中，采用小分子系材料，还是采用高分子系材料，不仅制造技术有很大差别，最后的效果(寿命、发光效率等)也大不一样。

大致讲来，到 2006 年 4 月为止，采用小分子系取得了重大进展，而采用高分子系，在制作方法上也有很大的优点。

---

① 相对分子质量在 1 000~10 000 的有机材料，对有机 EL 有意义的有低(相对分子质量)聚(合)物(oligomer)、树枝状聚合物(dendlymer)等。

在后面关于有机 EL 的讨论中，提请读者注意的是：小分子系和高分子系(聚合物系)在材料、技术路线、结构等方面都有哪些差别？最后的效果有什么不同？哪些公司在从事高分子系(聚合物系)有机 EL 的研究开发等。

作为从事或与有机 EL 相关的企业，定位在小分子系还是定位在高分子系(聚合物系)是至关重要的。对于材料厂商来说，是开发小分子系材料还是开发高分子系(聚合物系)材料，或者两个系列的材料都开发？对于制造装置厂商来说，应对不同的技术路线，应该制造什么样的设备？对于显示屏(最终制品)制造厂商来说，选择什么样的制品(用途、显示屏尺寸、寿命、价格等)以适应市场的要求——这是有机 EL 成功与否的最终评判标准。总之，选择"小分子系材料还是高分子系(聚合物系)材料"贯穿有机 EL 显示器开发的起始、过程及终结。

11.2.1.3　有机 EL 的开发历史及产业化进展

下面，对有机 EL 研究的历史做简要回顾。

有机 EL 元件的研究历史很长，大致可追溯到 20 世纪 50 年代。Bernanose 对含有有机色素的高分子薄膜施加高的交流电压，观察到发自该有机薄膜的发光。但是，当时人们并未认识到所观察到的发光是现在所说的 EL 发光，而认为是放电中产生的二次发光。不过，当时所使用的色素之一就是现在在有机 EL 领域最为知名的 8-羟基喹啉铝(Alq_3)，对此人们至今仍感到十分惊奇。

在有机 EL 研究的历史中，一些典型成果列于表 11-8 中。从表中可以看出，研究并非一帆风顺，而经历了不断反复和螺旋上升的过程。

表 11-8　有机 EL 研究历史中的典型成果

年份	公开发表的成果	备 注
1965	W. Helflich 和 W. G. Schneider 对蒽(anthracene, 又称并三苯)单晶施加高电压，通过注入电流使之生成单重激发态和三重激发态，由单重激发态获得蓝色发光。	现在的有机 EL 元件的原型
1970	H. P. Schwob 等 实验发现在掺杂并四苯(tetracene)的蒽单晶中通过电流注入产生激发态，并由主(host)分子向客(guest)分子发生能量迁移。	
1970	J. Dresner 等 利用作为隧道注入电极的 SiO_2 和 Al_2O_3 超薄膜(2~5nm)，在蒽单晶中成功实现近 $50mA/cm^2$ 的电流注入，并得到 60ft·c(foot-candle, 呎烛光)的发光辉度。	
1979	G. G. Roberts 等 利用蒽的 LB 膜，观测到电致发光。	
1982	P. S. Vincent 等 利用真空蒸镀法制作了 0.6μm 厚的蒽薄膜，在 12V 的低电压作用下观测到发光，元件的稳定性和数据的可靠性得到大幅度改善，利用苝(perylene, 二萘嵌苯)蒸镀膜也获得类似的结果。	

续表

年份/年	公开发表的成果	备　注
1983	R. H. Partridge 利用在聚乙烯基咔唑(p-vinylcarbazole, PVK)中掺杂有荧光色素(四苯基 1, 3-丁二烯(tetrephenylbutadiene, TPB)及苝(perylene，二萘嵌苯))的薄膜，并以五氯化锑(SbCl₅)作为空穴注入电极，用铯(Cs)作为电子注入层，观察到蓝色发光。采用掺杂有 TPB 和氮蒽染料(acridine，吖啶染料)的元件，获得白色发光。	(色素)分散高分子 EL 元件
1986	林 省治等 使用属于导电性高分子的聚 3-甲基噻吩(poly 3-methyl- thiosphone)作为苝(perylene，二萘嵌苯)蒸镀膜有机 EL 元件的空穴注入层，使发光起始电压得以降低。	
1987	C. W. Tang 和 S. A. VanSlyke 在由电子性质不同的羟基喹啉铝螯合物和芳香族氨络物构成的两层结构中，采用 ITO 和 MgAg 阴极，只用 10V 电压，就获得达 1 000cd/m² 的辉度和 1%的外部量子效率。	确立现在的有机 EL 的基本结构
1988	安达，时任，筒井，斋藤 提出采用空穴输运层、发光层、电子输运层等 3 层的结构方案，利用在发光层中使用蒽(anthracene)、六苯并苯(coronene)、苝(perylene)，实现了 3 色发光。	
1989	C. W. Tang, S. A. VanSlyke 和 C. H. Chen 采用以 Alq₃ 为主体，香豆素(coumalin，邻吡喃酮)及 DCM 为掺杂剂的薄膜，实现了发光色的变换，发光效率得到 2 倍以上的改善，并讨论了载流子复合、能量移动等。	掺杂型有机 EL 元件的确立
1990	N. C. Greenham 等 采用由 ITO 和钙电极将聚对苯乙烯撑(p-phenylene vinylene, PPV)薄膜夹于中间的元件结构，确认了电场发光。	现在的高分子有机 EL 研究的基础

11.2.2　有机 EL 元件的基本构造

下面，让我们看一看有机 EL 的基本结构。结构分几种不同类型，但弄清楚下面介绍的类型之后，其他类型也很容易明白。

11.2.2.1　多层结构的优点

图 11-50 给出典型的有机 EL 元件的结构。

有机 EL 的基本结构，是有机荧光体被正、负电极夹于中间构成的。被夹在中间的荧光体即有机发光材料。首先，从被称做 ITO[①]的阳极向有机层注入空穴，从阴极向有机层注入电子，空穴和电子在发光层发生复合。即带负电荷的电子与带正电荷的空穴发生反应。这种复合反应使有机分子激发，成为受激状态(excited

---

① ITO(indium tin oxide, 铟锡氧化物)透明导电膜(参照 2.7.1 节)。多用于阳极一侧，一般称其为"ITO 阳极"。由于需要透过光，ITO 阳极应是透明的。

state)。也就是说,分子受电子、空穴复合能量的激发,从"稳定的基态(ground state)"转换为"能量高的不稳定的激发状态",而从高能阶状态返回到基态时,会放出特定的能量, 与之对应便放出"光"。

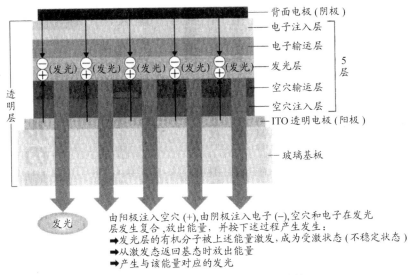

图 11-50　典型的有机 EL 元件的结构

以上只是最简要的说明。"基态","激发态"等属于专业性很强的名词,对此,11.2.3 节"发光机制初探"中还要详细讨论。届时,将分别介绍每一层所起的作用及对其的要求。

尽管两层电极间仅夹有一层"发光层"的结构更简单,但目前已不再采用。这主要是因为,发光层为有机物,而电极为无机物,二者材质不同。当然,其原因远非仅仅是有机物、无机物材质的差别,如后面所述,这些材料所具有的电子能级不同就是重要原因之一。

11.2.2.2　应保证界面的相容性

原本,所谓有机 EL,只是指"发光部分(发光层)采用有机物质","有机材料通过电流而发光的电致发光(electroluminescence)"元件。因此,除发光层以外的电极等均由 Al 等无机材料制作。有机层(发光层)与 Al 之间,界面相容性当然是很差的。如同水与油,人的皮肤与岩石之间,这种拉郎配的结合,不能保证良好的界面相容性。

为了解决有机材料与 Al 层之间相容性差的问题,可以在二者之间加入"缓冲层"。而"多层膜"结构在此方面大有用武之地。作为"缓冲层",有下述两种:

1) 空穴注入层——位于阳极与空穴传输层之间;

2) 电子注入层——位于阴极与电子传输层之间;

具体说来,阳极(接电源的正极一侧)一般采用 ITO(indium tin oxide, 铟锡氧化物)透明导电膜。ITO 膜已在液晶显示器等领域获得广泛应用。空穴注入层作为缓冲层,位于 ITO 膜与空穴传输层之间。

同样,阴极(一般为不透明)采用 Al 等金属膜。电子注入层作为缓冲层,位于 Al 膜与电子输运层、发光层之间。

以上所述为有机 EL 的基本结构形态。每一层的作用,首先要保证层与层之间的相容性。在此基础上,对每层材料还有特殊的要求。例如,应提高电子的传输性,以利于电子更快迁移,应具有优良的电子注入性,以提高注入效率等。由于可选用兼有传输性的发光材料(发光层),实际上,相对于图 11-34 所示范例的 5 层结构而言,更多的是采用 4 层结构。

图 11-51 表示从 1 层结构(单层型)到 2 层型、3 层型、4 层型、5 层型等结构示意。

单层型仅有一层有机层作为发光层,为最早采用的模式;即使现在,高分子系(聚合物系)有机 EL 仍多为采用;由于仅用一层有机发光层,制作简单,发光效率高(如果能制作这种材料的话),但进一步改良提高的余地不大。

2 层型中,一层有机层为发光层兼作电子传输层,另一层有机层为空穴传输层。要求后者既与 ITO 阳极具有良好的相容性,又具有良好的空穴传输性。

3 层型中,设立独立的有机发光层,而具有良好电子传输性的电子传输层在靠阴极一侧,具有良好空穴传输性的空穴传输层在靠阳极一侧,分别成膜,有机发光层夹于二者之间。

4 层型是为提高有机层与 ITO 膜的相容性,在上述 3 层型的基础上,增加一空穴注入层。实际上,目前小分子系的有机 EL 中采用最多的是这种模式。

5 层型是在上述 4 层型的基础上,在阴极和电子传输层之间,增加一电子注入层,该电子注入层采用注入碱金属的有机层。增加该层的目的在于降低工作电压。

从有机 EL 的历史看,是逐渐从一层型(单层型)向多层型转变。特别是,多层型更适用于小分子材料系。但是,高分子系(聚合物系)无论采用何种材料,均采用单层型。制作方法各异也是决定结构不同的重要因素之一。

到底采用几层结构的更好些,不能笼统而论。单层型(高分子系材料)制法简单,制作容易,而多层型(低分子系材料)便于选择更合适的材料,容易进行更精细的改进。一种新材料的开发成功,一种更高效率的制作法的采用,都可能对整个有机 EL 体系产生重大突破。

目前,小分子系、高分子系(聚合物系)这两个不同的开发方向既相互竞争,又相互促进,由此必将大大推进有机 EL 显示器产业化的前进步伐。

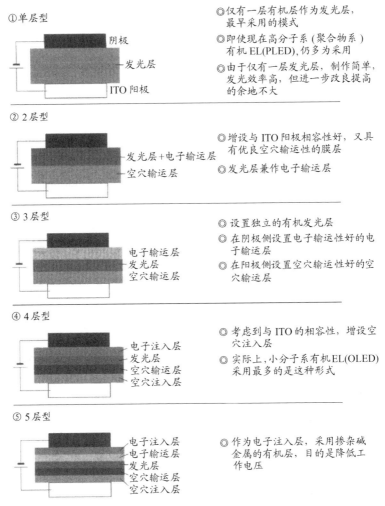

① 单层型

阴极
发光层
ITO 阳极

◎仅有一层有机层作为发光层，最早采用的模式

◎即使现在高分子系(聚合物系)有机EL(PLED)，仍多为采用

◎由于仅有一层发光层，制作简单，发光效率高，但进一步改良提高的余地不大

② 2 层型

发光层+电子输运层
空穴输运层

◎增设与 ITO 阳极相容性好，又具有优良空穴输运性的膜层

◎发光层兼作电子输运层

③ 3 层型

电子输运层
发光层
空穴输运层

◎ 设置独立的有机发光层

◎ 在阴极侧设置电子输运性好的电子输运层

◎ 在阳极侧设置空穴输运性好的空穴输运层

④ 4 层型

电子注入层
发光层
空穴输运层
空穴注入层

◎ 考虑到与 ITO 的相容性，增设空穴注入层

◎ 实际上，小分子系有机EL(OLED)采用最多的是这种形式

⑤ 5 层型

电子注入层
电子输运层
发光层
空穴输运层
空穴注入层

◎ 作为电子注入层，采用掺杂碱金属的有机层，目的是降低工作电压

图 11-51　按有机膜层数对有机 EL 元件结构的分类

11.2.3　发光机制初探

无论是荧光灯发出的光，还是有机 EL 发出的光，追其根源，均与"激发"现象相关联。在详细讨论激发现象之前，前面仅简单地提到有机 EL 元件中每一层所起的作用，需要再次对其进行说明。这对于理解有机 EL 的工作原理是极为重要的。

11.2.3.1　在发光层中发生复合

最简单的有机 EL，是将发光层(有机材料)夹在电极中间做成三明治结构。当然，需要作为整体支撑的基板(玻璃)。但是，发光现象与基板无关。

如图 11-52 所示，在阳极和阴极两个电极之间，外加直流电压，阳极将空穴、阴极将电子分别送入有机层中。从化学上讲，在阳极界面，有机分子被氧化(电子被夺走)，而在阴极界面，有机分子被还原(电子被赋予)。需要注意的是，半导体专家和化学家在说明同一现象时往往采用不同的术语。被注入的电子和空穴等电荷，在有机分子间发生跳跃(hopping)的同时，分别向对向电极迁移(图 11-52)。

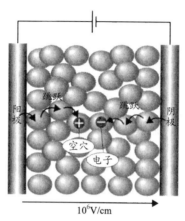

图 11-52　电子和空穴经跳跃、迁移最终发生复合的过程

就这样，被注入的空穴和电子到达目的地："发光层"。到达的空穴和电子相互靠近，最终发生结合。通常，称这种现象为空穴与电子之间的"复合"。原本电中性的有机分子被夺走了电子，即注入了空穴；原本电中性的有机分子被赋予了电子，即注入了电子。这些电荷在发光层中发生结合的同时，承载这些电荷的有机分子又恢复为基态的中性分子。因此，上述过程被称为"复合"。

空穴与电子的复合会放出能量，该能量使有机分子的电子状态从稳定状态(称为基态)被激活到能量更高的状态(称为激发态)。但是，激发态是极不稳定的，会自动返回到基态，与此同时会放出能量，该能量以光的形式表现出来，这便是有机 EL 的发光。

这种发光状态起因于，并通过流过的电流进行控制，这便是"有机EL(electroluminescence)"这一名称的来源。大家熟悉的萤火虫也是利用生体物质(有机材料)产生发光(luminescence)，这与有机 EL 有相似之处。只是前者利用的生体反应(化学反应)的发光(bioluminescence)，而后者利用的电气化学反应的发光。两种情况在利用化学反应，使有机分子发光这一点上是相同的。

11.2.3.2　三阶降落发出"荧光"，二阶降落发出"磷光"

前面简要介绍了引起发光现象的原因。实际上，有机 EL 的"发光(luminescence)"分"荧光(fluorescence)"和"磷光(phosphorescence)"两种类型。

要详细地了解二者的差别，需要专门的化学知识。为便于读者对有机发光过程的认识，下面用简单的模型加以介绍。

如图 11-53 所示，为了发光，有机分子应处于高能态(被激发状态)，从高能态返回基态时，会放出能量，其中包括发光。

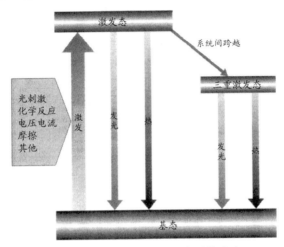

图 11-53　从激发态返回基态时的发光

上述"高能态"也有两种，一种位于三阶(单重态)，一种位于二阶(三重态)，如图 11-54 所示。

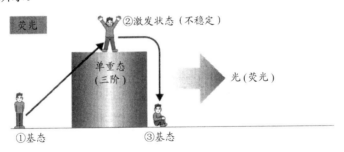

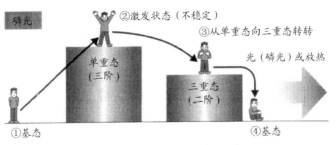

图 11-54　荧光和磷光的区别

有机分子受光照、化学反应、电压电流、摩擦等作用，其能阶从基态被激发达到三阶(单重态)的激发态。从三阶(单重态)有可能直接降落到基态，也可以经过二阶(三重态)再降落到基态。高阶(三阶)称为"单重激发状态"，此状态对应的发光为"荧光"；较低的二阶称为"三重激发状态"，此状态对应的发光为"磷光"。上面提到的名词不太容易理解，只要明白三阶、二阶(激发态)代表不同意义，且三阶的能量高于二阶的能量也就可以了。

从三阶或二阶若不是直接降落，而是逐阶降落到达基态，激发能量会以热的形式消耗殆尽，从而不会放出光。对于荧光物质来说，其直接降落的比例远远大于逐阶降落的比例。

荧光是人眼可清楚见到的光。荧光管、荧光笔[①]等已在我们日常生活中司空见惯。但是，一般说来，发射磷光的有机材料很少。除了在极低温度下可观测到磷光的特例之外，常温下可观测到发射磷光的实例是很少的。因此，位于二阶的高能量，一般是以热的形式放出，而不能以光的形式加以利用。

这就是说，即使费了九牛二虎之力，好不容易使高分子材料中流过电流，使其激发到二阶，但"不能以光的形式加以利用"也是枉然。这是需要认真解决的大问题。那么，荧光和磷光的比例到底为多大？发射概率又是多少？在直接回答这些疑问之前，首先需要弄清楚引发荧光和磷光的机制。在此基础上，就有可能找出解决上述问题的良策。

11.2.3.3　自旋方向是决定因素

下面，让我们进一步分析，上述两种不同类型的发光——荧光和磷光的产生原因，及各自的发光过程。

为对此深入地了解，需要对分子世界进行分析。分子中存在着各种各样的电子轨道，成对的电子位于这些轨道上。每个电子都存在自旋，而且自旋只能以"向上"或"向下"这两种相反的状态存在(图 11-55)。这听起来费解，但承认这一客观存在的事实，对于了解荧光、磷光之间的关系是极为重要的。

下面，让我们看一看电子与空穴发生复合的实际情况。如图 11-55 所示，所谓电子与空穴的复合，即对电子处于接受状态的分子(将被还原的分子)与处于被吸引状态的电子间，发生授受反应。此时，如图 11-55(a)所示，反应后激发状态电子自旋方向处于"相反"的情况，为"单重激发状态"。由于这种状态是不稳定的，电子会降落到原来的轨道，与此相应放出的光为"荧光"，而以激以状态存在的典型时间大约为 10ns。

---

① 荧光笔等是受太阳光等光的刺激而被激发，从该激发态降落时引起发光，从这种意义讲，属于"光——→光"的发光机制；萤火虫为"化学反应——→光"；而有机 EL 为"电流——→光"，注意三者的发光机制是不同的。

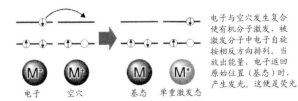

电子　空穴　　基态　单重激发态

电子与空穴发生复合使有机分子激发，被激发分子中电子自旋按相反方向排列。当放出能量，电子返回原始位置（基态）时，产生发光。这便是荧光

(a) 电子自旋相反的状态对应单重激发态

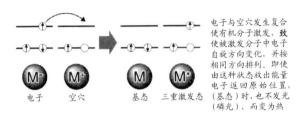

电子　空穴　　基态　三重激发态

电子与空穴发生复合使有机分子激发，致使被激发分子中电子自旋方向变化，并按相同方向排列。即使由这种状态放出能量电子返回原始位置（基态）时，也不发光（磷光），而变为热

(b) 电子自旋相同的状态对应三重激发态

图 11-55　电子自旋方向决定激发状态是单重态还是三重态

　　而对于图 11-55(b)所示的情况来说，处于激发状态电子自旋的方向是相同的，称这种状态为"三重激发状态"。该状态较之"单重激发状态"能量要低。电子具有脱离该不稳定状态的趋势，但原来轨道上已经存在自旋与其相同的电子，基于泡利不相容原理[①]，两个自旋方向相同的电子不能位于同一轨道。因此，即使"三重激发状态"电子的能量较高，也不能降落到原来的基态轨道上。

　　由于不能降落到原来的基态轨道上，电子只好在该激发状态长时间停留。停留时间有多长？有的甚至长到数毫秒量级以上。这样，在激发期间，该分子会以旋转方式、伸缩方式等，将激发态能量消耗掉(以发热的形式退激化)。这就是很难观测到磷光的原因。

11.2.3.4　"内部量子效率"以 25% 为限？

　　上一节,介绍了从有机分子发出荧光和磷光这两种不同类型光的原因和背景。但是，在有机 EL 中，因电子、空穴间的复合所引起激发状态中，二者占的比例是多大呢？从理论(统计)上讲，荧光(单重激发态)：磷光(三重激发态)=1：3。使用荧光物质，可产生的我们可利用光的比例，只占全体的 25%。也就是说，好不容易使一个电子–空穴对发生复合，且复合能量引起激发，但由一个电子–空穴对只能产生 0.25 个光子(photo)，效率是很低的。也就是说，如果仅由此取出光子，由电子产生光子的变换效率仅为 25%。正是基于此，即使许多专家也认为"这是

[①] 又称为泡利排他性原理。量子力学中必须要考虑的原则。在极低温世界，可以观测到磷光，一般在室温不能观测到磷光。

有机 EL 难以逾越的障垒",对于非业内人士来说,也作为常识,"人云亦云"。

需要指出的是,上面所说的发光效率被称为"内部量子效率"。就前面所论,严格说来应是"内部量子效率以 25%为限"。就是说,由 100 个电子只能产生出 25 个光子。

11.2.3.5　100%的发光效率是人们追求的目标

光的变换效率为 25%,意味着 75%的激发能量不是以光放出,而是以其他方式损失掉。但如果由"三重激发态"(二阶)不是以热,而是以光的形式发出,则对应一个电子会有一个光子放出。显然,这种有机物质不是仅发射荧光(称为荧光物质),而是发射磷光的物质(称为磷光物质)。如果能发现并采用后者,则变换效率可达 100%。到目前为止,一直在荧光物质的范围内进行开发,因此存在发光效率仅为 25%的限制。应需要,近年来已开始对室温下可发射强磷光的有机化合物的开发。

但是,满足人们要求的上述"发射磷光的有机物质",实际上并非在自然界中天生存在,而都是由人工制造的[1]。11.2.1.2 小节 2 的标题为"有机 EL 中使用的是人工合成的有机物",这意味着,目前已成功突破"量子效率为 25%的壁垒"。从人们所追求的"在室温下发射磷光,而且要发强光"这一目标可以看出,能制作出这种材料是关键中的关键。

目前,使用被称为"金属螯合物"的材料,有可能高效率地发射磷光。"金属螯合物"这一名称尽管听起来比较陌生,但正如其名称所表达的,在占据中心位置的金属离子周围,结合有有机物配位基。如图 11-56 所示,有机物基由金属离子联络在一起。中心金属离子采用铱(Ir)、铂(Pt)等重(贵)金属离子可以达到相当好的效果,而通过改变金属螯合物中有机配位基的结构可以获得不同颜色的发光。为了满足发射蓝(B)、绿(G)、红(R)光的要求,早就有人着手研究开发相应的配位结构等[2]。图 11-57 表示具有不同有机配位基的铱螯合物对应不同波长的发光。以发蓝光为例,通过将配位基氟化等,可使发光的波长缩短,再通过改变第二配位基等,已使当初所发蓝光的波长 476nm(CIE 色度坐标(0.18, 0.36))缩短到目前的 460nm(CIE 色度坐标(0.16,0.26))。当然,并非"金属螯合物材料全都能发射磷光"。因中心金属离子不同、配位结构不同等,情况各异。

---

① 实际上,对于从事有机 EL 显示器开发的人员来讲,更关心"元件材料"的实际应用,至于在基础方面谁最早做出了这种材料并不十分关心,因为只有当其发光效率达到足够高的程度,才会考虑它的实际应用。

② 最早使用金属螯合物系磷光材料的是普林斯顿大学的 S.R.Forrest 教授和南加利福尼亚大学的 M.E.Thompson 教授。而最早对有机 EL 进行观测的是日本九州大学,山形大学也于 1990 年利用稀土元素由多重激发态实现了磷光发光。

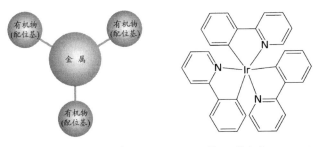

(a) 金属螯合物结构示意   (b) 铱 (Ir)螯合物 (Ir(ppy)₃)

(所谓金属螯合物是金属与有机物之间形成的杂化 (hybrid)物质)

图 11-56 金属螯合物的典型结构

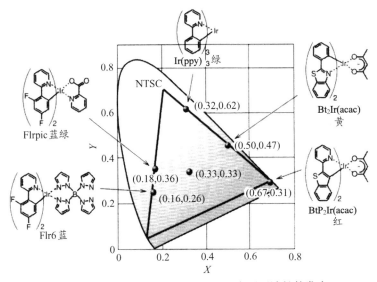

图 11-57 铱(Ir)螯合物系磷光物质对应不同波长的发光

实际上，柯达公司的 Tang 博士在 1987 年发表的金属螯合物中，中心金属采用的是铝(Al)。遗憾的是，这种铝螯合物是发荧光而非发磷光的物质。换句话说，通过改变螯合物中的中心金属以及改变或调整周围的配位结构，可以控制其发射荧光还是发射磷光。

从目前的情况看，与发射荧光的物质相比，发射磷光的物质(金属螯合物)是非常少的。但是，既然已有人工方式制作这种新型物质的先例，随着有机化学的进步，相信人类可以创造出更高性能的，满足有机 EL 要求的发光材料。

11.2.3.6 也可以采用稀土金属螯合物

利用金属螯合物磷光物质，可以有效发出磷光。由此，内部量子效率可达100%。受此鼓舞，人们加紧材料的探索，期待进一步开发出具有特殊特征的磷光材料。

但是，除了利用磷光材料之外，还有提高内部量子效率的有效方法。采用稀土金属螯合物材料就是其中之一。稀土金属螯合物不是荧光材料。"既然稀土金属螯合物不是荧光材料，就应该是磷光材料吧？"实际上，并非如此。

前面曾多次提到，荧光是由"单重激发态的发光"，磷光是由"三重态的发光"。然而，稀土金属螯合物的激发状态，既非单重态，又非三重态。因此，前者的发光并非源于后二者，而是由五重态等多重激发状态引起的发光[①]。对应单重激发态的发光为"荧光"，对应三重激发态的发光为"磷光"，而对应五重态等激发态的发光还没有特殊的名称，暂简单地称其为"发光"。

早就有人指出，"使用磷光物质，内部量子效率可达到 100%"。但在铱(Ir)螯合物出现之前，有人提出，"采用稀土类金属，内部量子效率有可能达到 100%"，日本山形大学的城户淳二教授就是这一方案的最早提出者之一。

城户教授早在 1990 年就将稀土金属铽(Tb)螯合物应用于有机 EL 中。当时还是有各种各样不同的看法，最具代表性的是，"采用的既然是荧光物质，内部量子效率不会超过 25%"。但城户教授则主张，"上述观点是错误的。之所以采用稀土元素，是其有机配位基被激发时，如即使被激发为三重状态，也能将其能量转移到中心金属而发光，从而所有能量都能以光的形式加以利用。基于此，内部量子转换效率达 100%并非天方夜谭。只要合适地选择材料，稀土金属螯合物有机 EL 的内部量子效率达到 100%也是有可能的"。但遗憾的是，当时采用稀土金属螯合物并未能证明其内部量子效率可达 100%。实际上，由于采用铱(Ir)系螯合物已证明内部量子效率可达 100%。在这一事实面前，现在顽固坚持"25%的壁垒难以突破"的人已销声匿迹。

11.2.3.7　设法提高外部量子效率

既然有内部量子效率，容易想象，也必然会有外部量子效率。相对于内部量子效率的定义："在元件内部，电子转换为光子的比例"，外部量子效率可表述为："在考虑内部量子效率的基础上，能向外发射光的最终比例"。

提高外部量子效率也是十分重要的。因为，即使内部量子效率为 100%，但若向外取出光的效率很低，从整体上讲，发光效率仍不能提高。外部量子效率太低，光不能有效取出，则难以满足有机 EL 的要求。

无论对于荧光，还是对于磷光来说，若采用非晶态有机发光膜，由于有机发光并不像激光那样具有极强的指向性，前者的光线会横向散射而泄漏；由于有机

[①] 五重态，多重态：在常见的有机化学教科书中，可见到关于单重态、三重态的介绍，但一般不涉及其他的激发态。但随着技术开发不断突破，所触及的物质规律也越来越深。

材料与电极及基板材料的折射率不同,光线也有可能被完全封闭于有机材料之中。在内部量子效率即使为 100%的情况下,一般可向外取出光的最大比例为 20%~30%。

这就是说,若内部量子效率为 25%,光的取出效率为 20%,则实际可利用的光效率,即外部量子效率充其量不过 5%而已,是相当低的。

当然,提高外部量子效率的潜力是很大的。目前人们正逐个搞清楚造成光损失的原因,并采取切实措施加以解决。

11.2.3.8 有机 EL 显示器的功率效率

功率效率又称视感效率。实际上,这一参数是表示显示器和照明光源等单位功耗下的照度,单位是 lm/W(流明/瓦),表示单位功耗下取出光的量。

功耗(W)为电流与电压之乘积,而为获得某一亮度,需要一定的电流。因此,电压越低,功耗越小,功率效率越高。显然,降低驱动电压对于实用化具有十分重要的意义。目前,人们正在研究开发各种降低电压的措施,如高迁移率材料的开发,选择合适的电极材料而能在低电压下进行空穴及电子注入等。

最近开发出的有机 EL 元件可以获得 1 000~10 000cd/m² 的高亮度,而其驱动电压只有几伏。表 11-9、表 11-10 分别汇总了采用荧光材料和磷光材料的有机 EL 元件的特性,其中包括外部量子效率、功率效率、寿命等。特别是功率效率一项,目前 PDP 等其他显示器仅有 1~2lm/W,有机 EL 的优势很明显。

表 11-9　采用荧光材料的有机 EL 器件的特性

颜色 ＼ 特性	外部量子效率/%	功率效率/(lm/W)	寿命/h
蓝	5~6	5~8	数万
绿	5~6	10~15	数万
红	2~3	1~3	数万

表 11-10　采用磷光材料的有机 EL 器件的特性

颜色 ＼ 特性	外部量子效率/%	功率效率/(lm/W)	寿命/h
蓝	10~11	10~11	数百
绿	15~20	60~70	数千
红	7~8	1~3	数万

注:①荧光器件所依据的是实用小分子器件的数据,而磷光器件所依据的是论文发表的数据;对于高分子系,特别是蓝光器件来说,寿命大致低一个数量级。

②寿命是指初期亮度降低为 100cd/m² 所经历的时间。

③功率效率又称视感效率,考虑到人眼对各种颜色的感度不同,因此针对不同颜色取较低的值。而且,功率效率表示单位功率下光束的强弱,因此驱动电压越低功率效率越高。

11.2.4　有机 EL 的关键材料

11.2.4.1　对有机 EL 构成材料的要求

1. 有机 EL 元件的发光效率

有机 EL 元件的发光机制如图 11-58、图 11-59 所示。将荧光性有机化合物夹于一对电极之间，当在正负电极上施加直流电压时，来自阳极的空穴和来自阴极的电子向有机化合物中注入。注入的空穴向着阴极，注入的电子向着阳极，在有机分子间跳跃(hopping)的同时发生迁移。该迁移的电子和空穴在一个有机分子中相遇形成空穴–电子对(称其为激子)。这种空穴–电子对发生复合放出能量，使上述有机分子激发而处于激发状态。这种激发态分子(激子)的一部分会发出光，发光的比例因有机分子种类不同而异。其余的激发态分子经不同的路径而失活。按上述考虑，有机 EL 元件光的取出效率可由下式给出(参照图 11-60)：

$$\eta_{ext} = \eta_{int}\eta_p = \gamma\eta_r\phi_p\eta_p \tag{11-1}$$

式中，η_{ext} 为外部量子效率；η_{int} 为内部量子效率；η_p 为光的取出效率；γ 为电子与空穴发生复合的概率；η_r 为发光性激子的生成效率；ϕ_p 为发光量子效率。

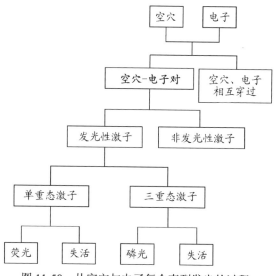

图 11-58　从空穴与电子复合直到发光的过程

理论上讲，为追求有机 EL 的最高发光效率，应保证式(11-1)中的四个因子都要接近 100%。其中，γ 是相对于来自阳极的空穴与来自阴极的电子，经注入、传输直到发生复合的比率，其大小与一系列界面及类似于 pn 结的积层结构相关，姑且认为可近似达到100%；ϕ_p是从发光性激子直到发光的发光量子效率，通过选择内部发光量子效率高的材料，也可以认为ϕ_p能达到100%。但是，如何提高发光性激子的生成效率η_r和光的取出效率η_p是实现有机EL高效率发光的两道难关。

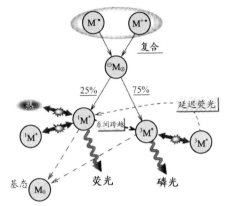

图11-59　发光机制示意图

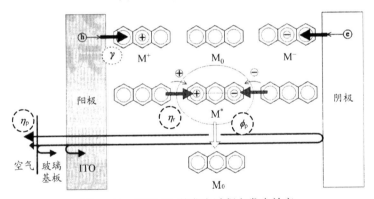

图11-60　有机EL的发光过程和发光效率

首先分析如何提高发光性激子的生成效率η_r。发光性激子按其电子自旋的方向可分为两类，一类为单重激发状态，另一类为三重激发状态，二者的生成比率为1:3(参照图11-59)。有机分子从单重激发态向稳定的基态迁移时，所发出的光为荧光。因此，即使发光量子效率为100%，荧光发光的效率(内部量子效率)也只有25%。因此，过去一般认为，有机EL元件的理论发光效率最大为25%。可喜的是，1999年人工合成了可发磷光的有机物，该有机物从三重激发态向基态迁移时可发出磷光，由此，上述其余的75%(参照图11-59)也能用于发光。这样，内部量子效率从理论上讲可达到100%。

下面再分析光的取出效率η_p。对于在普通玻璃基板上形成元件的情况，由于作为基板的玻璃同 ITO 电极之间、玻璃同空气之间的折射率存在差异，根据几何光学分析，如图 11-61 所示，最终光的取出效率只有大约 19%。这是造成有机 EL 器件发光效率不高的又一大原因。

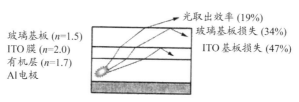

图 11-61　光取出效率的计算模型

以荧光材料作为发光分子的情况为列，根据式(11-1)，代入上述相应数据做近似估算

$$\eta_{ext} = \gamma\eta_r\phi_p\eta_p \approx 100\% \times 25\% \times 100\% \times 19\% \approx 5\%$$

这就是表 11-9 中所示有机 EL 器件发光效率不高的原因。但如果能利用三重激发态的发光(磷光)，原理上发光效率可以达到 3 倍以上，若系间交差(照参图 11-59)的概率为 100%，则发光效率进一步可以达到 4 倍。此外，光的取出效率与膜厚相关，根据量子光学计算，若 ITO 膜的膜厚取 100nm，则光的取出效率可高达 52%。

2. 从能带结构分析对载流子传输材料的要求

利用图 11-62 所示的能带结构，可以分析有机 EL 对载流子传输材料的要求。

有机分子中存在大量电子，而这些电子分别占据能级不同的轨道。在基态，电子所占据的最高能级轨道，称为最高占据轨道(HOMO)；而在空轨道中，处于最低能级的轨道，称为最低非占据轨道(LUMO)。

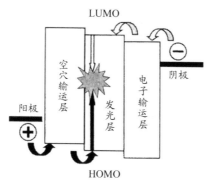

图 11-62　有机 EL 元件的能带模型

若将占据 HOMO 的电子拔脱出，则产生电子空缺，从而形成电子缺位状态，

称这种状态为空穴。这种电子空缺会吸引近邻分子的电子，被吸引电子从近邻分子跳跃至电子空缺位置，在填补电子缺位的同时，产生新的空穴。这便是由于 HOMO 电子跳跃引起空穴迁移的理由。

从金属取出一个电子所需要的能量称为功函数。显然，在阳极功函数与有机材料的 HOMO 之间能隙小的情况下，电子易被拔脱出。因此，对于空穴注入层来说，阳极功函数与空穴注入层的 HOMO 能级间的匹配极为重要。对于阴极侧来说也有类似的要求，即电子注入层的 LUMO 能级与阴极材料的功函数之间应良好匹配。电极的功函数同有机材料的 HOMO 及 LUMO 能级间的间隙，是决定有机 EL 元件驱动电压的决定因素。而且，由于电流强度同流经系统的电子数与电荷的迁移率及电场强度三者的乘积成正比，因此，有机 EL 材料中的电子迁移率也是决定驱动电压的因素之一。积层有机 EL 材料间也有类似的要求，其 HOMO 及 LUMO 的匹配非常重要，即为使空穴和电子在有机 EL 层中均匀地(smoothly)迁移，有机层间的能隙较小为好。但是，为了将空穴和电子有效地封闭于发光层中以提高复合的几率，应阻止电荷被拔脱出，为此，适当加大发光层同空穴传输层之间 HOMO 能级的间隙，及发光层同电子传输层之间 LUMO 能级的间隙是十分必要的。

综上所述，用于有机 EL 元件的空穴传输材料应具备如下特征：

1) 高的空穴迁移率，利于空穴传输；

2) 相对较小的电子亲和能，有利于空穴注入；

3) 相对较低的电离能，有利于阻挡电子；

4) 良好的成膜性和热稳定性。

用于有机 EL 元件的电子传输材料应具备如下特征：

1) 高的电子迁移率，利于电子传输；

2) 相对较高的电子亲和能，有利于电子注入；

3) 相对较大的电离能，有利于阻挡空穴；

4) 良好的成膜和热稳定性。

3. 对有机 EL 构成材料的共同要求

有机 EL 所用有机材料有小分子系和高分子(聚合物系)两大类。二者除相对分子质量(从而结构)不同之外，在用于有机 EL 的原理方面，并无本质差别。

作为构成有机 EL 的主要有机材料，包括空穴注入及传输材料、发光材料、电子注入及传输材料等，应满足下述共同的要求：

1) 电学及化学性能稳定；

2) 应具有合适的离化势和电子亲和力；

3) 电荷迁移率高；

4) 能形成均厚、均质的薄膜；

5) 玻璃化转变温度要高;

6) 热稳定性好(特别是对于小分子系材料,应能承受真空蒸镀时长时间的高温);

7) 高分子系材料应具有良好的可溶性(用于甩胶或浆料喷涂等);

8) 如果以非晶态应用,要求不容易发生晶化。

11.2.4.2　小分子材料

1. 积层型空穴传输层和积层型电子传输层的结构设计

(1) 两层型空穴传输层

为实现高效率发光和低电压驱动,需要精心设计元件结构,仔细选择各层的材料。为了高效率地传输电子和空穴并使二者高效率地复合,最基本的结构形式是将空穴传输层和电子传输层分开而构成的双层结构。而为了进一步提高性能,有必要再将载流子注入层和载流子传输层分开,如图 11-63 所示,由单层型变为

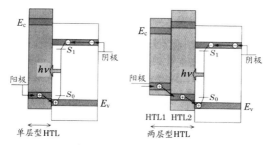

(a)由单层型变为两层型空穴传输层

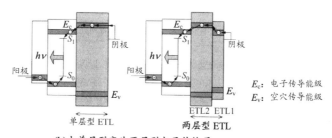

(b)由单层型变为两层型电子传输层

图 11-63　由单层型向积层型空穴传输层及积层型电子传输层的转变

积层型空穴传输层和电子传输层。目前,HTL 大多由两层(HTL1、HTL2)构成(图 11-63(a))。其中,HTL1 的作用是从阳极接受空穴注入并使其传输,HTL2 的作用是从 HTL1 向发光层传输空穴。一般称 HTL1 为空穴注入层(hole injection layer, HIL),而称 HTL2 为空穴传输层(hole transport layer, HTL)。这种两层结构必须满足下述两个要求:一是由阳极的空穴注入势垒要低,二是与发光层界面间的电子

的性能要匹配。对于跟阳极(例如 ITO)相接触的 HTL1 来说，为易于从阳极向其空穴注入，一般要求阳极的功函数同 HTL 的 E_v 能级之差要尽量小些。作为阳极若采用 ITO 电极时，HTL1 应选择 E_v 为 5.0eV 左右的材料。

虽然 HTL1 不像 HTL2 那样，为阻止从发光层的能量移动，必须采用能隙大的材料，但从防止发射光的再吸收考虑，要求 HTL1 选用对于发光光谱来说为透明的材料。作为 HTL1 材料，初期曾提出选用酞菁染料(phthalocyarine, Pc)的方案。Pc 的优点是，E_v 在 5.0eV 附近，从 ITO 向它的空穴注入性优良，且耐光性好；缺点是在可见光区域存在吸收等。为进一步改善，已采用繁星式(star burst)聚胺(polyamine) 类 (m-MTDATA，2-TNATA)、聚苯胺 (polyaniline)、低聚噻吩(oligothiophene)等代替 Pc，并达到良好效果。特别是，m-MTDATA 类在可见光全区域都是透明的，而且 E_v 为 5.1eV，易于低电压驱动。

另外，由于 HTL2 同发光层相接触，因此它的设计跟 HTL1 相比有不同的要求。而且，对 HTL2 的特殊要求是，它与发光层之间不能因分子间的相互作用而形成激发错合物(exciplex)、电荷传输螯合物(charge transfer complex)等。与 HTL1 相反，为避免这种错(螯)合物的形成，希望 HTL2 选用 E_v 更深的材料。一般说来，由于电子传输性发光材料具有弱的受主特性，因此容易同基本上具有施主特性的 HTL 形成错(螯)合物。进一步，为了防止 HTL2 与发光层界面附近生成的激子向 HTL2 层发生能量移动，还要求 HTL2 的单重态激发能量应比发光层的激子能量更高。因此，为保证 HTL2 不吸收发光层的发光，并不发生能量移动、要求它具有宽能隙特性。而且，为保证发光层内部实现有效的电子–空穴复合，不会发生从发光层向 HTL2 层的电子注入，要求 HTL2 具有浅 E_c 能级。综合以上要求，直接采用 Pc 类与发光层接触并不理想。目前，作为 HTL2 层多选用 TPD、α-NPD 等联苯胺(benzidine，或称对二氨基联苯)衍生物以及兼顾耐热性的三苯胺(triphenelamine, TPA)多量体等。

关于 HTL 材料，一般认为具有有机光电导体(organic photoconductor, OPC)特性的电荷传输材料(charge transfer material, CTM)就可以采用。因此，在有机 EL 研究开发的初期阶段，一般是针对现有的 CTM 进行筛选。曾对三苯胺(triphenelamine)、联苯胺(benzidne，对二氨基联苯)、吡唑啉(pyrazoline，邻二氮杂环戊烯)、苯乙烯基胺(styryl)、腙(hydrazone)、三苯甲烷(triphenymethane)、咔唑(carbazole，9-氮杂芴)等范围广泛的材料进行过探索。经过初期的材料探索，得到关于 HTL 材料应具备的共同必要条件是，可通过真空蒸镀升华成膜，而且能形成 100nm 以下的膜质均匀的无针孔超薄膜(非晶态膜或致密的微晶薄膜)。为防止膜层结晶化，需要导入较大的置换基及采用非平面的分子结构等，而这些对于均匀薄膜也是有效的。

(2) 两层型电子传输层

ETL 的设计与 HTL 同样也需要采用两层结构(图 11-63(b))。为使从阴极的电子注入容易，作为 ETL，一般希望选择 E_c 能级更深的材料。为使 E_c 更深，常规考虑是在分子骨架中导入受主性的置换基以及扩大 π 电子系等，但这些方法往往会造成该层与相邻层形成错合物以及引起能隙减小等，因此不适采用。于是，按与 HTL 同样的考虑方法，ETL 层也需要采用两层结构。在此情况下，与阴极接触的一层称为电子注入层(electron injection layer, EIL)，与发光层相邻的一层称为电子传输层(electron transfer layer, ETL)。关于电子传输材料的最初报导实例是噁唑衍生物(OXD)：(2-(4-biphenyl)-5-(4-tert-butylphenyl))-1, 3, 4-oxadiazole)(PBD)。此后，考虑到膜质的经时稳定性，对其二量体、三量体进行了深入的研究。在此基础上，OXD 衍生物作为 ETL 材料的用途得到确认。进一步又报道了，作为对噁唑衍生物进行修饰的骨架，新的三氮唑(triazole，三氮杂茂)衍生物(TAZ)及费南思林染料(Fenanthren)衍生物(BCP, bphen)也具有电子传输性。关于 OXD，作为模型化物质，人们对其聚合物化的研究开发也在进行之中，包括具有醚(ether)结合键的OXD 等，发表了具有各种各样连接基的 OXD。而且，在色分散型 EL 元件中，人们也发现了 OXD 电子传输性的用武之地。

作为两层型 ETL 的具体材料组合实例，可以举出 OXD/Alq₃，BSB(Bis-styrylbenzene 系)/Alq₃ 等。通过将 ETL 做成 ETL2/ETL1 两层结构，OXD担当空穴阻挡、电子传输功能，Alq₃ 担当从阴极向其注入电子的功能，从而达到功能分离的目的。像这样，通过采用两层结构的载流子传输层，不仅从电极向发光层的载流子注入能垒得以缓和，还达到将激子封闭于发光层之内的效果。空穴注入/传输层侧及电子注入/传输层侧的两方往往都是由异种有机物积层而成的，在各自界面上，必然会发生分子间的相互作用，为缓和这种现象发生，一般需要采用多层结构的载流子传输层。

下面再看看载流子传输层与发光层有什么不同。载流子传输层与发光层的主要区别是，与大多数载流子传输层具有单极(unipolar)性(只传输电子或只传输空穴的特性)相对，因基本上是在发光层中引起载流子的复合，因此发光层应具有双极(bipolar)性(既能传输电子又能传输空穴的特性)，而且应具有强发光功能。迄今为止，与空穴传输层相组合，采用最多的电子传输性发光材料是喹啉铝螯合物(Alq₃)。Alq₃ 中的电子迁移率高于空穴的迁移率，Alq₃ 中传输的电子同由空穴传输层注入的空穴在二者界面发生复合，产生激子，进而发光。目前，有关喹啉螯合衍生物，许多研究者正进行系统评价。另外，在与 OXD、TAZ、BCP 等电子传输层的组合中，具有空穴传输性的苯乙烯基胺(styrylamine)也显示出良好的发光特性。这种情况同上述以 Alq₃ 兼作发光层的情况相反，由空穴传输性发光层中传输空穴，跟由电子注入层注入的电子发生复合，产生激子，进而发光。无论在哪种情况下，都应使产生的激子在发光层内有效地发射失活，因此，要求载流子传输层的激子能量(对于荧光发光的情况，指单重态激子能量)比发光层激子能量更高。

如上所述，载流子传输层的插入对于提高有机 EL 的发光效率起重要作用。另外，最近，为进一步提高耐久性等目的，也在开发新的元件结构设计，在单纯层状结构的基础上，将载流子传输材料与发光材料相混合，以混合层的形式应用。这种采用混合层的元件结构方案，与层状结构的鲜明异质界面相比，通过形成模糊界面，可望进一步提高有机电致发光元件的耐久性。

2. 空穴传输材料

迄今为止，已公开发表了许多空穴传输材料，但其中几乎都是芳香族胺系列。柯达公司最初发表的材料就是三苯胺(triphenelamine, TPA)由环乙基(cyclohexyl)结合而成的 TAPC，见图 11-64。此后，使用最多的空穴传输材料是上述三苯胺的双量体(TPD)，经过九州大学研究所的介绍，而在世界范围内推广。但是，TPD 在包括寿命在内的耐久性方面不甚理想。由于驱动电流产生的焦耳热会引元件温度上升，当温度接近空穴传输材料的玻璃转变温度(T_g)时，由于分子运动加快而便于分子之间的凝聚，致使空穴传输层的膜结构由非晶态向晶态转变。膜结构的变化对于元件来说是致命性的，由于造成与电极界面的接触不良以及膜层自身的不均匀化，从而引起驱动电压上升和发光亮度下降。有人用 AFM 观察等手段对 TPD 膜结构的变化进行了详细考查。

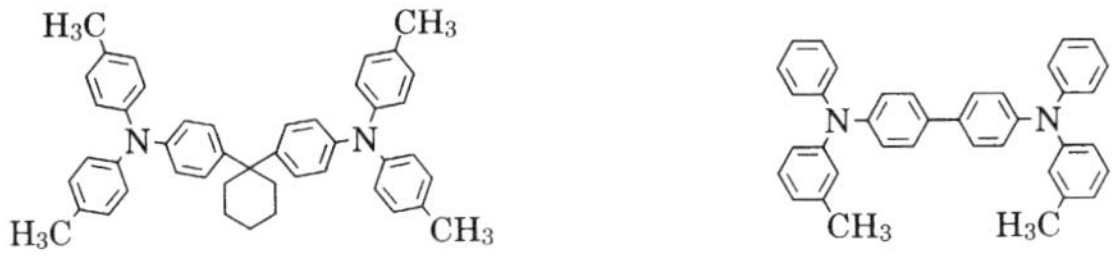

TAPC
$T_g=78\ ℃$
$I_p=5.8eV$

TPD
$T_g=60\ ℃$
$I_p=5.4eV$

图 11-64　最早由柯达公司和九州大学发表的空穴输运材料

芳香族胺系材料的结合方式与三苯胺的结合方式不同，前者包括由两个苯基以非共轭系相结合的烷撑(alkylene)结合型和两个苯基以共轭系相结合的亚芳香基(arylene)结合型，前一种结合型中有苯基共有的苯二胺(phenylene diamine)型。图 11-65 汇总了一系列空穴传输材料的分子结构以及玻璃化温度(T_g)以及离化势(I_p)的数值。

据称在日本国内投入最大力量进行研究开发的大阪大学的研究组，以三苯胺为基，以星型(star burst)方式加大分子，开发出 m-MTDATA，它的 T_g 为 75℃，高于 TPD 的 60℃。采用星形分子结构，人们已经开发出多种 T_g 超过 100℃的空穴传输材料。而且，许多报道证实，采用该系统的空穴传输材料，确实使有机 EL元件的耐热性得以改善。柯达公司的研究组将 TPD 的两个苯基变成萘基，开发出

α-NPD，仅导入刚性的萘基就使 T_g 达到 95℃。这种α-NPD 比 TPD 得到更加广泛的普及，成为实用化的最早的空穴传输材料。针对特异分子结构，原ヘキスト的研究小组利用螺旋结合(键)开发立体结构的分子，以提高 T_g。使两个 TPD 产生螺旋结合(键)的 spiro-TPD 的玻璃转变温度 T_g 达到 133℃，如果再将苯基换成萘基，还可以进一步提高 T_g。spiro-TPD 中的 TPD 单位呈完全正交状态，从而构成立体结构。

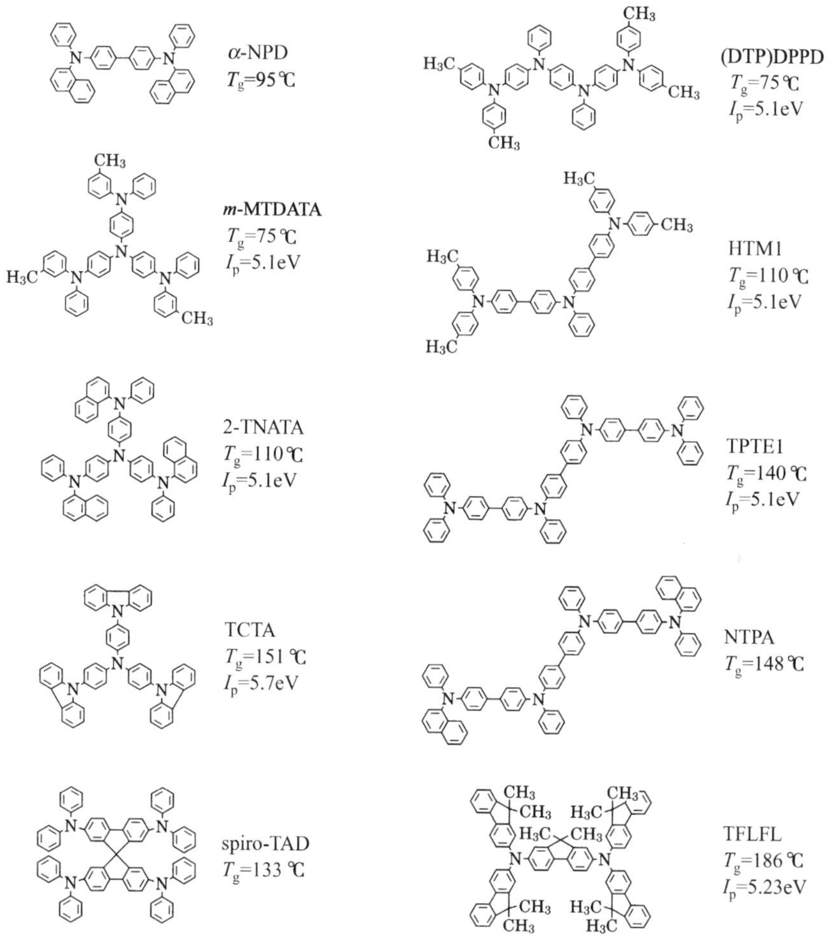

图 11-65　空穴输运材料的分子结构以及玻璃转变温度(T_g)、离化势(I_p)的数值

通过使三苯胺多量化是提高 T_g 的主要方法之一。利用 TPD 结构的延长，在苯基的对位上使三苯胺直线连接而构成三量体(TPTR)，它的玻璃化温度 T_g 为 95℃，四量体(TPTE)的为 130℃，五量体(TPPE)的为 145℃，T_g 逐渐升高，如图 11-66 所示。若将对位连接四量体的末端苯基换成刚直的萘基，所构成化合物

(NTPA)的 T_g 高达 148℃。而且，具有芴(fluorene，二苯并茂)结构的 TFLFL 的 T_g 为 186℃，达到相当高的水平。

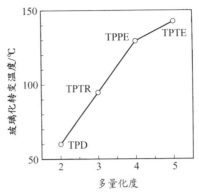

图 11-66 三苯胺的多量化度与其玻璃化转变温度的关系

关于三苯胺结构本质上具有优良的空穴传输性这一点，很早即被人们所共知，因此，若是含有这种结构的分子结构，则可大致判断它具备空穴传输性。为了表征这些空穴传输材料的空穴传输性，需要测量空穴迁移率。图 11-67 是利用飞行时间(time of flight, TOF)法测量得到的几种空穴传输材料的空穴迁移率。无论哪种情况，都可观察到非分散型的、近似过渡型的光电流波形，而且空穴迁移率的大小与电场强度相关，尽管相关性不是很强。若在电场强度为 10^5V/cm(相当于施加几伏的电压)下进行比较，TPD 的空穴迁移率为 $1×10^{-3}$cm^2/(V·s)，α-NPD 的略高些，为 $1.4×10^{-3}$cm^2/(V·s)，而 TPTE1 的为 $4×10^{-3}$cm^2/(V·s)。说明多量化确实能在一定程度上提高空穴迁移率。

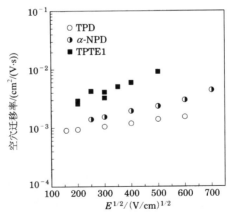

图 11-67 利用飞行时间法测量得到的几种空穴输运材料的空穴迁移率与电场强度的关系

3. 电子传输材料

与空穴传输材料同样，电子传输材料也有多种见于报道。其中 Alq₃ 用得最普遍，它一般是与另外的发光层相组合，作为电子传输层和电子注入层而使用。当 Alq₃ 作为电子传输层而使用时，受与之相接触的发光材料的作用，发光层中的激子会向 Alq₃ 的单重态和三重态发生能量转移。为防止这一问题发生，一般需要在发光层与 Alq₃ 之间插入具有高激发态能量的激子防止层。例如，通过使 Alq₃ 与 1, 10-phenanthroline 衍生物的 BCP(bathocuproine) 相组合，就可以防止发光层内产生的激子向 Alq₃ 发生移动。由于 BCP 也具有空穴阻止性，因此可以起到使载流子复合封闭于发光层内的空穴阻止层的作用。

代表性的电子传输材料示于图 11-68。在 Alq₃ 以外的电子传输材料中，噁唑 (oxadiazole)衍生物(derivative)(tBu-PBD)具有优良的电子迁移特性，从而获得广泛应用。尽管 tBu-PBD 在电子特性方面是优秀的，但由于容易发生结晶化从而在薄膜的稳定化方面存在若干问题。因此，从形态学稳定性出发，通过使噁唑衍生物双量化以及采用繁星式(star burst)结构，成功获得稳定的非晶态薄膜。作为与噁唑相类似的结构，报道的还有三氮唑(triazole，三氮杂茂)衍生物等。另外，作为置换基，在主骨架中导入硝基、氰基、羧基也是多为采用的方法。总之，以上说明的电子传输材料结构的共同点是，在骨架结构中具有电子吸收性大的置换基及杂芳香环。据此，增加电子亲和力从而容易生成游离基阴离子(radicalanion)。但是，电子吸收基的导入会在分子中诱发大的永久偶极子，进而发生能量的起伏。因能量起伏而形成捕集(trap)能级，致使电子发生跳跃移动而产生消极作用。

为了在不导入电子吸收基的前提下而增大电子亲和力，有人提出含硅的杂环化合物(siloles)衍生物的方案。siloles 是将环戊二烯中的一个碳原子被硅原子置换而形成的化合物。利用分子轨道计算已有预测，由于 siloles 环上 Si 的 σ^* 轨道与 C 的 π^* 轨道共轭，从而产生大的电子亲和力。其中，siloles 环本身基本上不发生极化，因此由偶极子引起的能量起伏几乎不会发生。进一步讲，由于 siloles 的游离基阴离子具有芳香族的特性，因此对于电子的迁移来说，也起到有利的作用。利用 TOF 法对 siloles 衍生物电子迁移率的测量结果显示，它的电子迁移率是 Alq₃ 的两个数量级以上，而且确认，电子的移动过程几乎不受捕集(能级)的影响。

最近发现，具有迄今为止一直认为是空穴传输性结构单元咔唑(carbazole)的 CBP 表现出电子传输性，这对于在有机 EL 中应用来说具有重要意义。今后需要进行迁移率测定等更详细的分析。有机 EL 中使用的有机半导体，在低电场下具有绝缘体的特性。这首先是由于不能发生有效的载流子注入所致。即使发生了载流子注入，在迁移率非常小的情况下载流子也不会发生移动。本质上讲，如果具备一定的空穴迁移率和电子迁移率，再加上与合适的电极及载流子注入层相组合，以产生空穴注入或电子注入，则可具备空穴传输层或电子传输层，乃至双极性传输层的功能。

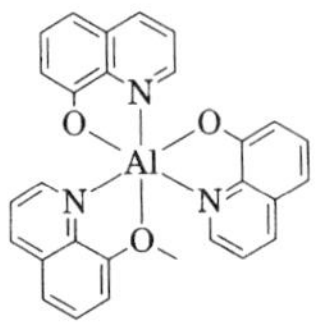

Alq₃   BCP 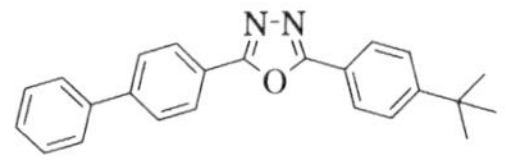   噁唑(oxadiazole)衍生物 (tBu-PBD)

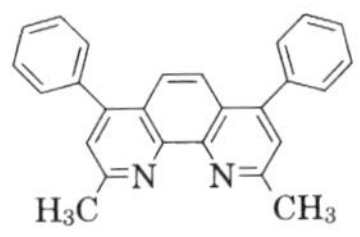

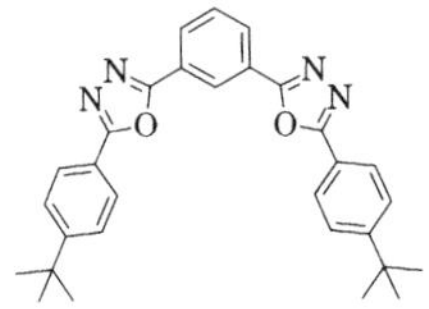

噁唑双量体 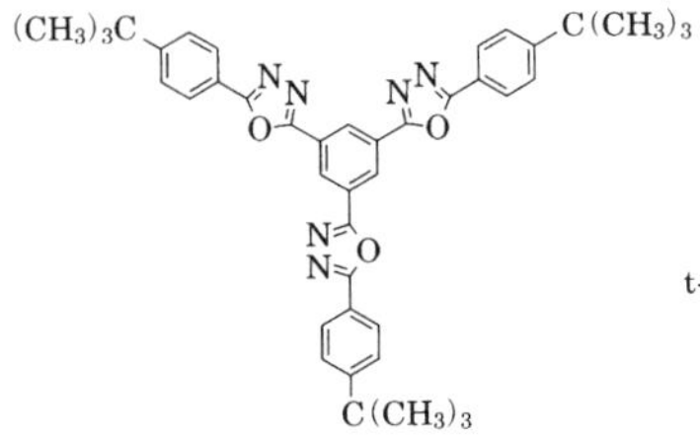   繁星式(star burst) 噁唑   三氮唑(triazole) 衍生物

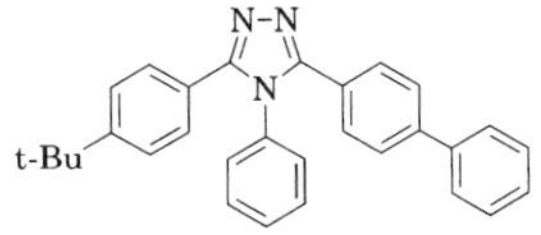

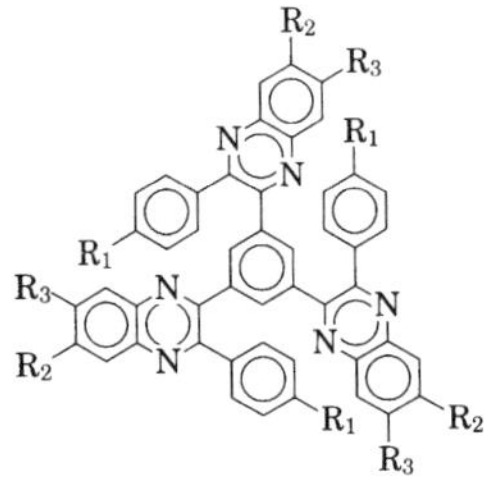

喹啉(quinoxaline)衍生物 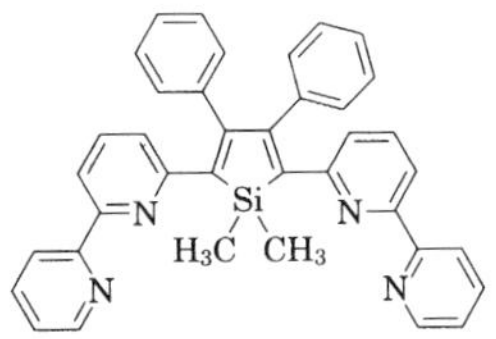   含硅的杂环化合物(siloles)

图 11-68 用于有机 EL 元件的代表性电子使输材料

4. 荧光发光材料

(1) 主(host)发光材料

与空穴传输层组合使用，应用最广泛的发光材料是喹啉铝螯合物 Alq₃。图 11-69 表示迄今为止代表性的主(host)发光材料。Alq₃ 的电子迁移率比它的空穴迁移率高，因此，在 Alq₃ 层与空穴传输层相组合的情况下，在该两层有机层的界面上能有效地发生电子和空穴的复合，从而获得高效率的发光。进一步有报道指出，BeBq₂(喹啉铍螯合物)及 Almq(4-methyl-8-hydroxyquinoline)具有超过 Alq₃ 的发光特性。而且，作为蓝光发光材料，报道的有 BAlq。另外，作为新的金属螯合物材料系，公开发表的还有 ZnPBO(hydroxy phenyl oxazol)、ZnPBT(hydroxy phenyl thiazole)以及甲亚胺(azomethlne)金属螯合物等。

除金属螯合物之外，常用的还有具有非平面结构的 distyrylbenzene(DSB)衍生物；再有，通过在苯环的不同位置导入置换基，对发光性、载流子传输性、薄膜的稳定性等进行了系统研究，作为兼具耐久性的蓝色发光材料，获得了各式各样的 DTVBi 衍生物，并已达到实用化；此外还有报道指出，通过与电子传输层相组合，DSB 衍生物等具有良好的发光特性。

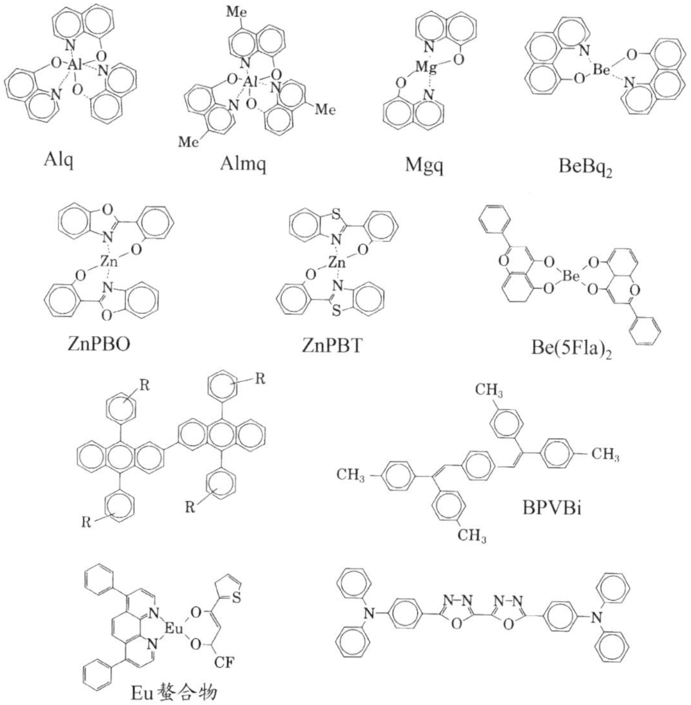

Alq   Almq   Mgq   BeBq$_2$

ZnPBO   ZnPBT   Be(5Fla)$_2$

BPVBi

Eu 螯合物

(a) 电子传输性发光材料

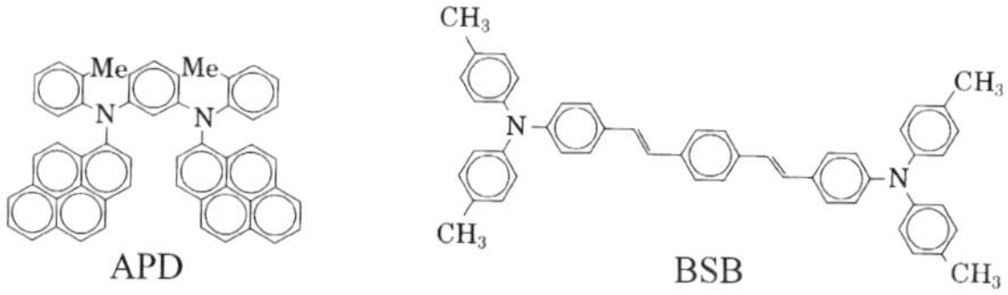

APD   BSB

(b) 空穴传输性发光材料

图 11-69 用于有机 EL 元件的荧光性主(host)发光材料

对新发光材料完成评价之后，必然面对的问题是，发光材料与载流子传输层界面间往往会形成活性错合物(exciplex)，并造成非放光的消光机制。当使异种有机物质相接触时，必然会产生某种相互作用。根据系统的研究发现，离化势(I_p)小的 HTL 与发光层之间容易形成活化错合物。最终，要通过插入甲基等，对置换基进行微细的校检，这对提高 EL 效率具有重大影响。

(2) 客(guest)发光材料

客(guest)发光材料不仅可提高发光效率，而且对改善元件的耐久性也有重要作用。图 11-70 按发光波长给出代表性的客发光材料。有机分子如同激光色素染料所代表的那样，在稀薄溶液中许多可以达到接近 100%的荧光/量子产生效率。将这样的荧光/量子产生效率高的微量荧光性客分子掺杂在载流子复合区域，由主(host)分子上生成的单重态激子产生的能量迁移，使客(guest)分子激发。或者，在客分子上直接进行载流子的捕集、复合，有可能使发光效率大幅度提高。作为激光色素染料，已知的有香豆素(cumarin)衍生物、DCM、喹吖啶酮(quinacine)、红荧烯(rubrene)等。迄今为止，在 Alq₃ 为主发光材料的场合，上述客材料的掺杂可使发光效率大幅度提高，与此同时对元件耐久性的改善效果也十分显著。

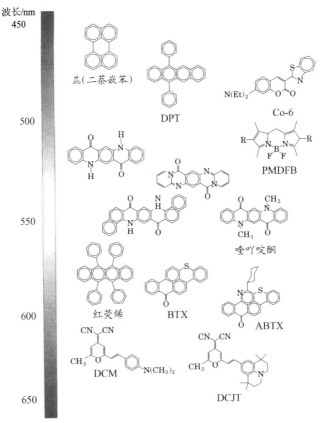

图 11-70　按发光波长给出的代表性客发光材料

5. 磷光材料

迄今为止已公开发表多种磷光有机 EL 材料，图 11-71 给出应用前景最好的 Ir(铱)系金属螯合物材料。通过对配位子的π电子系进行控制，可以获得从蓝色到红色的各种各样的发光色。已报道的代表性实例有发红光的 Btp₂ Ir(acac)，发绿光的 Ir(ppy)₃，利用二者可以获得比较好的 CIE 色度，但对于蓝光来说，目前的色度

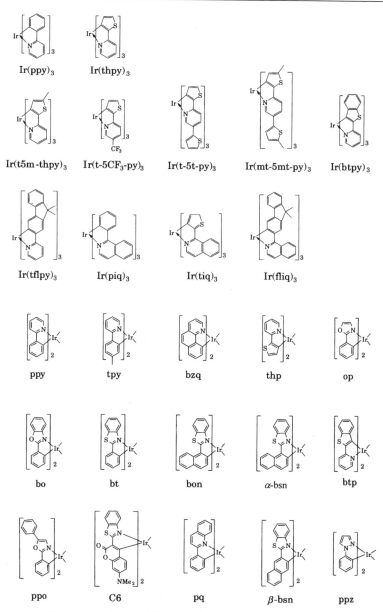

图 11-71　有机 EL 用的 Ir(铱)系金属螯合物磷光发光材料

还不够理想(图 11-72)。FIrpic 是通过含有 F 置换基及电子吸引性的甲基吡啶(picoline)酸，力图实现蓝色发光的磷光材料，但是作为蓝色发光材料目前的色度还不够理想。现在，以进一步短波长化为目标，正进行磷光发光材料的开发，但为了实现蓝色磷光发光，需要探索能隙更宽的主发光材料。除 Ir 化合物之外，已知的还有 Au、Pt、Os、Ru、Re 等贵金属的螯合物等。但是，除 Ir、Ru 的螯合物之外，其他的发光强度一般都较弱。

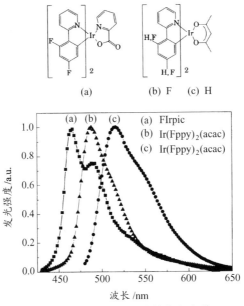

图 11-72　FIrpic 衍生物的发光光谱

11.2.4.3　高分子材料

共轭系高分子最具代表性的材料是 PPV(聚对苯撑乙烯)。初期的高分子 EL 元件制作是通过有机溶剂将可溶性前驱体成膜后，经加热得到 PPV 薄膜。此后，通过在苯撑基中附加长链，由溶液直接成膜。代表性的 PPV 衍生物如图 11-73 所示。由这些材料可以获得从绿色区域到橙色区域的发光。为实现高效率，需要容易地由电极向发光层注入电子或空穴，为此需要载流子取得平衡。据报道，采用 OC_1C_{10}-PPV 的绿色发光，已达到超过 16lm/W 的高效率。采用高分子系最早达到实用化的材料就是发黄光的这种 PPV 系。但是，由于分子结构这一本质的原因，这种 PPV 系要发蓝光是很难的。

有可能蓝色发光的是芴(fluorene)系高分子。聚芴具有良好的热稳定性和化学稳定性，在溶液或固体状态下显示出非常高的荧光/量子产生效率。通过在芴的 9 位上置换烷基长链，则聚芴变成在有机溶液中可溶性的，从而具有优良的成形性。由文献等报道的聚芴衍生物的分子结构如图 11-74 所示。CDT(Cambridge Display Technology，剑桥显示技术)公司研究团队采用这种聚芴系制成的高分子 EL 元件获得非常高的发光效率。聚芴的主要问题是，因其结构而引发的液晶性。在加热或电场作用下，分子链与分子链发生汇合，基于此的发光(excimer(活化双体)发光)可在长波长一侧观察到。根据迄今为止公开发表的报道，几乎所有情况下都会观察到这种活化双体发光。报道指出，这种活化双体发光是由于低相对分子质量的成分受热或电场的作用发生汇合而引起的。有些报道指出，在去除相对分子质量 20 000 以下的低相对分子质量成分之后，实际上制成的高分子 EL 元件的稳定性得到大幅度提高。现在，通过聚合前提高单体纯度等方法来提高聚合物的相对分子质量，可以使相对分子质量达到 100 万左右。

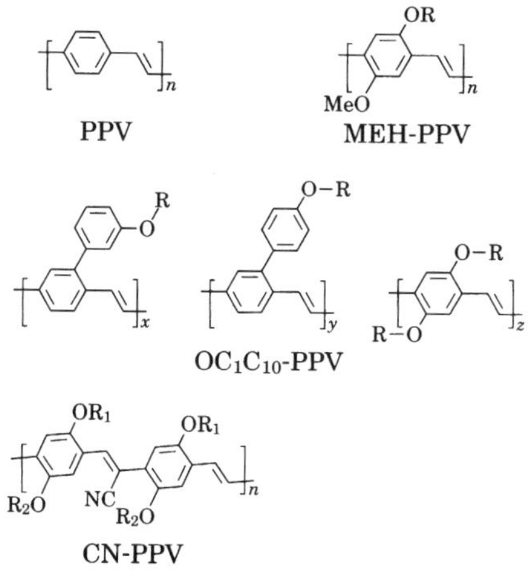

图 11-73　聚对苯撑乙烯衍生物的分子结构

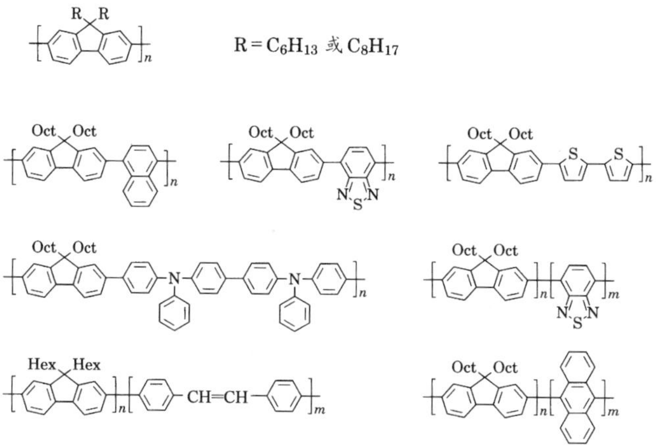

图 11-74　聚芴衍生物的分子结构

采用聚芴要想得到蓝色以外的发光色，需要导入其他的化学结构单元，如与图 11-73 中所示的噻吩(thiophene)及并苯叠氮噻唑(benzothiaziazole)或并苯(-acene)单元组成的共聚物等。下面介绍导入并苯单元的效果。表 11-11 表示导入三种并苯单元蒽((anthracene)、丁省(naphthacene)、戊省(pentacene))构成的聚芴衍生物。这种情况下的发光并非源于芴的主链结构，而是源于以百分之几浓度引入的并苯单元。它的发光机制是，基于聚芴向并苯单元的能量移动，或并苯单元上发生的载流子的直接复合而发光。而且，并苯单元还具有抑制活化双体(excimer)的效果。由于这些并苯单元的立体分布效应，并苯分子相对于芴单元的平面来说发生扭曲(约 60°)配置，由于这种扭曲配置，从电子分布讲，并苯单元同聚芴链呈孤立状态。这恰好同聚芴膜中掺杂了并苯分子的状态相类似。这些共聚体薄膜的荧光光谱峰值，PADOF 为 435nm，PNDOF 为 525nm，PPDOF 为 625nm，色纯度非常高，可实现理想的 RGB 发光。发光的外部量子效率可达 1%左右。

表 11-11　导入并苯单元的聚芴衍生物

共聚高分子	分子结构	发光峰位波长/nm
PADOF		435
PNDOF		525
PPDOF		625

注：$n:m=9:1$。

11.2.4.4　电极材料

有机 EL 元件的电极，有设于基板一侧的阳极和设于元件上部的阴极两种。一般说来，作为阳极应是透明导电材料，作为阴极多采用金属材料。阳极的作用是将空穴向空穴注入层及空穴传输层等有机层注入；而阴极的作用是将电子向电子注入层及电子传输层等有机层注入。为了实现载流子有效注入，降低注入能垒是第一要务。由于用于有机 EL 的大部分有机材料的 LUMO 能级在 2.5~3.0eV，而 HOMO 能级在 5~6eV。因此，阳极材料的功函数高些为好，而阴极材料的功函数低些为好。

1. 阳极材料

作为有机 EL 阳极导电层的阳极材料，其先决条件是：① 较高的电导率；② 化学及形态的稳定性；③ 功函数应与空穴注入材料的 HOMO 能级相匹配。当作为下发光或透明元件的阳极时，另一个必要的条件是在可见光区的透明度要高。具有上述特性的阳极，可以有效提升有机 EL 元件的效率及元件寿命。常作为阳极的材料主要有透明导电氧化物(transparent conducting oxide, TCO)及金属两大类。前者有 ITO、IZO、ZnO、AZO(Al：ZnO)等，它们通常在可见光区是接近透明的；后者一般具有高导电度，但是不透光，高功函数的金属如 Ni、Au 及 Pt 都适合为阳极材料,如果要让金属电极透光,则膜厚需小于 15nm,才在可见光区有足够的透射率。

(1) 透明导电氧化物

最常被用作透明阳极导电体的金属氧化物是氧化铟锡(indium tin oxide, ITO),ITO 在液晶显示器及无机薄膜 EL 应用方面已有长期使用的实绩。它的电阻率为 $(1\sim8)\times10^{-4}\Omega\cdot cm$,在膜厚 150nm 的场合下表面电阻可以达到 $10\Omega/\square$,而且透射率在 90% 以上的产品可以很方便地买到。ITO 的功函数为 4.5~5.1eV,接近空穴传输材料的 HOMO 能级(5~6eV),因此适宜空穴注入。

ITO 成膜一般采用溅射镀膜、电子束蒸镀、化学气相沉积(chemical vapor deposition, CVD)、喷雾高温分解(spray pyrolysis)等方式。ITO 靶材的组成为 In_2O_3 掺杂 10% 的 SnO_2,因为 In 为三价,当被掺杂的 4 价 Sn 置换时,会产生 n 型掺杂效果(参照图 2-81),降低薄膜的电阻。此外,当薄膜中形成氧空位时,每产生一个氧空位,便会多出两个电子,因此提高了载流子浓度,可降低薄膜的电阻。当氧浓度过高时,氧空位便会减少,载流子浓度随之降低,而造成薄膜的电阻率升高。在溅射镀制 ITO 膜的同时,对成膜基板进行加热,可促进晶格生长,也可有效降低电阻率。

一般情况下,由于成膜过程中晶粒的生长,ITO 膜表面往往会出现数纳米左右的凹凸。膜层表面的形貌依成膜时的气体种类和气体压力而变化。有机 EL 元件中有机层的总厚度为 100nm 左右,因此希望 ITO 表面尽量平坦。特别是,突起状结构及成膜过程中形成的团块状异物的存在,往往成为短路的隐患。因此,除了要求导电性和透明性之外,保证平坦性也是必须注意的成膜条件。有时,为了避免短路等问题发生,还需要对表面进行研磨。

氧化铟锌(IZO)可由烧结靶进行溅射成膜。日本出光兴产采用低温制程(基板温度低于100℃)开发的 IZO 膜具有较低的电阻率和较高的功函数。IZO 与 ITO 的比较如表 11-12 所示。IZO 膜层的电阻率为 $(3\sim4)\times10^{-4}\Omega\cdot cm$,从室温到 400℃ 的基板温度范围内成膜,膜层的电阻率基本上不发生变化,膜层为非晶态结构。若以室温成膜做比较,IZO 甚至比 ITO 的电阻率更低些。因此,作为如图 11-50 所示结构的下部透明电极,人们寄以希望。其他功函数更高的透明阳极,如 GITO($Ga_{0.08}In_{0.28}Sn_{0.64}O_3$) 和 ZITO($Zn_{0.45}In_{0.88}Sn_{0.66}O_3$),功函数可高达 5.4eV 和 6.1eV,已与一般空穴传输层的 HOMO 能级相当接近。

ITO 电极用在一般的玻璃基板上,通常是以 215℃ 以上的基板温度成膜。如果要在塑料基板上制作 ITO 电极,在这样高的温度下,目前市面上可获得的塑料基材都难以承受,基板会发生变形且熔解裂解。所以如何控制制程条件并选择适合的塑料基材及透明电极材料来形成低阻值的阳极薄膜,对于采用塑料基板的有机 EL 来说是非常重要的。其中一种方式是利用低温制程生长 ITO 薄膜。如采用脉冲激光熔射(pulsed laser ablation)及离子束辅助沉积(ion beam assisted deposition)等方法，但一般会受到膜层均匀性较差及沉积速率较低等限制。另外，如负离子束溅射镀膜技术(negative sputter ion beam technology)，则是一个可以在低温下快速生长 ITO 薄膜的新方法，它是由 SKION 继 IBM 后所发展的一项技术，利用均匀地将少量铯(cesium)蒸气注入传统的溅射靶材表面，使原为中性的离子束，产生带负电离子的几率增加，根据美国 Plasmion 公司的 M.H.Sohn 等人在 2003 年发表的文献，负离子束溅射技术可以在低于 50℃的温度下，得到表面粗糙度 RMS < 1nm，电阻率为 $4 \times 10^{-4} \Omega \cdot cm$，对波长 550nm 光的透射率大于 90%的 ITO 薄膜。

表 11-12　IZO 与 ITO 的比较

	IZO	ITO	
材料	In$_2$O$_3$：ZnO	In$_2$O$_3$：SnO$_2$	
组成/wt%	90：10	90：10	
成膜基板温度	−20~350℃	室温	200~300℃
膜质	非晶态	部分结晶态	结晶态
电阻率/(μΩ·cm)	300~400	500~800	200 以下
透射率/%	81	81	
折射率	2.0~2.1	1.9~2.0	
功函数/eV	5.1~5.2	4.5~5.1	
特性	· 表面平滑性 · 低温成膜性 · 具热稳定性	· 低电阻	

(2) 阳极的表面处理

为了达到更高的注入效率，阳极表面的前处理不可或缺。实际上，阳极表面的前处理也成为与阳极材料形成相互搭配的制程。未经处理的 ITO 表面，功函数只有 4.5~4.8eV，表面受碳氢化合物污染也会造成功函数下降。人们发现，利用氧等离子体、紫外光臭氧处理(UV-ozone)清洁 ITO 表面均可使 ITO 的功函数增至 5eV 以上，并增进与有机层界面间的结合性质，增加空穴的注入，降低驱动电压，更重要的是可以增加元件的稳定性与寿命。在金属阳极方面，2003 年 Wu 等利用 UV-ozone 处理过的 Ag 当作上发光元件(参照图 11-109(b))的反射阳极，经由 XPS 测量，确定 UV-ozone 处理后在 Ag 的表面形成一层薄薄的 Ag$_2$O，使得功函数上升至 4.8~5.1eV。

(3) 高分子系有机 EL 的阳极

对于高分子系有机 EL 来说，在阳极一侧使用高导电性高分子材料可以改善空穴的注入效率。迄今为止已报道的材料实例如图 11-75 所示。最具代表性的是图中所示的导电性高分子材料 PEDOT：PSS。它是在噻吩(thiophene)衍生物中掺入聚醚磺酸(polyether sulphone)组成的水溶性混合系。由于是水溶性悬浊液，即使采用旋涂法(spin-coat)法也能在基板上形成均匀的薄膜。它的功函数为 5.1eV 左右。对于采用聚芴发光层的高分子 EL 元件来说，由于聚芴的 HOMO 能级深，因此由 ITO 直接向其注入空穴很难。但是，通过在 ITO 和聚芴发光层之间形成 PEDOT：PSS 层，将电位分为两个台阶，则空穴注入变得容易些。

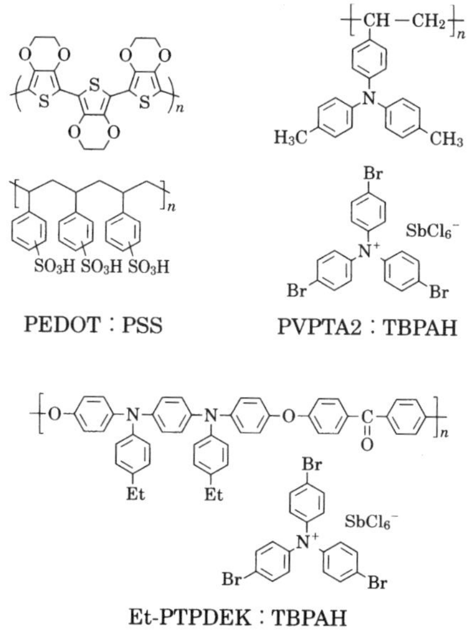

图 11-75　作为空穴注入材料的共轭系高分子(PEDOT：PSS)和非共轭系高分子(PVPTA2：TBPAH 等)的分子结构

此外，采用非共轭系高分子而被赋予导电性的系统也可作为空穴注入层来使用。例如，在三苯胺侧链上掺杂乙烯高分子及受主(acceptor)的 PVPTA2：TBPAH 及 PTPDEK：TBPAH 等。采用这类空穴注入层不仅可以改善空穴注入效果，实现低驱动电压，而且还有使 ITO 表面平坦化，减少短路等缺陷的效果。

2. 阴极材料

对于阴极来说，为了向有机层注入电子更容易，应采用功函数小的金属。在有机 EL 研究的初期，Kodak 公司开发的 MgAg(9：1)合金一直广泛采用至今。Mg 单独使用在化学上不稳定，通过合金化而实现稳定化。此外，Mg 与 In 的合金 MgIn(9：1)也作为阴极材料而使用。这些合金膜是通过控制二成分蒸镀速率比率的共蒸镀法，在有机层上形成的。为进一步改善电子注入效果，还考虑采用碱金属。例如，掺杂 1%以下 Li 的 AlLi 合金也作为阴极材料来使用。但从电极的稳定性考虑，单独使用 Al 更好些。最近，以非常薄的界面层与 Al 电极相组合的情况成为主流。界面层采用碱金属及碱土金属的氧化物或氟化物，如表 11-13 所示。界面层的厚度在 1nm 左右，是非常薄的，再在它上面形成 150nm 的铝膜。最一般的为 LiF(0.5nm)/

Al(150nm)，它几乎在所有的低分子有机 EL 元件中采用。关于该界面层的效果，用 X 射线光电子分光法(XPS)及真空紫外光电子分光法(UPS)对电子结构和组成进行了分析研究，但目前仍不好做出明确结论。目前，一般是按下述机制解释界面层的效果：由于形成电气二重层，使真空能级发生移动，从而实质上造成能垒变低，或者脱离的 Li 向有机层内扩散形成反应层，进而促进电子注入。

表 11-13　电子注入用的界面层及阴极用的材料

组件	界面层	阴极用材料
低分子有机 EL	—	MgAg
(OLED)	—	MgIn
	LiF	Al
	Li$_2$O	Al
高分子有机 EL	Ca	Al
(PLED)	Ba	Al
	Cs	Al
	LiF/Ca	Al

另一方面，对于高分子 EL 元件来说，一般是直接采用富于活性的 Ca、Ba 及 Cs 等碱(土)金属作为界面层。该层的厚度在数纳米左右，比低分子 EL 元件的界面层要厚。一般认为，这些碱(土)金属在界面上与高分子层形成反应层。另外，在碱(土)金属层形成之前，先设置 LiF 层而形成 LiF/Ca/Al 结构的阴极，也在高分子 EL 元件中广泛采用。

还有一些研究通过对有机层/阴极界面进行电子的控制，用以改善电子注入。有报道指出，使具有较大偶极矩的有机分子在界面上排布，会形成电气二重层，从而使能垒下降。作为很有意义的电极结构，有些实例是通过有机材料与活性金属的共蒸镀，使形成的混合层作为界面层来使用。例如，使 Alq$_3$ 与 Ca 及 BCP(bathocuproine)与 Ca，或 BCP 与 Cs 以 1：1 进行共蒸镀，可使元件的驱动电压降低。这些混合层的形成是提高电极向有机层的电子注入效率的有力方法。

11.2.5　有机 EL 的彩色化

11.2.5.1　区域彩色化方式和全彩色化方式

目前市售的有机 EL 显示器产品多采用区域彩色化(area color)方式，而非一般意义上的全彩色化(full color)方式。所谓区域彩色化，是使一个一个彼此分隔的区域(area)产生红、绿、蓝等颜色，各像素(区域)的颜色并不发生变化。我们身边的实例，如车用显示器(car-audio)、AV(audio-visual system，视听系统)等显示器制品都是采用的这种彩色化方式。目前实现批量生产的有机 EL 显示器大多是区域彩色化方式的制品。

　　现正在开发，并逐渐实现批量生产的有机 EL 显示器的全色显示，同其他平板显示器的情况一样，也是将整个画面分解为一个一个小的像素，并使每个像素发出不同颜色的光来实现的。为使像素能发出全色光，每个像素都由三个亚像素(sub-pixel)构成，而单个亚像素分别发出红(R)、绿(G)、蓝(B)三原色的光。通过使上述三原色发光量变化，可获得所需要的彩色。按上述三原色获得方法的不同，有机 EL 显示器实现全色显示有下述三种方式：

　　1) 三色独立像素方式(三色分涂方式)；

　　2) 彩色滤光片(color filter, CF)方式；

　　3) 色变换(color changing mediums, CCM)方式。

　　从技术和制作过程讲，上述三种方式各有长处和短处，不好一概而论哪种更好。到目前为止，三色独立像素方式采用较多，但随着最近大画面有机 EL 显示器需求的增加，彩色滤光片方式和色变换方式也开始采用。

11.2.5.2　三色独立像素方式(三色分涂方式)

　　三色独立像素方式是在每一像素中，分别独立布置 RGB 三色亚像素(sub-pixel)，如图 11-76 所示，即在发光层的所定的位置，使 RGB 三色发光区域分割布置的方式。对应 RGB 亚像素的每个区域，分别采用各自对应的发光材料，并由此构成发光层。对于小分子系材料来说，蒸镀发光材料时需要采用遮挡用的金属掩模，仅在需要的部位沉积发光材料，而遮挡不需要沉积的部位，布置 RGB 三色亚像素分三次蒸镀进行；对于高分子系(聚合物系)材料来说，需要采用喷墨(ink-jet)法或凹版(gravure)印刷法。一般是通过掺杂法获得不同颜色的发光材料，即在成膜性及发光亮度均良好的发光材料中，掺杂微量的有色染料(色素)，使之产生所需要的 RGB 发光。

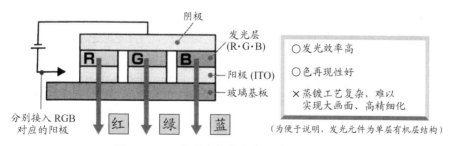

图 11-76　三色独立像素方式(三色分涂方式)

　　如图 11-76 所示，阴极侧的电极为共用(common)电极，而与 RGB 三色对应的阳极(ITO)分别独立布置。例如，需要 R 发光时，R 阳极上施加电压，从而使红色发光层发光。像这样，由于 RGB 三色像素独立布置，故称其为三色独立像素方式，又由于 RGB 三色发光材料分别涂敷，故称其为三色分涂方式。

三色独立像素方式的优点是，由像素发出的光不用变换直接取出，发光材料的性能可以充分发挥，发光效率和色再现性等优于其他方式。这种方式开发历史最长，也是目前开发的重点。这种方式的缺点是，发光层的蒸镀需要多次才能完成，工艺复杂；对于大尺寸画面来说，要制作的像素很多，致使精度要求极高；而且，由于 RGB 发光材料的发光效率有高有低，寿命有长有短，需要对其进行平衡。

例如，为了在同一块基板上形成大小为 100μm 左右十分精细的 RGB 像素，需要采用金属掩模，但随着有机 EL 显示器向高精细化、大型化进展，金属掩模的对准(alignment)精度变差，高精细全色显示变得越来越难。在对 RGB 像素依次进行三次蒸镀时，保证对准精度意味着在准确地蒸镀完 R 像素之后，要精确控制掩模的移动量，保证在第二次蒸镀时对准 G 像素，第三次蒸镀对准 B 像素。金属掩模移动量的精度即是上述的对准精度。真空蒸镀时需要加热，金属掩模受热膨胀引起的位置偏差越靠端部越明显，对于较大的金属掩模，端部的位置偏差与中央部位位置偏差相比可达数十微米。可以想象，在这种情况下，整个画面的 RGB 关系会发生错乱：依位置不同而异，需要发红光的像素对应的不是发红光的材料，需要发绿光的像素对应的不是发绿光的材料等。发生这种"张冠李戴"的情况，怎么能产生所需要的显示效果呢？

当然，对于显示画面较小的有机 EL 显示器，三色独立像素方式可以充分发挥其长处。这种方式的制作方法请见 11.2.7 节。

11.2.5.3 彩色滤光片方式

彩色滤光片(color filter, CF)方式是由发光层发出白光，通过彩色滤光片分别取出 RGB 三色的方式(图 11-77)。白色光可由三色发光层积层的方法来获得，但

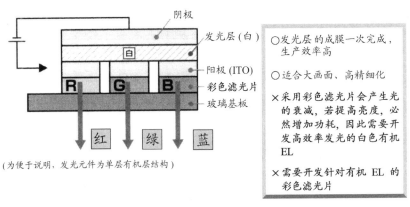

(为便于说明，发光元件为单层有机层结构)

图 11-77　彩色滤光片方式

一般是利用补色关系，由红色和蓝色发光层积层来获得。由于发光元件为单一白色，而不是采用三色独立发光的 RGB 像素，因此不需要对发光材料的发光效率和寿命进行平衡。由发光元件发出的白光透过 RGB 彩色滤光片的效率，近似地说均为 1/3。彩色滤光片方式可以利用现有的 LCD 用彩色滤光片技术来实现。

彩色滤光片方式的缺点是，发光效率(光的利用率)低，且对比度较差。为获得与三色独立像素方式不相上下的亮度，必须提高有机 EL 发光元件的发光亮度，为此不仅功耗增加，特别还需要开发高效率发光的白色有机电致发光材料。

11.2.5.4　色变换方式

色变换(color changing mediums, CCM)方式是由蓝光发光层发出蓝光，由分散有荧光染料(色素)的色变换层吸收该短波长蓝光(B)，并将其变换为较长波长的绿光(G)和红光(R)的方式。如图 11-78 所示，色变换方式的发光层仅由同一种蓝色(B)发光材料构成，由其发出的蓝光，对于 B 像素来说可直接取出，对于 R 像素来说是通过红色荧光染料(色素)，对于 G 像素来说是通过绿色荧光染料(色素)，分别经过色变换(color change)取出红(R)光和绿(G)光。红光和绿光的色变换是利用蓝光的能量分别激发相应染料(色素)的荧光体，并使其放出光。同彩色滤光片方式相比，这种激发方式的发光效率(光的利用效率)更高些。

色变换方式不需要分别布置三色独立发光的 RGB 像素，制作方法简单。色变换层同彩色滤光片的制作方法相类似，可采用光刻法制作。由于不是采用三色独立像素，不需要对各自的发光效率和寿命进行平衡。色变换方式的缺点是，外光容易造成荧光体的二次激发，致使对比度下降，再加上荧光体自身的色变换效率较低等，对于实用来说，需要解决的问题还很多。

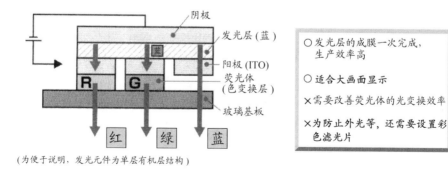

(为便于说明，发光元件为单层有机层结构)

图 11-78　色变换(CCM)方式

11.2.6 有机 EL 显示器的驱动技术

11.2.6.1 有机 EL 显示器与液晶显示器驱动方式的同异

有机 EL 显示器与液晶显示器驱动方式有相同之处，都分无源矩阵(passive matrix, PM)型和有源矩阵(active matrix, AM)型两大类，前者是将有机层夹于阳极及与之正交的阴极之间，构成三明治结构，后者是在每一个像素上设置一个作为开关元件的 TFT(thin film transistor，薄膜三极管)。另外，与彩色化技术相关的像素(pixel, dot)排列方式，两种显示器也基本相同，每一个像素由 RGB 三色的亚像素(sub-pixel)构成，并通过加法混色实现彩色化。

但需要指出的是，LCD 是电压驱动元件，有机 EL 是电流驱动元件，因此，前者的驱动电路一般说来不能原封不动地用于后者，在显示容量大时更是如此。

对于液晶显示器来说，有源矩阵驱动方式与无源矩阵驱动方式相比，前者在动态显示和画面质量等方面具有绝对优势，因此已广泛普及；而对于有机 EL 显示器来说，采用无源矩阵驱动也能满足某些要求，并正在手机、MP3、MP4 等小屏幕显示应用中迅速推广。

如 1.1.2 节所述，液晶材料本身并不发光，在显示器中液晶仅起光开关作用，即将背光源发出的光通过液晶开关实现 ON/OFF。与之相对，在有机 EL 显示器中，有机元件是自发光的，因此，即使采用无源驱动方式，在小型(扫描线数很少)屏情况下，也能获得十分优美的画面质量。对于批量生产来说，需要在商品用途与价格相匹配的前提下，在两种驱动方式之间进行选择。无源驱动方式结构简单、制作方便，包括制造装置等在内的设备投资也小，因此价格便宜。这就是为什么目前商品化的视听系统及手机用有机 EL 显示器几乎都采用无源驱动。

11.2.6.2 无源矩阵(简单矩阵)驱动方式

无源矩阵(简单矩阵)驱动方式的结构如图 11-79(a)所示，作为阴极在纵方向(Y 方向)形成 Y 电极(数据线)，作为阳极在玻璃基板上的横方向(X 方向)形成 X 电极(扫描线)。有机 EL 薄膜层(注入层、传输层、发光层)处于阴极(Y 电极，数据线)和阳极(X 电极，扫描线)之间，形成三明治结构。这种结构可以看成将无源矩阵方式液晶显示器电极间的液晶层换成有机 EL 薄膜层所形成的。上述两种电极交叉部位的有机 EL 薄膜层在电场作用下会发出光。但是，所有像素不可能同时独立驱动，而应有先后之分。为此，需进行"扫描"。

在上述所布置电极状态下，在 Y 电极(数据线)和 X 电极(扫描线)上分别按顺序输入时分割电压，则在某一时刻仅在选中的 Y 电极(数据线)和 X 电极(扫描线)交叉位置的有机 EL 薄膜层(注入层、传输层、发光层)上施加电压(流过电流)，从

而该地址(X、Y 电极交叉部分)的发光层被激发,进而产生有机 EL 发光。图 11-79(b)
所示矩阵行列的地址(X_2,Y_1)产生发光。

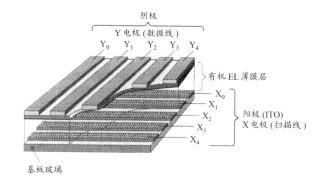

(a) 无源矩阵 (简单矩阵) 驱动方式的结构

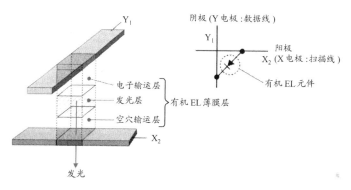

(b) 通过电极 (X_2,Y_1) 向有机 EL 薄膜层施加电场的情况

图 11-79　无源矩阵(简单矩阵)驱动方式

以上所述为仅在 X 电极和 Y 电极的交叉点发光的点顺序驱动扫描方式,这种
方式每个发光点的发光时间很短, 难以保持所需要的亮度。因此, 在有机 EL 的
无源矩阵驱动方式中, 多采用线顺序驱动扫描方式,其中连接 X 电极(扫描线)的
整条线上的所有像素同时发光。采用线顺序驱动方式, 在目的像素的发光期间,
在 X 电极(扫描线)上施加电压的所有发光像素均为亮状态, 其保持发光的时间与
点顺序方式的发光时间之比等于数据线的条数。因此, 线顺序驱动扫描方式与点
顺序驱动扫描方式相比, 可以保持数据线倍数的发光时间。

但是, 即使这种线顺序扫描方式,与 11.2.6.3 节所述的整个画面常时发光的
有源矩阵驱动方式比较, 发光亮度仅为(1/扫描线条线), 也是较低的,要保持所希
望的亮度, 必须加大数据电压(电流)。因此, 对于无源矩阵驱动方式来说, 小画
面显示可以充分发挥其性能优势, 而随着像素增加, 对于高精细、大画面显示来
说, 无源矩阵驱动方式就显得无能为力。

上述方式之所以称为无源驱动，是与 11.2.6.3 节所述的有源驱动方式比较而言；后者采用了有源开关元件(TFT 薄膜三极管)，而前者未采用；之所以又称为简单矩阵驱动，是因为对有机 EL 薄膜像素(pixel)进行 ON/OFF 的结构十分简单。目前，手机、MP3、MP4 及其他视听设备的显示器中采用的几乎都是无源矩阵驱动方式。

11.2.6.3 矩阵方式显示器驱动扫描方式的种类

图 11-80 给出矩阵方式显示器三种驱动扫描方式的对比。

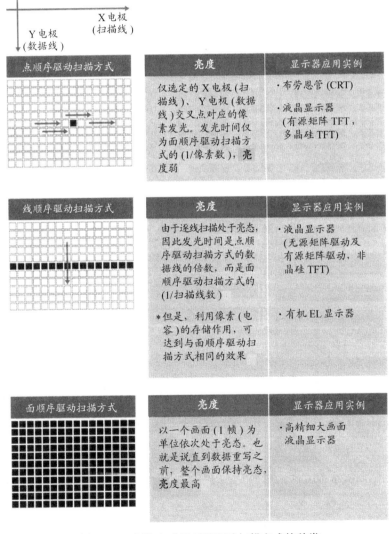

图 11-80 矩阵方式显示器驱动扫描方式的种类

1. 点顺序驱动扫描方式

显示器画面的横向 X 行，纵向 Y 列构成的像素按矩阵状排列，仅对选定的 X 电极(扫描线)、Y 电极(数据线)交叉点对应的像素实施驱动。结果，仅 X 电极(扫描线)、Y 电极(数据线)交叉点对应的一个像素处于发光状态。发光时间仅为面顺序驱动扫描方式的(1/像素数)，因此亮度弱。点顺序驱动扫描方式广泛应用于布劳恩管(CRT)显示器，小画面液晶显示器(有源矩阵、多晶硅 TFT)、EL 显示器等平板显示器。

2. 线顺序驱动扫描方式

扫描过程中，连接 X 电极(扫描线)的整条线上的所有像素同时发光，因此，与点顺序驱动扫描方式相比，像素的发光时间增加到数据线的倍数。而与面顺序驱动扫描方式相比，像素的发光时间仅为(1/扫描线数)。但是，若利用像素(电容)的存储作用，则可达到与面顺序驱动扫描方式相同的效果。线顺序驱动扫描方式多用于液晶显示器(无源矩阵及有源矩阵驱动，a-Si TFT)及有机 EL 显示器。

3. 面顺序驱动扫描方式

扫描过程中，按画面(1 帧)为单位处于亮状态，即直到数据重写之前，整个画面保持亮状态。这种面顺序驱动扫描方式亮度最高，多用于高精细大画面液晶显示器。

顺便指出，线顺序驱动扫描方式及面顺序驱动扫描方式的驱动电路中，都需要附加用于像素数据保持的存储电路。

11.2.6.4　有源矩阵驱动方式

有源矩阵驱动方式是在简单矩阵方式的 Y 电极和 X 电极交点处的像素中布置开关元件(有源元件)，受该元件的控制，实施对每个像素(pixel)的驱动。图 11-81 表示有源矩阵驱动方式全色有机 EL 显示屏结构。

有源矩阵的扫描仍采用线顺序驱动扫描方式。选择标的 X 电极(扫描线)，若开关元件处于 ON 状态，则来自与 X 电极相关联像素的数据线的数据(电压值)，通过开关元件保存在用于数据存储的电容器[①](capacitor)中。因此，有源矩阵驱动方式与仅在某一瞬时发光的无源矩阵方式不同，如果按时间轴讲，前者可使需要发光的标的像素一直处于施加电压的状态，并保持到数据重写之前[②]，由此确保发光时间。实际上，这与前面所述面顺序驱动扫描方式下的发光状态是相同的。因此，为获得相同的亮度，有源矩阵驱动方式与发光时间仅为(1/扫描线数)的无源驱动方式相比，可在低得多的电压(低功耗)下驱动。而且，这种低电压(低电流)驱动

---

① 电容器(capacitor)：可在一定的时间内保持电压值(电荷)，因此对电压值有记忆作用。同 condenser。

② 保持到数据重写之前：对于电视画面来说，1s 内数据重写 60 次，因此，一次画面(1 帧)的显示时间为 $\frac{1}{60}$s＝16.7ms。

还可大大延长有机 EL 像素的寿命。

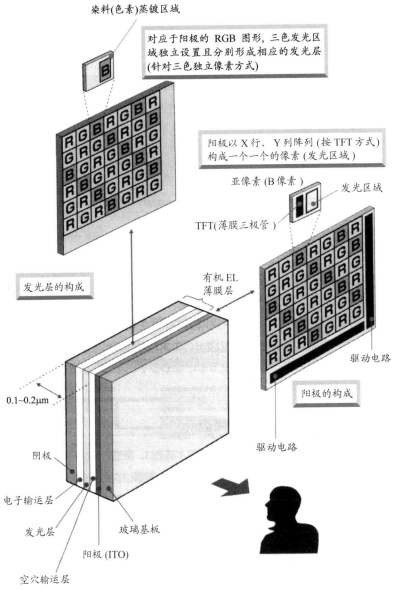

图 11-81　有源矩阵驱动方式全色有机 EL 显示屏结构

图 11-82 表示有源矩阵驱动方式的结构。阴极作为共用(common)电极布满有机 EL 显示屏的表面。从阴极到作为阳极的玻璃基板，依次由发光像素(有机 EL 薄膜层)、驱动像素用的 TFT(EL 元件的驱动电路)、对该 TFT 进行驱动的 X 行 Y

列布线电极图形、X 布线电极和 Y 布线电极组成。图 11-82 示出的 TFT 电路由
$X_0 \sim X_3$、$Y_0 \sim Y_3$ 组成，共计 16 个，但对实际的 EL 显示器来说，这种 TFT 电路总
共要有数百万个，集合在一起共同构成一个画面。

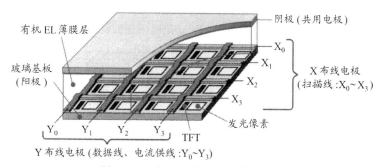

图 11-82　有源矩阵驱动方式的结构

　　顺便指出，TFT(EL 元件的驱动电路)是由开关元件及电流驱动元件构成的薄
膜三极管和数据存储用的电容器形成的。在有机 EL 显示屏结构中，阳极(像素)
与阴极电极间所夹的区域仅有有机 EL 薄膜层(发光层)，它在电压(供给电流)作用
下产生发光。有机 EL 元件与液晶元件[①]不同，EL 元件的驱动需要大电流。因此，
在 TFT(EL 元件的驱动电路)中，除了对像素进行选择的数据线、扫描线之外，还
需要向电流驱动元件提供大电流的电流供应线。电流供应线是提供增幅电流的布
线，而该增幅电流是将数据线的电流经高倍放大获得的。图 11-83 表示有源矩阵
驱动方式中阳极的像素结构。

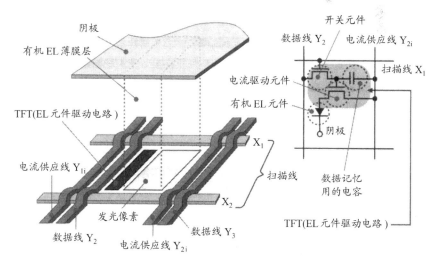

图 11-83　有源矩阵驱动方式中阳极的像素结构

---

① 液晶是不通过电流的电压驱动元件，而有机 EL 是通过电流的电流驱动元件。

薄膜三极管有非晶硅 TFT(a-Si TFT)和低温多晶硅 TFT(LTPS TFT)两种。后者的电子迁移率高，与有机 EL 的相容性好。但是，由于有机 EL 元件一般是由阳极取出光(bottom emission，下发光型面板，参照图 11-109(a))，TFT 会使开口率变小，而一个像素往往需要 2~4 个 TFT，如此要达到所需要的亮度必须流过很大的电流。但是，通过合理布置电极，采取阴极侧取出光的方式(top emission，上发光型面板，参照图 11-109(b))，可保证较大的开口率，从而实现低电流驱动。这有利于减轻有机 EL 材料的负荷，实现长寿命化。

11.2.6.5 无源矩阵和有源矩阵两种驱动方式的对比

图 11-84 表示用于有机 EL 显示器的无源矩阵和有源矩阵两种驱动方式的对比。除表中所列内容之外，选择下列性能加以说明。

1. 发光时间

无源矩阵方式中，像素的同时发光时间(线顺序驱动扫描方式)即是 X 电极(扫描线)输入电压的时间。与之相对，有源矩阵方式中，X 电极(扫描线)即使不再输入电压，由于 EL 元件驱动电路中电容器的记忆效应，仍能维持数据驱动电压，从而保持所有像素为常时发光状态。因此，无源矩阵方式与有源矩阵方式相比较，前者的发光时间仅为后者的(1/扫描线数)。例如，在扫描线数为 480 条的 VGA 型图像分辨率的情况下，前者的发光时间仅为后者的 1/480，从而亮度也为 1/480。为对此进行补偿，在无源矩阵方式中，必须加大驱动电流。

2. 开口率

所谓开口率是指在每一像素节距范围内，发光的有效面积与整个像素面积之比。对于无源矩阵方式来说，由于像素电极数=布线电极数，不需要用于像素驱动的布线，因此发光的有效面积与整个像素面积之比即开口率较大。而对于有源矩阵方式来说，像素中需要布置 EL 元件驱动电路以及驱动该电路所必需的布线电极(数据线、扫描线、电流供给线)，因此实际发光的像素部分变小，开口率仅为无源矩阵方式的 1/3~1/4。

3. 一个像素的亮度

考虑到发光时间、开口率这两个相反的影响因素，无源矩阵方式中一个像素的亮度仅为有源矩阵方式中的 1/120~1/160。

4. 功耗

为使无源矩阵方式中一个像素的亮度达到有源矩阵方式的水平，需要采取补偿措施，例如数据线上所加电压需要提高大约 10 倍。这样做的结果，功耗(=电压×电流)也会达到 10 倍左右。

5. 寿命

有机 EL 的发光元件采用有机化物。因此，即使采用相同的材料(有机薄膜层)，如果工作在大电流情况下，它的寿命会大幅度下降，甚至缩短到 1/100。

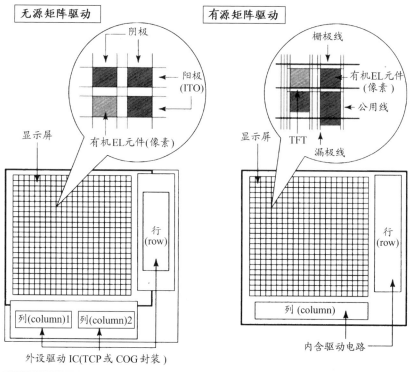

		无源矩阵驱动		有源矩阵驱动
驱动法		●占空 (duty)驱动 (仅在垂直线选择时为亮态)		●静态 (static)驱动 (在两次选择之间一直处于亮态)
高辉度 高精细化	△	伴随垂直线 (数据线)增加，亮度下降， 垂直线的数量受限制 (目前为 480 条)	◎	与垂直线 (数据线)的增加无关， 可以实现高亮度
低功耗	△	垂直线 (数据线)选择时，发光亮度＝ 需要的亮度×垂直线数，因此需要高 驱动电压	○	在所要求亮度的驱动电压下连续 发光，因此，低电压驱动即可 (低功耗)
小型化	○	外设型动IC，小型化受限制	◎	驱动电路内藏于显示屏上，可实 现窄边缘化 (小型化)和复合功能
元件结构 价格	◎	简单矩阵＋有机 EL， 制作：工艺简单，低价格	△	低温多晶硅 (LTPS)TFT,制作工 艺复杂

图 11-84　用于有机 EL 显示器的无源矩阵和有源矩阵两种驱动方式的对比

11.2.6.6　驱动方式的最新进展

目前已实用化的有机 EL 显示器以无源驱动型为主，但随着显示屏尺寸的扩大以及动画显示要求的提高，由 TFT 控制的有源驱动型已是人们研究开发的重点。

近年来，各公司纷纷推出有源驱动型有机 EL 显示器制品。在小分子系中，除三洋电机推出 10 型、15 型显示屏外，Samsung SDI 制成 17 型 UXGA(1 600×1 200)级、576 万像素的制品，向高精细化、大型化方向大步前进。Sony 利用在低温多晶硅 TFT(LTPS TFT)基板上贴合的技术，制成 24 型 SVGA(1 024×786)级有机 EL 显示屏制品，而采用真空蒸镀工艺也有可能制成尺寸超过 20 型的显示屏制品。

而对于高分子系有机 EL 来说，也有喜人的进展。例如，东芝松下显示技术(TMD)、Philips 等公司已试制出 10 型、13.3 型、17 型的大尺寸显示屏制品。特别是，由于高分子系具有容易实现大尺寸化的优点，最近 Seiko-Epson 公司利用在低温多晶硅 TFT(LTPS TFT)上贴合有机膜的技术，制成 40 型大尺寸有机 EL 显示屏。上述成果表明，高分子系可以采用浆料喷涂(喷墨)技术，较方便地实现三色独立像素方式等，元件结构简单，制作工艺步骤较少。目前元件寿命在 1 000h 左右，其主要决定于发光层材料的寿命。

对于有源驱动来说，到目前为止，基板上的 TFT 绝大部分都是由低温多晶硅(LTPS)制作(参照图 11-84)。这是因为有机 EL 为电流驱动元件，组件中要通过较大的电流，需要电子迁移率较高。与非晶硅中相比，低温多晶硅中的电子迁移率要高近百倍，从电子迁移率角度，选择低温多晶硅而非非晶硅(液晶显示器中多采用后者)。但是，最近经过改进 TFT 基板的结构，以及采用在低电流下可获得高亮度的磷光材料等，通过元件构成的最佳化，也有可能实现非晶硅 TFT(a-Si TFT)的驱动。实际上，ID Tech.、CASIO 计算机、AU Optronics 等公司都公开发表了非晶硅基板有机 EL 显示屏试制成果。

有机 EL 显示屏若采用 a-Si TFT 驱动，可利用 LCD 产业获得的成功经验和现有设备，特别是可方便地获得大尺寸基板，其价格也便宜得多，从而将为大尺寸有机 EL 显示器产业化提供有利保证。

11.2.7　OLED 的制作工艺

11.2.7.1　OLED 器件的结构及制作工艺流程

1. OLED、PLED——两种材料和结构均不同的有机 EL 器件

按有机 EL 中所用有机材料种类不同，有机发光二极管显示器分小分子型和高分子型(聚合物型)两大类。目前，一般称前者为 OLED(organic light emitting diode,（小分子型)有机发光二极管显示器)，而称后者为 PLED(polymer light emitting diode，高分子型(聚合物型)有机发光二极管显示器)。二者的结构示意见图 11-85。

有机 EL 中所用的材料，如图 11-85 上方方框中所示，OLED 中采用小分子有机材料，如 CuPc(铜酞菁染料)、Alq$_3$(8-羟基喹啉铝)等金属有机螯合物；PLED 中

采用高分子材料，如 PPV(聚对苯撑乙烯)等π共轭系聚合物，PVK(聚乙烯咔唑)等含有低分子染料(色素)的聚合物等。

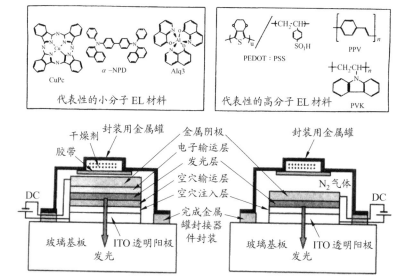

图 11-85　小分子型有机 EL 和高分子型有机 EL 的构造

图 11-86 表示 OLED 和 PLED 的制作工艺流程图。

OLED 是将粉末状小分子有机材料利用金属掩模蒸镀，在制备好 ITO 阳极的透明基板上积层成膜，再利用真空蒸镀法沉积金属阴极，最后经封装制成(详见 11.2.7.4 节)。

PLED 是将溶于有机溶剂中的浆料状高分子有机材料，利用浆料喷射(ink-jet，喷墨)或甩胶(spin-coat，也称旋涂)涂布成膜，再利用真空蒸镀法沉积金属阴极，最后经封装制成(详见 11.2.8.3 节)。

目前，OLED 技术相对较为成熟。在实用化方面，OLED 已成功用于手机、数字相机、PDA 等领域，并进入普及推广期。PLED 也有 40 型宽屏试制品面市，但若达到实用化，尚需要在高分子材料改善，喷墨及甩胶技术等方面获得突破性进展。但是，如图 11-85 所示，与 OLED 采用 4 层，甚至 5 层发光层的复杂结构相对，PLED 只采用 2 层，结构简单，可在常温、常压下由浆料成膜，不需要昂贵的真空设备，可实现低价格。特别是适用于大型玻璃基板，生产效率高。这对于那些可发挥有机 EL 优势，需要超薄、轻量，高清晰度，动态画面逼真的电视及计算机监视器等大画面应用，具有良好的发展前景。

由于 OLED 开发历史相对较长，其结构复杂，更具代表性，因此下面先从 OLED 谈起。

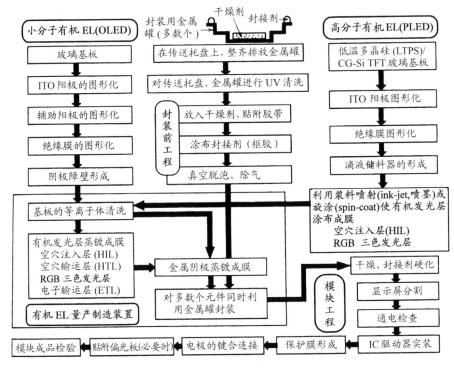

图 11-86　OLED 和 PLED 的制作技术流程图

2. OLED 的结构

图 11-87 表示小分子系无源矩阵驱动型有机 EL 器件的结构。在已形成条状阳极(anode)的玻璃基板上，重叠沉积纳米尺度极薄的有机膜，而后与阳极相对，并与之横竖正交，沉积条状金属阴极(cathode)。从图中可以看出，包括 ITO 阳极在

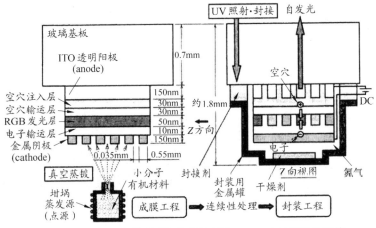

图 11-87　小分子系无源矩阵驱动型有机 EL(OLED)器件的结构

内，膜层总厚度仅 0.4~0.5μm，是极薄的。正因为膜层极薄，一方面对有机发光材料及薄膜质量提出极严格的要求，另一方面为实现极薄显示器提供了可能性。目前人们正在开发像纸一样薄，能自由弯曲、可折叠的极薄(中国台湾地区称其为超超薄)显示器，而发展前景十分看好的电子纸也在开发之中。

为了提高电子的注入效率及迁移率，一般还要在金属阴极和电子传输层之间设置功函数小的碱金属或氟化锂(LiF)等无机化合物作为电子注入层。

无论是 OLED 还是 PLED，最后都要进行封装，用于外气隔绝和防潮(详见11.2.8.3 节)。

3. OLED 的制作工艺流程

图 11-88 表示小分子系无源矩阵驱动型全色 OLED 的制作工艺流程。从图中可以看出，整个工艺流程分为前处理工程、成膜工程和封装工程三大部分。其中，前处理工程包括：ITO 阳极的图形化、辅助电极及绝缘膜的图形化、阴极障壁的形成[1]、基板的等离子体清洗等；成膜工程包括：依次形成空穴注入层、空穴传输层、RGB 发光层、电子传输层(以及电子注入层)，最后沉积作为阴极的金属膜；封装工程包括：金属封装罐的自动传输，干燥剂充填，框胶印刷、干燥，完成封接，划片、分割，通电检查，最终完成显示模块等。除了传统的金属罐封装形式之外，为配合可弯曲式(挠性)显示器及有机 EL 显示器轻量、超薄的要求，交互采用聚合物膜与陶瓷膜的多层膜封装方式也在开发之中。

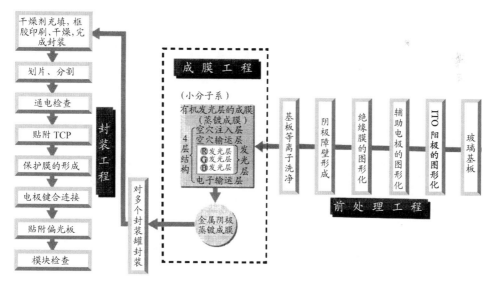

图 11-88　小分子系无源矩阵驱动型全色 OLED 的制作工艺流程

---

[1] 对于有源矩阵驱动来说，采用的 TFT 基板，阴极也用不着图形化，因此不需要阴极障壁形成这道工序。

11.2.7.2 前处理工程

1. ITO 膜的图形化——条状阳极的形成

有机 EL 的发光层极薄，且需要按次序逐层沉积。发光层连同驱动电极等，都要制作在载体(基板)之上。最常用的载体是玻璃基板，最近也正在开发超薄，可弯曲(挠性)的塑料基板。通常基板应能透过发光层发出的光，即要求其是透明的。

玻璃基板上首先布置的是电极，通常是阳极。阳极材料普遍采用 ITO 膜，目前液晶显示器用 ITO 玻璃已大批量生产，有机 EL 厂商可以直接购入，而不必自己制作。

前处理工程的第一步，是对购入的 ITO 玻璃板进行 ITO 电极(阳极)的图形化，见图 11-89。购入 ITO 玻璃板的整个表面，已全部涂敷好 ITO 膜，所谓图形化，是通过蚀刻，去除掉不需要的 ITO 膜部分，仅留下条状的 ITO 电极。在后续的工序中，除了逐层沉积发光层之外，还需要在与条状 ITO 阳极垂直的方向，制作金属膜阴极(Al，Mg，Ag 等)，以便在二者的交叉点处施加电压使发光层发光。

下一步，是用绝缘膜填平 ITO 条状电极的沟槽部分，并仅使对应发光部位的 ITO 表面露出。为此，一般采用甩胶光刻技术。

2. 阴极障壁的形成

对于无源矩阵驱动显示器来说，为实现像素阵列，需要采用同条状阳极垂直布置的条状阴极。但对于有机 EL 来说，由于发光层采用多层极薄的有机膜，若采用先沉积阴极金属膜，再经刻蚀形成条状阴极，会伤及有机膜。因此，有必要在薄膜形成的过程中，完成阴极的图形化。如图 11-88 所示低分子系无源矩阵驱动型全色 OLED 的制作技术流程中，阴极障壁形成这道工程，就是先锋公司为实现这一目的而开发的。

图 11-90 是从侧面，即垂直于 ITO 阳极的方向看，阴极障壁的形成过程及阴极障壁所起的作用。首先，在布置有 ITO 条状阳极的玻璃基板表面，由旋涂(甩胶)法涂布光刻胶，再通过光刻工艺，形成与 ITO 条状阳极垂直，而且横截面为倒梯形的条状阴极隔离墙(障壁)，如图 11-90(a)所示。早期条状阴极障壁的最大宽度为 30μm，阴极节距为 330μm，而后逐渐向精细化方向进展。

将做好条状障壁的基板置于真空蒸镀室中，逐层蒸镀有机发光层和阴极金属膜。相对于金属而言，有机材料的蒸气压高，特别是在高温下易分解，一般由电阻加热蒸发。由于加热温度低，蒸发分子的飞行速度慢，如同雪花那样，慢慢飘落下来，即使在条状障壁的阴影部位，有机分子也能沉积，结果形成薄而均匀的膜层(图 11-90(b))。金属的熔点高，蒸气压低，一般需要在高真空下进行电子束蒸镀。由于蒸发温度高，气态金属原子的飞行速度快，沿直线前进。由于条状障壁的阴影作用，金属不能沉积在条状障壁的正下方，从而对阴极产生分隔作用(见图

11-90(c))。

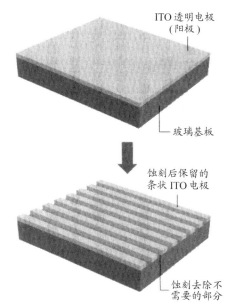

图 11-89　ITO 阳极的图形化

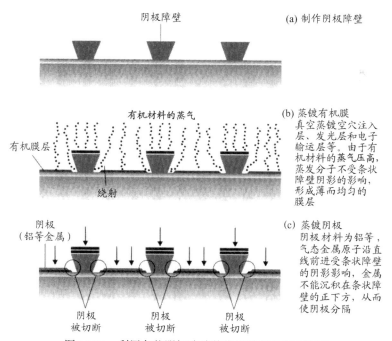

图 11-90　利用条状阴极障壁兼作掩模制作像素阵列

按传统方式，形成条状阴极一般采用遮挡掩模法。即先将遮挡掩模置于基板表面，在蒸镀过程中，仅掩模条状漏孔部分才能有金属沉积在基板上。但遮挡掩模法有不少难以克服的缺点，如沉积材料的利用率低、图形精度差、掩模受热易变形、难以适应大面积基板等。而采用条状障壁技术，可自动实现阴极的分离，且能克服遮挡掩模法的诸多缺点。实验证明，条状障壁对阴极确实产生可靠的电气绝缘作用。而且，人们利用这种条状绝缘障壁结构，成功制作出实用的高像素密度 RGB 全色动画显示 OLED 器件。

人们对上述条状阴极障壁技术进行了一系列改进。例如，如图 11-91 所示，在条状绝缘障壁下增加一绝缘缓冲层，可以进一步解决同一像素各层间的短路问题，同时增加相邻像素之间绝缘的可靠性。

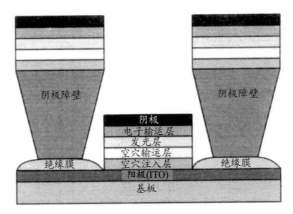

图 11-91 采用阴极障壁的无源驱动 OLED 元件的像素结构

当然，采用条状障壁对阴极进行分隔的方法也有不足之处：条状障壁通常由光刻法制成，制备这种截面为倒梯形的条状障壁需要精细的制备条件；这种条状障壁下方还需要阳极绝缘缓冲层，否则容易造成同一像素不同层间的短路；元件完成后，一个一个的条状障壁仍突出在表面之外，其损坏和脱落将会局部地损坏元件。

3. 蒸镀前的清洗

由光刻法制成条状隔离障壁之后，在下一步依次蒸镀发光层和金属膜之前，必须对基板进行彻底清洗[①]，以去除残留的光刻胶、空气中的灰尘以及湿气等。先是用纯净水、有机溶液进行湿法清洗，最后是干法清洗，包括 UV(ultraviolet，紫外线)臭氧喷淋、氧等离子体清洗等。

---

① 清洗(又称洗净)处理的目的，远非一般意义上的"干净"或"清洁"。LSI 制作、LCD 制作、还有有机 EL 制作等，必须彻底地去除灰尘、杂质和湿气等，因此清洗是必不可缺的重要工序。该工程费工、费力，特别是需要大量的水，这就是为什么这些工厂一般要建在水源丰富地区的理由。

11.2.7.3　OLED 的成膜工程

1. OLED 有机层的蒸镀成膜

OLED 中的有机层通常由电阻加热的真空蒸镀法形成。图 11-92 表示各种膜层的形成过程。首先，将加工好图形的 ITO 基板固定在蒸镀室的基板台上，将需要蒸发的低分子镀料(多为颗粒状)放入蒸镀坩埚中，通常 ITO 基板位于坩埚的正上方。对蒸镀室抽真空，达到所需要的真空度(如 $1×10^{-4}$Pa)，加热坩埚到达所需要的温度(如 200~300℃)，坩埚中的镀料气化，有机材料分子飞向 ITO 基板并沉积在其表面之上。

如图 11-92 所示，OLED 中有机层的沉积按下述顺序进行：

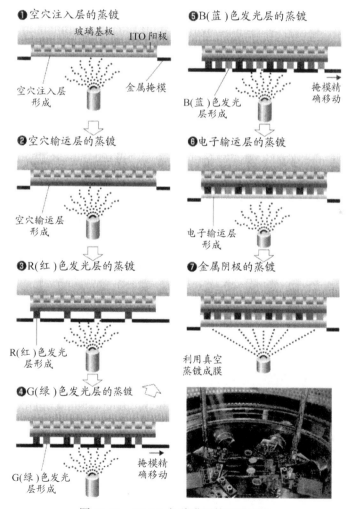

图 11-92　OLED 各种膜层的形成过程

1) 蒸镀空穴注入层，膜层沉积在 ITO 电极之上；

2) 蒸镀空穴传输层，膜层沉积在空穴注入层之上；

3) 蒸镀 R(红色)发光层，掩模蒸镀，膜层沉积在空穴传输层之上；

4) 蒸镀 G(绿色)发光层，掩模蒸镀，膜层沉积在空穴传输层之上；

5) 蒸镀 B(蓝色)发光层，掩模蒸镀，膜层沉积在空穴传输层之上；

6) 蒸镀电子传输层(图中其兼做电子注入层)，膜层沉积在 RGB 发光层之上。

最后是阴极(金属膜)的沉积。

上述各有机层的膜厚，大多数在 20~50nm，有些元件中的膜厚分布范围更大些(参照图 11-87)，但都属于纳米超薄膜范畴。

与高分子系(聚合物系)PLED 采用湿法成膜技术相对，小分子系 OLED 采用上述干法成膜技术。

2. 如何才能获得高质量的有机膜

真空蒸镀是薄膜沉积的先进技术，但利用真空蒸镀制作高质量的 OLED 用有机膜，却不是很容易的事。

1) 有机材料的熔点低、蒸气压高，高温易分解，因此不能采用电子束蒸发，而只能采用电阻加热坩埚蒸发。图 11-92 给出坩埚蒸发源和电子束蒸发源的结构示意。采用加热坩埚蒸镀小分子发光层(图 11-93(a))，一般是将颗粒状镀料放入坩埚之中，由电阻加热等，使坩埚温度升至 200~300℃，坩埚中的镀料熔化蒸发，气态有机分子从坩埚喷嘴飞出，沉积在已形成 ITO 电极的基板上。这种方法，一次放入坩埚中的镀料不能太多，否则镀料长时间处于熔融状态下，不利于有机材料的稳定。因此坩埚结构、供料系统设计等仍有不少问题需要解决。

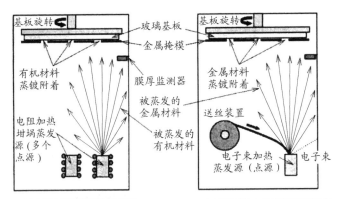

(a) 有机薄膜的坩埚蒸发源蒸镀　　(b) 金属阴极的电子束蒸发源蒸镀

图 11-93　有机 EL 组件制作中常用的两种蒸发源结构

相比之下，采用水冷铜坩埚的电子束蒸发源(图 11-93(b))，镀料仅在电子束轰击的局部熔化蒸发，既能蒸镀高熔点金属，又有利于形成高质量的膜层。但由于有机材料不导电,特别是电子束加热温度太高,易于引起有机材料分解,因此电子束蒸镀不适用于小分子有机发光层的蒸镀。

2) 有机 EL 中几层有机膜的总厚度仅 100~400nm,是相当薄的,要确保每层无针孔、无缺陷,且膜厚均匀(要保证在±5%以内)是极为重要的。但是,随着基板尺寸变大,要实现整个基板膜厚及表面质量均匀是相当困难的。其原因是,气态有机分子从坩埚喷嘴飞出,坩埚蒸发源可以看作是"点源",基板上正对喷嘴的部位膜层较厚,而远离喷嘴的部位膜层较薄。每层有机膜都有最适膜厚,膜厚变化必然引起元件特性变化,从而每块基板上可取的合格元件数变少,即成品率变低。

为了获得均匀膜厚,需要采取各种措施,包括使基板与蒸发源之间相对运动(例如,蒸发源偏离基板中心布置,使基板旋转等)、多源(坩埚)蒸发等。此外,加大基板与蒸发源之间的距离也是扩大膜厚均匀区范围的方法之一。

如图 11-94 所示的热壁(hot wall)蒸镀法就是为蒸镀有机 EL 薄膜而专门设计的。如图 11-94(b)所示,热壁蒸镀法在采用坩埚蒸发源(点源)这一点上与传统方法(图 11-94(a))并无差别。但是,前者从蒸发源到玻璃基板的空间,被加热的壁(hot wall)所包围,被蒸发的有机材料不在热壁上附着,而是再蒸发,经过分布校正板,垂直射向玻璃基板表面。热壁法可以解决普通点源蒸镀中有机材料的有效利用率低、沉积速率慢、难以适用于大面积基板等缺点,可以进行有机薄膜的在线沉积,如图 11-94(b)所示,适合连续性生产。

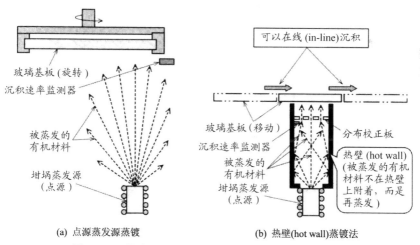

(a) 点源蒸发源蒸镀　　　　　(b) 热壁(hot wall)蒸镀法

图 11-94　热壁(hot wall)蒸镀法与普通点源蒸镀的对比

3) 有机物作蒸发源遇到不少困难,特别是其热导很低(同金属或无机物相比要低得多),采用大坩埚可放入较多的镀料,一次装料可使用较长的时间,但由于放入的镀料多,其热导又低,蒸发时由外部传入的热量不足以补充镀料蒸发吸收的热量,从而影响正常蒸镀。为确保蒸镀正常进行,需要在坩埚设计上下一番工夫。目前有机 EL 厂商在购入真空蒸镀设备之后，都要对坩埚进行改造(包括前述的图 11-94)，改造方法都属于各个厂商的技术秘密(know-how)。

3. RGB 发光层的遮挡掩模蒸镀

如果说在整个基板上沉积均匀有机膜层(如空穴注入层、空穴传输层)比较简单的话，沉积 RGB 发光层可就不太容易了。如 11.2.5 节所述，为了实现彩色化，需要将 RGB 三原色的有机染料(色素)，分别涂敷于精细的范围(一个亚像素)之内。下面主要介绍已广泛采用的遮挡掩模(shadow mask)蒸镀法。

如图 11-95 所示，首先在基板前面放置一个按尺寸要求开好窗口的薄金属板——遮挡掩模，被蒸发的 RGB 染料(即有机发光层材料)只能透过窗口，在预定的部位沉积。例如，先由掩模蒸镀沉积 R(红)(图 11-95(a))，将掩模向右移动一个亚像素间距，蒸镀沉积 G(绿)(图 11-95(b))，再将掩模向右移动一个亚像素间距，蒸镀沉积 B(蓝)(图 11-95(c))。

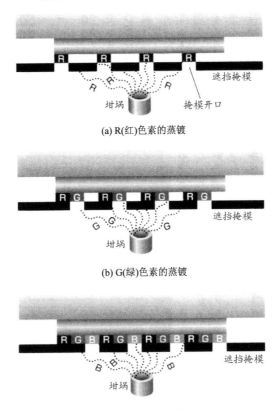

(a) R(红)色素的蒸镀

(b) G(绿)色素的蒸镀

(c) B(蓝)色素的蒸镀

图 11-95　利用遮挡掩模分涂 RGB 三原色有机染料色素(用于 OLED)

上述方法，通过带窗口遮挡掩模的精细移动，可实现 RGB 染料(色素)的依次沉积，作为低分子系的彩色化方式，目前已被普遍采用。但是，这种方法存在下述难以解决的问题：

1) RGB 染料的大部分材料沉积在掩模金属板之上，随着材料堆积增厚，既影响掩模寿命，又影响掩模的精度。实际上，在掩模蒸镀过程中，95%以上的有机染料(色素)材料沉积在蒸镀室的侧壁及掩模上。

2) 随着 OLED 分辨率的提高，由于掩模整体的热膨胀，其精细定位越来越难。特别是随着显示屏尺寸的增大，这一困难更加突出。

利用掩模蒸镀制作 RGB 发光层的难点，是不容易对应精细化的要求。例如，对于 30μm×50μm 亚像素并排的情况，掩模移动的精度必须保持在±5μm 之内。

但是，在真空蒸镀过程中，坩埚被加热到 200~300℃(加阻加热蒸发)，在其辐射热作用下，掩模受热膨胀。对于小尺寸基板来说，由掩模热膨胀引起的累积偏差尽管不大，但为提高效率而采用大尺寸基板时，这种由掩模热膨胀引起的累积偏差则会成为严重问题。例如，采用 400mm×400mm 的金属掩模，由于蒸镀时的受热膨胀，掩模四周边将产生数十微米的偏差。即使掩模以±5μm 的精度移动，由于掩模自身的膨胀，四周边 RGB 的对位也要发生数十微米的偏移，结果发生张冠李戴现象。

为了解决这一问题，可以增加基板与蒸发源(热源)之间的距离，以减少基板的辐射受热，从而减少热膨胀。但是，距离过大，蒸发材料的利用效率变得极差；而且，沉积到一定的膜厚所需时间变长；结果，生产效率大大下降。

因此，对于尺寸超过 1m(1 000mm)的基板，要采用掩模法进行 RGB 颜料的分别涂敷是相当困难的。

实际上，对于低分子系来说，除遮挡掩模方式之外，还可由其他方式实现彩色化。例如，采用"发白色光的元件与彩色滤光片相组合"的方式等(见 11.2.12 节)。目前，对此进行开发的企业也很多。

11.2.7.4　小分子系的量产系统

以上介绍了 OLED 的成膜技术及存在的问题，并大概介绍了应采取的各种措施。下面再看一看 OLED 量产系统的技术流程。

图 11-96 为小分子系 OLED 量产系统的一例。该系统基本上是全自动化运行，从基板进入到完成最终产品(封装)一直在真空中操作。该系统的工艺流程如下：

1) 由传输机器人将 ITO 玻璃基板由基板储存室(图 11-96 中的②)取出；

2) 对玻璃基板进行前处理——等离子体清洗(图 11-96 中的③)；

3) 将洗净的玻璃基板依次放入不同的蒸镀室(图 11-96 中的④~⑥)，分别沉积注入层、传输层、发光层；

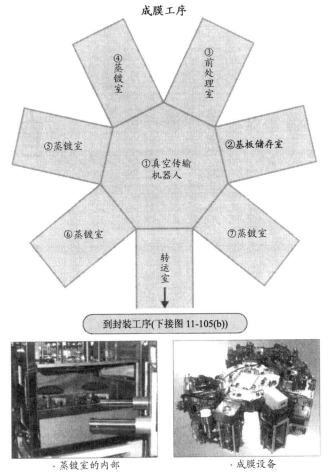

成膜工序

①真空传输机器人
②基板储存室
③前处理室
④蒸镀室
⑤蒸镀室
⑥蒸镀室
⑦蒸镀室
转运室
到封装工序(下接图11-105(b))

· 蒸镀室的内部
· 成膜设备

图 11-96 小分子系 OLED 量产系统的一例

4) 最后，完成金属电极膜的沉积(图11-96 中的⑦)。

在顺利完成上述成膜工程之后，将基板由转运室传送到下一道工程，进行封装操作。上述系统既可用于小批量生产线，又可用于大批量生产线。如图 11-96 所示的蒸镀室一般要设 7 或 8 个，有的还设预备室。

如前所述，低分子系的 OLED 都采用多层结构，但一般多采用四层结构(空穴注入层/空穴传输层/发光层兼电子传输层/电子注入层)。为此，需要在生产线上串行排列多台真空镀膜机，每台真空镀膜机只蒸镀同一种材料。这样，同一基板按顺序传输，依次完成不同膜层的沉积。以全色 OLED 产量规模系统为例，在一条生产线上，从空穴注入层到电子注入层共四层，若 RGB 各染料(色素)分别涂敷，再加上备用蒸镀，总共需要 7 或 8 台真空镀膜机。

图 11-97 是量产型小分子全色有机 EL 制造装置方块图，图中所示是量产所需

的最低限度设备。量产装置生产线由成膜 A 段、成膜 B 段、封装段及封装罐自动供应线组合连接而成。每段中央的机器人用于蒸镀室及封装室中玻璃基板的投入、送出，直至全色有机 EL 完成的全部自动化过程。每块玻璃基板的生产周期为 4~5min，生产线可连续运行 5~6 天。

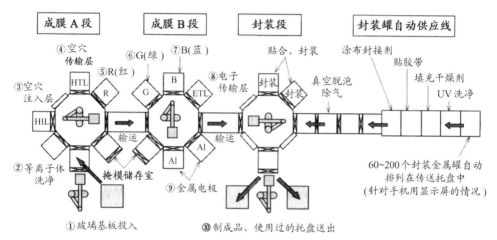

图 11-97 小分子全色有机 EL 量产制造装置

1. 成膜 A 段和成膜 B 段

如图 11-97 所示，在成膜 A 段中，利用设于外部的机器人从玻璃基板储存室中将玻璃基板取出，经过渡室，自动投入到真空室中。依次经过氧等离子体清洗，空穴注入层(HIL)、空穴传输层(HTL)、红(R)色层的有机薄膜的蒸镀沉积，而后传输到成膜 B 段中。在成膜 B 段中，依次经过绿(G)色层、蓝(B)色层、电子传输层(ETL)蒸镀成膜后，再经两个蒸镀室进行金属阴极的蒸镀成膜，至此成膜工程结束。而后将成膜后的基板传输到封装段准备封装。蒸镀用的金属遮挡掩模连续使用，因掩模上材料的堆积，其使用有一定的周期，故在 A、B 段中各设一个可储存 10 块金属掩模的储存室，掩模可自动交换。

2. 封装罐自动供应线

用来向封装段自动供应金属封装罐的全自动线。针对手机用显示屏的情况为例，将 60~200 个封装用金属罐自动整齐排列在传送托盘中，经 UV 洗净，填充干燥剂；贴附胶带以防止干燥剂飞散；涂布 UV 硬(固)化型封接剂；再经过多个真空室对封接剂进行脱泡除气；最后经过渡室自动进入封装段中。

3. 封装段

将载有多个金属封装罐的传送托盘送入由两个封装室构成的封装工序中。以托盘为单位，对其上的所有封装罐与同一块玻璃基板扣合、加压，再用 UV 照射进行封装。封装工程完成后的玻璃基板与使用过的托盘由设置于封装段外部的机器人拾取并取出。这样，成膜与封装按流水线自动进行。

图 11-98 给出低分子全色有机 EL 的量产制造技术过程；图 11-99 表示像素布置及金属掩模的调整与对位。

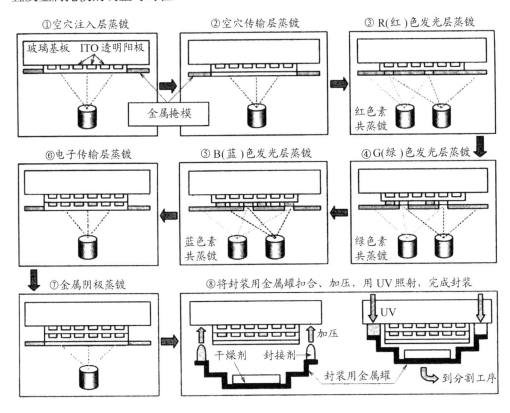

图 11-98　有机 EL 的量产制造技术过程

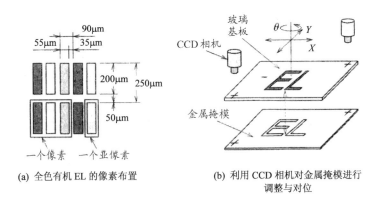

(a) 全色有机 EL 的像素布置

(b) 利用 CCD 相机对金属掩模进行调整与对位

图 11-99　像素布置及金属掩模的对位

11.2.8　PLED 的制作工艺

11.2.8.1　PLED 制作的成膜工艺

1. 旋涂法(spin-coat)——多用于实验室规模

PLED 中的有机层多采用单层结构(只有发光层)，因此成膜技术较为简单。采用的方法之一是旋涂法(spin-coat，也称甩胶法)，在大学及研究所实验室规模制作样品时，为了方便多采用旋涂法。

旋涂法作为高分子薄膜的制作方法，早有采用，半导体大规模集成电路制作中所用的光刻胶膜就是由旋涂法制作的。之所以称其为旋涂法，如图 11-100(a)所示，由喷嘴将胶液一滴一滴滴在固定于高速旋转平台之上的基板表面，靠离心力的作用使胶液流平，再经干燥，获得高分子薄膜。

旋涂法设备简单，操作方便，对于研究工作者来说，能快捷便利地获得元件(图11-100(b))，因此多用于材料的评价。但基于下述缺点，旋涂法难以满足实际 PLED元件的制作要求。

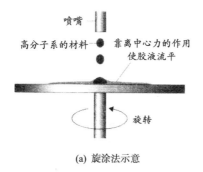

(a) 旋涂法示意

(b) 实验室水准的旋涂机

(c) 大部分胶液附着在旋涂机的内壁上

图 11-100　旋涂法成膜

1) 原材料的利用率低。进入批量生产阶段，原材料利用率的高低起关键作用。胶液滴下，靠高速旋转离心力的作用，在基板表面流平，形成薄膜。但与此同时，大部分胶液流向四周。实际上，形成所需要薄膜的部分仅占胶液的 5%~10%，其余 90% 以上都附着在旋涂机的内壁上(图 11-100(c))。

2) 膜厚难以控制。制作实验室规模的小样品,膜厚均匀性问题不大。但进入量产阶段,玻璃基板尺寸逐渐变大(采用小尺寸玻璃基板在价格上缺乏竞争力),例如,对于 400mm×400mm 的基板来说,若采用旋涂法则难以保证膜厚分布控制在±5%以下。这说明旋涂法难以在批量生产中推广。即使采用,基板尺寸最大也不能超过 200mm×200mm,既不能提高原材料的利用率,也缺乏市场竞争力。

3) 不能用于全色 PLED 的制作。全色 PLED 的制作需要 RGB 三色像素的分涂,而旋涂法难以胜任,只限于单色 PLED 的制作。

由于上述原因,旋涂法不能用于全色 PLED 的批量生产,需要开发新的制作工艺。

2. RGB 三色分涂——实用的喷墨法

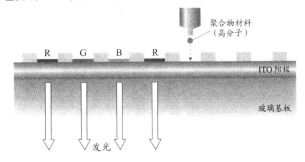

(a) 利用喷墨法进行 RGB 分涂(高分子系)

(b) 喷墨法采用的装置(制作有机 EL 元件的专
用喷墨装置的外观)

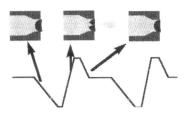

(c) EL 油墨(浆料)弯曲液面的控制(借助压力,使喷
嘴处的弯曲液面强制振动而喷射)

图 11-101 喷墨法成膜

由精工–爱普生(Seiko-Epson)以及东芝松下显示器公司开发的喷墨(ink-jet)法已成功用于高分子(聚合物)系有机 EL(PLED)显示屏的批量生产。喷墨法的工作原理如图 11-101 所示,由喷射头将有机材料的溶液(浆料)以及 RGB 三色色素喷射在所需要的位置,按"红、绿、蓝、红、绿⋯⋯"进行分涂(图 11-101(a))。通过压力,使喷嘴处的弯曲液面强制振动(图 11-101(c)),可将分涂位置及间隔精度控制在数微米量级。

相对于旋涂法中 90%~95%的原材料都不能利用的情况,喷墨法几乎没有原材料的损失,从而有机材料的利用率可大幅度提高。目前有机材料价格昂贵,利用这种原材料利用率高的喷墨法,无疑可以大幅度降低产品价格。

特别是与旋涂法只能在整个平面上成膜相比,喷墨法的另一个突出优点是 RGB 三色分涂,特别适用于全色 PLED 制作。

3. 凹版印刷——正在开发的新工艺

从本质上讲,利用喷墨法制作高分子膜(RGB 三色分涂)属于印刷技术的应用。印刷技术中有活版印刷、丝网印刷、胶版印刷、凹版印刷等多种方式,而据大日本印刷公司(DNP)的报道,不限于喷墨法,对于高分子系来说,采用如图 11-102 所示的凹版印刷法同样可以实现 RGB 三色分涂。

凹版印刷法既可以全面涂敷,又可以对 RGB 分涂微米级宽度的线条,还可以按要求绘制图形,甚至能制作有机 EL 发光的大型广告牌。

另外,凹版印刷法与喷墨法同样,原材料的利用率极高。目前看来,高分子系(聚合物系)有机材料与小分子系相比,元件寿命仍然低些,一旦寿命这一问题得到解决,仅从 PLED 采用印刷技术,工艺简单、原材料利用率极高这一优势看,其发展前景不可限量。

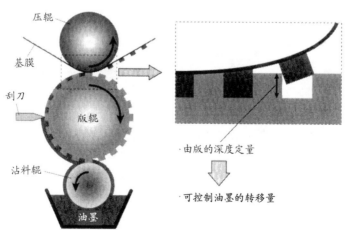

图 11-102　凹版印刷法成膜

11.2.8.2　PLED 的量产系统

图 11-103 给出目前 PLED 的量产系统图。PLED 一般采用单层高分子膜结构，而近年来在单层发光层的基础上，又增加了空穴传输层，图中正是针对这种情况的生产流程。首先涂布空穴注入层，再依次连续地印刷 R 层、G 层、B 层发光层，以形成全色像素，以上所采用的均为喷墨法，至此高分子材料成膜结束。此后进入电子注入层蒸镀、金属电极蒸镀及封装工序，所采用的工艺与 OLED 的情况基本相同。

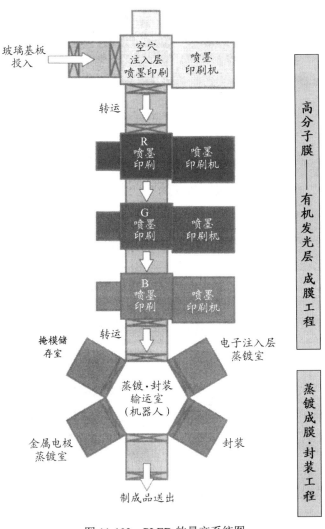

图 11-103　PLED 的量产系统图

11.2.8.3　OLED 和 PLED 的封装

1. 保证与大气隔绝的封装技术

成膜之后的积层有机薄膜不能与水汽接触，若在大气中放置，有机层与湿气发生激烈反应，在所显示的画面上会出现黑点缺陷，如图 11-104 所示，而造成元件失效。为防止这种现象发生，必须采用可靠的封装，而且要求成膜与封装在处于真空状态的生产线上连续完成，以保证元件与大气隔绝。

正常的 EL 发光

在大气中成膜的有机层会与湿气发生激烈反应，产生黑点缺陷，造成元件失效。因此必须进行封装。成膜与封装应在处于真空状态的生产线上连续完成

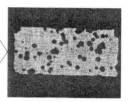

黑点缺陷

图 11-104　正常的发光和黑点缺陷

半导体集成电路元件都要进行封装，电子封装具有机械支撑、电气连接、物理保护、外场屏蔽、应力缓和、散热防潮、尺寸过渡、规格化和标准化等多种功能。早期的电子封装多采用金属封装、陶瓷封装、玻璃封装，现在 98%以上都采用塑料封装。有机 EL 元件的金属罐封装类似于早期半导体元件的金属封装，但封接剂不能采用玻璃料而只能采用高分子材料[①]。在显微镜下观察，作为封接剂的高分子材料结构疏松，内含不少气孔和微裂纹等，湿气很容易经过这些缺陷进入封装罐内部，必须采取措施解决除湿问题。一般是如图 11-105(a)所示，除了在封装罐中充入干燥的 N_2 之外，还要在封装罐的凹部填充称为捕集器的干燥剂[②]，以捕集一旦进入的湿气，避免湿气与有机层反应，保证有机 EL 元件稳定工作。

2. 金属罐封装

图 11-105(b)表示量产规模金属罐封装工艺流程图，图中针对的是小分子有机 EL(OLED)的封装，实际上是图 11-96 所示制作工艺流程的继续。

首先由搬运机器人将成膜后的玻璃基板送入检查室⑩，在此对封装前的有机 EL 元件进行检查。完成检查后将合格的元件送到封装室⑪，与预先涂好封接剂的封装罐进行对位、压合，再经 UV 照射、封接剂固化，完成封装。如图 11-106 所示为金属封装罐的自动供应线(参照图 11-97)。

---

① 玻璃封接料需要较高温度烧结，玻璃化之后才能起密封作用，而有机 EL 元件难以承受这样的高温，故只能采用高分子封接剂。高分子材料结构不够致密，强度低，易吸潮，而且它的热膨胀系数与金属的和陶瓷的不匹配，很容易产生间隙和微裂纹。

② 干燥剂一般采用 CaO、BaO 等，利用与水气反应生成氢氧化合物的特性有效吸湿。

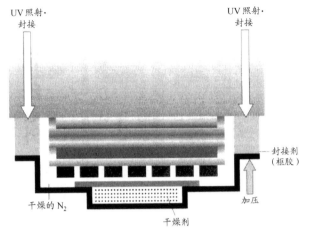

(a) 封装罐的构造

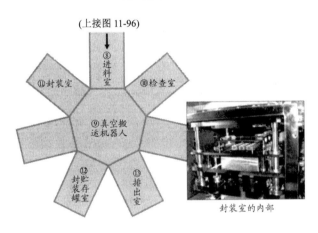

(b) 量产规模金属罐封装工艺流程图

图 11-105 封装罐封装

封装过程不仅需要用 UV 照射,使高分子封接剂固化封接,还要对露点温度、充 N₂ 量等严格控制。完成封装后还要对同一块基板上多个带有封装罐的器件进行分割,最后对每个分立的器件安装驱动 IC,完成制品出货。

顺便指出,在半导体集成电路制作中,由硅圆片(wafer)经划片、裂片分割为一个一个芯片(chip)的过程,各个公司都有自己的专用设备和特殊技术(know-how)。但由完成封装的玻璃基板切割为一个一个有机 EL 器件的过程则不需要什么特殊的设备,仅由金刚石切割刀就可以完成。

3. 封装膜封装

平板显示器要求平面结构。对于有些有机 EL 显示器(屏)来说,希望像纸那样薄(电子纸),既可弯曲,又可折叠。实际上,有机膜部分四层加在一起的总厚度才有100~200nm(参照图11-87),电极和基板也是相当薄的,而金属罐封装用的"罐"又厚又硬,且非平面结构。这样,对于金属罐封装的有机 EL 显示屏来说,封装罐之厚将上述发光部分之薄的优势化为乌有。因此人们正在研究开发利用封装膜进行封装的方式。目前看来,金属氧化物及氮化物的薄膜是第一候选。不妨可以认为这些是极薄的玻璃膜层。由于玻璃及陶瓷对空气的阻挡能力强,若能将这类薄膜沉积在有机 EL 元件之上,则足以隔绝外部的湿气。

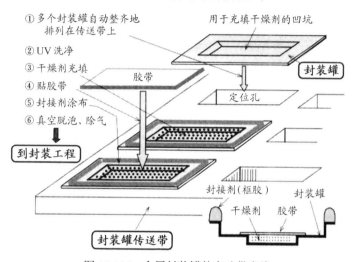

图 11-106　金属封装罐的自动供应线

一般地,在有机 EL 元件上沉积这种膜层可以考虑溅射镀膜法或化学气相沉积法(chemical vapor deposition, CVD),但基于下述原因,无论采用哪种方法都是相当困难的。

1) 有机 EL 元件本身柔软、娇嫩,在这种基体上沉积玻璃及陶瓷薄膜难以获得所要求的膜质和附着强度;

2) 采用溅射镀膜,技术环境特别是离子的反溅射效应有可能对元件造成损伤;

3) CVD 法需要一定的温度,如何在不损坏有机 EL 元件的低温下,采用 CVD 法沉积玻璃及陶瓷保护膜,需要进一步研究开发。

如图 11-107 所示是代替金属罐而采用封装膜封装的成膜工艺和封装方式。在如图 11-107(a)所示封装膜的成膜技术中,以完成有机发光层及金属电极蒸镀的有机 EL 元件为基体,首先在真空室中使液体单体(monomer)蒸发沉积,而后经 UV 照射使单体发生聚合反应形成聚合物膜层,再由溅射镀膜法或 CVD 法在聚合物膜层表面沉积玻璃及陶瓷膜。实际上,作为最终的保护层,仅一层氧化物膜是远远不够的,因此,上述过程需要重复 4~5 次,以达到满意的保护效果。

图 11-107(b)表示封装膜的封装方法。相对于有机发光层等 4 层有机膜总厚度 0.2μm 来说，封装膜总厚度约 5μm 算是厚的。但 5μm 远远低于人眼的分辨率，相对于玻璃基板厚度(0.7mm，见图 11-87)是微不足道的。

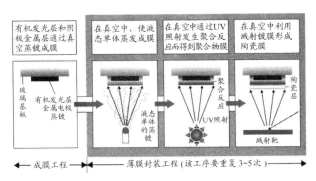

(a) 封装膜的成膜工艺

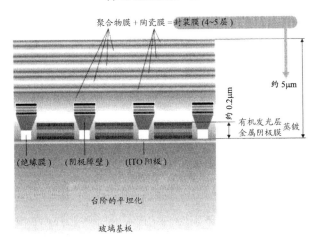

(b) 封装膜的封装方式

图 11-107　封装膜封装的成膜工艺和封装方式

目前，有机 EL 器件的厚度可以做到 1.4mm 以下。若不采用金属罐封装而采用薄膜封装，则厚度可减小到 1mm 以下。

11.2.9　有机 EL 与 LCD 的对比

11.2.9.1　有机 EL 显示器的主要特征

评价显示器显示质量的高低，从直观上看，最重要的是可视性，包括画面质量、亮度、对比度、视角等。此外还有：能否实现大型化？中小型的前景如何？

价格能否降低？能否承受更为严格的环境？

对于一般观众而言，评价显示器优劣的标准，自然是画面是否美丽动人。显示器广告中也大都强调画面质量的高低。有机 EL 的亮度、对比度、分辨率(决定于像素尺寸的大小)都高，从而画面清晰、鲜明，逼真、生动。

正是基于此，有些文章将有机 EL 吹得言过其实，似乎有机 EL 远胜于 LCD，认为有机 EL 是后液晶(post-LCD)技术的首选。但实际情况并非如此(详见 11.2.9.2 节)。现将一般文章所述有机 EL 显示器的主要特征汇总如下：

1) 为自发光型，不需要液晶显示所必需的背光源，显示元件本身厚度仅 0.5μm 左右，显示屏可做到 1~2mm 厚，为典型的超薄、轻量型。

2) 只要施加 2~3V 的直流电压即能产生可见的发光，在 8V 下可实现 10 000cd/m^2 以上的高亮度，功耗较低。

3) 在高亮度的前提下，黑色的再现性好，因此对比度高，图像清晰、鲜明、逼真、生动，可视性超群。

4) 视角宽，接近 180°；即使在大角度倾斜方向看，画面也清晰、鲜明。

5) 合理选择发光材料，可获得任何彩色的发光；通过适当组合发光材料，也可能发白光。

6) 响应速度极快，一般在微秒量级，比 LCD 快 1 000 倍，特别适用于宽带(broad band)时代的动画显示。

7) 耐环境性优良，工作温度范围从−40~+85℃，即使在恶劣的环境下也能正常工作。

8) 显示器件为全固态型，可靠性好，可做成挠性、可折叠型，也可以曲面发光显示。

9) 由于不含有液晶背光源中使用的水银，有机 EL 具有良好的环保特性。

10) 相对于 TFT LCD 和 PDP 来说，有机 EL 器件结构简单，制作容易(从整体讲)，降低价格的空间较大。

11.2.9.2　有机 EL 与 LCD 的竞争

近年来，有机 EL 显示器崭露头角。但有机 EL 若能在手机等批量产品中成功搭载，其综合性能必须超过、或不亚于 LCD 的性能。基于自发光，有机 EL 具有高亮度、高对比度度的特点，显示的画面鲜艳夺目。但是，有机 EL 的产业化发展远非当初人们设想的那样乐观，实际上搭载 EL 的电子设备的量产化也迟于当初的预计。有机 EL 显示屏曾一度在手机中采用，但目前又部分地被液晶显示器所取代。这是由于在有机 EL 略胜一筹的性能领域，由于液晶显示器的性能改进而迎头赶上所致。看来，要使有机 EL 在批量生产领域真正占据一席之地并非容易。有机 EL 与 LCD 在性能方面的竞争主要表现在下述几个方面(参照表 11-14)。

表 11-14 有机 EL 与液晶显示器性能的对比

性 能	液晶	有机 EL		说 明
		现 状	将来的可能性	
亮度、对比度	○	○	◎	有机 EL 的亮度与寿命具有密切的相关性。对于液晶显示器来说，也正在对液晶材料和驱动方式进行改进
视角	△	◎		对于液晶显示器来说，经过改进，视角也达到满足实用要求的水平
功耗	○	○	◎	有机 EL 的发光效率正在一步步提高中
寿命	○	△	○	液晶显示器的寿命决定于背光源的寿命(5 万~6 万小时)；有机 EL 的寿命在发光效率提高及制作工程简化的前提下也在不断提高
外形尺寸	○	◎		EL 器件可以做得非常薄(有机 EL 电视可达 1.5mm 甚至更薄)
响应速度	△	◎		对于液晶显示器来说，经过改进，响应速度已达到满足动画显示要求的水平

注：◎——优；○——良；△——有待提高。

1. 高亮度、高对比度和显示画面的鲜艳夺目感

有机 EL 为自发光型，应所需的亮度要求，通过增加驱动电流(电压)可以提高亮度。而且，当电流(电压)为零时，可方便地实现全黑状态。相比之下，液晶显示器是通过液晶开关实现光的透过和遮断，若提高背光源的亮度，即使在液晶开关 OFF 时，也可能产生漏光现象，难以实现全黑状态，从而对比度难以提高。这就是为什么有机 EL 显示器在高亮度、高对比度度及显示画面鲜艳夺目感方面优于液晶显示器。

近年来，液晶显示器在上述性能方面也取得明显进展。将液晶模式由 STN 模式改变为 MVA 模式等，由液晶材料自身入手对亮度、对比度进行了有效改进。此外，与驱动方式等相组合的改善也取得成效，典型的实例是脉冲(impulse)驱动方式。随着背光源亮度的上升，为了去除显示黑时漏光的影响，在画面重写时间内，与电路同步使背光源熄灭，由此可以达到与自发光型有机 EL 显示的黑状态等效的效果。

2. 视角特性

视角小曾经是液晶显示器的主要缺点之一。当在画面的左右、上下成一定角度(以上)观看时，彩色及对比度等视觉效果急剧变差。因此，长期以来液晶显示器难以在电视等大画面应用中推广。而对于有机 EL 来说，不受长期困扰液晶显示器发展的视角小的限制，其视角接近180°。这是有机 EL 的主要优势之一。

近年来，液晶显示器在视角特性方面也取得重大进展(参照 9.3 节)。通过采用 IPS、MVA 等模式代替传统的 STN 模式，目前视角达到176°以上的液晶显示器产品已大批量投入市场。近年来，液晶显示器的视角也达到与有机 EL 不相上下的

程度。

3. 动画特性(响应速度)

有机 EL 的响应速度(时间)为数十微秒,与液晶相比要快 1 000 倍以上。从这一点讲,前者占绝对优势。

近年来,液晶显示器在响应特性方面也取得显著进步。通过采用 OCB、IPS 等模式,液晶显示器的响应速度(时间)已达 16ms 以下,有的产品已达 3.6ms 甚至接近 1ms。这对于动画显示来讲,实际上已不存在什么问题(当然,动态图像分辨率仍显不足)。

4. 功耗

与有机 EL 为自发光的方式相对,液晶本身并不发光,显示需要背光源。从原理上讲,有机 EL 在功耗方面占优势,应远低于液晶显示器的功耗。但从目前情况看,由于有机 EL 的发光效率低,因此二者难分伯仲。从发展前景看,有机 EL 的功耗应远低于液晶显示器的。

近年来,液晶显示器在降低功耗方面也取得显著进展,其中包括背光源的改良以及与之相配合的反射板、光扩散板等的高效率化等。LED 背光源的采用在降低液晶显示器的功耗及提高其综合性能方面效果明显。

5. 寿命

液晶显示器的寿命决定于背光源的寿命(5 万~6 万小时)。有机 EL 的寿命取决于三原色 RGB 的亮度下降程度,对于全色显示来说,还需要考虑 RGB 的均衡性。目前,有机 EL 的寿命大致在数千小时。用于手机等的液晶显示器同有机 EL 在显示画面质量的竞争中,前者占据优势。有机 EL 若要达到与液晶显示器不相上下的水平,前者的功耗(电压×电流)必须增加,这势必缩短寿命。看来这是有机 EL 产业化发展的最关键问题。

6. 外形尺寸

有机 EL 不需要背光源,而且采用薄膜结构,相对于液晶显示器来讲,在超薄化方面占有优势,对于便携设备和电子纸等来说,可以说是最适宜采用的组件。在有机 EL 中,有机薄膜厚度仅为 0.1~0.2μm,包括基板在内,显示器模块的厚度可以做到 1.5mm 左右。而且由于超薄以及还可以采用塑料等挠性基板,易于实现可弯曲、可折叠的挠性显示器。

11.2.10 需要开发的课题和正在采用的新技术

11.2.10.1 需要开发的课题

1. 有机 EL 真正实用化的最大课题——亮度(辉度)与寿命的折中(trade-off)

对于自发光型的有机 EL 来说,通过加大驱动电流,可以提高亮度。但是,这样做的结果，有机 EL 元件的寿命(亮度降低到当初一半所用的时间)会变短。亮度(辉度)与寿命的折中(trade-off)是目前制约有机 EL 实现批量化生产最大瓶颈。

用于手机的显示屏的寿命最低要求为 5 000h，按目前有机 EL 的实力看，它的寿命与这一要求不相上下。但对于电视应用来说，最低寿命应为 3 万小时。

仅利用荧光的发光效率(内部发光效率)最大只有 25%(见 11.2.4.1 节)，为提高光转换效率，在研究开发掺杂(色素染料)技术的同时，应大力研究开发利用磷光(发光)的技术。这是当前有机 EL 需要开发的最大课题。如果能从三重激发状态返回基态的过程中取出磷光发光，从理论上讲，荧光与磷光加在一起可实现 100%的发光效率。

因此，为满足上述内部量子效率达到 100%的要求，研究开发相应的，经三重激发状态可取出强磷光(发光)的有机化合物，成为当务之急。其中一种磷光材料为铱(Ir)金属螯合物(铱金属离子与有机物的结合体)，还有同时能发磷光与荧光的含稀土金属的磷光发光材料。上述发光效率的提高对提高亮度、增加元件寿命、降低功耗等都是至关重要的。

2. 需要开发的技术课题汇总

图 11-108 汇总了有机 EL 需要开发的技术课题。为提高发光效率，除了提高内部量子效率之外，还应该提高载流子注入效率和光取出效率(外部量子效率)。

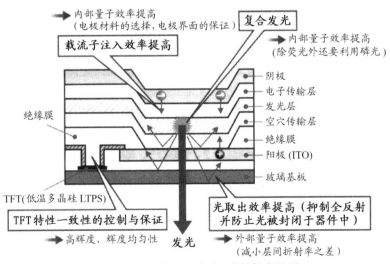

图 11-108　有机 EL 需要开发的技术课题

为提高载流子注入效率，需要设法将电子、空穴高效率地送入到发光层一侧，并使其无损失地移动。因此，输运层(还有注入层)与电极之间的相容性极为重要。提高光取出效率(外部量子效率)，意味着如何将光从发光层无(少)衰减地向外取出。发光层发出的光，由于层间折射率之差等因素，会发生全反射而被封闭于器件之中，从而造成出射光的衰减，必须防止这种现象发生。

另外，对于驱动发光像素的薄膜三极管来说，为达到显示亮度要求，必须具有允许足够大电流通过的驱动能力(需要采用载流子迁移率高的低温多晶硅薄膜三极管(LTPS TFT)，而且要求它具有不产生亮度偏差不齐等的驱动电流的均匀性(TFT 的稳定性)。

除此之外，有机 EL 元件成膜之后若不加保护而放置，它会吸收大气中的水分，从而造成工作失效的隐患。因此，在考虑后工程生产效率的前提下，对薄膜进行可靠的与外界隔绝的保护，即封装工程，也是极为重要的。

11.2.10.2　正在采用的新技术

在有机 EL 显示器向实用化进展过程中，不断有新开发的成果问世，现选择几个代表性的新技术介绍如下。

1. 通过扩大开口率，以实现高亮度、高精细化的上发光面板技术

过去的 TFT 有源矩阵方式的有机 EL 显示器，一般都采用下发光(bottom emission)面板技术，即从 TFT 玻璃基板一侧，由发光层取出光。而上发光(top emission)面板技术与过去的方式不同，采用由基板的上方取出光的结构。图 11-109 是上发光(top emission)面板结构与传统方式的对比。在上发光面板结构中，位于像素内的 EL 元件驱动电路(作为开关元件的 TFT、作为电流驱动元件的 TFT 等)都布置在发光像素的下方，每个像素几乎在整个区域都可作为发光像素来使用。从图 11-109 可以看出，与传统的下发光面板结构相比，上发光面板结构的开口率要大得多。

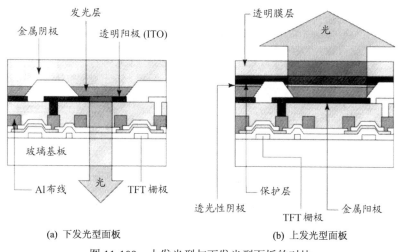

(a) 下发光型面板　　　　　　　　　(b) 上发光型面板

图 11-109　上发光型与下发光型面板的对比

由于上发光面板结构显著提高发光像素的开口率,因此可以进一步提高亮度。而且,由于开口率提高,在保持亮度的前提下,可以实现各个像素的微细化,进而增加像素数,实现高精细化显示,即高亮度、高精细化二者兼得。

上发光面板结构同下发光面板结构的出光方向正好相反,由于不是透过下电极(阳极)而取出光,因此下面电极不必要采用 ITO 透明电极,而且基板也不一定非要采用透明的玻璃不可。相反,阴极侧必须采用透明电极(透光性阴极)。

索尼公司在采用上发射面板结构的前提下,为了进一步解决亮度不均匀的问题,由原来采用两个 TFT 的 EL 元件驱动电路,变成采用四个 TFT 的带亮度均匀性补偿的电流写入回路 TAC(top emission adaptive current drive),采用这种结构,达到良好的亮度均匀性效果。而且,采用上发射面板结构可以排除过去成为增厚原因的封装金属罐等带有中空部分的结构,代之以超薄封装结构,即采用遮断性优良的钝化膜保护结构等。

2. 发光层纵向堆叠型 SOLED(stacked OLED)

传统的全色化像素,无论对有机 EL 还是对液晶显示器而言,都是在同一平面内布置的。纵向堆叠型 SOLED(stacked OLED)或称为串联式 OLED 是将 RGB 三原色的发光层与透明电极沿纵向堆叠(stacked,叠层),并由此构成一个像素。图 11-110 表示 SOLED 的全色像素与传统全色像素的对比。

而在发光过程中,RGB 的发光层通过各自对应的透明电极分别进行控制。

与 RGB 横向平面布置的情况相比,RGB 纵向堆叠布置的图像分辨率至少提高到 3 倍。因此,这种方式适用于非常精致的便携设备以及超高精细的画面显示。

在透明电极、发光层的堆叠技术中,今后有机薄膜积层技术是不可缺少的,如果能成功实现,则会促进有机 EL 显示技术的更大进步(最新进展见 11.2.12.2 节)。

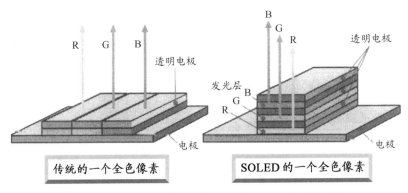

图 11-110 SOLED 的全色像素与传统全色像素的对比

3. 可大幅度提高画面质量的发光时间控制电路技术

传统有机 EL 中的调灰(调节显示的明暗水平)是通过控制发光体的辉度来实现的。日立制作所中央研究所，通过在发光体辉度一定条件下对发光体的发光时间进行控制，以实现辉度调节，开发出发光时间控制电路技术，如图 11-111 所示，其中包括下述两项关键技术。

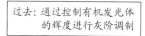
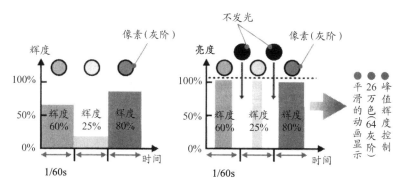

图 11-111　可大幅度提高画面质量的发光时间控制电路技术

(1) 发光时间控制电路技术

像素的调灰方法是在辉度为 100%的状态下，针对每个像素对发光时间轴(发光时间)进行控制。在驱动回路中，每个像素都采用 4 个 TFT。

(2) 峰值辉度控制

由于通过发光时间控制进行灰阶调节，100%辉度水平与调灰可以独立控制。因此，画面上区域亮的部分可以达到通常白色 2 倍以上的辉度，即可实现峰值辉度控制。

除此以外，还实现了 26 万色(64 灰阶)的高精细度发光，以及平滑的动画显示。

11.2.11　有机 EL 显示器的产业化

自从 1987 年美国柯达公司发表具有实用潜力的 OLED 器件至今，许多厂商竞相加入此技术的研发之中，表 11-15 列出至 2004 年，亚洲及欧美各国参与小分子型(OLED)和高分子型(PLED)研发或量产的公司，以及主要的专利所有人。从表中可以发现，从材料的供应、设备的提供到显示器面板模块及驱动 IC 的设计与开发，日本似乎已经形成一条上、中、下游的供应链，这也表明日本产业界对 OLED 技术的重视。

表 11-15 投入小分子和高分子 OLED 开发的公司

公司企业名	国家或地区	材料	专长
陶氏化学(Dow Chemical)	美国	高分子	材料供应商
H. W. Sands 公司	美国	小分子	材料供应商
Sigma-Aldrich 公司	美国	小分子	材料供应商
杜邦(Dupont，已暂缓)	美国	高分子	材料、显示器 R&D
Universal Display (UDC)	美国	小分子	材料供应商、持有专利
柯达(Kodak)	美国	小分子	持有专利、R&D
DuPont Displays/Uniax	美国	高分子	显示器制造
eMagin	美国	小分子	微显示器制造
Litrex 公司(已被 CDT 及 ULVAC 并购)	美国	inkjet	设备供货商
Kurt J. Lesker 公司	美国	—	设备供货商
Oragnic Photometrix 公司	美国	—	设备供货商
Integral Vision 公司	美国	—	检测设备供货商
Microfab 公司	美国	inkjet head	设备供货商
Clare Micronix 公司	美国	—	驱动模块
NextSierra 公司	美国	—	驱动模块
ADS (American Dye Source)	加拿大	高分子/小分子	材料供货商
CDT	英国	高分子	材料供货商、持有专利
MicroEmissive Displys (MED)	英国	小分子	微显示器制造
Covion(已被 Merck 并购)	德国	高分子	材料供货商
BASF 公司	德国	高分子	材料供货商
西门子	德国	高分子	R&D
德国 IBM	德国	高分子	R&D
NOVALED	德国	小分子	p-i-n R&D
Osram Opto Semiconductors	德国	高分子	显示器制造
爱思强(Aixtron AG)	德国	小分子	设备供货商
飞利浦(Philips，已暂缓并技转)	荷兰	高分子	显示器制造
昱镭光电	中国台湾地区	小分子	材料供应商
机光科技	中国台湾地区	小分子	材料供应商
铼宝(RiTDisplay)	中国台湾地区	小分子/高分子	显示器制造
聊宗(Lightronik Technology)	中国台湾地区	小分子	显示器制造
东元激光(Teco Optronics)	中国台湾地区	小分子	显示器制造
友达光电(AUO)	中国台湾地区	小分子	显示器制造
奇晶光电	中国台湾地区	小分子	显示器制造
统宝(Toppoly)	中国台湾地区	小分子	显示器制造(LTPSTFT)
悠景科技(Univision Technology)	中国台湾地区	小分子	显示器制造
翰立(Delta Optoelectronics)	中国台湾地区	高分子	显示器制造
凌阳科技(Sunplus)	中国台湾地区	—	驱动模块
光磊(Optotech)	中国台湾地区	小分子	显示器制造
晶门科技(Solomon Systech)	中国香港	—	驱动模组
航天上大欧德科技公司	上海	小分子	显示器研发
上海广电(SVA)	上海	小分子	显示器研发
精电国际有限公司(Varitronics)	中国香港	小分子	显示器制造

续表

公司企业名	国家或地区	材　料	专　长
信利(Truly)	中国香港	小分子	显示器制造
光阵(Lite Array)	中国香港	小分子	显示器制造
维信诺科技(Visionox)	北京	小分子	显示器制造
京东方	中国内地	小分子	显示器制造
深圳先科显示技术公司	中国内地	小分子	显示器制造
LG 化学	韩国	小分子	材料供应商
LG 电子	韩国	小分子	显示器制造
三星(Samsung, SDI)	韩国		显示器制造
NESS	韩国/新加坡	小分子	显示器制造
Elia Tech	韩国	—	驱动模块
Leadis	韩国	—	驱动模块
ANS 公司	韩国	小分子	设备供应商
Sunic System 公司	韩国		设备供应商
DOOSAN DND 公司	韩国	—	设备供应商
Viatron 公司	韩国	—	设备供应商
STI 公司	韩国	—	设备供应商
Mc Science 公司	韩国	—	设备供应商
DOV 公司	韩国	—	设备供应商
住友化学(与 CDT 合作)(Sumitomo Chemical)	日本	高分子	材料供应商、持有专利
出光兴产(Idemitsu Kosan)	日本	小分子	材料供应商、持有专利
佳能(Canon)	日本	小分子	材料供应商、持有专利
智索石油化学(Chisso)	日本	小分子	材料供应商
三菱化学(Mitsubishi Chemical)	日本	小分子	材料供应商、持有专利
Chemipro Kasei Kaisha 公司	日本	小分子/高分子	材料供应商
Taiho 工业株式会社	日本	高分子	材料供应商
东洋 Ink 制造(Toyo Ink)	日本	小分子	材料供应商
精工-爱普生(Seiko-Epson)	日本	高分子	显示器制造
卡西欧(CASIO)	日本	小分子	显示器制造
Optrex 公司	日本	小分子	显示器制造
三洋电机(SK Display)	日本	小分子	显示器制造
东北先锋(Pioneer)	日本	小分子	显示器制造
TDK 公司	日本	小分子	显示器制造
日本精机(Nippon Seiki)	日本	小分子	显示器制造
Stanley 电气	日本	高分子	显示器制造
TOYOTA 汽车	日本	高分子	显示器制造
SONY	日本	小分子	显示器制造
东芝松下显示器科技(TMD)	日本	小分子/高分子	显示器制造
罗姆电子(ROHM)	日本	小分子	显示器制造
富士电机(Fuji Electric)	日本	小分子	CCM 显示器制造
大日本印刷(DNP)	日本	高分子	设备供应商
日本真空株式会社(ULVAC)	日本	小分子	设备供应商

续表

公司企业名	国家或地区	材 料	专 长
Tokki	日本	小分子	设备供应商
凸版印刷(Toppan Printing)	日本	高分子	设备供应商
Shimadzu 公司	日本	—	设备供应商
EVATECH 公司	日本	—	设备供应商
Anelva Technix 公司	日本	—	设备供应商

目前，各公司对全彩显示面板有更大兴趣，并投入更大的力量进行研究。大面积面板适合用于具有更大市场的电视或监视器。2003 年，中国台湾地区的奇美和日本 IBM 合资的 IDT 公司率先发表了 20 型的有源驱动式 OLED 面板，曾轰动一时。之后不久，日本的索尼公司发表了用 4 块 12 型 OLED 面板拼合的 24 型有源驱动式全彩 OLED 面板。2004 年，精工–爱普生(Seiko-Epson)更是通过将 4 块 20 英寸的低温多晶硅(LTPS)TFT 底板拼到一起，用最新的喷墨彩色技术试制出业界最大画面尺寸的 40 型全彩 PLED 面板。接着，2005 年 5 月，Samsung 电子在 SID 展示 40 型，用白光加 RGBW 滤光片制作的小分子 OLED 电视。日本山形大学的淳户(Kido)教授也动员了产官学界，宣布将在 2007 年展示世界第一的 60 型大型 OLED 面板。2008 年 1 月，Samsung 电子和索尼公司在美国拉斯韦加斯举办的国际消费类电子产品展览会(CES)上，分别展示出 31 型和 27 型的 OLED 电视。不过，目前全球首台正式投入市场的 OLED 电视——索尼 11 型 XEL-1，售价高达 20 万日元(约合 1.33 万元人民币)，这样的价位要进入普通家庭恐怕还有一定难度。

在中小尺寸面板方面，主要还是应用在手机、PDA 与笔记本电脑上。此外，英国的创投企业 Micro Emissive Displays Ltd.(MED)开发出超小型的有机 EL 微显示器(microdisplay)，画面大小只有 0.28 型，可使用在摄、录像机的取景器或头戴式(头盔)显示器，这是 OLED 的又一大应用领域。但就商品量产的时间来看，1999 年日本 Pioneer 是最早实现产品上市的厂商，主要产品是将 OLED 应用在汽车音响上，但面板只是多彩无源驱动点矩阵型，而非全彩有源矩阵驱动型，之后 Motolora 也发售采用 OLED 面板的单色手机。但随着 LCD 彩色面板在手机、PDA 与监视器广泛应用后，OLED 全彩化变成必然的趋势。之后，厂商也都发展全彩面板为主，第一个含有 OLED 全彩面板的商品是 Kodak 与 Sanyo 合作的数码相机，此面板为 2.2 型的有源矩阵驱动型 LTPS TFT 面板，在 2005 年初，此面板也被推广使用于个人媒体播放器(personal media player, PMP)上，这也展现出 OLED 发明者的研发实力。

基于下述理由，OLED 要真正实现产业化大批量生产，进而取代 TFT LCD，前景仍不明朗。

1) 从发光机理看，OLED 发光涉及载流子(电子、空穴)在有机材料中的注入、输运、复合等过程。阳极附近空穴注入有机材料发生氧化反应，阴极附近电子注入有机材料发生还原反应。有机材料在氧化还原反应的反复作用下寿命较低是其本质所致。

2) 相对于 TFT LCD 是电压器件(液晶中无电流通过，液晶屏可等效于一个充放电的电容器)而言，OLED 属于电流器件(有较大的电流流过有机层)，从而后者的驱动，特别是实现有源驱动的大屏幕显示困难更大。

3) OLED 器件本身采用多种导电性的小分子有机材料，利用真空蒸镀由于镀料升华温度低、膜层厚度薄、对位精度要求高、界面匹配要求严，工艺难度很大；而且设备昂贵、操作复杂、运行费用高。

4) 近年来，TFT LCD、PDP 在性能提高的同时，价格迅速下降。OLED 原有的性能优势逐渐缩小，但却仍保持在高价位，这种市场环境大大收紧了 OLED 实现量产化的空间。

5) 上述问题并不意味着有机 EL(包括 OLED 和 PLED)丧失产业化腾飞的机遇。相反，有机 EL 的性能优势，包括主动发光、低驱动电压、轻、薄、挠性化、彩色鲜艳、逼真等，再加上简易化工艺，如 roll to roll(卷辊连续式)、喷墨法的成功采用，或许会带来后液晶时代显示技术的又一次重大变革。被誉为超薄显示器明日之星的 OLED 和 PLED 必将实现其灿烂的前景。

11.2.12 面向大型有机 EL 显示器(OLED)的白色有机 EL 的最新技术

11.2.12.1 实现 OLED 电视的关键技术

2007 年手机主屏成功搭载有源矩阵驱动型全色有机 EL 显示器(OLED)，标志其商用化开始，而 2008 年 CES 上由 Samsung 电子和索尼分别展示的 31 型和 27 型 OLED 电视(尽管是拼接的)，使人们看到更大的希望。不过作者于 2009 年 6 月在东京看到的，当时全球首台正式投入市场的 OLED 电视——索尼 11 型 XEL-1，尽管显示质量无与伦比(相对于当时的液晶电视和等离子电视而言)，但售价高达 20 万日元(相当于 1.33 万元人民币)，除了画面尺寸太小之外，这样的价位要进入普通家庭恐怕难以接受。

有机 EL 显示器(OLED)要达到真正意义上的商用化，必须进入市场潜力巨大的家用电视市场。而进入家用电视市场必须具备两个先决条件：一是大画面，二是低价格。

现在已进入实用化的 RGB 分涂(RGB side by side)方式，由于必须使用高精细化的金属掩模，显示画面尺寸及采用的 TFT 母板玻璃基板尺寸都要受到制约，人们迫切期待代替这种方法的有机 EL 成膜法。

而且，目前在量产中使用的有机 EL 成膜装置多采用点源和线源，镀料的使用(效)率仅在 5% 以下，生产节拍(tact)时间也在 4min 以上，生产效率极低，故价格居高不下，难以实现与 LCD 相竞争的价格。人们迫切期望能对这些问题加以改善的 OLED 技术尽早达到实用化。

作为大型有机 EL 显示器核心技术之一，是白色有机 EL(WOLED)与彩色滤光片(CF)相组合的 WOLED+CF 方式。而且，作为生产效率高的蒸镀源技术，VIST(vapor injection source，蒸气喷射源)的实用化研究正取得进展。

下面，针对 WOLED+CF 技术及 VIST 技术，对其最新技术进展做简要介绍。

11.2.12.2　进一步进化的堆叠 WOLED+CF 技术

实现白色发光的最简单的构造，是在发光层中积层黄色发光(Y)/蓝色发光(B)的两波长发光层的 One Unit(1 单元)构造。采用荧光材料的这种 One Unit 白色发光构造的电流效率，在 1 000cd/m^2 亮度下达 10cd/A，若采用 RGB 彩色滤光片(CF)实现全色化，与 RGB 三色分涂方式相比，电能消耗更大，而且寿命为 5 万小时。采用有效利用白光(W)的 RGBW 4 像素构造，电能消耗虽然减半，但也不令人满意。

在此基础上，通过采用将白色发光 Unit(单元)构造多层积层的堆叠(tandem)构造，尽管层构造与 One Unit 相比变得复杂，但采用 2Unit 构造，在 1 000cd/m^2 亮度下，电流效率达 15cd/A，寿命 7 万小时，而采用 3Unit 构造，电流效率达 20cd/A，寿命 11 万小时，但仍不十分满意。

为此，在第 1 发光 Unit 构造中，以 B 发光层为主体，在第 2 发光 Unit 构造中，以 B 以外的 GY 发光层为主体，构成 2 层堆叠(tandem)构造，在 1 000cd/m^2 亮度下，最大达到 36cd/A 的电流效率和 18 lm/W 的电功率效率，白色点的色度学坐标 CIE$_{x,y}$=(0.28，0.33)，色温度 CCT=8 500K。但是，寿命为 5 万小时，略显不足。

为进一步提高性能，正在开发如图 11-112~图 11-114 所示的 3Unit 构造堆叠式 WOLED 的开发。得到的结果是，在 1 000cd/m^2 亮度下，电流效率 48.4cd/A，电功率效率 16.1 lm/W，寿命 7.5 万小时。其中白色点的色度学坐标 CIE$_{x,y}$=(0.33，0.36)，色温度 CCT=5 600K，尽管还有一定的改善余地，但采用这种白色发光及色纯度高的 CF 所构成 RGBW 4 像素全色显示器，可确保超过 NTSC100% 的色再现性，电能消耗与 RGB 3 色分涂方式相等或在其之下，可完全满足作为电视的显示性能。

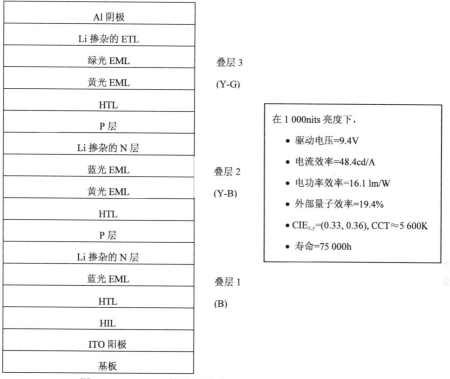

图 11-112　3Unit 构造堆叠式 WOLED 的器件构造及其性能

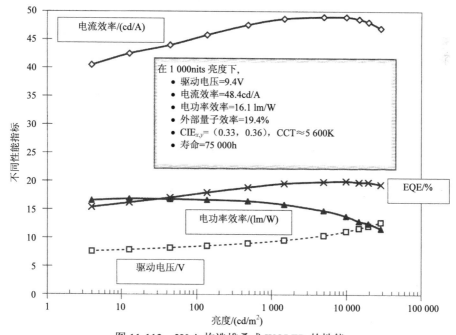

图 11-113　3Unit 构造堆叠式 WOLED 的性能

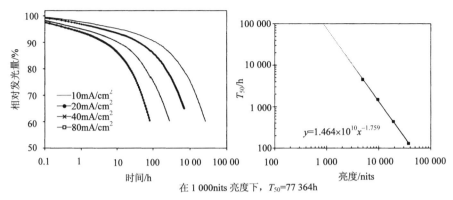

图 11-114　3Unit 构造堆叠式 WOLED 的加速试验寿命(1nits=1cd/m²)

11.2.12.3　利用 VIST 的低成本生产技术

现在有机 EL 成膜中所使用的蒸镀装置用的蒸发源一般采用点源或线源。而在采用这些源的情况下，有机材料的使用效率仅为 5%或更低，95%以上只能废弃掉。因此，有机 EL 显示器制作中的材料费超过总成本的 30%，这是有机 EL 显示器价格居高不下的主要原因之一。

由 Kodak 开发并试制的 VIST 源的最大特征是利用闪蒸(flash)法形成蒸气，因此，即使将蒸气压曲线有重大差异(如图 11-115 所示)的异种材料相混合(blend)，进行混合蒸发，也能由单一蒸发源获得与混合镀料组成完全相同的膜层。由于不需要像过去那样，主(host)、共主(co-host)、客(dopped)材料分设蒸发源分别蒸发，因此系统大为简约。而且，蒸发中，对应 on/off 切换的响应速度也快，与过去生产节拍时间为 4min 的情况相比，采用这种 VIST 蒸发源的生产节拍时间仅为 1min，时间明显缩短。

进一步如图 11-116 所示，即使将源扩大到适应 G5 尺寸，也能确保 1%的膜厚均匀性，材料利用(效)率最低也能达到 70%。生产效率与原来相比提高 4 倍，装置的总价格最低可消减 40%。使用这种 VIST 源与使用过去的源相比，如图 11-117 所示，成本若能降低 40%，就有可能以与 LCD 相匹敌的成本，在电视用大型有机 EL 显示器的批量生产中使用。

综上所述，采用 3Unit 构造的堆叠式 WOLED，在 1 000cd/m² 亮度下，已实现电流效率 48.5cd/A，电功率效率 16.1 lm/W，寿命 7.5 万小时，白色点色度学坐标 $CIE_{x,y}=(0.33, 0.36)$，色温度 CCT=5 600K 的高性能。

将这种器件与高色纯度的 CF 技术相组合，再进一步利用像素构成为 RGBW 4 像素的有源矩阵驱动型全色有机 EL 显示器，并利用搭载 VITS 源的有机 EL 成膜生产线生产，就能实现与 LCD 相匹敌的价格。期待有机 EL 显示器能在具有巨大市场潜力的家用电视市场大显身手。

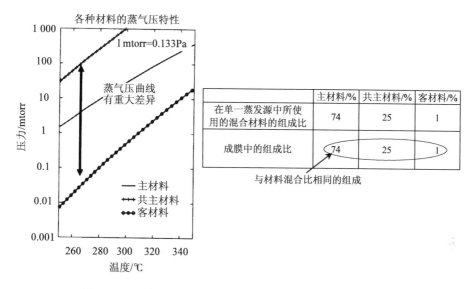

图 11-115 采用单一 VIST 蒸发源使混合材料蒸发时的多组分成膜

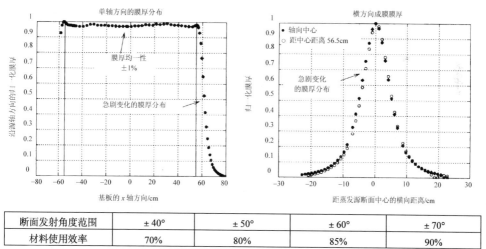

断面发射角度范围	±40°	±50°	±60°	±70°
材料使用效率	70%	80%	85%	90%

注：以 0.51mg/s 速度对 NPB 的蒸发。

图 11-116 采用适应 G5 尺寸的线蒸发源获得的膜厚均匀性与材料的使用(效)率

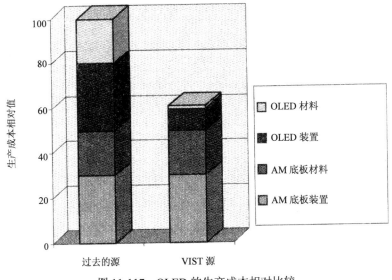

图 11-117　OLED 的生产成本相对比较

11.3　无机 EL 显示器的最新技术动向

一度被视为全色显示没有多大希望的无机 EL，近年来却出现令世人瞩目的转机，其中包括高亮度蓝色发光的实现、采用厚膜介质层结构、通过蓝色发光与色变换材料相组合而实现彩色化等，并且制作出直至 34 型的全色无机 EL 显示器。由于无机 EL 结构简单，制作方便，生产效率高，以其高品质、低价格作为竞争武器，无机 EL 正成为 FPD 市场的有力候补。

11.3.1　开发背景

人们很早就发现了电致发光现象，而且随后就开始了相关的应用研究。高柳健次郎采用布劳恩管进行的电子式接收图像实验，在世界上最初获得成功是 1926 年，但也是在同一世纪的 20 年代，人们发现对某些无机物施加强电场时会产生发光(此后称这种现象为电致发光(electroluminescent, EL))。日本国内最早制作出电视机是在 1953 年，而在其前一年，市场上即出现了 EL 照明板，并以此为契机，在世界范围内开始了对无机 EL 的研究开发。无机 EL 不仅作为光源，而且作为平板显示器(FPD)的可能性很早就引起人们的注意。图 11-118 表示无机 EL 的开发经历。

1936 年，Destriau(法)发现 ZnS：Cu 荧光体的 EL 现象，1950 年 Sylvania 公司(美)利用该现象开发成功分散型 AC 驱动 EL 照明板。但显示器的实用化，却因显示器的低亮度和短寿命，几乎停顿下来。后来，由于受到 1968 年贝尔实验室开发成功薄膜型 AC 驱动 EL 显示板 (lumocen) 的激励，电致发光显示器 (electroluminescent display, ELD) 的实用化研究再度活跃起来。1978 年由夏普公司实现了高亮度、长寿命二重绝缘薄膜型 AC 驱动 EL 文字显示用平面显示板的商品化。而后，1980 年，具有更高亮度的原子层外延 (ALE) 薄膜型 AC 驱动 EL 平面显示板由 Lohja 公司 (芬兰) 实现实用化。在此之后，1987 年，柯达公司 (美) 发表可在低电压工作，具有更高亮度，通过发光层选择可以获得多彩色发光的有机薄膜EL (详见 11.2 节)。1988 年，美国的平板系统公司 (Planer System) 正式发表全彩色显示 ELD。1991 年，加拿大的 Weataim 公司开发出采用厚膜介电体的 EL 显示器件 TDEL(thick dielectric film EL)，从而使无机 EL 的特性得到大幅度提高。

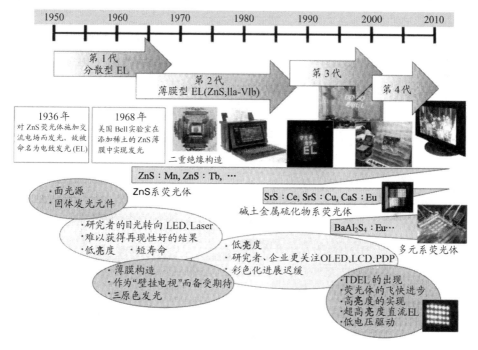

图 11-118　无机 EL 的开发经历

无机 EL 在实用化过程中几起几落，发展并不顺利。进入 20 世纪 60 年代，随着美国 RCA 公司发表液晶用于显示的电气光学效应，人们又相继试制出小型单色 PDP，发现有机物流过电流会产生发光效应等。应该说，至此，拉开了 FPD 技术开发的序幕。当时，无机 EL 的研究位于前沿，尽管其亮度并不尽如人意，但毕竟获得了红、绿、蓝三原色的发光。因此，并非靓丽的无机 EL 却最引人注目。但是，相对于 LCD、PDP 在彩色显示方面的飞快进展，无机 EL 在实用化水平的高亮度发光 (特别是蓝光) 方面几乎是止步不前。由于久攻不克，从 20 世纪 90

年代起，许多研发机构撤销，研究人员退出，研究开发再一次陷入低潮。

无机 EL 作为 FPD 的先驱，曾集中了大量高水平的科学家和技术开发人员。从另一方面讲，由于其实用化门槛高，使人望而生畏，也造成了"一朝被蛇咬，十年怕井绳"的印象。20 世纪 90 年代以后，在 LCD、PDP、OLED 如日经天，获得大踏步进展的情况下，有机 EL 几乎是在偃旗息鼓的状态下也获得重大进步。即使如此，由于人们对无机 EL 的成见很深，从而对其进展及发展前景并不看好。不可否认，近年来 FPD 研究开发的速度和制品价格的下降等，都使今后无机 EL 的发展形势更加严峻，但无机 EL 相当大的魅力和优良的特性等足以使其产业化的根基牢牢扎下。

11.3.2　无机 EL 的构成和关键技术

所谓电致发光(electroluminescent, EL)是指半导体，主要是荧光体，在外加电场作用下的自发光现象。在 EL 中，分注入型发光和本征发光两大类，前者像发光二极管(light emitting diode, LED，见 11.5 节)中所发生的那样，在外加电场作用下，产生少数载流子注入，进而产生发光，其属于注入型；后者不伴随少数载流子注入而发光，即本征型 EL。本节中讨论的 EL，即指这种本征发光。

图 11-119 表示电致发光(EL)元件的分类。无机 EL 是通过对无机荧光体施加电场而得到发光，有直流驱动和交流驱动之分。在直流驱动和交流驱动两种方式中，分别又有粉末分散型和薄膜型之分。而作为显示器用的元件，以交流驱动的薄膜型为主。作为液晶显示器的背光源等而使用的交流驱动粉末(分散)型 EL 元件面光源，早已被大家所熟知。它是将大小 20μm 左右的荧光体粒子分散于介电体中，再印刷到电极上而制成的。不仅用于背光源，而且广泛用于手表的文字显示盘及广告牌等。也有的是在涂布成面状的荧光体粒子上布置矩阵状的电极而构成显示器来使用。

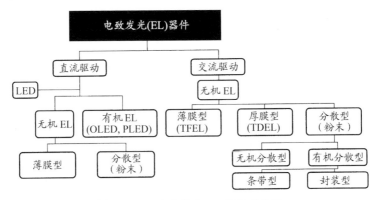

图 11-119　电致发光(EL)器件的分类

　　近年来，在有机物中流经电流而获得发光的"有机 EL"发展迅速。这是一种低场电致发光器件，器件中具有 pn 结结构，其工作模式与无机 LED 相似，属于电流器件，为注入型 EL，故欧美及我国学者将"有机 EL"改称为"有机发光二极管"(organic light emitting diode, OLED, 见 11.2 节)。

　　鉴于不少日本学者仍采用"有机 EL"这一名称，特别是考虑到近几年有机 EL 的知名度已经很高，为避免混淆，并严守 EL 的原有阵地，近年来多采用"无机 EL"以便与"有机 EL"(OLED)加以区别。

　　无机 EL 的构造示意如图 11-120 所示，荧光体薄膜被两层介电体层夹于中间(二重绝缘结构)，图的右方给出其等效电路，为三个电容相串联。

图 11-120　无机 EL 器件的构造及等效电路

　　薄膜型无机 EL 器件的构造及工作原理如图 11-121 所示，各种薄膜在基板上积层而成，结构十分简单，膜层总厚度仅为基板厚度的大约百分之一，是非常薄的。发光由荧光体膜得到。荧光体是在具有介电性的某些材料(母体)中加入微量的添加物杂质而构成的，后者作为发光中心而起作用。由荧光体与介电体界面引出的载流子在高电场(强度)下被加速，与荧光体中发光中心的原子碰撞，使其激发而发光。发光中心原子中的电子接收能量，被激发到外层轨道或高能级(激发)，它在返回到原来的轨道(迁移)时，发出波长与轨道能量差相对应的光。

　　器件一般在交流驱动下工作，发光亮度与所加电压和驱动周波数相关。当器件上施加交流电压时，介电体·荧光体中会产生极化现象。依介电体厚度和介电常数不同，在荧光体膜上所加的电压是不同的。随着所加电压上升，当荧光体膜上所加的电场(强度)达到 1MV/cm 以上时，发光中心被由电场加速的电荷(如电子)碰撞而激发，进而产生发光。顺便指出，荧光体膜两侧的介电体，除了具有向荧光体施加高电场的功能外，还有使荧光体与外界隔绝，防止其劣化的作用。

　　基板通常采用玻璃，最近也在试验采用塑料基板。而作为介电体材料，多采用 SiO_2、Al_2O_3、Si_3N_4、Ta_2O_5、TiO_2 等人们熟知的介电体，以及由这些材料组合而成的复合膜或积层膜等。也有些情况下采用 $SrTiO_3$、$BaTiO_3$ 及 $BaTa_2O_6$ 等铁电体。无机 EL 的发光色由荧光体材料决定。荧光体薄膜及介电体膜一般是由真空蒸镀及溅射等真空镀膜方法制作。关于介电体膜，如后面所述，正在开发采用涂布、印刷等技术制作的器件；关于荧光体薄膜，采用纳米颗粒荧光体的印刷工艺，正在逐步达到实用化水平。

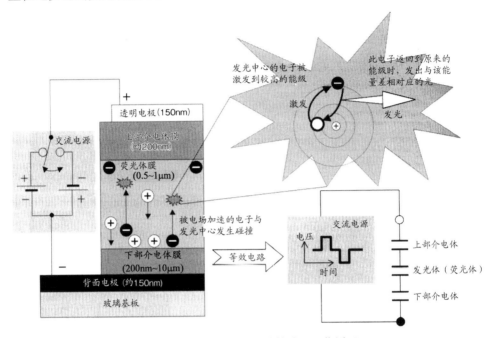

图 11-121　无机 EL 器件的构造及工作原理

图 11-122　透明 EL 显示器一例

　　无机 EL 中，并不发生载流子向元件的注入，因此，电极一般采用金属及 ITO 等透明电极。如果上、下两电极都采用 ITO 等透明电极，则可实现"透明显示器"。这是无机 EL 的特征之一。

图 11-122 是デンソ公司制造并正在销售的娱乐设备——スロット台,其中就采用了透明无机 EL。透明无机 EL 在汽车等领域也有广泛应用。

11.3.3　无机 EL 的开发动向

11.3.3.1　荧光体的变迁

如果按荧光体的种类分,无机 EL 的研究开发先后经历了如图 11-123 所示的三个时期。第一个时期采用添加 Mn 或稀土元素的 ZnS 荧光体;第二个时期除采用 ZnS 荧光体外,主要采用 SrS 及 CaS 等碱土金属类硫化物等荧光体;第三个时期除采用二元系荧光体外,越来越多地采用三元系等多元系荧光体。

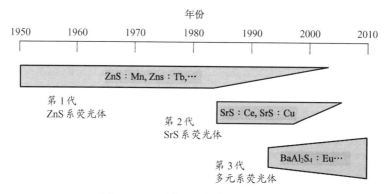

图 11-123　无机 EL 用荧光体的变迁

添加 Mn 的 ZnS(ZnS:Mn),作为高亮度、高效率的 EL 用荧光体,很早就广为人知,而且是早年唯一被实用化的无机 EL 用荧光体。其产生黄橙色发光,但由于具有从绿色区域到红色区域的发光成分,通过与彩色滤光片相组合,可以获得绿色(G)与红色(R)的发光。在添加稀土元素的 ZnS 荧光体中,按 ZnS:Sm、ZnS:Tb、ZnS:Tm 的次序,依次发红、绿、蓝光。采用显示绿色发光的 ZnS:Tb EL 元件,可以获得较高亮度,与此同时,使 ZnS:Mn 的橙色发光及 ZnMgS:Mn 的黄色发光与彩色滤光片相组合的绿色发光元件已达到实用水平的特性。但从 ZnS:Sm(红)和 ZnS:Tm(蓝)难以获得高亮度发光。

正当采用 ZnS 系荧光体发蓝光一筹莫展时,人们开发出了采用 SrS 等碱土硫化物的 EL 用荧光体。特别是,采用 SrS:Ce 荧光体的 EL 元件发光为蓝绿色的,其中含有蓝色成分,且亮度较高,因此与彩色滤光片组合可获得蓝色光。这种材料作为全色 EL 显示器用蓝色发光材料引起人们的极大关注。随着研究的进展,SrS:Ce 的特性得到提高,但仍难以获得发光强度足够高的蓝色发光。而且,由于材料的活性,使用难度很大,元件寿命也存在问题。SrS:Cu 也以蓝色发光材料受到关注，但与 SrS：Ce 相比较，要想制作在全色发光谱中蓝色区域的成分相对较强的元件是相当难的，而且也不能获得高亮度。回顾过去的发展史，无机 EL 全色化发展缓慢的一个重要原因是，研究者没有着眼于新的荧光体的探索，而是仅仅盯住 ZnS 系、SrS 系 EL 用荧光体特性的改善。

20 世纪 90 年代，人们开始了对可能实现高亮度蓝色发光(这是无机 EL 元件能否成功实现全色显示的最大悬案)的几种荧光体的研究。其中，也包括 1999 年明治大学发表的 $BaAl_2S_4$：Eu，其在色纯度、亮度这两方面同时表现出优良特性。继 $BaAl_2S_4$：Eu 之后，还开发出许多绿色发光、红色发光的荧光体。$BaAl_2S_4$：Eu 的蓝色发光色度坐标 x=0.12，y=0.08，即使与其他自发光型显示器的蓝色材料相比较，也具有良好的颜色显示特性。60Hz 驱动时的实用电压下的亮度可达 $500cd/m^2$(换算成 1kHz 驱动为 $10\ 000cd/m^2$)。而且，寿命特性也是相当好的。今后只要不出现特性更为优良的蓝色荧光体，相比之下，$BaAl_2S_4$：Eu 可以说是最好的。

11.3.3.2　厚膜介电体

自 20 世纪 90 年代起，除了荧光体的开发之外，厚膜介电体的成功采用使无机 EL 器件的特性得到实质性改善。1991 年加拿大的 Weataim 公司(由该公司的研究部门发展起来的 iFire 公司正以商品化为目标继续进行开发)在对以前采用厚膜的 EL 器件进行分析研究的基础上，开发出采用厚膜介电体的 EL 器件 TDEL(thick dielectric film EL)，使器件特性大幅度提高。

相对于通常的 EL 器件(TFEL, thin film EL)中荧光体的两面由厚度大致为数百纳米的薄膜介电体相夹，TDEL 中下部介电体采用厚膜。厚膜介电体是采用调制成浆状的材料，经过涂布或印刷等工艺，在屏面上成膜，经高温烧成固化，最终膜厚在数微米以上。

与 TFEL 相比，TDEL 具有很多优点，例如：

1) 原先由薄膜法很难获得的高介电常数材料(钙钛矿复合氧化物)，现采用厚膜法就可以使其与荧光体积层，从而增大向荧光体中移动的电荷数量，由此能大幅度地提高亮度。

2) 相对于数百纳米的薄膜介电体中针孔等缺陷较多，因此易发生绝缘破坏而言，厚膜介电体的膜厚厚，绝缘有保障，从而性能重复性好，成品率高。

3) 厚膜介电体的晶粒大，与薄膜相比表面凹凸也更大，因此光的取出效率高。

4) 从驱动方面讲 TDEL 器件也有很大优势。伴随电压上升亮度近似成正比增加的范围，TDEL 比 TFEL 更宽，因此前者的调灰特性史为优良。

5) 从工业化生产角度，TDEL 也有很大魅力。由于采用厚膜材料，显示屏可以在大气中制作，30~40 型以上的大型屏都可以低价格制作。与所有膜层都采用薄膜结构的 TFEL、有机 EL 及液晶显示器相比，TDEL 的制造设备简单、设备投资少，因此产品价格有可能更低。

11.3.3.3　彩色化方法

全色无机 EL 显示器的彩色化方式随着时代而发生变化。在不能得到三原色发光的时代，彩色化是以白光+彩色滤光片方式(color by white)为主。即将 ZnS：Mn 黄橙色发光器件与 SrS：Ce 蓝绿色发光器件积层，得到白色发光，再与彩色滤光片相组合得到不同颜色。这种方法的特点是彩色化容易，但亮度低。为此，也有人尝试将两个发光器件并排，并使 ZnS：Mn 器件与红、绿彩色滤光片组合，使 SrS：Ce 与蓝色彩色滤光片组合，即采用双荧光块并排(dual pattern)方式以实现全色化。随着 $BaAl_2S_4$：Eu 蓝色发光器件的出现，彩色化逐渐向红、绿、蓝三荧光块并排(triple pattern)方式发展。这种方式可以获得色再现范围更宽、亮度更高的彩色发光。

2003 年，加拿大的 iFire 公司提出仅采用蓝色荧光体，再涂布蓝——绿、蓝——红的色变换材料，以实现三原色发光的 EL 器件方案，即由蓝光 EL 器件产生所有颜色的 CBB(color by blue，蓝光荧光体色变换)方式(图 11-124)。其中的色变换材料可以照旧使用现有的荧光颜料。在有机 EL 中，为实现全色化，同样也有采用蓝色发光器件进行色转换，称其为 CCM(color conversion method，色转换方式)，见 11.2.5.4 节所述的方式。但对于无机 EL 来说，目前还未发现亮度高且色变换效率也高的蓝色发光材料，故迄今为止 CBB 还不是全色 EL 的主要方式。

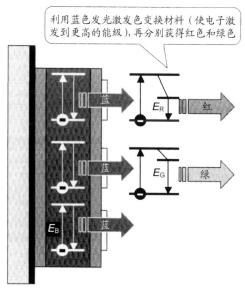

图 11-124　无机 EL 的彩色化(CBB 方式)

CBB 方式无论从性能方面还是制造价格方面都有很大优势。首先,采用 CBB 方式,容易实现显示屏电气特性及发光面内分布的均匀化。而且,在许多情况下对 EL 荧光体通过蚀刻等实现图形化很难时,采用 CBB,只需要对荧光颜料进行涂布即可,从而可省略荧光体薄膜的蚀刻工序。换句话说,可以将形成绿、红发光层的过程由原先采用的真空工艺转换为印刷工艺,这样做的结果,既可提高成品率,又可进一步降低价格。图 11-125 表示采用 CBB 的无机 EL 显示器的结构。

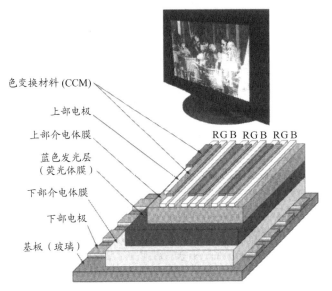

色变换材料 (CCM)

上部电极

上部介电体膜

蓝色发光层
(荧光体膜)

下部介电体膜

下部电极

基板(玻璃)

RGB RGB RGB

图 11-125 采用 CBB 的无机 EL 显示器的结构

11.3.3.4 驱动电路

无机 EL 器件在结构上与有机 EL(OLED)器件相类似,但二者的发光原理是不同的。有机 EL 器件与 LED 同样是在直流驱动下工作,为获得足够的亮度,需要流过持续的电流,为构成显示器往往还需要 TFT 驱动。但是,由于无机 EL 显示器一般是在简单矩阵驱动下工作,因此可不需要 TFT。这样,就不会产生液晶和有机 EL 等采用 TFT 的显示器中特有的动画模糊(混乱)现象。由于无机 EL 显示器的响应速度快,驱动方法也极为简单,因此不会产生 PDP 中可以看到的疑似轮廓,从而能实现优良的动画显示。图 11-126 表示无机 EL 显示器的驱动方法。

无机 EL 器件的驱动电压需要 150V 以上,但由于电流很小,即使显示器大型化,由电极线引起的(电)压降也是很小的,这样就容易获得均匀的发光。但是,由于无机 EL 属于电容型器件,当显示器做得很大时,器件的时间常数就会变得很大。有报告指出,无机 EL 显示器的最大尺寸也许就在 20 型上下。而且,还有人指出:“显示屏的大型化会引发更多的无功功率,从而造成更大功耗。”有些

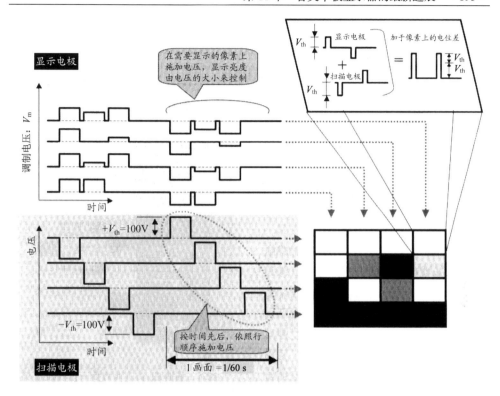

图 11-126　无机 EL 显示器的驱动方法

图 11-127　17、34 型无机 EL 显示器

计算表明，30 型级别无机 EL 的功耗甚至会超过 1kW。iFire 公司通过使交流电源与器件的电容分量发生共振，使对器件进行充放电的电荷充分回收，减少电阻成分所消耗的功率，即开发出将功率回收电路与"高效功率回收型电源(ERIS)"一

体化的系统。在这种系统中，必须应对显示屏亮灭频率变化所引发的电容量的变动，需要采用特殊的 LC 共振回路。

iFire 公司通过 34 型无机 EL 电视实际运行证实，这种 34 英寸显示器的功耗可以控制在 200W 左右。图 11-127 是 iFire 在 2004 年公开的 17 型和 34 型无机 EL 电视的实物照片。

11.3.4　显示器的特性

采用 ZnS：Mn 荧光体的黄橙色发光的薄膜 EL 显示器，于 1983 年由夏普公司开始实现量产。这种全固态型显示器抗震性好、耐较高的使用温度、可靠性高，曾成功搭载于早期的航天器中。而且，现正用于医疗设备等可靠性要求很高的设备用显示器，以及工厂生产线监视器等需要 24h 连续工作的场合。即使在诸多类型的显示器处于激烈竞争的今天，无机 EL 在可靠性和寿命等方面仍胜其他显示器一筹。

与其他 FPD 比较，无机 EL 曾在彩色化方面踏步不前，但近年来已快速进入全色显示器的开发。目前，世界上已有多家公司进行全色无机 EL 显示屏的试制，其中 iFire 公司的进展最快，成果也最为显著。可以说该公司正在引领全色无机 EL 显示器的新潮流，从 2003 年下半年开始开发以商品化为目标的 34 型(16：9)显示屏，于同年 12 月制成样机。

表 11-16 列出 iFire 公司试制成功的 34 型有机 EL 显示器的特性。因是试验样机，在性能上不一定完全满足市场需求。但像素尺寸相同的 17 型显示器及其他样机都已经达到所需要的目标，看来 34 型以上的显示器不久即可达到这些目标。

表 11-16　iFire 公司试制的 34 型无机 EL 的特性

显示屏尺寸	34 型(16：9)
像素数	1 280(×3)×768(WXGA)
亮度	>300cd/m^2
对比度	>1 000：1(暗处)
色再现性	与 NTSC 规格之比：95%~96%
	CIE R (0.67, 0.32)
	CIE G (0.28, 0.68)
	CIE B (0.14, 0.08)
白色色温度	10 000K(可调)
灰阶	各色 256 灰阶
视角	>170°
响应速度	<2ms
电力消耗	200W 量级

如表 11-16 所示，目前无机 EL 显示屏的主要特性如下：色再现范围按 NTSC

标准为 95%~96%, 其寿命(即从画面的初始亮度在持续工作状态下亮度降低到一半所用的时间)在 26 000h 以上; 现在的发光效率, 即与实用平均亮度相当, 在最高亮度 30%下, 白色显示时的发光效率为 3lm/W; 电力消耗尽管目前仍在 200W 以上, 但随着发光效率的提高, 降低电力消耗还有较大空间; 在对比度维持在 1 000∶1 的前提下, 最大亮度可提高到 500cd/m², 与此同时, 为降低驱动 IC 的价格, 需要减小调灰电压的裕量(margin)等, 目前正对此进行研究开发。

荧光体本身的寿命在 40 000h 以上, 为防止在其被引入生产装置后经显示器制作过程所引发的性能劣化, 需要进一步改善其寿命特性。

11.3.5　发展方向

目前, iFire 公司正同世界上许多公司共同开发, 以加速将无机 EL 推向市场。现在由于大型显示器生产技术的引入以及批量生产装置的开发, 计划从 2006 年起实现 37 型无机 EL 显示器的批量生产。最近 iFire 公司指出: "37 型显示器, 采用 PDP 难以实现的 WXGA(1 280×768), 对于无机 EL 来说就很容易实现, 而且同液晶相比, 价格要低得多。尽管全色无机 EL 姗姗来迟, 但其优越性却可淋漓尽致地发挥。一旦无机 EL 步入批量生产轨道, 薄型电视的最终价格不会超过 10 万日元, 其在低价格方面甚至可与 CRT 电视一争高下。"

目前在世界范围内, 不少企业已参与到无机 EL 的开发, 而更多的企业则是目不转睛地盯住有机 EL 的进展。

在讨论无机 EL 显示器的试制和产业化发展计划的同时, 不应该忘记材料进展所起的重要作用。明治大学成功开发出的 $BaAl_2S_4$∶Eu 高亮度蓝色发光器件就是突出代表。由这种薄膜荧光体与厚膜介电体(由 iFire 公司开发成功)相组合构成的器件结构以及采用蓝光荧光体色变换(color by blue, CBB)的全色显示方式, 对近年来无机 EL 的进展发挥了关键作用。

但从另一方面讲, 也不可低估长期以来无机 EL 在人们头脑中形成的负面印象, 诸如"亮度不高, 显示太暗", "寿命短", "彩色化困难", 等等。本节的介绍是想说明无机 EL "山重水复疑无路, 柳暗花明又一村"的历史和现状。说不定今后会有更多的企业积极投入到无机 EL 的研究开发和商品开发中。

11.4　场发射显示器——FED

FED(field emission display, 场发射显示器)是使发射电子的"电子枪"超小型化, 每个像素都对应一个(或多个)电子枪和荧光体, 做成一体化结构, 并将其按矩阵排列而构成的平板显示器件。由于采用电子束照射荧光体, 其基本特性与 CRT 相近, 具有广视角、响应速度快、发光效率高, 以及低功耗、低价格等优势, 作为下一代平板显示器而受到广泛注目。本节从 FED 的基本原理出发，介绍最新技术开发动向，除了传统的 Spindt FED 外，还包括 CNT(carbon nano tube，碳纳米管)FED、BSD(ballistic electron surface-emitting display，弹道电子表面发射型显示器)，以及采用 SCE(surface-conduction electron emitter，表面传导电子发射器)的 SED(surface- conduction electron-emitter display，表面传导电子发射显示器)。

11.4.1 FED 的基本原理及制作工艺

11.4.1.1 FED 场发射的基本原理

FED(field emission display)是场发射显示器的简称。FED 技术原本是在研究金属及半导体等材料的电子发射现象基础上发展起来的。但一般认为，从 1976 年美国 SRI(Stanford Research Institute，斯坦福研究所)的 C. A. Spindt 最早发表所谓的 Spindt 型发射极开始，FED 才得到真正意义上的发展。

早年，为实现微波管的高速化，MIT 曾设计出场发射阵列(field emitter array，FEA)。此后，不断配以新诞生的半导体器件技术，逐渐发展成为真空微电子学。近年来，作为支撑高度信息化社会的基本器件——FPD(flat panel display，平板显示器)发展异常迅猛，而 FED 作为 FPD 中的一个新成员，有可能实现等离子和液晶难以实现的低功耗、超高解像度(图像分辨率)等优良的显示特性。作为日本 NHK 预定 2025 年开始的超高清(像素数 7 680×4 320)电视播放用 FPD，说不定 FED 会大有用武之地。

图 11-128 表示布劳恩管(CRT)与 FED 工作原理的对比。CRT 是由 1 个或 3 个(彩色显示的情况)被称作"热阴极灯丝"的电子源发射热电子，通过高压对其加速，使之与荧光体碰撞，进而由荧光体发光(图 11-128(a))。在 CRT 中，除了可通过调节碰撞荧光体的电子的量，自由地显示从非常亮的图像到很暗的图像之外，还适合显示快速变化的图像，具有极好的综合特性。但是，由于电子源只有 1 个(黑白显示)或 3 个(全色显示)，因此必须利用磁偏转线圈使电子源发出的电子发生偏转，并在荧光屏表面顺序扫描，以达到全画面显示的目的。结果，布劳恩管的厚度大，难以做成薄型显示器。与之相对，在图 11-128(b)所示的 FED 中，与荧光体相对的电子源并排布置，数量极大，实现全画面显示不需要偏转线圈，厚度方向的尺寸也不需要很大。由于热阴极灯丝电子源的尺寸很大，在荧光体对面布置大量热电子发射源是不可能的。而 FED 采用的电子源是冷阴极(发射极)，利用微细加工技术可以做得很小，因此能在荧光体对面并排布置无数个冷阴极电子发射源。

冷阴极是如何发射电子的呢？在金属等的固体内部，如图 11-129 所示，存在被称作真空壁垒的障壁，由于该障壁的存在，电子难以从金属的内部逃逸到表面之外。但当金属受热温度提高时，电子获得足够的能量，进而越过壁垒而逃逸到金属表面之外(图 11-129(a))，这便是热阴极灯丝发射电子的理由。而对于冷阴极来说，是通过隧道效应实现电子发射。如图 11-129(b)所示，通过对金属表面施加非常强的电场，障壁变得很薄。金属中的电子具有波粒二相性，即使没有获得足够高的热能，也能穿越薄壁隧道逃逸到金属表面之外。

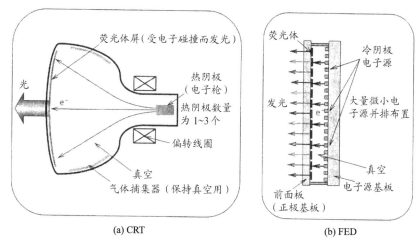

(a) CRT　　　　　　　　　　　　　(b) FED

图 11-128　布劳恩管(CRT)与 FED 工作原理的对比

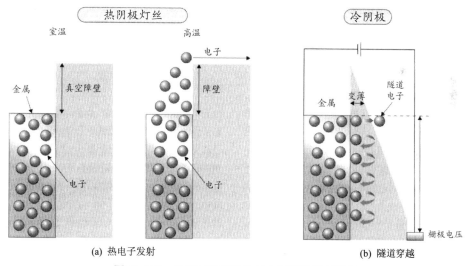

(a) 热电子发射　　　　　　　　　　　(b) 隧道穿越

图 11-129　热电子发射现象与电子隧道穿越现象

　　早期的 FED 是以 FEA 为电子源，与 CRT 同样，利用的是电子束碰撞荧光体，并使后者激发发光。因此，FED 在保留 CRT 优点的同时，可以做到更高的图像分辨率，图像不会发生畸变及抖动等现象，既可以做成大画面，又可以做成小画面，而且适宜做成平面型，作为下一代平板显示器而被寄予厚望。特别是，1993 年法国 LETI(电子信息技术研究所)在世界上最早发布全色动画 FED，更加引起产业界注目。近年来，除 IETI 下属的制造公司 PixTech 之外，以美国、日本、韩国等为中心，许多研究机构和企业都积极参与到 FED 的研究开发之中。

　　一般说来，FED 不是采用热阴极，而是采用冷阴极，即采用大量的亚微米~微米尺寸的微尖冷阴极(FEA)，并在高真空中施加强电场(强度)，利用量子力学的隧道效应，引起微尖冷阴极电子发射。场致电子发射阴极的基本结构如图 11-130 所示。场致电子发射，是在尖端曲率半径极小的发射极的尖端，施加负电压，使发射极尖端的电场强度达到 10^6~10^7V/cm，这样，如图 11-129(b)所示，表面势垒层的厚度薄到 10nm 以下，发射极内的电子将按 Fowler-Nordheim 公式表示的量子力学隧道效应穿透该势垒层，向真空中放出，即发生所谓的隧道电子发射现象。

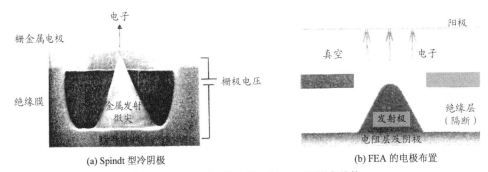

(a) Spindt 型冷阴极　　　　　　　　　　　　(b) FEA 的电极布置

图 11-130　场发射阴极阵列(FEA)的基本结构

　　在上述情况下，电场强度 F[V/cm]与场致发射电流密度 J[A/cm^2]之间，存在被称之为 Fowler-Nordheim 的下式关系：

$$J = \frac{e^3 F^2}{16\pi^2 h\phi t^2(y)} \exp\left[-\frac{4\sqrt{2m\phi^3}}{3heF}V(y)\right]$$

$$= \frac{1.541\times10^{-6}\cdot F^2}{\phi t^2(y)}\cdot\exp\left[\frac{-6.826\times10^7\sqrt{\phi^3}}{F}\right] \tag{11-2}$$

式中，ϕ[eV]为功函数；h 为普朗克常量；m 为电子质量；e 为电子电荷；$t(y)$，$V(y)$ 为针对镜像效应的修正系数，其中 $y=3.79\times10^{-4}F^{1/2}\phi$，取近似，有 $t^2(y)=1$，$V(y)=0.95-y^2$。设由发射极尖端的尖锐度决定的电场集中系数为 β，发射面积为 a，则电场强度 F 和发射电流强度 I[A]由下式给出：

$$F=\beta V \tag{11-2}$$

$$I=Ja \tag{11-3}$$

将式(11-2)和式(11-3)代入式(11-1)，则可得下述表达式：

$$\log(I/V^2)=m/V+k \tag{11-4}$$

由式(11-4)所表达的关系称为 Fowler-Nordheim 曲线，可以看出 $1/V$ 与 $\log(I/V^2)$ 之间呈直线关系。反之，若存在这种直线关系，则可以判定电子发射为场致发射。

图 11-131 表示电子隧道穿越现象的原理。

在 FED 中，由上述电场下发射的电子，被阳极-阴极间所加的电压加速，碰撞阳极上形成的 RGB 荧光体像素，并按显示要求使对应的像素发光进行图像显示。

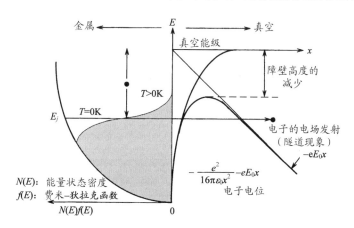

图 11-131　电子隧道穿越现象的原理(金属中的电子及电子在电场作用下隧道穿越的能量分布图)

11.4.1.2　FED 的典型结构及制作工艺

FED 平板显示器是一个真空电子器件，它由两块平板玻璃，而周边用特殊的玻璃封接料封接而成，如图 11-132 所示。两块平板玻璃之间有 200μm 间隙，并用玻璃隔离子(spacer)支撑。底板上有一个排气管可抽气。显示器件的发射极(阴极)示于图 11-133(a)，它由相互交叉的金属电极网组成，横向(行)电极线连接阴极，纵向(列)电极线连接栅极，两层金属带(蚀刻成线)之间由 1μm 厚的绝缘层分开，每一个像素由相交叉的一对行列电极线的交叉点所选通，而每一对电极线交叉点像素中包含有大量的钼微尖(>1 000 微尖/像素)。涂有荧光粉的阴极玻璃基板对应于像素相对安放(图 11-133(b))。阴极-栅极之间加有低于 100V 的电压，被选通的像素将发射电子，阳极的加速电压有低压型和高压型之分，前者一般为 200~400V，后者高达 7kV。

FED 的制造过程与 LCD 很类似；采用的玻璃基板与 LCD 的一样；薄膜沉积和光刻技术也相似。图 11-134 给出微尖制作过程，仅两步光刻过程稍微特殊一些：

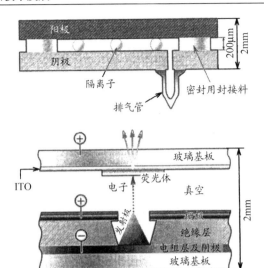

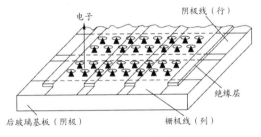

图 11-132　FED 的断面结构图

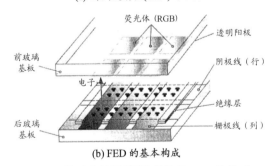

(a) 阵列发射板(阴极)的结构

(b) FED 的基本构成

图 11-133　阵列发射极(阴极)结构及 FED 的构成

1) 微孔阵列的光刻，有很高的光刻精度(<1.5μm)，这一步骤可用紫外光步进曝光来实现；

2) 用蒸发和刻蚀可制造自对中的微尖。

用上述方法制造的阴极必须具备下述要求：

1) 在整个表面上具有均匀的电子发射；

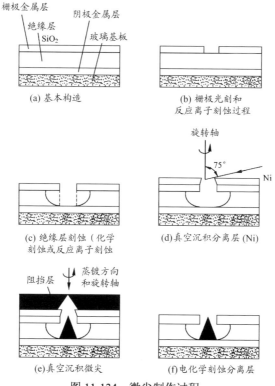

图 11-134　微尖制作过程

2) 提供充分的电流，以便在低电压下获得很高的亮度；

3) 在微尖和栅极之间不会发生短路。

采用下述技术可以满足上述要求：

1) 在导通的阴极和选通的微尖之间利用一个电阻层来控制电流，使每一选通的像素由于其中含有大量的微尖，可保证发射的均匀性；

2) 高发射密度(1×10^4 微尖$/mm^2$)和小的尺寸(直径<1.5μm)，使得在 100V 激励电压下，获得 $1mA/mm^2$ 电流密度，从而实现高亮度。

图 11-135 表示微尖的场发射特性和电阻层的影响。每个微尖的发射电流受负载线的限制，由此可以避免某些微尖的高电流，微尖之间的平均效应得到改善。由于电阻层的存在，也限制了微尖和栅极之间的短路。从而消除了荧光屏上可能出现的图像瑕疵。

11.4.1.3　FED 的驱动

图 11-136 表示 FED 的构造及驱动方式，其中阴极线与栅极线相互正交布置。与二者交叉点相对应，下方形成发射极(冷阴极)，上方布置荧光体，从而构成一个像素。对一行的阴极(线)施加负向脉冲(扫描信号)，对该行进行选择。在此状态下，按照所要

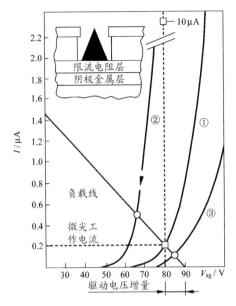

图 11-135　场发射特性和电阻层的关系(曲线①对应的限流电阻层比较理想)

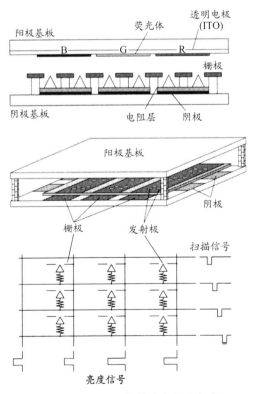

图 11-136　FED 的构造和驱动方式

发光的亮度在相应的栅极上施加正向电压(亮度信号)，则由发射极(冷阴极)发射出与上述负电压与正电压之和相对应的电流——场发射电子，该电子碰撞荧光体使其发光，发光强度与碰撞荧光体的电子流大小成比例。一行发光结束，紧跟着对下一行的阴极施加负向脉冲，同时对栅极施加与发光亮度相对应的正向电压，使该行发光。

这样，在 1 帧(1/60 s)内选择所有的行，则完成电视图像的显示。称此为"线顺序扫描矩阵驱动"。相对于布劳恩管(CRT)按一点一点顺序发光(通过电子束扫描)的点顺序扫描而言，绝大多数 FED 采用的是上述线顺序扫描，这就是为什么荧光体发光时间较长的原因。在上述布置下，由于 FED 从冷阴极发出的电子只向正上方飞出，因此不需要布劳恩管那样厚，在保持与布劳恩管同样画质的条件下，可以实现极薄型的平板显示器。

11.4.1.4　FED 的特点

相对于 CRT 由热阴极发射电子束，通过扫描进行图像显示而言，FED 是以 FEA 方式构成的平面矩阵冷阴极(微尖)电子源与各个像素相对布置。因此，FED 可按行列矩阵进行扫描，画面显示的质量高，很少发生畸变和抖动，与 CRT 相比具有图像分辨率高、亮度高等优点。除此之外，FED 还有下述特点：

1) 由于利用的是荧光体发光的自发光型，因此视角宽(原理上讲，可达 180°)。

2) 响应速度快，达微秒量级，无残像，可获得自然、平滑、逼真的动画显示。

3) 适应很宽的环境温度变化范围，从极低温到 110℃前后宽广的温度范围内都能正常工作。实际上，FED 受温度限制的不是显示器自身，而是荧光体材料和电子回路。

4) 由于采用的是面状电子源，特别适应制作超薄显示器，而且画面畸变小。

5) 由于利用的是场致发射，可节省热发射的加热功耗，因此电力消耗(主要用于荧光体的激发)低。

11.4.2　FED 的主要类型

表 11-17 列出各种类型 FED 的基本结构和主要特点。

按 FED 中场发射电子的发射方向与基板的关系看，FED 可分为纵型(发射方向与基板垂直)和横型(发射方向与基板平行)两大类；而按发射阴极的形状看，又分为微尖阴极型和微平面阴极型两大类。依表 11-17 中的顺序，Spindt 型属于纵型(也有横型，表中未示出)微尖阴极型；CNT(carbon nano tube，碳纳米管)型属于纵型微尖阴极(体现为一个一个的碳纳米管)型；BSD(ballistic electron surface- emitting display，弹道电子表面发射型显示器)，以及 MIM(metal-insulator-metal，金属–绝缘体–金属表面电子发射型显示器)型均为纵型微平面阴极型；而采用 SCE(surface-conduction

表 11-17 各种 FED 电子源及特性比较

方式	Spindt 型	SCE(表面传导发射型)	BSD 型	CNT(碳纳米管发射极型)	MIM 型	MIS 型
基本构造	汇聚电极 / 由微观尺寸的三维立体结构成的	汇聚电极 Pt / PdO 超微粒子膜 / 由纳米尺寸的间隙构成的条状结构	纳米晶硅结构	碳纳米管 汇聚电极 / 由碳纳米管构成的平面结构	氧化铝极 薄绝缘层 / 由氧化铝极薄绝缘膜构成的平面结构	金属 SiO₂超薄绝缘层 Si / 由 SiO₂ 超薄绝缘膜构成的平面结构
工作真空度	需要高真空(<10⁻⁵Pa)	需要高真空(<10⁻⁶Pa)	从高真空到低真空(1~10Pa)都能稳定工作	需要高真空(<10⁻⁵Pa)	不需要高真空	不需要高真空
电子发射直进性(汇聚电极)	范围宽(需要汇聚电极)	范围宽(需要汇聚电极)	良好(不需要汇聚电极)	范围宽(需要汇聚电极)	良好(不需要汇聚电极)	良好(不需要汇聚电极)
电子发射形状	点发射	线发射	面发射均匀	点发射	面发射	点发射
工作电压/V	有低工作电压(30~400V)和高工作电压(达7kV)之分	低(15~30)	低(15~30)	较高(数十~数百)	低(10)	低(20)
实现大尺寸的可能性	困难	可能	有利(可采用湿法技术并可借用 LCD 的现有技术)	可能	可能	可能
开发主体	索尼、双叶电子在引入技术的同时正在积极开发中	东芝/佳能联合体预定 2005 年实现批量生产,但直到 2007 年仍未实现	松下电工、东京农工大学	伊势电子、Samsung 等多家公司；不少国家都有该项目的国家级推进计划	日立公司预定 2005 年完成样机制作	先锋公司正在开发中
其他特征	对小型屏来说,已取得实绩、可靠性高、寿命长,结构和制造技术都相当复杂,要实现低价仍价存在很大困难	采用印刷技术、制作价格比较便宜；纳米同隙的稳定形成是要解决的课题；目前的发射效率仍比较低(<1%)	无闪烁噪声、性能稳定；逆偏压时电流难以流动,电力消耗低	可获得高的发射电流；发射不均匀性有待改善；由 CVD 法形成的 CNT,目前的寿命都有待提高	无闪烁噪声、性能稳定；真空封接时的耐热性是需要解决的问题；结构制作技术复杂；逆偏压时流过电流,因此电力消耗大	无闪烁噪声、性能稳定

electron emitter，表面传导电子发射器)的 SED(surface- conduction electron-emitter display，表面传导电子发射显示器)型为横型微平面阴极型。

11.4.3 Spindt 法 FED 的研究开发动向

11.4.3.1 旋转蒸镀法(Spindt)FEA 及其在 FED 的应用

20 世纪 40 年代中期(第二次世界大战结束)以后，FEA 一般采用电场研磨方法制作，作为 FEA 的雏形，由此制作的锥状阴极呈并列排布。

FEA 按其结构可分为纵型和横型两大类。美国 SRI 的 Spindt 等人最先开发成功的属于纵型结构的 FEA，是采用旋转蒸镀法制作的，现在一般称其为 Spindt 法。法国的 LETI 于 1985 年采用旋转蒸镀法(需要在真空室中进行)，试制成世界上最早的单色 FED。此时，其他典型纵型结构的 FEA，如海军研究实验室(Naval Research Lab.)的 Gray 等人开发的 Si 各向异性蚀刻法(Gray 法)FEA 刚刚发表并开始扩展，因此，当时 LETI 的成果属于世界领先水平。此后，LETI 的制造公司美国 PixTech 与 Raytheon、Motorola，日本的双葉电子等达成国际合作协议，为在 FED 领域保持世界领先，在各个研究机构中对各种不同的 FEA 制作方法进行了广泛的研究开发。目前看来，试制成的 FED 大部分都是采用 Spindt 方法制作的。

按荧光体的加速电压，FED 从初期采用数百伏量级的低加速电压型，进展到近年来采用数千伏以上的高加速电压型。尽管这两类 FED 采用的都是 Spindt 法，但 Spindt 法本身也是适应 FED 结构变化而不断发展的。

11.4.3.2 低加速电压型 FED 和 Spindt 法 FEA

在低加速电压型 FED 中，由于发射极-阳极间异常放电的可能性小，因此发射极-阳极间的距离可接近到数百微米。据此，低加速电压型 FED 具有下述优点：

1) 不需要开发宽度(或直径)数十微米以下，高度数十毫米的大高宽比隔离子，用于 LCD 中的玻璃球隔离子也可用来作低加速电压型 FED 的隔离子；

2) 电子束的发散小，不需要收束电极。

图 11-132 和图 11-137 表示典型低加速电压型 FED 的断面结构。研究过各种各样的发射极材料，但从初期一直到现在，以高熔点金属钼应用得最多，也最成功。发射极基底部位长度大多数为 0.1~10μm。基板采用玻璃，阴极线采用金属或 ITO 膜，阴极与栅极之间采用微米级厚度的 SiO_2 层绝缘。驱动法采用单纯矩阵方式，利用阴极线与栅极线交叉点实现像素的选通。

荧光面板的构成有两种方式，一种为无开关阳极(unswitched anode)方式，另一种为有开关阳极(switched anode)方式。前者是将 RGB 三色荧光体层涂布在位于玻璃基板上的，作为阳极的同一层 ITO 膜上；后得是将 RGB 三色荧光体分别在 ITO 电极上分离形成，并按时序(sequential)使选择的荧光体发光。在后一种情况下，RGB 三色的每个像素不需要分别形成阴极，采用共同的阴极即可，因此，阴极的驱动元件数仅为前一种情况的 1/3，而且还有阳极与阴极容易对位等优点。发射极-阳极间靠玻璃微球等隔离子定位，使二者保持 200μm 至数毫米的间距。封接在一起的荧光体面板与阴极玻璃基板，通过排气管进行真空排气，经过数小时的烘烤脱气后由玻璃料进行封接密封。

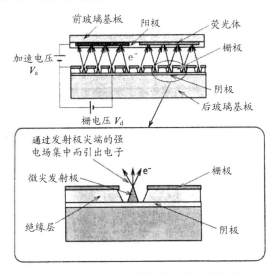

图 11-137　FED 的断面结构及工作模式

对于低加速电压型 FED 来说，高发光效率、高亮度的被激发光荧光体是难点，除蓝白色发光的 ZnO：Zn 之外是很少的。除了文字显示等特殊用途，作为家用显示装置，很难实现全色化。虽然以美国政府援助的荧光体开发集团(Consortium)为中心，开始了对高发光效率、低加速电压荧光体的研究开发，但时至今日，仍未开发出高发光效率的实用荧光体。

早期 LETI 开发出的 FED，加速电压 260V，单色发光(荧光体 ZnO：Zn)，亮度 60cd/m^2，发光效率 1lm/W，对比度 60：1 以上。

目前已试制出的产品性能为，单色通常亮度为 240cd/m^2，最高亮度为 1 200cd/m^2(阳极电压 600V)；全色通常亮度为 136cd/m^2，最大亮度为 300cd/m^2(阳极电压 500V)。

双叶电子于 1999 年试制出 7 型宽画面低电压全色 FED(像素数为 480×3(RGB)×240)，将阳极电压由原来的 400V 提高到 800V，而且将绿色荧光体由 ZnGa$_2$O$_4$：Mn 变换为 YAG：Tb，其工作参数和性能为，栅极电压 77V，占空因子 1/260，亮度 300cd/m^2，64 阶调灰，电力消耗(全亮状态)9.6W。

11.4.3.3　高加速电压型 FED 和 Spindt 法 FEA

由于低加速电压下的高发光效率、高亮度全色荧光体一直未开发出来，因此，研究开发纷纷转向高加速电压型 FED 和 Spindt 法 FEA。虽说高加速电压型存在高长径(高宽)比隔离子开发及汇聚电极开发等课题，但有可能采用 20~30kV 加速的 CRT 用荧光体(如 P22 系)，从而实现高亮度化要容易得多。而且，与 CRT 同样，也可对荧光体面板进行金属覆层处理，这不仅可进一步提高亮度，还可有效防止因荧光体剥离而引起的 FEA 可靠性下降。PixTech 公司在 SID'99 展示会上发表了世界上最早的高加速电压 15 型大画面 FED，如图 11-138 所示，它由 Spindt 法 FEA 制作，采用 6kV 高加速电压(阳极电压 4kV，像素数 276×368)，亮度为 500cd/m^2。特别可贵的是，PixTech 公司详细讨论了因电子束引起的隔离子表面充电(change up)，进而引起的图像劣化(畸变)和放电等，并进一步提出通过使隔离子材料的导电特性发生变化用以改善图像劣化的措施等。通过采用对表面进行恰当处理(对此未做详细介绍)的玻璃隔离子，阳极电压直到 6kV 都可能不产生图像畸变，而采用 Si 隔离子的畸变量在 50μm 以下，采用未处理的玻璃隔离子的畸变量在 −80~+150μm，采用 MgO 隔离子的畸变量在+30~200μm。开发不对图像产生影响的隔离子，是今后高加速电压 FED 的重大课题。

图 11-138　高加速电压 15 型全色 FED

此外，Candescent 与索尼联合开发 6kV 高加速电压型，试制成图 11-139 所示的 5.3 型全色 FED(1/4 VGA)，并进行了现场演示。其发射极–阳极间距离为 1.25mm，采用壁式隔离子(wall spacer)，金属覆层，带有黑色矩阵(指 RGB 三色间的隔离条)情况下的亮度为 250cd/m^2，对比度 200∶1，电力消耗 2W。

在高加速电压型 FEA 构造中，由于发射极–阳极间距离一般为 1~2mm，因此需要采用电子束汇聚技术。PixTech 采用平面汇聚栅极，而 Candescent 不是采用将传统的汇聚栅极及各个发射极做成一体化的汇聚透镜,而是采用图11-140所示,被称为华夫(Waffle)结构的栅极,其矩形孔如同井一样,由厚度为40μm的导电性厚膜开出,而FEA正好对准一个一个的矩形孔。另外,与通常的FEA的栅极开口直径1~3μm相比较,如图11-141中的照片所示,Candescent采用旋转蒸镀(Spindt)法制作的栅极开口直径很小,仅为0.15μm,这与MIT的0.14μm相差无几。目前,两者均属于最小的FEA。这是因为,工作电压为30V,开关电压为10V,都是很低的,电子束的扩展小,因此这种汇聚方法是有效的。MIT是通过激光刻蚀的方法获得如此小的开口直径;而Candescent是采用离子束照射光刻胶,将受照射的光刻胶蚀刻去除,再以这种光刻胶作掩模,通过蚀刻制作栅极的开口。

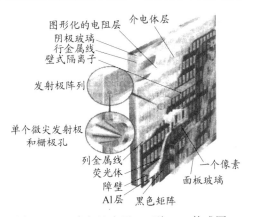

图 11-139　高加速电压5.3型FED构成图

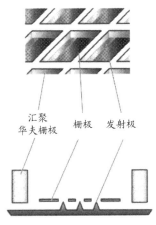

图 11-140　华夫(Waffle)结构的汇聚电极

在SID'2000展示会上,又有更大型的高加速电压型FED试制品展出,其参数及特性为:13.2型SVGA级,800×3×600个像素,5kV加速电压,亮度200cd/m²,对比度230:1。此外,Motorola展示出如图11-142中照片所示的5.6型全色

FED(1/4 VGA)，阳极电压 5kV，像素 320×240，加 50% ND 彩色滤光片的亮度为 350cd/m^2，不加彩色滤光片的亮度为 1 000cd/m^2。韩国的三星采用金属网汇聚电极，试制出 5.2 型全色 FED，其像素数 192×160×3，加速电压 4kV，亮度 300cd/m^2。

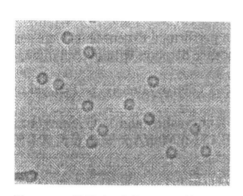

图 11-141　栅极开口直径 0.15μm 的 FEA

图 11-142　高加速电压 5.6(英寸)型全色 FED

韩国 ETRI 为使场发射电流稳定并降低驱动电压，于 2002 年，由 a-Si：H 与 Mo 发射极相组合，试制成 2 型，192×64 个像素的有源矩阵驱动 FED。在 Cr 栅极上施加 70V，TFT 栅极电压 25V，阳极电压 500V 下，可获得字符显示发光。

进入 2004 年，在 SID'04，IDW'04 上，双葉电子工业发表如图 11-143 和图 11-144(a)照片所示的 11.3 型 VGA 全色 Spindt 型 FED(图 11-144(b)是索尼公司发表的 19.2 型 Spindt 型 FED)。阴极基板和阳极基板的玻璃厚度为 1.1mm，支柱(隔离子)长度为 0.6mm，屏的总厚度为 2.8mm。阴极、栅极、汇聚极均由金属铌(Nb)，发射极由金属钼(Mo)制作。隔离子采用了玻璃纤维。柱状隔离子设置在不对电子束产生影响的位置上，而且尽管价格会变高，还是特意设置了防止交叉干扰(cross talk，串扰)的汇聚电极。通过将屏间隙扩大至 0.6mm，以使加速电压增加到 3kV，这样，即使未能采用 P22 系荧光体，但也可以采用发光效率比较高的荧光体(蓝：Y$_2$SiO$_5$：Ce，绿：Y$_2$SiO$_5$：Tb，红：Y$_2$O$_3$：Eu)。得到的发光亮度 350cd/m^2，电力消耗 11W。

双葉电子面向超高精细的 FPD，正在开发不采用隔离子的亚像素节距为 0.065mm 的 FPD。表 11-18 列出 1.4 型高精细 Spindt 型 FED 的工作参数及性能指针。阳极电压 3kV。图 11-145 表示这种显示器中采用的薄膜型 Spindt 型发射极的构造及实物照片。栅极孔的孔径为 1μm，栅极、栅绝缘膜、发射极用薄膜的厚度分别为 0.2μm、0.2μm、0.3μm，这与通常型 Spindt 型发射极部分所用相比，分别减少到 1/2 以下。因此，与通常型 Spindt 型相比，发射极制作效率可提高到 2 倍以上。

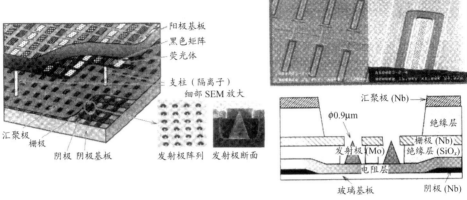

图 11-143 Spindt 型 FED 的构造图及 Spindt 型发射极的断面结构

(a) 11.3 型(双葉电子工业)

(b) 19.2 型(索尼)

图 11-144 Spindt 型 FED 的显示效果

表 11-18 1.4 型高精细 Spindt 型 FED 的工作参数及性能指标

性　能	指　标
显示屏尺寸	31.2mm×15.6mm
像素节距	0.065mm×0.195mm
像素数	160(×RGB)×80
灰阶	256(8bit/colour)
亮度	1 000cd/m²

按照双葉电子工业当时发表的计划，于 2004 年 11 月 12 日开始建设生产线，并于 2006 年 4 月前后开始批量生产。产品面向汽车、产业机械及医疗设备等用途，涵盖 1DIN 尺寸(4 型)~15 型上下中、小型 FED 显示器。图像分辨率对于 11 型产品为 VGA(640×480 像素)级。母板玻璃尺寸为 600mm×700mm 左右，1DIN 尺寸的生产能力为 450 万个/年，6 型的生产能力为 120 万个/年。实际上，到 2006 年 3 月，作为汽车引擎用的显示器，3 型彩色 FED 已达到实用化。显示屏尺寸为 30mm×70mm，亚像素数为 184(×RGB)×80，亮度 600cd/m²，电力消耗 4W。为在

2006 年实现批量生产线投产，总投资额预计达 85 亿日元，计划到 2007 年 3 月(年度决算期)总销售额达 60 亿日元。迄今为止，还没有采用 Spindt 面向电视的 FED 开发计划。

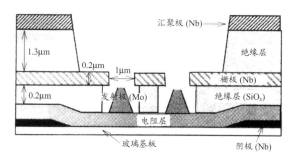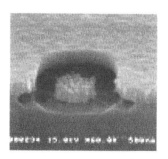

图 11-145　薄膜型 Spindt 型发射极的构造及实物照片

11.4.3.4　FEA 及 FED 存在的技术课题

目前对于 FEA 来说，微尖破坏、电流变动，性能劣化等问题还未完全解决。为实现实用化，需要解决的技术课题还有不少，其中包括：发射极顶部的尖锐化，栅极与发射极尽量靠近，开发稳定、长寿命、低功函数的发射极材料，通过提高其发射的均匀性、再现性等，以降低工作电压。

而作为 FEA 的技术课题，主要包括：

1) 高发射效率、稳定工作的 FEA 的实现；
2) 高发光效率、长工作寿命荧光体的开发；
3) 隔离子、收束电极等 FED 结构的优化；
4) 不引起 FEA 劣化的真空封接技术及真空筐体的开发等。

到目前为止，最大的技术课题仍然是上述第 1)条，即高发射效率、稳定工作的 FEA 的实现，实际上研究开发的大部分也集中于此。经过坚持不懈的努力，尽管近年来 FED 达到产品试制的水平，但即使对于应用最多的旋转蒸镀法(Spindt 法)FEA 来说，仍然有不少技术课题需要解决，其中包括：发射极尖锐性、均匀性的进一步提高，大面积制作 FEA 的技术，如何实现适应 Spindt 法的超大型真空蒸镀设备，生产效率的提高，设备投资的降低等等。由于 Spindt 法研究开发历史最长，相比之下，用于 FED 的成熟度更高，但今后如何将相关技术优化组合，对于实用化来说至关重要。

与旋转蒸镀法(Spindt 法)FEA 相并列，具有纵型结构发射极的典型代表是 Si 各向异性蚀刻法(Gray 法)FEA。后者的最大优点是，可以方便地采用成熟的 Si 半导体微细加工技术，但是发射极材料只能采用功函数为 5.0eV，比 Mo 的 4.3~4.5eV 更高的 Si，而且受硅芯片(wafer)尺寸的制约，难以实现大型化。

据报道，有人采用转写模型法已能获得均匀性、再现性均优良的可低电压驱动的尖锐发射极 FEA，而且能实现大面积化；由此进一步发展，采用转写模型法纳米技术，不需要真空工艺，还可大面积地获得纳米量级尖锐度的微尖发射极 FEA。

11.4.4　碳纳米管(CNT)FED

从发射极材料的观点进行研究开发，人们的注意力自然集中到电子亲和力有可能为负值的金刚石薄膜和类金刚石碳(diamond-like-carbon, DLC)材料上。在对化学稳定性好，受环境气氛影响小，有可能在低真空度下工作的碳系发射极研究过程中，从 1998 年前后，有人尝试用碳纳米管(carbon nano tube, CNT)制作 FEA，并试制 FED。从此，研究开发日趋活跃。

CNT FED 按结构可分为二极管结构型和三极管结构型。与二极管结构型相比，三极管结构型由于栅极与阴极之间距离很小，因此所需调制电压很低，在进行矩阵寻址时，可以用常规的驱动电路，而不必定制专用的驱动电路，从而大大降低了总体制作成本。图 11-146 示出三极管型 CNT FED 的结构和工作原理。

如图 11-146(a)所示，在阳极上施加高电压的情况下，CNT 的表面就已经具有了一定的电场强度，由于栅极和 CNT 阴极之间距离很小，因此在栅极上施加很低的正电压就可以在 CNT 顶端形成很强的电场，二者相互叠加在一起，由于方向相同，叠加的结果具有增强的作用，因此这个电场强度就足以迫使碳纳米管发射大量的电子。所发射的电子在阳极高电压作用下，穿越栅极上预留的电子通道孔，以更高的速度向阳极运动，轰击荧光粉层，从而发出相应的可见光。图 11-146(b)表示 CNT 发射极的实物照片。

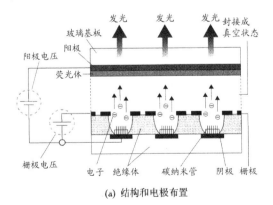
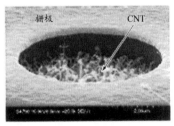

(a) 结构和电极布置　　　　　　　　(b) CNT 发射极照片

图 11-146　三极管型 CNT FED 的结构和工作原理

采用 CNT 制作 FED 冷阴极，具有如下优势：

1) 与 Spindt 微尖结构相比，CNT 的长径比大(>1 000)，有更大的场增强因子，能够提供足够大的发射电流，同时又避开了复杂的微尖加工工艺；

2) 大部分碳纳米管具有良好的导电性；

3) 碳纳米管具有很高的机械强度和良好的化学稳定性，这为后续封装工艺提供了便利；

4) 碳纳米管具有多种制备方法，而且工艺相对简单，原材料价格低廉；

5) 摒弃了昂贵的光刻方法，改用厚膜工艺来加工冷发射源 FEA，降低了大尺寸 FED 的制作成本，适合批量生产。

FED 中所用碳纳米管的长度一般在 10μm 以上，其有单层和多层之分。单层碳纳米管(single wall nanotube, SWNT)直径 0.7~2nm，多层碳纳米管(multi wall nanotube, MWNT)直径 5~50nm，都具有很高的长径比，又十分尖细，因此期望能用较低的电压驱动，而且可获得 mA/cm^2 量级的大电流密度。继采用 MWNT 的高电压荧光电子管的试制报道之后，又有如图 11-147 所示采用 SWNT 的 4.5 型二极管结构 FED 的试制报道。采用 ZnS：Cu, Al 绿色发光荧光体电沉积膜，在 3.5V/μm 电场强度下，可获得 450cd/m^2 亮度。在阴极玻璃基板上，以 400μm 宽度，250μm 节距形成纳米管–金属膜的图形，再用 200μm 的隔离子将上、下两块玻璃板隔开。

(a) 外观　　　　　　　　　　　　　(b) 荧光发光画面

图 11-147　采用 SWNT FEA 的 4.5 型二极管结构的 FED

进入 2000 年，有人开始试制三极管型 CNT FED。它是在原二极管型基础上，插入金属栅极(栅极–发射极间距离 0.3~0.6mm)而形成的。图 11-148 表示三极管型 CNT FED 发射极一侧的制作过程。此后不久，即有 15 型三极管型 CNT FED 的试制报道。但是，由于热膨胀系数的不匹配引起栅极变形，加之振动而难以获得均匀发光。为提高发光的均匀性，采用新结构的三极管型 CNT，试制成 14.5 型全色 FED(像素尺寸 7.62mm×2.54mm)。栅电极不是固定式的，而是被夹在上下障壁之间，采用的是仅受大气压作用的三明治结构。这样，即使热膨胀系数不匹配，由于彼此间会产生相对滑动，从而不会出现栅极变形。而且，结构中的绝缘层即为基板，因此不容易发生振动等。由于采取了这些措施，发光的非均匀性可控制在 9%以下。2002 年，继续向大面积扩展，试制了外形尺寸 990mm×570mm×7mm，显示屏尺寸 868.7mm×518.2mm，像素数 324×68×3(RGB)的 40 型型样机。发射阴极采用的是两层的碳纳米管(double-walled-nanotube, DWNT)。阳极电压 2.6kV，占空因子(duty cycle)1/40，2.6kV(peak to peak)下的电流密度为 7~8mA/cm²。而且，在 DC 5kV 驱动下可达到的亮度为 $1.0×10^5$cd/m²。

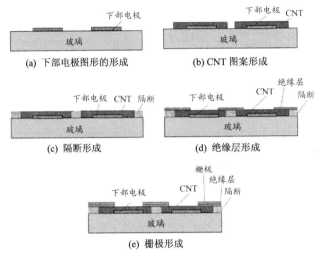

(a) 下部电极图形的形成   (b) CNT 图案形成

(c) 隔断形成   (d) 绝缘层形成

(e) 栅极形成

图 11-148   三极管型 CNT FED 发射极一侧的制造过程

为降低 CNT 的驱动电压，需要进一步使栅极-发射极间的距离变小，为此，有人发表了与通常带栅极 FEA 具有同样结构的 CNT FEA。一种方法是，利用感光性 CNT 浆料印刷 CNT 发射极点(直径 20μm)，再利用光刻工艺，形成绝缘层上带栅极并开好口(开口直径 30μm)的 CNT FEA。由这种方法制作的 5.2 型 FED(360 线×129 线)，在栅电压 100V，阳极电压 1.5kV 下，可获得 500cd/m² 的亮度。另一种方法是在基板上由印刷法形成包含 CNT 层在内的多层结构后，对栅极层开口，绝缘层厚度 20μm，栅极开口直径 100μm，在这种情况下，50V 的低电压即可驱动。

对 CNT FED 开发一直热心推进的韩国 Samsung 在 SID′02 上发表采用通常栅极结构的 5 型显示屏，以及采用所谓近栅(under gate)特殊结构的 7 型显示屏。继此之后，在 IMID′02、IDW′02 上发表 12 型全色显示屏，并针对电视信号进行了演示。采用近栅结构，全面白色显示平均亮度为 150cd/m²，像素数 480×704×3，CNT 的长度为 170~260μm。更详细的资料未公开，但通过改变印刷浆料，可以在 5V/μm 到 3.5V/μm 的低驱动场强下工作。根据对 CNT 浆料层断面的 SEM 分析，发现印刷层靠近阳极一侧，CNT 出现 1μm 长的突出，且部分 CNT 呈择优取向排列。这种显示屏发光的非均匀性可控制在 15%以下。

在 SID′04 上，Motorola 与法国 LETI 公司联合发表了 QVGA 级 6 型 FED 显示屏，通过采用 CVD 技术形成碳纳米管，可将开关电压控制到 50V。该器件结构只需要三个低分辨率的掩模光刻工序，满足了大面积和低成本的设计准则。

用于 CNT FED 的碳纳米管可以分为 MWNT 和 SWNT 两大类。二者的优劣对比还不明确，但据报道，MWNT 比 SWNT 更容易获得一定的电流；而且更加稳定。关于 CNT 的制作，主要有电弧放电法和采用触媒金属的气相合成法两大类。关于 CNTFEA 的制作，一般是由电弧放电法制作好 CNT 之后，再通过 CNT 浆料印刷法，在基板上形成发射极，或者是由气相合成，在带有触媒金属层的基板上直接形成。初期的 CNTFEA，多采用弧光放电法形成的 MWNT 或 SWNT，再由印刷法形成。后来，人们纷纷采用热 CVD、PECVD 等方法，开发出垂直取向的，螺旋状(curl)的，小内径的 CNT 等各式各样的碳纳米管，这些都已在 FED 中获得应用。采用热 CVD，触媒层为铁而制作的 MWNT，就成功用于上述 15 型和 14.5 型三极型 CNT FED。当荧光体采用 ZnO∶Zn 时，在 0.5~1kV 加速电压下，可获得 5 000cd/m^2 的亮度。栅极电压施加数百伏时，在 4V/μm 场强下，电流密度为 30mA/cm^2。采用电弧放电法，开发出属于 MWNT 一种的 DWNT(double-waled CNT，双层碳纳米管)，由其制作的 CNT FED 可以获得 50mA/cm^2 的大电流密度和比采用 SWNT 更低的开关(turn-on)电压。采用热 CVD 法 CNT 制作的 CNT FED 字段(绿色：35 000cd/m^2，红色：22 000cd/m^2，蓝色：10 000cd/m^2)已试制成室外用大型 CNT FED 的模块。此外，还试制了采用与 CRT 不相上下的 35kV 高加速电压的高亮度发光管。采用在氢气体中 DC 电弧放电法形成的螺旋状的 MWNT，其耐高加速电压下发生的强离子轰击，由此可获得 1 000lm，10^6cd/m^2 的亮度。

从 2003 年开始，日本正式启动 CNT FED 的国家发展计划。CNT FED 作为最有希望的平板显示器正得到大力开发。

利用 NEDO(The New Energy and Industrial Technology Development Organization，新能源及产业技术综合开发机构) "碳纳米管 FED 投影机" 的成果，则武(ノリタケ)公司发表了字符(character)显示用 CNT FED。图 11-149 表示，

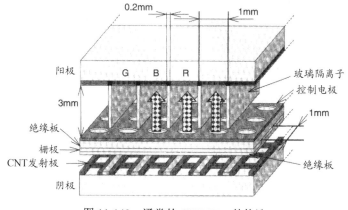

图 11-149　通常的 CNT FED 的构造

ノリタケ试制的通常型 CNT FED 的构造。在薄的绝缘性基板上形成栅极，并设置通孔。将这种栅极基板由荧光面一侧的障壁与另一侧的阴极相夹，对屏内部排气，在外部大气压作用下均压保持。亚像素节距 1mm，黑色矩阵(条)宽度 0.2mm，隔离子高度 3mm。阳极电压 7kV。CNT 发射极是在 426 合金(Ni 42wt%，Cr 6wt%，其余 Fe)构成的电极上，由热 CVD 法沉积而成的。

图 11-150 表示高精细度(图像分辨率)型 CNT FED 的构造。亚像素的尺寸为 0.6mm×0.2mm，黑色矩阵(条)宽度 0.05~0.1mm。由于以 0.05~0.1mm 的宽度制作高为 2~2.5mm 的障壁比较困难，因此阳极侧也设置障壁，障壁由丝网印刷法制作。

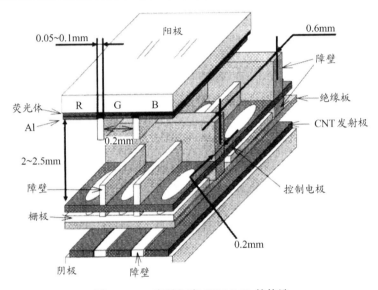

图 11-150　高精细度 CNT FED 的构造

图 11-151 表示高亮度 CNT FED 的构造。亚像素的尺寸为 1mm×1mm，黑色矩阵(条)宽度 0.2mm。障壁由丝网印刷制作。在加速电压 6kV，电流密度为 100mA/cm^2，占空系数 1/16 的条件下，绿色亮度约为 4 000cd/m^2。

尽管 CNT FED 的发展很快，但要实现真正意义上的产业化，必须解决下述问题：

1) 碳纳米管薄膜制备还处于实验阶段，控制碳纳米管形状(包括层数、长度、直径、外形等)、方向和密度的工艺还不完善，需要开发新的测试手段和设备工艺，以提高测量控制碳纳米管结构的能力；

2) 实现低价格、高效率、大面积、低温度下在玻璃基板上直接生长 CNT 薄膜；

3) 如何在生产线上形成 CNT 的发射极，如何实现图形化？如何制作具有理想效果的三极结构 CNT FED？

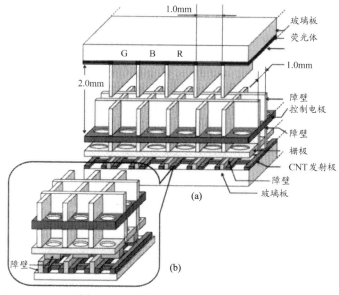

图 11-151　高亮度 CNT FED 的构造

4) 在提高亮度的前提下，如何克服发光的不均匀性、雪花及闪烁现象，如何防止 CNT 破坏？

5) 实现大面积高真空显示屏的透明封装，提高其可靠性；

6) 高发光效率阳极荧光粉材料的选择、制作，以及防止其老化的措施。

为了解决上述问题，许多研究机构和公司做了大量工作。目前已经发明了一种新型的 FED 结构。它将绝缘体做成锥形，当电子从 CNT 发射出来，轰击绝缘体的倾斜表面时，就会产生二次电子。由于二次电子的能量比一次电子的小得多，因此仅需要一个弱电场就能控制二次电子的运动，从而大大降低了 FED 的驱动电压。这种思路与 11.4.6 节表面发射电子型显示器(SED)的工作原理十分类似。此外，LG Philips 显示公司还开发出一种 HOPFED 结构。它能够阻挡从其他像素来的二次电子，在每一个荧光点上产生一致的电子分布，在提高对比度的同时，改善了场发射电子的不均匀性。

11.4.5　弹道电子表面发射型显示器(BSD)

在 FED 的电子源中，除了 Spindt 型和 CNT 型等凸型结构的 FEA 之外，还有平面型薄膜结构的 FEA。在纵型结构中，由松下电工和东京农工大学共同开发的弹道电子表面发射型显示器(ballistic electron surface-emitting display, BSD)就是典型代表。1995 年东京农工大学的越田教授发现，由阳极氧化的单晶硅层会发生电子发射现象，该现象为 1998 年弹道电子发射现象的发现奠定了基础。利用此现象，1999 年松下电工正式以 BSD 的名称发表利用弹道电子表面发射型冷阴极电子源的全色平板显示器，并试制出 2.6 型的 FED(像素 53×40，电流密度最大约为 1mA/cm^2)。

BSD 冷阴极电子源的结构模式及 BSD 的工作原理如图 11-152 所示。在 Pt/SiO$_2$/纳米晶-多晶硅层/下部电极的两端施加电压，场致发射电子通过 SiO$_2$ 膜时被加速，穿越 Pt 薄膜，轰击对面阳极上的荧光层表面而使其激发发光。由于电子沿几乎垂直于 Pt 薄膜的方向飞出，电子束的扩展小，因此不需要收束电极。驱动电压很低，仅 20V 即可，再加上 FEA 表面覆以 Pt 膜，即使在低真空下，发射阴极的劣化也很小。由于结构简单，只要能形成均匀薄膜，则可很容易实现大面积化。电子发射效率约 1%，比传统 MIM 的 0.01%~0.001%要高得多。但与凸型(如金属微尖等)电子发射型纵型构造 FEA 的 100%相比，还是相当低的，这是下一步应该解决的问题。表 11-19 列出 BSD 技术的特长。

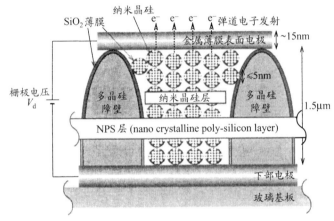

图 11-152　BSD 电子源的结构模式

表 11-19　BSD 技术的特长

序　号	性　能	特　长
1	可在低真空下工作	真空封接容易 寿命长，可靠性高
2	电子发射角度的分散性小	发射电子的能量高 相对于电子源表面，电子为垂直发射 不需要汇聚电极，构造简单
3	电子为面发射，均匀稳定	无跳动噪声(hopping noise)
4	采用平面结构 制作工艺简单	构造比较简单 采用平面结构，制作方便 便于实现大型化

需要指出的是，BSD 中的电子发射与传统的场致电子发射在机理上是不同的，后者只能在真空中产生，而前者通过控制纳米结构，在固体内部也能引起，既能产生电子发射，又能在固体内部输运。BSD 正是利用这种新的物理现象而开

发成功的平板显示器件。从本质上讲，CNT FED 也属于这类 BSD 器件。BSD 作为下一代 FED 的关键技术而受到广泛重视。

从图 11-152 给出的 BSD 冷阴极电子源的结构模式可以看出，它基本上是在多晶硅障壁(grain)之间，由纳米晶硅层构成电子偏流(drift，漂移)层而形成的。称这种由多晶硅和纳米晶硅组成的混合材料体系为 NPS 层(nanocrystalline poly-silicon layer，纳米晶–多晶硅层)。NPS 层由下面将要谈到的阳极氧化、低温氧化等湿法工艺形成。

关于电子发射的原理可以这样来理解。首先，将该电子源的表面电极接电源的正极，下部电极接负极。这样，一旦施加栅极电压 V_d，电子就会从玻璃基板上的下部电极向 NPS 层注入。由于纳米晶硅的直径只有 5nm 左右，同电子在硅中的平均自由程(约 50nm)相比是很小的，因此注入的电子与纳米晶硅晶格发生碰撞的概率是相当低的。

这样，电子在几乎不发生碰撞的情况下，直接到达纳米晶粒与纳米晶粒的界面。该界面是通过后面将要谈到的低温氧化过程产生的薄氧化膜覆盖而形成的。这种氧化膜极薄，电子容易隧道贯穿(简称隧穿)。电子每次通过上述强电场区域都会被加速，在多次加速的同时，向着表面电极方向运动，到达表面附近的电子速度远高于热平衡态的速度。这样，电子带着几乎与外加电压 V_d 相对应的能量，隧穿表面电极(Pt 薄膜)，进而向真空发射。

BSD 电子源的制造过程如图 11-153 所示。首先，在玻璃基板上形成下部电极(图 11-153(a))。由于采用的是单纯矩阵电极，在对下部电极图形化(图 11-153(b))之后，在其上面形成约 1.5μm 厚的多晶硅层(图 11-153(c))。然后针对这种多晶硅层，在 50wt%氟化氢的水溶液与乙醇的 1:1 混合电解液中，以白金电极为负极，以多晶硅层为正极流过电流，对多晶硅层进行阳极氧化处理。

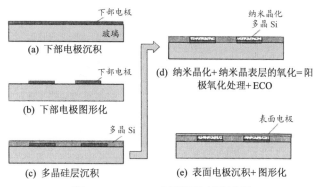

图 11-153 BSD 电子源的制造过程

由此，可形成图 11-152 中所示的纳米晶硅层。洗净之后，再将电解液换成硫酸溶液，并使系统流过与阳极氧化处理相同的电流(称此为低温氧化(electrochemical oxidation, ECO)过程)(图11-153(d))。这样便形成图11-152中所示的纳米晶硅表面与多晶硅障壁表面的氧化膜(SiO₂)。此后，在表面蒸镀金属薄膜(一般为Pt膜，厚度约15nm)，并对金属薄膜图形化，以形成表面电极(图11-153(e))。

顺便指出，图11-153(d)的一系列处理可在同一个装置中实现。图11-154表示最近开发的阳极氧化、ECO处理装置的示意图。如前所述，由于是在液相中的处理过程，基板的大小几乎不受什么限制，很容易实现大型化。而且处理又不需要加热，可在常温下进行，处理时间又极短，从而可实现低价格生产。

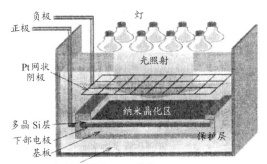

图11-154　阳极氧化、ECO装置示意图

而且，除图11-153(d)之外，所有工程都有可能在现有液晶生产线上完成，由此可抑制设备投资，降低产品价格。与TFT LCD制程相比，BSD制程可减少到1/3，从而可大大降低制作成本。

图11-155表示对角线尺寸为2.6英寸 BSD型FED的外观及静止图像显示效果。最近还公开发表了面积为其9倍，对角线尺寸为7.6英寸的全色BSD，证实可比较容易地实现大型化。

(a) 外观照片　　　　　　　　(b) 静止图像显示效果

图11-155　BSD试制屏的外观和图像显示实例

(基板：PDP用玻璃;屏尺寸：2.6英寸(对角线);像素数：168(×RGB)×126;亚像素尺寸：107μm×320μm;像素间隔：40μm)

11.4.6　表面电场显示器(SED)

由佳能和东芝共同开发的采用 SCE(surface conduction electron emitter，表面传导电子发射器)的表面电场显示器(surface electric field display, SED)或称表面发射电子型显示器，属于平面薄膜型横型结构。

图 11-156 表示 SED 的基本构成。在由粒径为 5~10nm 的氧化钯(PdO)超微粒子组成的薄膜上，利用通电的方法使 PdO 熔化形成细微的狭缝(gap：纳米量级)，这样，PdO 薄膜被分成两部分，一部分为发射极，另一部分为栅极。利用二者纳米量级的微细间距，在十余伏的电压下即可引出电子。在阳极上施加 5k~10kV 的高加速电压，使发射的电子加速，被加速的电子碰撞涂敷于阳极表面的 P22 系荧光体(用于 CRT)，可以获得大约 300cd/m^2 的高亮度。

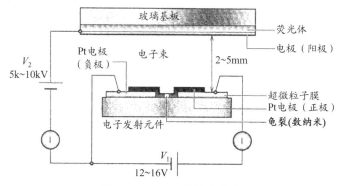

图 11-156　SCE 的基本构成

图 11-157 表示表面传导电子发射器(surface-conduction electron emitter, SCE)的工作原理。十几伏的电压作用在数纳米宽的狭缝上，由于隧道效应，由 PdO 薄膜的一部分(发射极)通过隧道(数纳米宽的狭缝)，射入 PdO 薄膜的另一部分(栅极)的电子，受到散射作用而产生游离于 PdO 薄膜之外的散射电子。正是这些被散射电子在阳极电压作用下加速射向阳极荧光体层的。

图 11-158、图 11-159 表示 SED 的制作工艺。先在玻璃基板上利用薄膜光刻工艺或厚膜印刷工艺形成相互绝缘的布线和电极，在电极上滴下 PdO 浆料，形成 PdO 超微粒子，再经通电等加工成纳米量级的超微细间隙。由于可采用印刷法形成电极等，具有制作工艺简单，价格便宜等优点，有利于在大画面 FED 制作中推广应用。

早在 1996 年，佳能就试制出采用 SCE 电子发射源的平板显示器。从 1999 年开始，东芝和佳能合作对 SED 进行开发。2004 年 9 月两公司发表联合开发下一代 SED 的声明，并于 2004 年 10 月投入 10.5 亿日元资金，组织 300 名人员创立联合公司，集中力量开发 SED。佳能公司的御手洗富士夫社长指出："目前已确立制造价格与 PDP、LCD 不相上下的批量生产技术。不仅掌握知识产权，特别是主要生产设备全部由公司内部制造，其他公司很难追随与仿造。"他们认为，SED 是平板显示器中继 LCD 和 PDP 之后的第三个佼佼者，如果按目前的趋势发展，SED 极有可能将 PDP 取而代之。

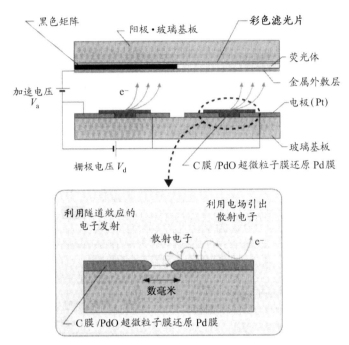

图 11-157　SED 的构造及 SCE 电子源的工作原理

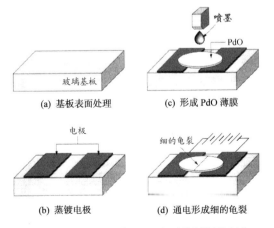

图 11-158　SED 一个 SCE 电子发射源的制作

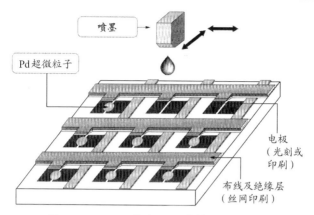

图 11-159　SED 整个 SCE 发射面板的制作

新公司的目标是，从 2005 年 8 月起开始批量生产 SED 显示屏，最初月产 50 英寸级 3 000 片，2007 年开始大批量生产，达 75 000 片/月，2008 年 15 万片/月，2010 年 300 万片/年，占世界产量的 20%~30%，总销售达 2 000 亿日元。已展示的 36 型 SED 显示屏为 WXGA 规格(1 280×768)，从单色到全色规格齐全，目前正准备在电视制品及产业设备中采用。2004 年在平板显示器领域中 FED 是最受关注的话题。

在"FPD International 2006"及"CEATEC JAPAN 2006"上，55 型全高清(full HD)SED 屏备受关注。表 11-20 列出 55 型 SED 屏的工作参数及性能指标。峰值亮度为 450cd/m^2，在播放平均亮度水平(APL)为 30% 的新闻节目时，电力消耗为 270W，这仅为等离子、液晶等其他 FPD 电力消耗的约 2/3，而播放 APL 为 10% 的节目时，仅为其他 FPD 的约 1/2。荧光体的响应时间快，点亮时间及残光时间加在一起在 1ms 以下，因此高速动画显示特性优良。而且，SED 与 CRT 同样，采用的也是瞬时(impulse)驱动，对于各种运动画面的显示来说，不会产生轮廓不清的模糊现象，画面鲜明生动。特别是，显示黑的亮度水平仅为 0.005cd/m^2，比其他 FPD 的黑色亮度水平低两个数量级，从而在低亮度区域也具有良好的色再现性。55 型的这种 SED 样机(图 11-160)已在 2006 年初公开展示。但实际的情况是，东芝和佳能向市场推出 SED 电视的计划向后一推再推，直到 2008 年，市场上仍未见到大型 SED 电视商品出售。究其原因，一可能是由于迫于液晶电视和等离子电视性能的提高和价格的下降，SED 已丧失竞争力，二也许是 SED 电视的产业化条件还不成熟。但无论怎么说，从事 SED 产业开发的东芝和佳能的一举一动，都广为业界关注。

FED 具有自发光、广视角、能量变换效率高、低功耗、高精密、从小画面到大画面都能制作，而且适应温度范围广，室外等苛刻条件都能适应等优点，作为下一代平板显示器具有很大的发展潜力。目前，研究开发重点集中于 FEA 的同时，也开始关注于隔离子、汇聚电极、真空封接技术等方面的研究，需要解决的问题还很多。FED 开始是作为真空微电子器件而问世的，但在 21 世纪信息社会中，其作为高质量的显示器件，将起到不可替代的作用。

表 11-20　55 型 SED 屏的工作参数及性能指标

性　　能	指　　标
像素数	1 920×1 080
峰值亮度/(cd/m^2)	450
电力消耗(APL=0.30 时)/W	270
对比度	10 万∶1
动画响应速度/ms	1 以下

图 11-160　55 型 SED 的试制屏(2006 年初公开展出)

11.5　LED 显示器的技术进展

发光二极管(light emitting diode, LED)是近几年来迅速崛起的半导体光电器件，它具有体积小、重量轻、工作电压低、电流小、亮度高及发光响应速度快等优点，容易与集成电路配套使用，广泛应用于许多领域，目前在全球市场上十分走俏。

到 20 世纪 80 年代为止，以 GaAlAs 高亮度红色 LED 为中心，用透明树脂封装的小型指示灯或文字显示板，在汽车、火车、AV 设备、办公设备、公共广告等领域获得广泛应用。尽管人们在 LED 的高亮度方面进行了长期努力，并取得显著成效，但在全彩显示上始终难以突破。1993 年，日本日亚公司中村等人采用 InGaN 系双异质结结构，研制出发光强度为 1cd 的蓝光 LED。随后，大力开展由蓝光转向高亮度绿光 LED 的开发。到了 20 世纪 90 年代后期，三色平衡的、高亮度 LED 广泛应用，使大型广告牌变得五彩缤纷。尽管在图像分辨率方面，LED 有其先天不足，从而在用于高清晰度电视方面受到限制，但日前在航空用航班显示屏幕，车站用列车始、终站显示屏幕，户外大屏幕动画显示，运动场现场直播显示屏幕等应用方面，非 LED 莫属。2008 北京奥运会开幕式的梦幻表演即得益于五颜六色的 LED。

发光二极管除了作为一种平板显示器件外，近年来，LED 作为城市照明光源、家用平面光源、LCD 显示器的背光源等方面备受关注，发展迅速。据预测，全球 LED 产值将从 2004 年的 32 亿美元增长至 2008 年的 56 亿美元，高亮度发光二极管的市场产值，将由 16 亿美元增至 26.4 亿美元，而超高亮度发光二极管市场由 2006 年起快速成长，并将于 2008 年抢占全球照明市场约 22%的份额。2005 年，中国 LED 的产量已经达到 262.1 亿只，市场规模也突破百亿元大关，达到 114.9 亿元，全球 LED 市场前景广阔，吸引了诸多厂商参与 LED 新产品的开发生产，市场竞争日趋激烈。

本节中，将针对 LED 的工作原理及 LED 显示器的技术进展做简要介绍。

11.5.1 LED 的工作原理

LED(light emitting diode，发光二极管)是当在半导体 pn 结上施加顺向偏压，由于注入的少数载流子发生复合而引起发光(自然发射)的器件。LED 的结构如图 11-161 所示，是将半导体发光层夹于 p 型半导体层和 n 型半导体层之间构成的。图 11-162 表示 LED 的能带结构。

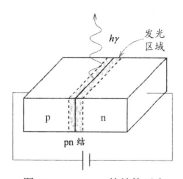

图 11-161 LED 的结构示意

如图 11-162(a)所示，在外加偏压为零的情况(热平衡的状态)下，由于不发生少数载流子注入，因此不发光；而如图 11-162(b)所示，当 pn 结上外加顺向偏压时，通过耗尽层，电子从 n 型区向 p 型区注入，同时空穴从 p 型区向 n 型区过渡。上述过程称为少数载流子注入。下面，考虑从 n 型区向 p 型区注入电子的情况。在 n 型区，电子是多数载流子；而在 p 型区，电子是少数载流子。流入(注入)p 型区的电子，即较之热平衡状态过剩的电子(过剩少数载流子)，与作为多数载流子的空穴发生复合而消失。与此同时，如图 11-161 所示，有可能放出光子，而光子所带的能量与带隙能量相等。另外，少数载流子空穴发生的过程与上述电子发生的过程相反。由于 pn 结上施加顺向偏压时，流过的电流是由少数载流子引起的，因此，LED 的光输出大致与电流成正比，如图 11-163 所示。

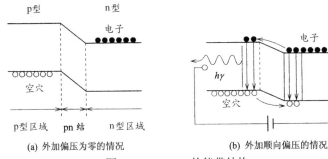

图 11-162　LED 的能带结构

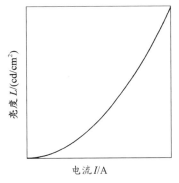

图 11-163　LED 的亮度-电流特性

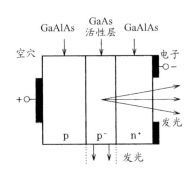

图 11-164　双异质结结构概念图

pn 结是由 p 型半导体和 n 型半导体的结合面构成的。而其中还有同质结和异质结之分，前者是由同种半导体，后者是由异种半导体结合而成。在异质结中，利用 p 型区和 n 型区的带隙能量不同，并形成较高能垒，就可保证基本上不引起载流子注入。也就是说，通过采用异质结，可以对注入载流子进行控制。这种载流子的控制技术一直是 LED 开发的重要课题。

为提高 LED 的亮度和发光效率，近年来 LED 的开发几乎都是采用双异质结结构。以下，针对已达到实用化的 GaAs 系 LED 做简要说明。

图 11-164 给出 n-GaAlAs/GaAs/p-GaAlAs 双异质结结构概念图，图 11-165 表示能带结构图。

如图 11-164 所示，异质结是由两个结相组合，构成双异质结。图 11-165(a)是不加电压的情况，左侧是 n-Ga$_{1-x}$Al$_x$As，它的能隙 E_g 也与混晶比 x 相关，大致为 2eV；中间是 GaAs，它的 E_g 为 1.4eV；右侧是 p-Ga$_{1-x}$Al$_x$As，它的 E_g 大致为 2eV。也就是说，由于中间 GaAs 的 E_g 小，从能带看，如同一个井，称其为阱层。同时，由于发光主要是在此 GaAs 层发生，因此，该层也称为活性层。与之相对，两侧的 Ga$_{1-x}$Al$_x$As 层，由于能隙大，从中间的井中看，如同井壁，故称其为阱壁层。

图 11-165(b)表示对双异质结结构外加电压(顺向偏压)的状态。对于中间的阱

层来说,来自左侧 n-GaAlAs 的电子注入会在其中存留电子,来自右侧的 p-GaAlAs 的空穴注入会在其中存留空穴,这样,阱层中既会有电子又会有空穴的存留,从而这些电子和空穴容易在阱中发生复合。目前,实用化的高亮度 LED 几乎都采用这种双异质结构。表 11-21 给出已实用化的三色高效率 LED 的基本材料和结构。其中红色的发光层用的是 GaInP,绿色和蓝色发光层都用的是 GaInN。虽然绿色和蓝色发光层用的是同一材料系,但 In 的含量是不同的,In 含量越高,能带间隙则越宽。

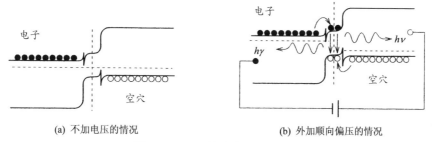

(a) 不加电压的情况　　　　　　　　(b) 外加顺向偏压的情况

图 11-165　双异质结能带结构图

表 11-21　几种已实用化的高效率 LED 的基本材料和结构

彩色	发光层材料	双异质结结构
红(R)	$Ga_{0.5}In_{0.5}P$	n-AlGaInP/GaInP/p-AlGaInP
绿(G)	$Ga_{0.25}In_{0.75}N$	n-GaN/GaInN/p-AlGaN/p-GaN
蓝(B)	$Ga_{0.2}In_{0.8}N$	n-GaN/GaInN/p-AlGaN/p-GaN

与 20 年前相比,目前 LED 快速普及的理由,是其发光效率的明显提高。在原有高效率红色 LED 的基础上,又开发出高发光效率的蓝色 LED 及高亮度的绿色 LED。这样,就具备了高发光效率的红、绿、蓝三原色。图 11-166 根据美国 LumiLEDs 公司 Craford 的汇总,给出各种玻璃管光源和蓝色 LED、白色 LED 发光效率的进展。

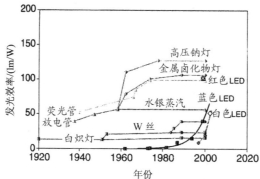

图 11-166　各种玻璃管光源和蓝色 LED、白色 LED 发光效率的进展

11.5.2 LED 显示器的关联材料

11.5.2.1 发光材料

LED 中使用的材料都是化合物半导体。化合物半导体中有Ⅲ-Ⅴ族的 GaAs、GaP、GaAsP、GaAlAs、AlInGaP、GaN 及Ⅱ-Ⅳ族的 ZnS、ZnSe、ZnCdSe，Ⅳ-Ⅳ族的 SiC 等多种。但是，目前达到实用化水平且市场供应的 LED 只采用Ⅲ-Ⅴ族化合物半导体。可见光 LED 多数是由 GaAs、GaP、GaN 系化合物及其混晶半导体制作的。制品有高发光效率的红、橙、棕、绿、蓝及近紫外 LED 等。

表 11-22 列出目前已实现制品化的先进 LED 在可见光不同波长下的特性。其中由 AlInGaP 四元混晶半导体制作的 610nm 黄橙色 LED 的发光效率已达到 100lm/W 以上，采用 InGaN 的蓝色、绿色 LED 也达到商品化，从而全色显示成为可能。

如上所述，随着各种半导体的开发，覆盖更宽带域的发光器件得以实现，而最近几年，向更短波长的紫外区的扩展也在积极进行之中。紫外区短波长光器件在光存储的高密度化、荧光体激发用光源、医疗、环境、传感器等许多领域具有广阔的应用前景，对于下一代光信息技术也是不可缺少的器件。作为现用光源，有卤族·重氢灯以及准分子激光、Nd∶YAG 激光等高频波发生器件，但这些器件具有一定危险性、大型、高价、低效率等缺点。因此，采用直接发生紫外线的半导体发生器件是理想选择。

表 11-22　已实现制品化的先进 LED 在可见光不同波长下的特性

彩色	发光层材料	发光波长 /nm	亮度 /cd	光输出 /μW	外部量子效率 /%	发光效率 /(lm/W)
红	GaAlAs	660	2	4 800	30	20
黄	AlInGaP	610~650	10	>5 000	50	100
橙	AlInGaP	595	2.6	>4 400	>20	60
绿	InGaN	520	12	3 000	>20	40
蓝	InGaN	450~475	>2.5	>10 000	>20	20

近年来，InAlGaN 系发光二极管得到飞跃性发展，直到 300nm 左右的器件都有可能实现。但是，为实现 InAlGaN 系的短波长化，需要增加 Al 的组成比，这样会形成 p 型电导，造成发光效率下降，从而难以获得特性优良的器件。一般说来，采用宽禁带半导体必须面对的课题是如何生长优良的化合物单晶体，如何控制半导体的导电类型，这涉及工艺过程的改善，新材料的开发等一系列问题。

11.5.2.2　基板材料

对于一般的 GaN 系来说,基板材料一般采用蓝宝石和 SiC,在这些基板上外延生长 GaN 发光层。但是,由于这些基板材料与 AlGaN 的晶格失配大,在界面上会产生大量位错等晶体缺陷,严重影响外延膜质量。当然希望采用 GaN 单晶基板。最近日本已有厂商生产直径 2 英寸以上的 GaN 单晶基板。

首先,住友电气工业应用 GaAs、InP 等化合物半导体的单晶生长及加工技术,开发出蓝色激光用 GaN 基板。GaN 基板的制作是利用化学气相沉积法,在别的单晶衬底上生长 GaN 膜层,而后再把衬底去除,获得 GaN 基板。这种 GaN 基板的位错密度很低,达到 10^5cm^{-2} 的水平。

另外,日立电线也开发出用于蓝紫色激光器的直径 2 英寸的 GaN 单晶基板。这种 GaN 基板的制作,是在蓝宝石衬底上生长 TiN 薄膜,再在其上通过氢化物气相沉积等生长 GaN 单晶,形成 200~300μm 的厚膜,最后去除蓝宝石衬底而获得 GaN 单晶体。

这种制作方法称为孔洞辅助分离法(void-assisted separation method, VAS 法),采用这种新方法,已开发出直径 2 英寸的低缺陷密度 GaN 基板。VAS 法是在蓝宝石衬底和 GaN 生长层之间夹有一层网络结构的 TiN 薄膜,而进行单晶体生长的方法。在这种方法中,TiN 膜的界面上会形成大量微米尺寸的微小孔洞,而对 GaN 单晶并不产生损伤,从而很简单地剥离下大面积的 GaN 单晶。这种技术用于直径 2 英寸的 GaN 基板制作,具有非常好的重复性,将来还可制作更大尺寸的基板。

如上所述,GaN 单晶基板的开发已初见成效,但由于技术上有较大难度,实现批量化生产尚需时日。另一方面,如图 11-167 所示,跟 GaN 的点阵常数和热膨胀系数相近的有 AlN 和 $LiGaO_2$,在美国正进行 AlN 单晶基板的开发。AlN 单晶基板具有透光性,而且同 Al 含量无关,可以获得与 AlGaN 单晶相匹配的理想基板。AlN 单晶基板的热导率高达 320W/(m·K),特别适合于大功率用 LED。随着 Al 含量的增加,还有可能获得发光波长 300nm 以下的 LED。

目前,采用图 11-168 所示的结构,可获得在 360nm 附近具有峰值的紫外 LED。

如图 11-167 所示,$LiGaO_2$ 与 GaN 具有良好的晶格匹配性,二者热膨胀系数的差别也很小。因此,$LiGaO_2$ 是很有希望的基板材料。$LiGaO_2$ 单晶由 Czochralski (CZ)法制作,正交点阵的[001]晶向往往存在孪晶结构。

一般情况下,[110]晶向的单晶不存在孪晶,因此是透明的。在这种单晶上,通过 MBE 法可以外延 GaN。但需要指出的是,在高温下进行 GaN 的 MOVPE 生长时,由于 H_2/NH_3 对基板的侵蚀作用,膜层质量难以保证。

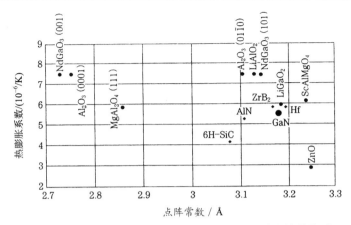

图 11-167　各种基板材料的热膨胀系数与点阵常数的关系

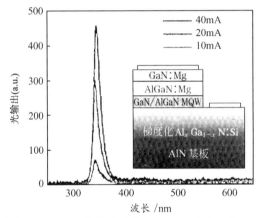

图 11-168　不同驱动电流下 UV-LED 的发光光谱(UV-LED 是在($0\bar{1}12$)AlN 单晶上通过掺杂 Si 而梯度化的 AlGaN 上外延形成的)

11.5.3　LED 的制作方法及发光效率的定义

　　除了红色 LED 的一部分之外，几乎所有高光输出功率的 LED 都是采用有机金属化合物气相沉积法(MOCVD)在单晶片(外延基板)上制作的。将单晶片置于反应器中，保持一定温度，向反应器中通入有机金属化合物的Ⅲ族原料气体，和氢化物的Ⅴ族原料气体，主要是通过热分解进行晶体外延生长。图 11-162 中所示 n 型层、p 型层以及发光层等的积层结构是通过对进入反应器中的原料气体流量进行控制，或者利用控制阀的切换而形成的。如果能对气体的切换进行精细操作，则可以对膜层厚度的控制达到数埃，即 1~2 个原子层的水平。而且，对于导带中电子多的 n 型及价带中空穴多的 p 型来说，也可以通过与原料气体同时向反应器中送入施主和受主等的杂质气体，进行掺杂，并对各层的电导进行控制。像这样，只要通过气体的切换，就能获得所需要的结构和性能，制作方法简单，适合在大型装置中生产。目前，在多块单晶基板上同时生长的装置已达到实用化。例如，如果是 0.3mm×0.3mm 的小型 LED 芯片，在 2 英寸×2 英寸的一块基板上可以制作一万个。而采用可放置 24 块 2 英寸基板的装置，一次可同时制作 24 万个小型 LED 芯片。

　　图 11-169 示意性地表示 LED 各种效率的定义。在向 LED 输入的电功率 A 之中，一部分消耗在 n 型层及 p 型层的电阻，或与其相接触的金属间的接触电阻，作为电压降部分而变为焦耳热。由于存在这些串联电阻，对于实际的 LED 驱动来说，与前述的能隙宽度相比，需要采用高一些的驱动电压。通常，对于红色 LED，采用两节干电池，对于绿色和蓝色 LED，需要采用 3 节或 4 节干电池。

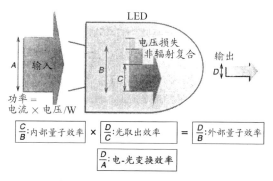

图 11-169　LED 各种效率的定义

　　如图 11-162 所示，来自 n 型层的电子、来自 p 型层的空穴向发光层内注入，其总能量为 B，若发光层中存在使注入的电子及空穴变成热的缺陷，则发光层内也会造成能量损失。而且，若夹发光层于其间的 n 型层及 p 型层的能垒不够高，则注入的电子及空穴会从发光层向外逃逸，进入相对的一侧。在这种情况下，不能期待获得高效率的光变换。上述过程剩余的能量为 C。

　　向发光层注入的电能 B 之中，变换为光能 C 的比值称为内部量子效率。在 LED 内部发生的光当然不能全部向外侧射出，对于可见光来说，由于构成 LED 的半导体材料的折射率大于空气的折射率，在 LED 内部，对于表面来说，倾斜入射的光会发生全反射，从而不能向外射出，最终会变成热。而且，无论对于 n 型层还是 p 型层，都需要形成电极，这些电极通常采用金属，在金属很薄的情况下，一部分光透过，一部分光反射，其余部分被金属吸收而变成热；在金属厚的情况下，光被反射或吸收。在 LED 内部发光的光能 C 之中，最终获得的输出光能 D 所占的比值，称为光取出效率。相对于向发光层注入的电能 B 来说，输出光能 D 所占的比值，称为外部量子效率。外部量子效率等于内部量子效率与光取出效率的乘积。

整个 LED 的效率等于输入电能 A 中，输出光能 D 所占的比值，有时也称其为壁孔(wall-plug，可引申为墙壁上的电源插头)效率，借用从煤火炉中有多少光从壁孔射出的含义。

对于 LED 来说，通过在 n 型层和 p 型层掺杂多量的杂质可使串联电阻降低，从而可解决电压降低过大的问题。另外，外部量子效率，即内部量子效率与光取出效率的乘积，同单晶的品质和器件结构密切相关。

对于显示器来说，还要进一步考虑视感度效率。相对于 1W 的输入功率，变换为用流明(lm)表示的光通量的效率，称为发光效率(lm/W)。图 11-170 表示视感度与波长的关系，图中同时给出由 Craford 汇总的 AlGaInP 系 LED 和 AlGaInN 系 LED 的发光效率同峰值波长的关系。对 555nm 的单色光来说，若从输入功率 100% 地变换为光，则发光效率为 633lm/W。目前的水平是，橙色 LED 的最高发光效率为 105lm/W。

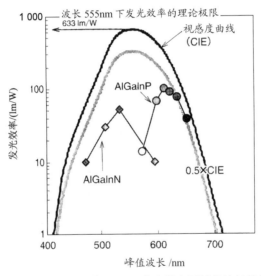

图 11-170　视感度曲线及 LED 发光效率同峰值波长的关系

11.5.4　提高 LED 效率的关键技术

提高 LED 效率的关键技术，因不同的发光色而异。对于构成红色 LED 的 AlGaInP 来说，由于可以采用与之晶格匹配的 GaAs 基板，如果 LED 制作中不出现问题，发光层中不会出现使电子和空穴变换为热的缺陷，内部量子效率有可能达到 90%以上。但是，GaAs 的能隙与红外相对应，可见光全部被吸收，从而不能取出可见光。而且，AlGaInP 半导体的折射率很大，在 3.5 以上，因此，全反射角很小，致使光取出效率非常低，需要采取措施加以改进。如图 11-171 所示，使 GaAs 基板剥离，将剥离后的 LED 贴附在对红色透明的 GaP 基板上，进一步在基板背面形成斜面，用以提高光的取出效率等，由此实现了超过 50% 的外部量子效率。

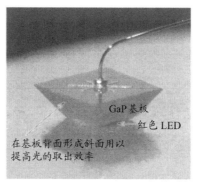

图 11-171　最高效率红色 LED 的工作模式

采用 GaInN 半导体的绿色 LED 及蓝色 LED 用单晶基板多采用蓝宝石和 SiC。这两种基板，特别是蓝宝石，同 GaInN 的晶格失配严重，要想制作无缺陷的发光层是很难的。为了解决这一问题，1985 年开发出低温沉积缓冲层技术。这种技术是在比通常晶体生长温度低得多的温度下，涂敷过渡性薄层，而后再在通常的生长温度下，在此薄层上进行晶体生长。利用这种技术，获得了比过去质量高得多的优质单晶体，且重复性很好。

过去曾经有段时间断言，GaInN 系单晶不能实现 p 型，但 1989 年通过掺杂 Mg 这种杂质，再经电子束照射及热处理等，成功获得了 p 型 GaInN 单晶半导体。

作为 LED 发光层，需要采用 GaInN 混晶，由于 GaN 与 InN 不易混合，过去混晶生长极为困难。为了解决这一问题，1989 年通过以数量级的差别分别供应氨进行沉积、成功实现了 GaInN 的混晶生长。

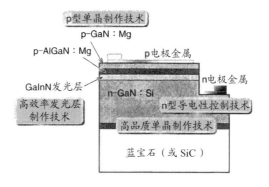

图 11-172　绿色 LED 和蓝色 LED 涉及的主要技术

图 11-172 中汇总了目前绿色 LED 及蓝色 LED 中采用的关键技术。依靠这些技术，GaInN 蓝色 LED 及绿色 LED 的内部量子效率都得到提高。例如，现在蓝色 LED 的内部量子效率已达到 60%以上。关于光取出效率，通过采用下述技术也得到改善，这些技术包括：采用半透明薄膜电极，利用表面凹凸基板实现光散射，采用类似于红色 LED 的背面倾斜基板，高反射电极+基板剥离及基板背面粗糙化等。据此，在标准工作条件下，蓝色的外部量子效率达 30%，绿色达 15%。由于发光效率与视感度有关，蓝色 LED 的发光效率要低于绿色 LED。

11.5.5　白色的实现及在显示器中的应用

11.5.5.1　LED 在显示器的应用

对于全色显示器来说，白色必不可少。采用 LED 实现白色发光大致可以分为三种方法，表 11-23 汇总了各自的优缺点。表中价格最低的第③种方法，作为背光源已广泛用于从手机到小型游戏机、PDA 等许多种数英寸型的小型显示器中。由于红色成分不足，通常是将在蓝色 LED 中加上黄色荧光体的白色 LED 同红色 LED 相组合，进一步通过仔细设计的导光板和扩散板(散光板)等，以确保面内光的均匀性，图 11-173 是为实现均匀亮度而采用的导光板的原理图。使 LED 发出的光在丙烯酸等透明导光板中传播，为了对因传播而造成的光强度衰减进行补偿，除了采用楔形等变截面导光板之外，还要配合反射板、棱镜片(增亮膜)等，以增强出射光并使之均匀化。

大致从 2003 年以后，在液晶电视中搭载 LED 背光源已不是什么新鲜事。对于数十英寸的中型液晶显示器来说，作为背光源多采用表 11-23 中的③再加导光板和扩散板(散光板)的方式。而对于 100 型以上室外用大型显示器来说，不宜采用液晶及导光板等，而是采用以 RGB 三原色 LED 亚像素为一个像素的第①种方式。

表 11-23　采用 LED 实现白色发光的三种方法及各自的优缺点

方　法	优　点	缺　点
①红色 LED+绿色 LED+蓝色 LED	·高发光效率 ·可进行色调整 ·具有比 NTSC 更宽的色再现性	·电源回路复杂 ·需要混色
②紫色 LED 或紫外 LED+二色荧光体	·与荧光体相组合，可以调整色温度 ·发光色的温度相关性小 ·电源简单	·由斯托克斯频移造成低效率 ·紫外线对荧光体造成损伤
③蓝色 LED+黄色荧光体(或两色荧光体)	·电源简单 ·结构简单，制造容易	·色再现性差，特别是红色成分的发光效率低

图 11-173　导光板的原理

11.5.5.2　白色 LED 的种类

白色 LED 作为下一代节能高效的照明光源而被寄予厚望。在不远的将来，白炽灯泡、荧光管灯等都有可能被白色的 LED 取而代之。

白色 LED 的光发射，基本上是基于半导体和荧光体的固有特性，并非热致发光和放电发光，因此寿命很长。而且，不采用易碎的玻璃，不含水银及禁用有机物等有害物质，可以说是环境友好型照明光源。

目前，国内外不少厂商的高效率白色 LED 已达到实用化，发光效率达到30lm/W 以上。先进工业国家正针对高发光效率、高显色(也称演色、现色)性 LED 的开发展开激烈竞争。有些公司针对外部量子效率提出的目标值是超过 60%。

采用 LED 获得高显色(演色、现色)性白色的方式，有如表 11-24 所示的三种(也可参照表 11-23)。下面分别做简要介绍。

表 11-24　白色 LED 的三种实现方式

种类	激发源	发光材料及荧光体	亮度	显色性	驱动方式
多芯片型	蓝色 LED	InGaN	○	○	×
	绿色 LED	AlInGaP			
	红色 LED	AlGaAs			
单芯片型	蓝色 LED	InGaN/YAG	○	△	○
	近紫外·紫外 LED	InGaN/RGB	△	○	○

1. 多芯片型

多芯片型如图 11-174 所示，是将光的三原色红(R)、绿(G)、蓝(B)三个芯片置于同一器件中，使其平衡发光而获得白色的方式。由于这种方式是由一个器件中设置的三原色芯片直接发光，因此白色光的纯度高，发光效率高，可获得高亮度，能获得比 NTSC 范围更宽的色再现性。

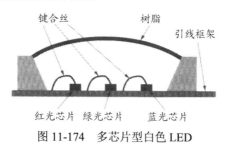

图 11-174　多芯片型白色 LED

但是，为实现目的白光，需要对三原色进行平衡控制的驱动电路。特别是，在多个器件集合使用的场合，对每个器件都必须进行色调调整，需要复杂的控制电路，并造成高价格。

换个角度看，正是由于有完善的控制电路，包括色温度在内的色调可以按要求确定，而且，即使某一芯片的光输出劣化，通过反馈电路也可以使其色调保持不变。基于这些特征，多芯片方式适用于全色显示器件等高显色(演色、现色)性要求的用途。

2. 单芯片型

单芯片型中有两种不同的方式，但都如图 11-175 所示，利用发射蓝色或紫外光的 LED 做激发光源，使荧光体激发发光的方式。

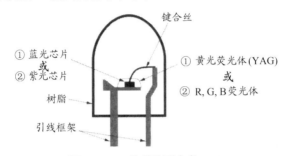

图 11-175　单芯片型白色 LED

第一种方式如图 11-175 中①所示，以蓝色 LED 的光源，同钇铝石榴石(YAG)等具有黄色发光特性的荧光体相组合，利用二者的补色关系而获得白色发光。

这种器件发射白色光，只需要对电流进行控制即可，电路简单、价格便宜，在目前的白色 LED 中使用最多。但是，由于会产生控制电路所不能控制的色差，在多个器件集合使用的场合，需要根据色差大小，对每个器件进行筛选。造成色差的原因主要有下述三个：

1) 蓝色芯片本身的色差；

2) 与蓝色芯片相组合的黄色荧光体厚度的偏差及发光角度不同而造成的色差；

3) 由于发光芯片温升及黄色荧光体温升而引起发光特性变化等复合因素引起的色调变化。

而且，在荧光体的特性方面，由于发光色中不含有红色成分，因此本方式的显色(演色、现色)性相对于其他方式来说要差些。

第二种方式如图 11-175 中②所示，是利用紫~紫外的一个芯片做激发源，对 RGB 三色荧体进行激发而获得白色发光。从原理上讲与荧光灯类似，结构简单，可获得显色性高的白色系，预计将会成为白色 LED 的主流。但也存在一些问题，如，同第一种方式一样，为满足实际应用要求，需要进行色分类；目前紫光芯片的发光效率还不理想；而且，在紫~紫外芯片的发光波长下，还未找到激发效率较高的荧光体等。

11.5.5.3　白色 LED 的可靠性

如上所述，白色 LED 在液晶显示器背光源已有广泛应用，而且作为替代白炽灯和荧光灯的照明光源被寄予厚望，但关于白色 LED 可靠性的数据并不多见。

根据日本产业技术综合研究所公布的白色 LED 加速通电试验的结果，在严格的自然环境(温度 40℃，湿度 90%)条件下，预计发光输出功率降低到 1/2 的寿命为 15 000h。试验是用蓝色芯片+荧光体的白色 LED 进行的，与上述环境条件下推荐电流 20mA 相对，加速通电试验是在 72mA、54mA、36mA 下进行的。从图 11-176所示发光输出功率降低到 1/2 的寿命曲线外推可以看出，在推荐电流 20mA 下使用时，预测寿命为 15 000h。上述实验条件是相当苛刻的，关于实际家庭使用条件下的寿命，还需要在此基础上进行外推，但无论怎么说，上述试验结果对于白色LED 光源的选择还是有重要的参考价值。

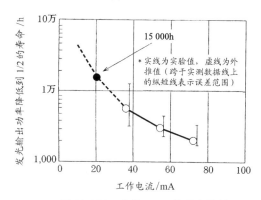

图 11-176　白色 LED 的寿命特性

而且，对劣化现象也获得了新的见解。与蓝色 LED 的寿命为 2 万~4 万小时相对，白色 LED 中需要考虑蓝色 LED 和荧光体双方的劣化特性。二者劣化的乘积效果使寿命更短，大致为 15 000h。

在一般的白色 LED 中，激发用蓝色 LED 的劣化在先，而后引起荧光体的劣化，根据这种实际情况进行调整，还可进一步提高寿命。

11.5.6　今后 LED 显示器的开发

目前，LED 最具竞争力的显示器领域，是它在超大型显示器中的应用。特别是室外超大型屏要求工作年限更长，而长寿命正是 LED 最突出的特征之一。系统的效率基本上取决于 LED 的效率，它的色再现性甚至超过 NTSC。而且像素节距，即图像分辨率或精细度，在一定范围内也可以自由设计。LED 本身超薄、轻量也是其一大特征。

从小型到中型液晶显示器中使用的背光源，若采用 LED(参照 8.3.8 节和 9.5.2.4 节)，由于其轻量和坚固耐用性等方面的优势，特别适合壁挂和便携应用。截至 2010 年，市场上已经普及采用 LED 背光源的液晶电视。换个角度看，自发光型有机 EL 由于没有液晶的光透射损失，从画面质量、视角、响应速度等许多方面具有优势，但在发光效率、寿命、制作工艺等方面，从原理上看就存在不少难以解决的问题。如果利用 LED 而不用液晶和有机 EL 实现从小型到中型的高精细显示，需要采用使三原色 LED 在单片(monilithic)上集成的技术。而做到这一点目前看来还不太容易。至少，作为现在的背光源需要达到与目前冷阴极荧光灯不相上下的发光效率，特别是现在，提高效率较低的绿色 LED 的发光效率是当务之急。

今后，随着半导体技术的进一步发展，如果能实现蓝色及绿色的激光二极管，加上现有的红色激光二极管，再同 MEMS 技术相组合，实现比目前高一个数量的图像分辨率看来并非梦想。人们正期待半导体显示器在应用方面获得突破。

11.6   VFD——真空荧光管显示器

11.6.1   真空荧光管显示器概述

11.6.1.1   VFD 的定义

荧光管显示器是具代表性的自发光型电子显示器件之一，用途很广。不同厂商的荧光管显示器可能有不同名称，但国际学会及一般刊物中广泛称其为真空荧光管显示器(vacuum fluorecent display, VFD)。

如后面所述，VFD 有各种各样的产品形式，对于一般的 VFD 可定义如下：VFD 是由阴极、栅极、阳极构成的，至少被观测侧是密封于透明容器中的电子管，由阴极放出的电子在栅极控制下碰撞阳极，阳极上按一定图形(pattern)涂布的荧光体被低速电子束激发发光，并由此显示出所需要信息的自发光型电子显示器。

从 VFD 是利用电子束激发荧光体使其发光的电子管这一点看，VFD 与 CRT 属于同一类。但与 CRT 所用的 10~35kV 高能电子束相比，VFD 仅用 150V 以下的低能电子束。而且，二者电子束的形态也不相同，CRT 采用线状电子束，进行光栅扫描或矢量扫描，VFD 采用喷淋状电子束，通过栅极与阳极电位的组合，选择所需要显示的信息。

由于 VFD 发展很快，近年来不断出现不完全符合上述定义的 VFD 产品。例如，大画面显示用发光器件就采用高能电子束，在这一点上它与 CRT 相似，但结构、工作原理与 VFD 相近。除电子式的 VFD 显示器方式之外，还有打印头光输入的显示器件、面发光光源的显示器件等。

电子管的电子源一般来自热阴极，为此需要阴极长年处于高温下。人们一直在研究开发的场发射冷阴极，近年来由于日益接近实用化而引起人们的注目，详见 11.4 节。

11.6.1.2 VFD 的发展过程

1967 年，首先在日本开发出玻璃泡型单位荧光管显示器，用于便携计算机的显示元件，并实现商品化。20 世纪 70 年代初开发出玻璃泡型多位 VFD，其内部采用多层布线陶瓷基板及混合集成电路技术，但其外形仍未脱离玻璃泡型电子管方式(图 11-177)。

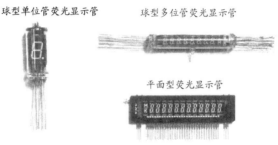

图 11-177 荧光显示管

20 世纪 70 年代中期开始生产最原始的平(面)型 VFD，见图 11-177，即目前VFD 的原型。其特点是，显示面为平板玻璃，其上直接由厚膜形成阳极布线及电极，丝网印刷荧光体图形，再附加栅极及阴极，构成平面型显示器。后又经若干改进，如进一步提高亮度，更便于自动化生产等，为显示复杂的动态画面及大面积显示创造了条件。

20 世纪 70 年代后期，开发出可由低能电子射线激发的彩色荧光体，并开始多色 VFD 的生产。进入 90 年代，随着薄膜及其微细加工技术的导入，又开始生产前面发光型及高精细度显示的 VFD，使点矩阵显示、动态图像显示等成为可能，经过不断改进与发展，才有了今天这样的多类别与多品种。

11.6.1.3 VFD 的特征

真空荧光管显示器 VFD 采用高亮度、鲜明易见的自发光显示，从蓝色到红色都能获得鲜艳夺目的彩色，便于实现多色显示，再加上图形设计自由度大，可方便地对应顾客的要求等，因此，在平板显示器家族中，VFD 占有一定的位置。

而且，由于采用特殊的荧光材料，工作电压低，通常是在 10~150V 的低电压下工作。在可靠性方面，荧光管制造与 CRT 制造同样，都需要经过 500℃左右的高温热处理，因此，制成的器件能承受苛刻的使用环境，在−40~110℃的温度范围内都能使用。基于这些特性，对于识认性和耐久性要求都十分严格的汽车用表盘等来说，VFD 是优选显示器之一。

11.6.1.4 VFD 的分类

如前所述，VFD 开发以来，在结构、制作方法、材料等方面都有过几次大的变革，目前的产品全部为平面显示板型显示器。

图 11-178 是从不同角度，例如构造、显示形式、显示内容、驱动方式、用途等，对 VFD 进行的分类。显示器是各种装置的人–机界面，按用途、功能、用户喜好等有各种不同的设计方案，图 11-179(a)~(c)是从不同用途，按上述分类的不同组合而构成的各种 VFD 显示器的实例。

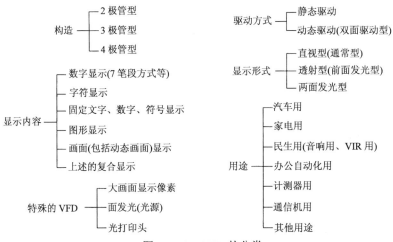

图 11-178　VFD 的分类

(a) 微波炉用 VFD
(画面显示部分)

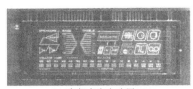

(b) 高保真度音响用 VFD

(c) 汽车 EIP 用 VFD(大型表盘)

图 11-179　VFD 显示器实例

11.6.2　VFD 的结构及工作原理

11.6.2.1　一般直视型 VFD 的结构及工作原理

从基本原理讲，VFD 同三极真空管并无本质差别，如图 11-180、图 11-181 所示，前者主要由置于透明真空管中的作为电子发射源的灯丝、控制电子扩散的栅极以及显示图案用的阳极构成。

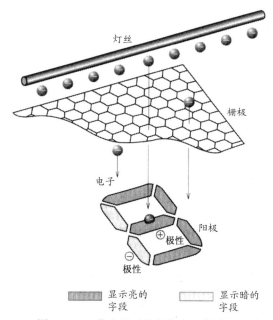

图 11-180　荧光显示管的基本工作原理

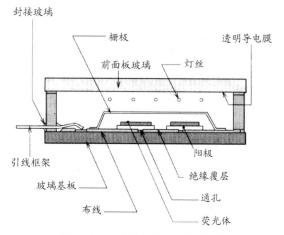

图 11-181　荧光显示管的断面图

VFD 以直视型三极管结构的最为普遍，而其中又以成形栅极固定在玻璃板上的结构方式最多。下面以此为例讨论 VFD 的结构及工作原理。

图 11-182 为上述 VFD 结构分解图。如图所示，其基本结构由阴极、栅极、阳极三种电极构成。阴极是由在细钨丝上直接包覆钡、锶或钙的氧化物构成，阴极丝要足够细，以不妨碍显示为限。氧化物的作用是，灯丝上通电加热到 600~650℃，即可发射热电子。为了吸收灯丝加热时产生的热膨胀，灯丝的一端或两端固定在弹簧架上。

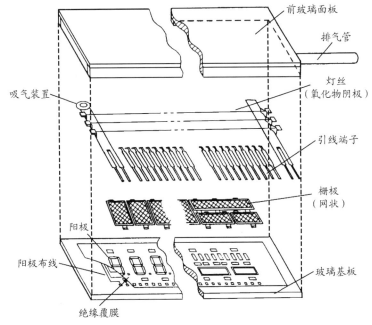

图 11-182　VFD 的构造分解倾斜视图

栅极通常是用厚度为 50μm 的不锈钢等金属箔由光刻加工成网格状，为了不妨碍显示，网格的线宽要控制在 30μm 以下。在图 11-182 所示的例子中，该栅极为压制成形，并设有与阳极保持适当距离的支脚，该支脚用浆料固定烧结。支脚中至少有一处与玻璃基板上设置的栅极布线相连接，与阳极同样，通过引线端子引出。

当栅极上加有正电压时，它使阴极发射的热电子加速、扩散、并碰撞阳极，具有显示的功能；而加有负电压时，它截断(截止)向阳极运动的电子，具有消除显示的功能。

阳极按需要显示图形的形状，大致由石墨等厚膜或 Al 等薄膜形成导体布线，再在其上按需要显示的图形涂布荧光体。具体步骤是，在阳极基板(玻璃)上，先由厚膜或薄膜工艺形成导体布线，再由厚膜印刷法形成低熔点玻璃绝缘层；应显示图形需要，在绝缘层的必要部位开通孔，在通孔中印刷导体浆料，用于层间互连；在绝缘层通孔部位的绝缘层之上，由石墨浆料等形成阳极，再在阳极上涂布荧光体；最后形成阳极的发光显示部分(阳极形成的工艺过程后面还要详述(参照图 11-197))。

当阳极(及栅极)上加有正电压时，透过栅极的电子碰撞荧光体激励发光；而当阳极同阴极等电位或比阴极电位低数伏时，栅极上即使加正电压，由于灯丝发出的电子不能碰撞荧光体，从而不能发光显示。

图 11-182 所表示的吸气装置，是在环状容器中压入吸气剂材料，封接、排气后，由外部对环状容器进行高频磁场加热，有指向性地在前面玻璃上形成吸气剂材料的蒸镀膜。吸气剂材料通常是钡吸气剂，蒸镀膜由于能吸收管内残留气体，使真空度提高，而且在使用中能吸收电极放出的气体，维持正常显示功能。

11.6.2.2　VFD 的驱动方式

在 VFD 中，相对于灯丝电位来说，只有当栅极及阳极双方的电位均为正的情况下，才能实现显示发光。基于这一原理，VFD 的驱动分静态驱动方式和动态驱动方式两种。

1. 静态驱动方式

在静态驱动 VFD 中，如图 11-183 所示，栅极为一个电极，施加直流正电压，而由每个字段构成的阳极全部都设有独立的引出线，利用构成显示图案的每个字段的 ON/OFF，对字段显示实施控制，并由此选择显示图形。静态驱动方式的特征是，字段可以取任何形状，可以在任何时间间隔下，在任何时间发光。尽管静态驱动使用的阳极端子数多，但低电压下就容易获得高亮度。因此多用于低电压驱动且需要高亮度的汽车用显示器等。

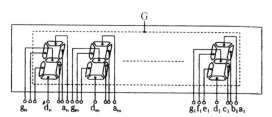

静态驱动荧光显示管的阳极电极线连接方式

图 11-183　静态驱动

2. 动态驱动方式

在动态驱动 VFD 中，如图 11-184 所示，栅极和阳极形成矩阵。显示面按栅极分割成若干个区域，对于一般的 VFD 来说，分割的区域数通常为 2~40。栅极以时分割顺序驱动，即驱动时首先按时间顺序有选择地在栅极的分割区域上施加正电压。与栅极的选择脉冲同步，在阳极应该显示的端子上施加正电压，由此选择显示的图形。由于是利用栅极时分割驱动，因此有可能将围绕其他栅极的区段(阳极)由共用布线连接并导出，这样阳极端子数就能减少到最大栅数的若干分之一。由于阳极分组共有，与静态驱动方式相比，阳极数目减少，这对于复杂的多字段的情况十分有效，其中点矩阵荧光管及荧光管图形显示器就是其典型代表。换个角度看，动态驱动阳极端子数可以减少，但随着栅极分割数的增多，为获得同样的亮度，需要的工作电压高。

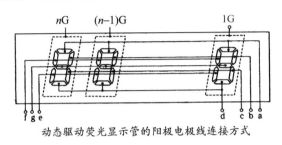

动态驱动荧光显示管的阳极电极线连接方式

图 11-184 动态驱动

11.6.2.3 透射型(前面发光型)VFD 的结构及工作原理

前面发光型 VFD，简称 FL VFD(front luminous VFD)。但不同厂商也采用不同名称。

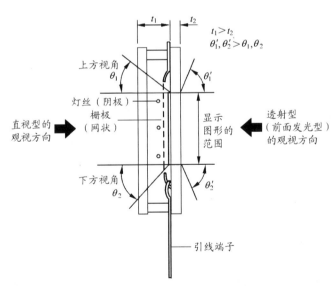

图 11-185 透射型(FL VFD)与直视型 VFD 的观视方向正好相反

FL VFD 的阳极由透明导电膜或开口率很高的金属薄膜的网络构成，在其上涂布极薄(5~10μm)的荧光体。除此之外，其结构与前面介绍的直视型 VFD 相同。

如图 11-185 所示，FL VFD 与直视型 VFD 的观视方向正好相反，从观视者角度，前者的优点是看不到灯丝和栅极，但在入射到阳极的功率相同的条件下，FL VFD 的亮度大约为 VFD 的 60%。FL VFD 的其他优点还有，由于是在玻璃基板的内侧表面发光，因此视角更宽，附加滤光器时的视差可以做到非常小等。

11.6.3　VFD 的应用

虽说荧光显示管的基本原理并无多大变化，但从开发初期的玻璃泡型单位管、多位管，到利用厚膜印刷技术获得平(面)型多位管，以及具有各种发光色的荧光体的开发而实现多彩色化，再到薄膜技术的导入而实现高密度化，进一步与半导体技术相融合获得高密度、高亮度等，真空荧光显示管可以说是一步一个脚印踏踏实实地发展中。与之相连，用途也从当初的计算器、钟表扩展到一般民用及车载用等。特别是，为适应近年来环境友好的要求，通过与半导体技术相融合，努力实现高密度、高亮度、多色化等，开发和应用进一步向深度和广度发展。

11.6.3.1　多彩色化

VFD 中使用的荧光体属于低速电子束激励发光的荧光体。在大多数情况下，VFD 的阳极电压采用 12~50V。在这样低的电压下，能产生足够高亮度发光的荧光体，只有发绿色的 $ZnO：Zn$。此后，通过在硫化物荧光体中混入 In_2O_3 等导电物质，达到低电阻化，并实现多彩色化。尽管从 1978 年开始这项技术即已达到实用化，但当时的发光效率并不令人满意。

表 11-25　各种低速电子束用的荧光体

发光色	组成	色度坐标		理想的相对亮度*/%	20V(阳极电压)		12V(阳极电压)	
		x	y		发光效率 $\eta/(lm/W)$	相对亮度/%	发光效率 $\eta/(lm/W)$	相对亮度/%
绿(G)	ZnO：Zn	0.235	0.405	100 (2 000cd/m²)	16	100	14.1	100
带紫的蓝(pB)	ZnGa₂O₄	0.170	0.130	—	0.80	5.0	—	—
蓝(B)	ZnS：Cl	0.145	0.155	34	1.8	11.3	0.78	5.5
带黄的绿(yG)	ZnS：Cu, Al	0.285	0.615	49	3.42	21.4	2.22	15.7
黄绿(YG)	(Zn₀.₅₅, Cd₀.₄₅)S：Ag, Cl	0.370	0.575	—	—	—	4.43	31.4
带绿的黄(gY)	(Zn₀.₅₀, Cd₀.₄₀)S：Ag, Cl	0.445	0.520	65	4.85	30.3	2.38	16.9
带黄的橙(yO)	(Zn₀.₄₀, Cd₀.₆₀)S：Ag, Cl	0.530	0.460	68	4.21	26.3	1.89	13.4
橙(O)	(Zn₀.₃₀, Cd₀.₇₀)S：Ag, Cl	0.605	0.395	42.5	2.73	17.1	1.35	9.6
带红的橙(rO)	(Zn₀.₂₂, Cd₀.₇₈)S：Ag, Cl	0.645	0.355	24	1.23	7.7	0.85	6.0

*周围照度 5 000 lx。

经过荧光体厂商的不懈努力，例如通过荧光体本身及表面处理等方面的改进，以及在其导电方式及相应工艺等方面的技术开发等，荧光体的发光效率已经大幅度提高，发光色也从蓝色扩展到红色。表 11-25 表示各种荧光体的色度，即如以绿色的亮度为 100，其他荧光体具有相同实感亮度时的相对亮度，以及阳极电压分别为 20V、12V 时，各种荧光体的发光效率及亮度等。图 11-186 给出已经使用的各种荧光体的发光光谱，图 11-187 表示相对于阳极电压的亮度特性。

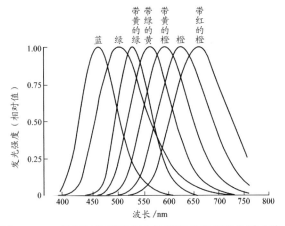

图 11-186　目前已达到实用化的荧光体的发光光谱曲线

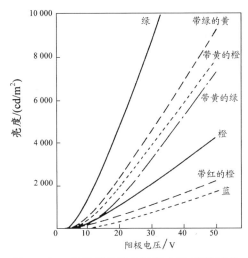

图 11-187　各种荧光体的阳极电压–亮度特性

目前，已开发出从蓝色到红色色纯度良好的各色荧光体供用户选用。表 11-26 列出最新开发的各色荧光体的色度和使用电压范围。作为实际采用的方法，多以绿为中心色，附加其他颜色来实现多色化。现在多色化的 VFD 产品已广泛用于 DVD 及音频显示设备中。

表 11-26　最新开发的各色荧光体的色度和使用电压范围

序号	中文名称	英文名称	色度坐标	使用电压范围
			$x,\ y$	eb, ec/V
1	红橙(Rsh. O)	Reddish Orange (Rsh. O)*1	0.64, 0.36	12~38
2	红橙 2(Rsh. O2)	Reddish Orange 2 (Rsh. O2)——高亮度品	0.64, 0.36	12~14 15~32
3	橙(O)	Oragnge (O)*1	0.60, 0.40	12~38
4	橙 2(O2)	Orange 2 (O2)——高亮度品	0.60, 0.40	12~14 15~32
5	黄橙(Ysh. O)	Yellowish Orange (Ysh. O)*1	0.53, 0.46	12~38
6	黄橙 2(Ysh. O2)	Yellowish Orange 2 (Ysh. O2)——高亮度品	0.53, 0.46	12~14 15~32
7	绿黄(Gsh. Y)	Greenish Yellow (Gsh. Y)*1	0.44, 0.52	12~38
8	绿黄 2(Gsh. Y2)	Greenish Yellow 2 (Gsh. Y2)——高亮度品	0.53, 0.46	12~14 15~32
9	黄绿(Ysh. G)	Yellowish Green (Ysh. G)*1	0.29, 0.61	18~38
10	绿(G)	Green (G)*1	0.24, 0.41	12~
11	嫩绿(Vv. G)	Vivid Green (Vv. G)	0.10, 0.72	18~40
12	蓝绿(Bsh. G)	Bluish Green (Bsh. G)	0.20, 0.36	12.5
13	蓝(B)	Blue (B)	0.15, 0.16	18~38
14	浅蓝(Lt.B)	Light Blue (LtB)	0.18, 0.17	18~40
15	浅蓝 2-F(Lt. B. 2F)	Light Blue 2-F (Lt. B. 2F)——高亮度品	0.19, 0.22	18~40

近年来，随着环保力度的加大，消减并消除有害物质的要求越来越严格。对荧光显示器来说，引脚部分所用焊料中的 Pb 以及一部分荧光体成分中的 Cd 就是 RoHS 指令中禁用的有害物质。目前，替代有铅焊料及置换含镉荧光体的开发已取得实质性进展。

11.6.3.2　显示方式的多样性

1. 障壁栅极荧光显示管(GOSVFD)

障壁栅极荧光显示管(grid on separator VFD, GOSVFD)不同于传统方式 VFD，后者金属网栅极配置(通过空间固定)在灯线与阳极之间，而前者是采用印刷积层栅极并配置于显示图形(阳极)周围。如图 11-188 所示，栅极的分离柱(separator，阳极像素障壁)及栅极都由厚膜印刷形成。栅极高度 220μm，宽度 120μm。

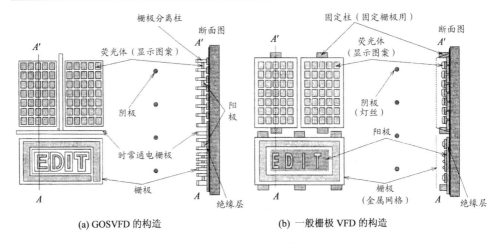

(a) GOSVFD 的构造   (b) 一般栅极 VFD 的构造

图 11-188　GOSVFD 构造图

GOSVFD 可以实现金属网栅极难以实现的高细度图案(pattern)，而且栅极可自由分割。图 11-189 表示 GOSVFD 显示实态图。

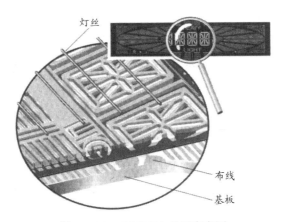

图 11-189　GOSVFD 显示实态图

2. 两面发光型荧光显示管(bi-plane)

如图 11-190 所示，可以将直视型荧光显示管(图 11-190 的后面显示部分)与前面发光型荧光管(图 11-190 的前面显示部分)相组合，构成一个荧光显示管。由于两面的图案都用于显示，因此信息量达到两倍，可实现高分辨率、精彩逼真的显示效果。而且，如果将两个发光面以一定的间隔分开，再配以必要的光栅，还可实现立体显示。

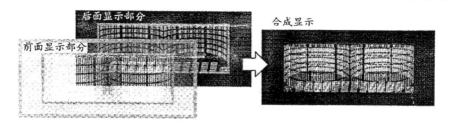

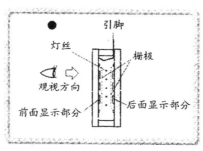

图 11-190　双面型 VFD

11.6.3.3　高亮度，高密度化

1. IC 内藏荧光显示管(CIGVFD)

CIGVFD(chip in glass VFD)是将此前由外部与荧光管相连接的驱动 IC，与荧光管的阳极及栅极相连接于荧光显示器的内部，而构成一体化器件(图 11-191)。

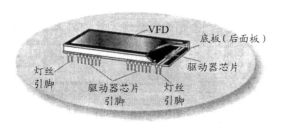

图 11-191　GIGVFD 构造斜视图

由于向外部引出的引脚数减少，在构成系统时，荧光显示管与驱动用屏的连接点数可大大降低，这对于系统的轻薄短小化、提高可靠性、降低价格都极为有利。

2. 平视显示器用荧光显示管(HUD)

基于荧光显示管亮度高的独特优势，20 世纪 80 年代初，人们开发出用于车载的亮度达 40 000cd/m^2 的平视显示器用荧光显示管(HUD)。HUD 是将从作为光源的荧光显示管发出的光，投影到汽车的前挡风玻璃上。例如，将车速等信息投

影到司机驾驶视野之中，司机不必低头看表即可方便地认知。图 11-192 表示汽车
前挡风玻璃上投影的显示图像及 HUD 的显示原理。

图 11-192　平视显示器(HUD)的显示实例(上)及原理图(下)

最近，这种应用继续向如下所述的高亮度、高精细化方向进展。

3. 有源矩阵荧光显示管(AMVFD)

HUD 开发当初，主要用途是车速表的投影显示，但进入 21 世纪，伴随信息
量的增大，对显示容量提出越来越高的要求。

有源矩阵荧光显示管(AMVFD)是在内藏阳极驱动回路的 IC 上涂布荧光体，
即，将 IC 又当作阳极来使用(图 11-193(a))。由于是利用内藏的存储回路进行静态
驱动，因此称其为有源矩阵。通过 AMVFD 的开发，可以实现如同图形荧光显示
管那样利用动态驱动的高精度显示，而且能达到过去不可能的高亮度显示。

用于 40×80 像素(点)的图形显示，亮度已达到 30 000cd/m^2。图 11-193(b)是为
用于 HUD 而开发的 AMVFD 的高精细显示状态。而且，通过 IC 芯片无间隙地并
排而使显示面积扩大，正进一步实现高亮度、高密度及大容量化等。

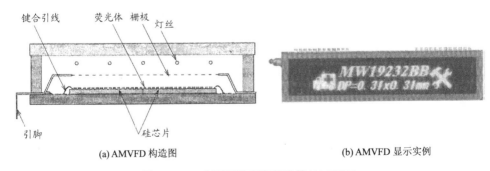

(a) AMVFD 构造图　　　　　　　　　　　(b) AMVFD 显示实例

图 11-193　有源矩阵真空荧光管(AMVFD)

4. 高亮度光源

除 HUD 之外，充分发挥荧光显示管高亮度特征的应用实例还有利用图像数据对瞬时曝光胶片及银盐感光纸进行直接曝光的简易印刷机光源。一般所称的荧光发光印刷头(VFPH)，可采用 300~400dpi(dot per inch)的图像分辨率，就采用了上述超高亮度发光元件。

VFPH 的构造如图 11-194 所示。为实现更小、更高精度的点节距，通常采用 Al 薄膜的微细加工技术，而荧光面的形成采用光刻技术。而且，通过与可有效减少引脚数的 CIG(chip in glass，玻璃上芯片)技术相结合，可实现超高亮度、高精细荧光发光印刷头(VFPH)。

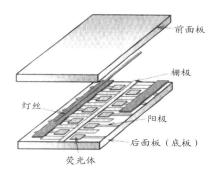

图 11-194　VFPH 构造图

图 11-195 是采用 VFPH 的印刷图形效果实例。

图 11-195　VEPH 印刷实例

11.6.4　荧光显示管的制造工程

图 11-196 是 VFD 的一般制造工艺流程，而图 11-197 是阳极基板的制造工艺流程。按部件和材料大致划分，主要包括显示部分的阳极基板，固定(桥架)栅极及灯丝用的金属部件，还有构成真空容器的前玻璃盖板等。如图 11-197 中所示，利用熔融态的低熔点玻璃使内含有上述金属部件的阳极基板和前玻璃盖板封接，通过排气管对其内部抽真空，密封后完成 VFD 器件。

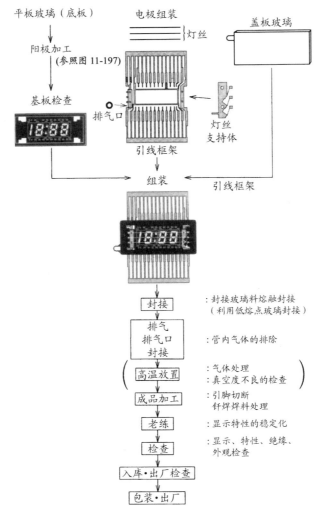

图 11-196　VFD 的一般制作技术流程图

11.6.5　今后的发展预测

荧光显示管自 1967 年问世以来，逐渐由厚膜技术向薄膜技术，进而实现高集成化，进一步向着每个像素具备一定功能的主动(active，有源)矩阵驱动等方向进展。而且，显示的多样性(如彩色化及立体显示等)也与时俱进地向前发展。进入 21 世纪，荧光显示管必将充分发挥其他薄型显示器难以具备的高亮度、宽工作温度范围及高识认性等特长，进一步将周边控制回路等集成于器件内而实现系统化。据此，VFD 的应用范围必将进一步扩大。

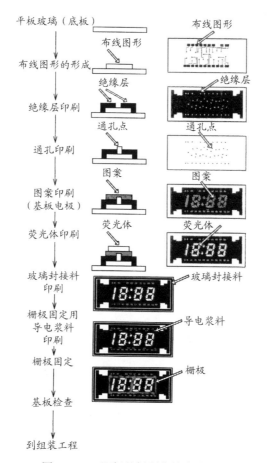

平板玻璃（底板）

布线图形的形成
布线图形

绝缘层印刷
绝缘层

通孔印刷
通孔点

图案印刷
（基板电极）
图案

荧光体印刷
荧光体

玻璃封接料
印刷

栅极固定用
导电浆料
印刷

栅极固定

基板检查

到组装工程

布线图形

绝缘层

通孔点

图案

荧光体

玻璃封接料

导电浆料

栅极

图 11-197　阳极基板制作技术流程

11.7　电　子　纸

人们期待的电子纸属于一类新型的电子组件，它看起来像纸一样既轻又薄，便于阅读，又能用电气方法写入并擦除数据。电子纸是集液晶、EL 等平板显示器功能(可写入、擦除数据)与传统纸的优点(轻、薄、易读、携带方便)于一身的新型产品。

本节中，将针对电子纸的不同种类，讨论其工作原理、结构、制作方法及应用等。并对电子纸必须具备的挠性有机薄膜三极管，以及电子纸今后的发展、课题等做简要介绍。

11.7.1　何谓电子纸

11.7.1.1　电子纸的概念

随着电子信息社会的进步，采用薄型显示屏的计算机及 PDA 等已广泛普及，但是由传统纸张印刷的报纸、杂志等仍照旧发行。传统纸张的用量不但没有减少，反而大大增加了。

近年来，平板显示器技术的进步可以说是日新月异。但是，利用目前的平板显示器还不能像平常读书看报那样十分便利地阅读一本小说。而利用电子纸，或称数字化纸(digital paper)这种媒体，就能使"读"的行为方便易行。图 11-198 以硬拷贝(印刷品)和软拷贝(显示器的图像显示)二者之间的关系为例，表示电子纸的概念。由图 11-199 也可以看出，电子纸是集目前电子显示器(软拷贝)和印刷物(硬拷贝)二者的优点于一身的新型媒体。

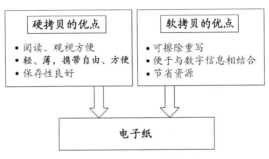

图 11-198　电子纸的概念

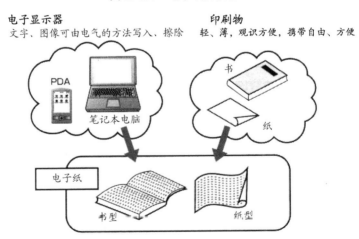

图 11-199　电子纸是集电子显示器(软拷贝)和印刷物(硬拷贝)二者的优点于一身的新型媒体

从另一个角度讲，在过去的本技术领域中，已有可擦除重写记录，像纸一样的(paper-like)显示器等术语。为了区分这些传统术语与电子纸、数字化纸等最新术语之间的关系，表 11-27 进行了整理。无论称呼怎样变化，看来传统术语多是从技术角度出发属于技术特征型的，而电子纸等最新用语是从需求出发属于应用主导型的。从表 11-27 可以看出，电子纸、数字化纸是可重写型纸及像纸一样显示器等概念的扩展和延伸。

表 11-27　电子纸用语的整理

应用主导型的用语 (不分技术领域的概念)	技术特征主导型的用语 (按技术领域不同而产生的概念)
电子纸 数字式纸	可擦除重写(rewritable)纸 (硬拷贝的延伸，理想型) 像纸(一样的)显示器 (显示器概念的延伸，理想型)

表 11-28 列出了电子纸应达到的目标。实现所有这些目标当然十分理想，但要想完全达到表中所列项目的要求是不大可能的。实际上，只能针对特定的使用目的，将表中所列的若干项目相组合，使开发的产品达到这些要求。表中以电子图书及电子报纸和一般文件为例，分别给出二者对电子纸所要求的项目。

针对电子纸的不同用途，表 11-28 中所列项目也有轻重缓急之分，但只能按一般用途给出先后次序。例如，表中将彩色显示列为 C 级(第 2 代目标项目)，这是由于，相对于黑白显示来说，彩色显示电子纸难度更大些，而且，即使对于黑白显示技术来讲，可阅读性(包括优良的可识认性)和可擦除重写性也应该是重点开发和优先实现的课题。

表 11-28　电子纸应达到的目标

分　类	项　目	应达到目标	电子书电子报纸	一段时间使用的书籍	对性能的要求程度
基本功能	识认性	达到印刷品水平的视认性	○	○	A
	擦除重写性	可实现擦除重写	○	○	A
	文字图像信息保存性	理想状态为不需要维持能量		○	B
	写入信息消耗能量	希望尽量小			B
附加功能	加笔修改性	在显示面上可加笔修改			C
	加笔修改信息的写入	对显示的信息随时修改补充			C
	彩色显示	全色显示			C+
携带及操作性	可携带性	轻、薄，便于携带	○	○	B
	超薄化	理想状态像纸一样薄		○	B+
	可弯曲性(挠性)	像纸一样折叠、弯曲			C

注：A——第 1 代的必须项目；　B——第 1 代所希望的项目；　C——第 2 代的目标项目。

11.7.1.2 电子纸的实现形态

按电子纸的实现方式,它大致可分为三种类型:

1) 如同现实的 LCD 那样,自身具备可擦除重写功能;

2) 如同热重写那样,与辅助系统相组合而具有可擦除重写功能;

3) 使自身不具备重写功能的显示部分与擦除重写单元一体化。

包括上述三种方式的组合在内,电子纸有如表 11-29 所示的四种典型型态,表中同时列出多种形态的优缺点。

实际上,表 11-29 中所列电子纸各种各样的形态分别是应不同的要求而出现的。其中,如卷曲型,就是可应用于手机等小型装置,并能使其一体化的理想形态。这种形态向人们展示出新的商品概念:既轻、又薄,可像手帕那样折叠,携带方便,又能像读书看报那样便于阅读,这就是电子纸的优势所在。

表 11-29 电子纸的实现形态

分 类	平面型	卷曲型	块体型	纸型
擦除重写装置	内藏	附属	内藏,附属 / 别置	别置
优点	媒体采用一块即可,便于实现小型化	可实现实时(real time)擦除重写	一览性良好	作为媒体有可能实现"像纸化"
缺点	小型(compact)化受限制	不能一次看多个画面	与纸型相比,体积大且笨重	如果一览的信息很多,需要多个媒体

11.7.1.3 电子纸的工作原理

一般说来,显示技术可以看成由"图像写入手段"和"显示介质(媒体)"两个基本要素构成。从这种观点出发,按电子纸的工作原理对其整理分类如表 11-30 所示。例如,作为图像写入手段,有电场、磁场、光、热等,采用的手段不同可以派生出各种不同的方式;而从介质(媒体)方面考虑,也可以通过其变化获得不同方式。表中仅列出目前已公开发表的代表性电子纸工作方式,表中的空格位置预示各种新方式的潜在可能性。

关于电子纸的种类,首先是现有技术的延长和引申,如液晶显示器和有机 EL 显示器进一步向超薄化、挠性化发展等。

表 11-30　信息写入手段与显示介质发生变化的组合

驱动 \ 媒体	物理变化					化学变化
	粒子的层次		分子的层次		形状的层次	
	移动	旋转	移动	旋转		
电场	电致泳动粉体移动	扭转(twist)微球等		液晶	热致变形	电致变色电致沉积
磁场	磁场中泳动	磁性扭转(twist)微球				
光				液晶		光致变色
热				液晶	热致变形	隐色体染料热致变色

　　但是，若从"像纸一样"的观点出发，目前黑白显示电子纸的典型代表是由美国 E Ink 公司开发的所谓电泳方式，如图 11-200 所示。这种方式利用微胶囊(micro capsule)(采用如黑白对比度分明的二色粒子)，既可进行文字显示，又可进行图像显示。所谓电泳，是指在液体中分散的带电粒子，在外加电场作用下，在液体中像人游泳那样发生移动的现象。在微胶囊方式的情况下，将分别带有正电荷和带有负电荷的带电粒子(各自对应白和黑)分散于被封入微胶囊的透明液体中。这两种粒子在所加电压作用下，分别向着负极一侧和正极一侧泳动，从而显示出所需要的黑白二色，如图 11-201 所示。

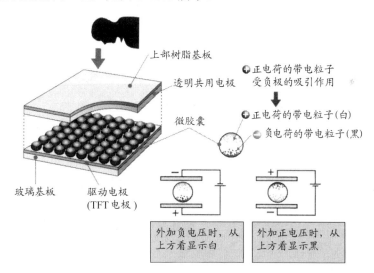

图 11-200　美国 E Ink 公司开发的微胶囊型(电泳方式)电子纸的工作原理

　　为显示文字或图像，可将驱动电极做成矩阵状，采用同液晶显示器和有机 EL 显示器一样的方法对每个像素进行驱动。

　　电子纸的工作原理和显示方式还有很多，对此将在后面几节加以讨论。

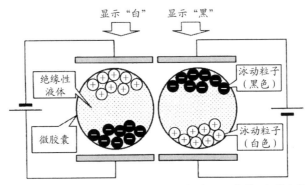

图 11-201　微胶囊型电泳显示的基本原理(二色粒子两用型)

11.7.1.4　电子纸应具备的性能

按电子纸的性能对其分类，如表 11-31 所示，可分为两大类：一类为可替换纸型，另一类为电子显示器发展延伸型。二者进一步按基板类型，还有"挠性"和"刚性"之分。除此之外，还可按黑白还是彩色显示、驱动方式等分类。

表 11-31　电子纸按性能的分类

性能及使用	纸的置换型(①)		电子显示器的发展延伸型(②)	
	字段式		矩阵式	
	· 利用打印机等实现可擦除重写	· 利用固定图案反复显示，实现可擦除重写	利用矩阵驱动	
	打印机	固定图案	单色	彩色
			有源型	无源型
刚性	需要擦除重写的专用装置	不能用于其他图案显示	价格高(与低价格产品竞争)	价格高
挠性	需要擦除重写的专用装置	不能用于其他图案显示	制作方法还未最终确立，价格高	制作方法还未最终确立，价格高

一般说来，不管哪种方式，挠性化的共同技术课题在于驱动电路。不需要驱动回路的可替换纸型(表 11-31 的(①)中，采用刚性形式很难增加附加值，而电子显示器发展延伸型(表 11-31 的(②)中，挠性型制品化的难度也很高。目前电子纸产业化重点是上述两种以外的形态。而这些形态还可分为有源矩阵驱动型和无源矩阵驱动型。尽管电子纸产品性能依厂商不同而异，但无论从响应速度还是从动画功能看，与目前的平板显示器相比，仍有很大的差别。关于提高响应速度，像液晶显示器那样采取很多措施(见 9.4 节)还很难；关于动画功能，同电子纸具有存储性而降低功耗的要求相矛盾。

但无论怎么说，既然是电子纸，就应该具备可擦除重写性、存储性、反射型这三种最基本要求。除此以外，所要求的项目还有很多(表 11-28)，代表性的项目列举如下：

1) 显示的信息可擦除重写，采用的方式主要是电气的，此外还有磁、光、热的方式等；

2) 无供电的条件下可长时间显示(超低功耗，存储性等)；

3) 同纸一样，非常便于阅读和识认(广视角，大对比度)；

4) 既薄又轻，携带方便；

5) 尽量做到挠性，可弯曲折叠。

表 11-32 从作为电子纸的性能要求出发，对由现有技术发展而来的平板显示器型(由 LCD、有机 EL 发展而来)和微胶囊像纸型(电泳方式)电子纸的硬件进行了比较。

表 11-32　两大类电子纸特性(硬件)的比较

	液晶、有机 EL 型	纸型(电泳式等)
轻、薄(挠性)	△	◎
信息可擦除重写性	◎	○
易于观看(识认性)	○	◎
电力消耗	△	◎
可携带性	○	◎
彩色化[①]	◎	△

注：① 目前电子纸的制品为黑白单色型的。但是，美国 E Ink 公司等将电泳方式(微胶囊)与滤色膜相组合，已开发出彩色电子纸(2001 年 5 月)。另外，佳能公司提出在 In-Plane 型(见 11.7.5.5 节)中，采用使着色粒子色料调色剂(toner)三层重叠的方式以实现彩色化的方案。

11.7.1.5　电子纸的应用及市场展望

理想的电子纸如同普通纸那样，可方便地贴在墙上、装于袋中、展于地上、拿在手中，可像手帕那样折叠展开，可像风筝那样放飞空中，既能按要求显示动态信息，使用又十分方便。

图 11-202 是以应用尺寸为横坐标，以显示内容，彩色还是单色为纵坐标，以定位图的形式表示目前采用的显示器尺寸及各种类型电子纸的应用目标。对于电子纸来说，作为现在开发中的商品而考虑的应用目标主要有以下几类：

1) 广告牌(车内广告、店内广告、设施介绍、传言板等)，POP(point of purchase)，店头陈设(卖点广告)；

2) PDA，手机等；

3) 电子书籍(e-book)，电子辞典，电子报纸等。

电子纸低功耗的概念，不仅对于便携应用，而且对于交通显示等大画面显示用途也受到关注。迄今为止用于交通显示的手段主要有 LED、PDP、印刷招贴等，对这类显示的要求除了定期更换(擦除重写)之外，特别应清晰醒目。而且，交通显示的公益性强，必须是节能环保型的。这类用途的电子纸多为无源驱动型，具备可擦除重写性、存储性、反射型这三种最基本特征，属于节能环保的，因此在交通显示领域有很好的应用前景。对于大型广告牌来说，全部采用电子纸难度很大，只能在整个广告牌上配以部分电子纸，产生"画龙点睛"的作用。关于 POP，随着连锁经营的展开和商品经营的多样化，管理价格越来越高。Gyricon Media 已推出将电子纸与 POP 共享，并使其与 LAN/WAN 等相连接，可进行远距离操作的系统，目前该系统已有商品出售。

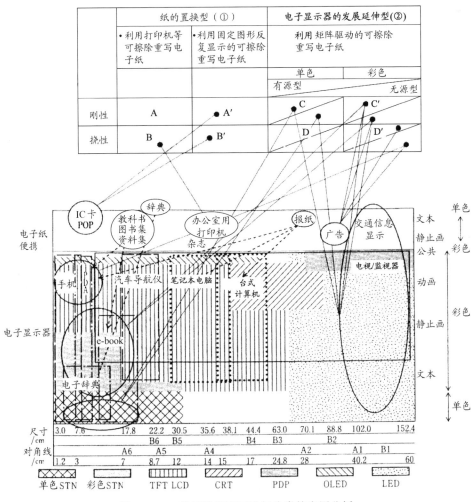

图 11-202 基于性能不同进行分类的应用分析

对于电子纸来说，应用前景最看好的当属便携用途。目前，手机、PDA 的彩色动画显示进展顺利，但如何使其纸型化，即更轻、更薄、易弯曲、可折叠等是需要进一步开发的课题。

现在市场上出售的所谓电子图书、电子辞典等，严格说来都是将图书内容固化在其中的计算机和小型微机。而在电子纸时代，电子辞典、电子图书和电子报纸的硬件要变成电子纸。可以想象该领域的市场是十分广阔的。图 11-203 表示松下电器产业开发的商标为 Σbook 的电子图书一例。

图 11-203　商标为 Σbook 的电子图书一例(照片提供：松下电器产业株式会社)

针对电子图书的内容配信(加载)，已有公司开始商业运作。电子图书的内容包括漫画、影集、画册、小说、商务书等。关于配信渠道，可经由数据中心，由各配送商、电子图书店店进行，也可通过数字式播放及有线电视(CATV)播放进行。由于这方面的业务刚刚开始，关于电子图书内容的配信方法、出版社的业务模式、版权等等，都需要按新的思维方式加以解决。

11.7.2　电子纸的结构与分类

按电子纸的构造和显示原理，具体说来，它一般可分为下述三大类型，而每一类型中又有不同的结构形式。

(1) 液晶型电子纸

1) 胆甾相型液晶方式；

2) 光写入型液晶方式；

3) 高分子分散型液晶方式。

(2) 有机 EL 型电子纸

1) 表面钝化层保护型小分子有机 EL 方式；

2) 彩色挠性大分子有机 EL(印刷)方式；

(3) 以真正电子纸为目标的类纸型电子纸

1) 微胶囊电泳方式；

2) 旋转微球方式(硅色球方式)；

3) 热重写方式;

4) 色料调色剂显示方式;

5) In-Plane(平面)型电泳方式;

6) 电子粉流体方式。

除此之外,上述每种方式还分为将写入装置一体化的形式,和不包括写入装置仅有显示介质的形式等。而在挠性电子纸中,一般写入装置与显示介质都是分开的。

11.7.3 液晶型电子纸

11.7.3.1 胆甾相型液晶方式

在讨论胆甾相液晶分子排列状态(见 2.5.7~2.5.9 节)时曾指出,胆甾相液晶的颜色由其分子螺旋排列(如螺距不同)所产生的反射光决定。但目前在手机、计算机及电视等需要动画显示的显示器中,几乎还完全没有采用胆甾相液晶。

但是,对用于电子纸的液晶来说,要求采用不需要背光源的反射型;而且要求无论在室内还是室外,都应有与纸同样的显示亮度及便利的阅读性;同时,类纸型电子纸应采用尽可能薄的结构;同用于手机、计算机、电视等的液晶不同,电子纸要求超低功耗(无功耗,即使切除电源仍能显示记忆的信息)。实际上,胆甾相液晶就是都能满足这些要求的液晶。

如 2.1.7 节所述,胆甾相液晶具有由棒状分子构成的层状结构,同一层内的分子基本上按同一方向取向,而由层间的分子取向构成螺旋排列。基于这种螺旋结构,相应不同螺距,对不同波长的光产生选择性反射,从而显示出不同颜色(对应不同螺距发生颜色变化,2.5.9 节)。贴于儿童前额的纸型体温计正是基于这一原理。体温升高造成螺旋形排列液晶的螺距发生变化,从而纸型体温计的颜色(反射光波长)有别于正常体温的情况,由此判断儿童处于发热状态。

具有这种螺旋结构的胆甾相液晶,通过光的选择性反射来显示光的明暗,因此不需要偏振光片。在没有电场施加于液晶的状态下,相应于螺旋排列的螺距不同,通过选择性反射,可以显示特定的颜色(如白或黑),此为图 11-204(a)所示的平面状态。

当有弱电压作用于液晶时,光透过液晶。此时,即使去除电压,状态仍能维持(聚焦圆锥状态),如图 11-204(b)所示。可利用液晶层背面的散射光吸收层对部分散射光加以吸收。

进一步增强电场,液晶层可进一步增加对光的穿透性(均质平行(拆开螺旋状态),如图 11-204(c)所示)。若在该状态下去除电场,则液晶返回到图 11-204(a)所示的平面状态。

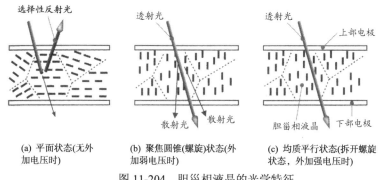

(a) 平面状态(无外加电压时)　　(b) 聚焦圆锥(螺旋)状态(外加弱电压时)　　(c) 均质平行状态(拆开螺旋状态, 外加强电压时)

图 11-204　胆甾相液晶的光学特征

利用上述的电场变化(驱动电压控制)，则可以显示所希望的信息。

顺便指出，松下电器产业公司正开发的电子图书Σbook(见图 11-203)，就采用了这种胆甾相型液晶。

11.7.3.2　光写入型液晶方式

光写入型液晶方式电子纸的基本结构如图 11-205 所示，它是由透明电极将有机半导体材料(依光照强度的不同，使在光导电层中流过电流的电阻发生变化)和前一节讨论的胆甾相型液晶夹在其中构成的。

这种电子纸的工作原理是，光导电层和液晶层夹于基板膜之间，利用基板膜上的透明电极对光导电层和液晶层施加电压。与此同时，利用外光照(光写入)使光导电的电阻发生变化。在外光照射强弱变化的瞬间，使光写入型液晶显示元件的反射浓度发生变化。

如图 11-205 中右边的等效电路所示，外加电压由液晶层和有机光导电层分压。也就是说，液晶层上所加电压的大小，取决于有机光导电层的电阻变化。如果有机光电导层的电阻值大，则液晶层上所加的电压低；如果有机光电导层的电阻值小，则液晶层上所加的电压高。由此，写入的数据(文字及图像)就表现为反射浓度的变化。这样，利用光的强弱就可替代一般电气写入系统(利用所加电压的大小等写入数据)所起的作用。由于不需要接线端子及写入用的电子回路等电气连接系统，特别适用于电子纸本身轻薄短小的要求。

光写入型液晶方式电子纸的实际结构如图 11-205 所示，它是在内侧形成透明电极的两片基板膜之间，夹有将胆甾相型液晶微胶囊化的液晶层、黑色层、有机光电导层而构成的。另外，由于不采用玻璃基板，故可实现挠性化。关于显示数据的保持，在无电源的情况下可达一年以上。目前，以经营复印机而闻名于世的富士施乐(Xerox)公司正积极开发这种方式的电子纸。

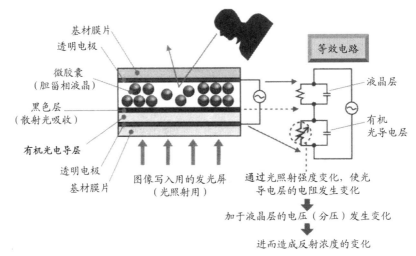

图 11-205 光写入型液晶方式电子纸的断面结构及工作原理

11.7.3.3 高分子分散型液晶方式

高分子分散型液晶方式(polymer dispersed liquid crystal, PDLC)不需要偏振光片、取向膜及背光源等，特别适用于薄而挠性化的电子纸用显示器。高分子分散型液晶方式是将液晶均匀分散于高分子(聚合物)中制成的。目前 PDLC 主要用于调光玻璃、有源矩阵驱动的投影型显示器等方面。

高分子分散型由向列液晶和高分子构成，并利用复合体的光散射效应进行显示。根据复合体的构造，PDLC 可分为向列毛团准直相(nematic currilinear aligned phase, NCAP)型和聚合物网络液晶(polymer network liquid crystal, PNLC)型两大类。

NCAP 型是液晶以微小粒滴的形式分散在高分子基体中构成的；PNLC 型是在液晶的连续相中，高分子以三维网络状或微小粒滴状分散而形成的。由上述的结构可以看出，二者中液晶的比例是不同的，在液晶含有率高的 PNLC 中，复合体的 70%~90%为液晶。

NCAP 型液晶的具体制法是，将向列液晶在亲水性聚合物水溶液中制成悬浊液，使液晶微胶囊化之后，涂布在电极基板上，等干燥后，再在其上层压上另一块电极基板。与此相对，制作 PNLC 时，首先将向列液晶与聚合性单体及低聚物调制成溶液，把这种溶液注入由两块电极基板组合的盒壁之间，再经紫外线照射，发生聚合反应，使液晶与高分子相分离，这样便在液晶中形成三维网络状的高分结结构。

图 11-206 表示 NCAP 型电子纸的工作原理。不施加电压时，液晶分子沿胶囊壁面排布，且从光的入射方向看，液晶分子随机排列。在这种排列方式中，

取液晶的折射率与高分子材料的折射率不同的组合，使得电子纸的外观由于入射光的散射而呈现白色。当施加电压时，液晶分子按电场方向排列，若假定液晶的正常光折射率与高分子的折射率相等，则入射光不发生散射，从而电子纸呈透明的外观。

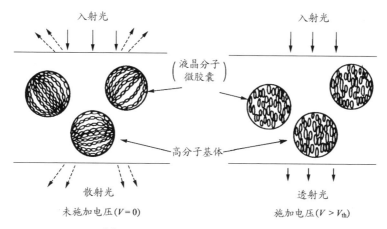

图 11-206　NCAP 型显示方式的原理

PNLC 型电子纸的工作原理如图 11-207 所示。未施加电压时，液晶分子沿高分子三维网络结构的界面排布，从整体看为随机排列。这种排列会对入射光产生散射，从而使得外观呈现白色。而当施加电压时，液晶分子按电场方向，即与光的入射方向呈相同方向排列，由于对入射光不发生散射，从而使得外观呈现透明色。

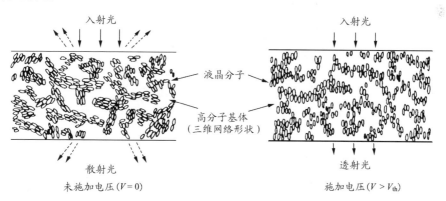

图 11-207　PNLC 型显示方式的原理

如上所述，高分子分散型显示方式基于散射效应，不需要偏振光片。正因为如此，它更适宜做电子纸。而且，由于它采用高分子与液晶的复合体，可以较容易地实现大面积化。同 NCAP 型比较，PNLC 型对光散射的效果更好，可以实现更像纸的白度，而且工作电压更低些。NCAP 型的工作电压为 10~30V，而 PNLC型为 5~25V。二者的响应时间都为 10~30ms，在电气光学响应性方面都存在回线特性，且与温度的相关性也大，这些应该说是实用方面的难点。

11.7.4　有机 EL 型电子纸

大日本印刷公司正采用印刷(凹版印刷)法开发彩色挠性有机 EL 显示器。这种挠性有机 EL 为超薄、轻量化产品，像纸一样可弯曲、折叠，又可擦除重写，是电子纸的有力竞争者。

对于印刷法挠性有机 EL 的开发来说，作为上下基板材料的阻挡膜(barrier film)的性能是关键所在。这是因为，有机 EL 所用发光材料等对水汽和氧极为敏感，它的性能因水汽和氧的存在而劣化。一旦水分和氧透过，如图 11-104 所示，被称为黑点(black spot)的缺陷迅速增加，从而显示失效。因此，要求阻挡膜基板对氧及水汽的透过具有极高的阻挡性。有机 EL 各层都由厚度为 0.1μm 左右的薄膜构成，要求基板表面的粗糙度在几纳米以下，表面具有优良的平滑性。

由大日本印刷公司开发的挠性有机 EL 显示器的结构如图 11-208 所示。制作阻挡膜的方法是在聚合物基板上通过真空蒸镀法形成阻挡层(参照图 11-107)而形成。

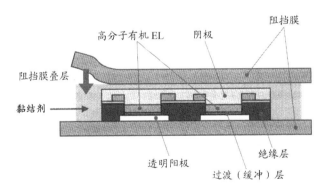

图 11-208　挠性有机 EL 的构造(资料来源：大日本印刷株式会社)

RGB 发光层由分涂法制作，将高分子有机发光材料制成浆料，再由印刷法完成。采用的印刷法为凹版印刷，这种方法是将印刷辊凹部(按印刷图像的要求预先雕刻好)带有的浆料转写在有机 EL 的 RGB 发光元件处。

图 11-209 所示的照片表示已开发出的 3 色局域彩色有机 EL 型电子纸的外观，它即使在弯曲状态也能发光。这种可任意变形的挠性特点，对于电子纸来说大有用武之地。

除了上述由印刷法制作的采用高分子发光材料的有机 EL 型电子纸之外，正在开发的还有由真空蒸镀法制作的采用小分子发光材料的有机 EL 型电子纸。后者要具备可弯曲、可折叠的挠性功能，必须去除密封保护用的金属密封罐(图 11-105)。而为了达到防水汽和氧渗透的目的，需要采用 PECVD 等在基板表面沉积钝化膜加以密封保护(参照 11.2.8.3 节)。

图 11-209　彩色挠性有机 EL 型电子纸的试制品(照片来源：大日本印刷株式会社)

11.7.5　类纸型电子纸

11.7.5.1　微胶囊电泳方式

如 11.7.1.3 节所介绍，微胶囊电泳方式是由美国 E Ink 公司正在开发的电子纸产品。

在微胶囊中充入透明液体的同时，封入黑色(带负电荷)和白色(带正电荷)的微粒，由透明电极基板和背面电极基板将微胶囊夹于其间，利用上述两电极对微胶囊施加所需要的电压。如图 11-210 所示，如果观察侧(透明电极侧)的电压为负，则吸引白色粒子，从而可观察到白色；如果电压为正，则吸引黑色粒子，从而可观察到黑色。通过背面电极侧矩阵型驱动电路对所希望的像素进行选择，可以实现黑与白之间的灰阶显示。

实际的电子纸(显示器型模块)结构如图 11-211 所示，它是由前面板和后面板构成的。将上述微胶囊由印刷法涂敷在上部树脂基板(带有透明电极)上，做成前面板；在玻璃基板(0.7mm 厚)上形成 TFT 驱动电路，做成 TFT 后面板。再经前、后面板叠层、贴合而形成电子纸。由于这种电子纸采用 TFT 有源矩阵驱动，可以像平板显示器那样进行动画显示。

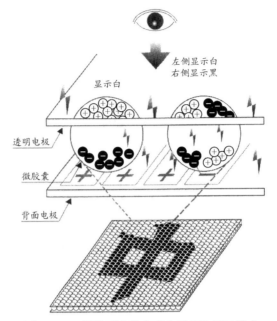

图 11-210　微胶囊电泳方式电子纸的显示模式

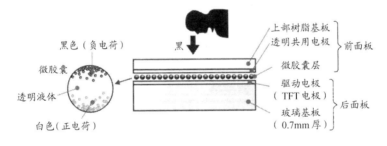

(a) 电子纸模块

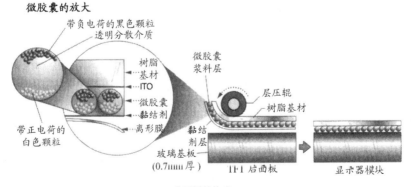

(b) 前面板的构成

图 11-211　微胶囊电泳方式电子纸模块(美国 E Ink 公司)

11.7.5.2　旋转微球方式(硅色球方式)

这种方式由美国 Silicon Media 公司开发，是将球形颗粒的半球涂黑、半球涂白，在电场作用下使它旋转，因微球在显示表面的黑、白取向而实现信息(图像、文字)显示(图 11-212)。美国 Silicon Media 公司称这种方式的电子纸为 "Smart Paper" (聪明纸)。

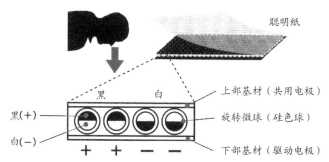

图 11-212　美国 Silicon Media 公司开发的旋转微球(硅色球)方式

11.7.5.3　热重写方式

所谓感热纸，曾广泛用于超市购物清单及家用传真(FAX)机，是一类靠热的作用而形成文字或图像(图像描画)的信息写入介质。

通常，这类感热纸上要涂敷隐色体(leuco)[①]及显色剂[②]。这种感热纸一旦被加热，隐色体便与显色剂相接触，隐色体的化学结构发生变化，从而仅在被加热的部分变色，由无色(或白色)变为黑色，如图 11-213 所示。

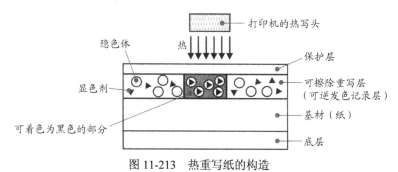

图 11-213　热重写纸的构造

热重写方式如图 11-214 所示，通过上述隐色体染料与显色剂间化学反应的逆反应，擦除写入的信息，为下一次重写做好准备，即将参与化学反应的隐色剂染

① 作为发色剂，最初是无色的，一旦与使其发色的显色剂发生化学反应(被加热时)，就会变为黑色。
② 作为隐色体染料触媒的化学材料的总称。

料与显色剂再一次分离，使由无色变为黑色的部分重新变为无色。

这种方式的可重写电子纸，采用特殊的显色剂，在特定的温度下隐色剂染料的发色具有可逆性(白→黑，黑→白)。如图 11-214 的实例所示，将已发生局部变为黑色状态的电子纸加热到 120~160℃之后，缓慢冷却，隐色剂染料与显色剂分离，从而又返回到无色状态。

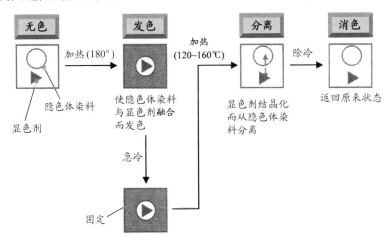

图 11-214　热重写纸的发色及消色过程

11.7.5.4　色料调色剂显示方式

如同电子复印机(xerographie)中采用色料调色剂(toner，着色绝缘粒子)进行文字和图像复印那样，这种方式的电子纸也是利用色料调色剂进行信息显示，它主要是由富士施乐(Xerox)公司开发的。

色料调色剂显示方式电子纸的断面构造如图 11-215 所示，在上、下两块电极基板之间封入具有不同光学特性和相反带电特性(正电荷和负电荷)的绝缘性粒子。而且，为保持上、下基板间距离一定，在二者之间配置隔离子，并充以空气等气体。显示面一侧的上部基板由透明基板和透明电极(ITO)构成，夹于基板之间并附着于基板内侧的粒子透过基板产生显示效果。

色料调色剂显示方式电子纸的工作原理如图 11-216 所示，当外加电压使显示面一侧(上部透明基板)的电极为负，非显示面一侧(下部基板)的电极为正时，基板间产生电位差(电场)。在这种情况下，带正电的绝缘性粒子(黑色)向着显示面一侧，带负电的绝缘性粒子(白色)向着非显示面一侧移动，并分别在相应的基板上附着。如果施加电压的极性反转从而电场方向变为相反方向，则显示面一侧附着带负电的绝缘性粒子(白色)，而非显示面一侧附着带正电的绝缘性粒子(黑色)。这样，从显示面一侧，透过透明电极，就能看到在上部电极附着的色料调色剂中的黑色或白色粒子，从而实现反射型高对比度的信息(文字及图像)显示。数据写入时需要施加电压，但一旦数据写入之后，直到下一次写入(即擦除重写)之前，写入的数据仍能保持。

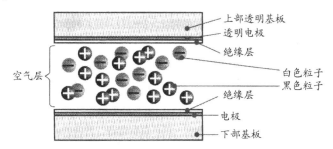

图 11-215　色料调色剂显示方式电子纸的断面构造

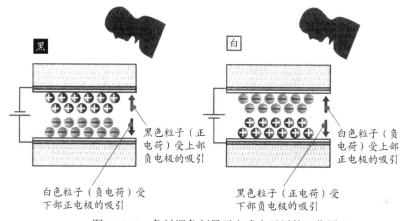

图 11-216　色料调色剂显示方式电子纸的工作原理

11.7.5.5　In-Plane(平面)型电泳方式

In-Plane(平面)型[①]电泳方式是利用电场使基板上散布的着色粒子发生泳动来实现文字及图像的显示。它的基本原理如图 11-217 所示，是在两块聚合物膜层之间封入带电的绝缘着色粒子(toner)，利用电气手段(通过驱动电极所加电压)使该带电着色粒子在面内的分布发生变化实现文字及图像的显示。

In-Plane 型电泳方式的结构如图 11-217 所示，是在上部对向基板与搭载驱动电路的下部基板之间，将着色粒子(黑色电泳粒子)封入绝缘性透明液体中做成的。在下部基板上，布置有第一驱动电极和第二驱动电极，前者既可吸引，又可排斥着色粒子，而后者为公共电极。在每一个像素上都布置有面积相对较小的第一驱动电极。

---

① 如同本方式这样，通过使同一平面内的浓度分布发生变化而进行图像显示的方式称为 In-Plane(平面)型。

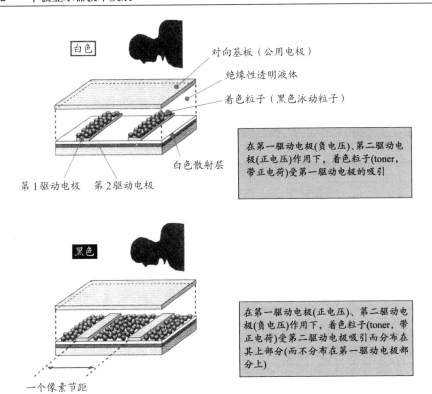

白色

对向基板（公用电极）

绝缘性透明液体

着色粒子（黑色泳动粒子）

> 在第一驱动电极(负电压)、第二驱动电极(正电压)作用下，着色粒子(toner，带正电荷)受第一驱动电极的吸引

白色散射层

第1驱动电极 第2驱动电极

黑色

> 在第一驱动电极(正电压)、第二驱动电极(负电压)作用下，着色粒子(toner，带正电荷)受第二驱动电极吸引而分布在其上部分(而不分布在第一驱动电极部分上)

一个像素节距

图 11-217　In-Plane(平面)型电泳方式电子纸的显示原理

在着色粒子(toner)带有正电荷的情况下，如果第一驱动电极上加有负电压，则着色粒子被第一驱动电极吸引，并覆盖在电极表面之上。在这种情况下，第一驱动电极为黑色，但其面积很小，而第二驱动电极的露出面(不存在第一驱动电极部分的第二驱动电极的上表面)为白色，且其面积相对很大。由于大面积白色散射层的露出，按上述白黑面积的比例，会以一定的对比度显示出白色图像。相反，如果第一驱动电极上加有正电压(第二驱动电极为负电压)，则着色粒子被第一驱动电极排斥而受第二驱动电极露出面的吸引，并覆盖于其上。由于第二驱动电极露出面的面积大，因此会显示出黑色状态。这样，白黑对比度就主要取决于白色散射面(第二驱动电极的露出面)的开口率和散射效率。而且，画面形成后，即使切断电源，被电极吸引于表面的着色粒子仍保持其原来状态。也就是说，显示的图像在无电源供应的情况下仍能保护。

目前，这种 In-Plane 型电泳方式的电子纸主要由佳能公司研究开发。

11.7.5.6　电子粉流体方式

普利司通公司运用材料设计和先进的加工技术等，于 2002 年开发出被称为"电子粉流体"的新型材料。经过应用于电子纸的开发研究，曾计划于 2005 年起，在电子纸币应用方面达到实用化，但截至 2010 年仍未见实际推广的报道。

　　所谓电子粉流体，是兼有粒子和液体特性的物质，具有与浮游状态相匹敌的高流动性，兼备对电气敏感的响应性。由电子粉流体做成器件的响应时间在数百微秒，比液晶显示器快约 100 倍，反射率在 45%以上，具有近似纸那样的白度，作为类纸型电子纸具有很大优势。图 11-218 表示采用电子粉流体电子纸的工作原理，图 11-219 表示试制品实例。

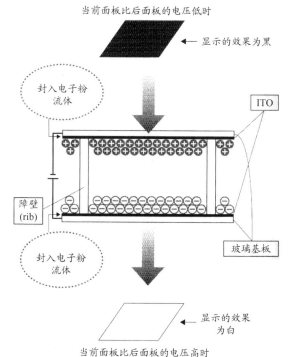

图 11-218　采用电子粉流体的电子纸的显示原理

图 11-219　采用电子粉流体的电子纸试制品

　　这种电子纸即使在电源切断的情况下，所显示的信息仍能保持，即电子粉流体具有存储特性，这对于静止画面显示来说，可以做到零功耗；从结构上讲，如

图 11-218 所示，只要将电子粉流体封入两块透明基板之间即可，既简单又便于超薄化，也容易做到大尺寸；由于可采用简单矩阵驱动，不必要像液晶显示器那样采用复杂的 TFT 驱动。

11.7.6 挠性电子纸中必不可缺的有机薄膜三极管

挠性化是电子纸必备的特性之一，而为实现动画显示，作为像素开关用的挠性三极管必不可少，其中之一就是有机薄膜三极管。

就广义的电子纸而论，PDA 型的电子图书(必须具备信息重写功能)已首先达到商品化，紧接着将是挠性电子纸及由其制成的电子图书等。对于挠性电子纸来说，需要在其上形成用于有源驱动的挠性半导体元件。其中，由有机材料制备的三极管(有机 TFT)，以及在塑料膜上制备多晶硅 TFT 的开发正在进展中。

11.7.6.1 有机薄膜三极管(有机 TFT)

类纸型电子纸的挠性特征要求它应像纸那样易于弯曲,像手帕那样易于折叠。因此，对于有机 EL 型及电泳方式的电子纸来说，用于显示驱动的有源驱动电路中，都离不开挠性薄膜三极管(thin film transistor, TFT)。近年来，以有机材料作半导体的有机 TFT(organic-TFT, OTFT)正引起人们的注目。

有机 TFT 不是采用传统 IC/LSI 所用的硅圆片(wafer，又称晶圆，由无机材料 Si 单晶制作)，而是由有机半导体材料(分小分子系和高分子系两大类)做成的薄膜三极管。由于有机 TFT 的制作一般可在室温至 100℃较低的温度下进行，因此在挠性的塑料基板上也可以制作。由此制作的薄膜三极管同样具有可弯曲、可折叠的挠性(图 11-220)。

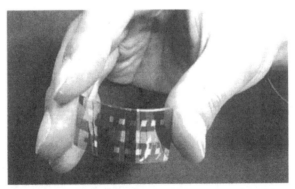

图 11-220　在挠性塑料基板上制成的有机薄膜三极管

如果以表征三极管电气性能的指标——载流子迁移率[1]等作比较，有机 TFT

---

[1] 载流子迁移率对三极管的放大特性和响应特性都有决定性影响。

显然比不上一般的 Si 半导体。但是，最近采用属于有机半导体材料的并五苯(pentacene)单晶，已经获得同无机材料(a-Si)TFT 相匹敌，指标在 $1.0cm^2/(V·s)$ 左右的迁移率。由载流子迁移率小的有机 TFT 来实现电子回路时，采用短栅三极管[①]结构可显著提高其电气性能。

11.7.6.2　有机 TFT 的构造

同无机半导体材料 Si 基板上的三极管(MOS 三极管)相比，有机薄膜三极管的结构有很大不同，主要表现在：① 基板不是采用硅基板而是采用塑料基板；② 半导体层并不是硅单晶而是有机半导体。

图 11-221 表示有机薄膜三极管同无机半导体材料 Si 基板上三极管(MOS 三极管，图 11-221(a))的结构对比。若漏极、源极后于有机半导体层制作，则称其为顶接触导通型(top contact，图 11-221(b))，若漏极、源极先于有机半导体层制作，则称其为底接触导通型(bottom contact，图 11-221(c))。三极管的工作原理与通常的 MOS 三极管(MOS FET)相同。

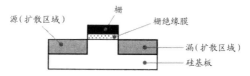

(a) 无机半导体材料硅基板上的三极管(MOS)构造

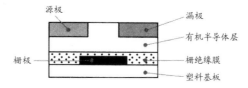

(b) 有机 TFT 的基本元件结构 1(顶接触导通型)

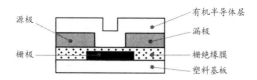

(c) 有机 TFT 的基本元件结构 2(底接触导通型)

图 11-221　有机 TFT 与 Si 基板上三极管(MOS 三极管)的结构对比

电子回路中使用的驱动三极管的功能，由三极管的尺寸比率(沟道宽/沟道长)

---

① 三极管的电气性能不仅决定于载流子迁移率，也与三极管的尺寸比(沟道宽/沟道长)密切相关。因此，为了在减小三极管面积的同时获得优良的电气性能，必须使沟道长度(三极管漏极与源极之间的距离)变小，即采用短栅的三极管结构。

决定。在包括动画显示在内所用的像素驱动回路中，需要数百千赫兹以上的工作频率。因此，为增大上述尺寸比率，需要减小沟道长度。这是因为，若沟道长度大，为获得所希望的性能，每个三极管的尺寸就要加大。按由机械掩模和光刻技术所决定的制造工艺水平，目前栅长可以做到 10μm 左右。而由喷墨法(ink-jet)等印刷技术所决定的有机 TFT 制作方法也得到开发，目前已进入到栅长 1μm 以下的有机 TFT 试制阶段。

11.7.6.3　由印刷技术制作的细沟道有机薄膜三极管

不是采用传统的微细加工及真空中的制作工艺，而是采用印刷技术，目前正在开发细沟道有机薄膜三极管。

例如，日本产业技术综合研究所(光技术研究部门)不是采用微细加工技术，而是在常温常压下，仅仅利用非真空的简易印刷制作工艺，就成功开发出有机薄膜三极管。这种有机 TFT 实现了亚微米量级(0.5μm)的沟道长度以及 1V 以下的低电压驱动。

传统的无机 TFT 主要采用的是由 Si 材料(非晶、多晶、单晶等)制作的 MOS FET，为了制作短栅长 MOS 三极管，必须采用光刻等微细加工技术。而对于有机 TFT 来说，光刻会造成材料性能劣化，因此光刻微细化不适用于有机材料，需要探索其他微细化加工新技术。

图 11-222 表示采用印刷技术制作的微细栅长有机 TFT 的一例，它是采用可溶性高分子材料之一的聚噻吩(polythiophene)，由涂布法制作的。这种有机 TFT 的源极和漏极以立体斜对角布置，整个结构按漏极、有机半导体层、源极的顺序，依次积层而成。这样，沟道长度决定于漏极与源极之间所夹有机半导体层的厚度(可做到纳米尺度)，由此实现了 0.5μm 微细化沟道长度。

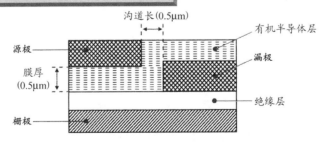

图 11-222　采用印刷技术制作的微细栅长有机 TFT

11.7.7　电子纸的产业化现状

11.7.7.1　参与企业及相关技术

表 11-33、表 11-34 分别按电子纸类型及工作原理列出参与开发的企业及机构。目前已达到实用化的电子纸类型有 Gyricon Media 公司的"Smart Paper"，E Ink 公司的"Ink-In-Motion"，这些属于字段式驱动类型。其中，E Ink 公司正向着全方位开发的方向进展。采用挠性基板的 B 型(字母所代表的意义请与图 11-202 对照)主要是由制造复印机的光学设备厂商参与，而重写型的 B'型主要由小批量生产型企业及研究所进行开发。

表 11-33　按电子纸类型列出参与开发的企业(参照表 11-31)

	纸的置换型(1)		电子显示器的发展延伸型(2)	
	字段式		矩阵式	
	·利用打印机等实现可擦除重写纸	·利用固定图案反复显示实现可擦除重写纸	利用矩阵驱动实现可擦除重写纸	
	打印机	固定图案	单色	彩色
			有源矩阵驱动型	
				无源矩阵驱动型
刚性	A	A'	E Ink 佳能，富士施乐：色料调色剂(toner)显示器 普利司通，索尼 E Ink(字段式驱动) 东芝："AFD" Iridigm, Sipix,(胆甾相液晶，手性向列液晶，铁电性液晶，聚合物网络液晶等)	E Ink："$\alpha-2$" 东芝："AFD" Iridigm "iMoD" Sipix, (胆甾相液晶，手性向列液晶，铁电性液晶，聚合物网络型液晶等)
挠性	富士施乐：光写入方式胆甾相液晶 理光：隐色体染料涂层 东芝：可动膜片显示器	Gyricon Media："聪明纸(Smart Paper)" E Ink："Ink-In-Motion"	E Ink	E Ink 先锋：OLED 东芝，索尼： LTPS LCD 夏普： 有机 TFT LCD

在挠性基板上进行矩阵驱动的 D、D'型(字母所代表的意义请与图 11-202 对照)，开始仅有 E Ink 公司涉足。这种类型正面对薄膜化的，或者玻璃(基板)超薄型化的 TFT LCD 和 OLED 的竞争，因此彩色化势在必行。这种类型的电子纸发展前景极为广阔，近年来参与的企业越来越多。

表 11-34 按电子纸工作原理列出参与开发的企业及机构

写入方式			器件原理	动作方式	研究开发企业、机构
物理的	分子	光学各向异性	胆甾相液晶/OPC	电压，光	富士施乐
			反射型胆甾相液晶	电压	柯尼卡美浓达
			高分子铁电性液晶	电压	富士施乐
		分子取向	2色性染料·液晶分散	电压，热	大日本印刷，东海大学
			高分子分散液晶	电压	大日本油墨(ink)化学
	粒子	粒子移动	微胶囊电泳	电压	E Ink/Lucet,/IBM,/Toppan
					冈山大学，CopyTele
			液体色料调色剂(toner)泳动	电压	佳能，九州大学
			粉体色料调色剂(toner)移动	电压	千叶大学，富士施乐
					柯尼卡美浓达
			电子粉流体	电压	普利司通，日立制作所
		粒子旋转	扭转(twist)微球(硅色球)	电压	Gyricon Media
		相变	透明/白浊型，可再写入型	热	理光，三菱树脂
化学的	分子	发–消色/相变	隐色染料发消色可再写入型	热	理光，三菱树脂
电化学的	分子	结构变化	光致变色型	光	理光，东京大学
		析出、溶解	Ag/白色固体电解质	电压	索尼，柯尼卡美浓达
		氧化还原	电致变色型	电压	富士通，千叶大学

11.7.7.2 电子纸的最新进展和前景展望

所谓电子纸是外观如同纸那样薄，但又能电气地写入数据并方便地擦除的电子显示器。

随着电子信息社会的发展，采用超薄化显示器的笔记本电脑、PDA(个人数字式助理器，可携式信息终端)，以及手机等已广泛渗透到人们日常生活的各个领域，但是，采用纸的报纸及杂志等非但没有消失，而且，以原来形式存在的纸的使用量反而不断增加。人们所期待的电子纸的含义可以理解为是兼有液晶及有机 EL 所具有的平板显示器的功能(图像/数据显示，方便地写入、擦除)及传统纸的优点(轻、薄，方便观看而不疲劳，携带方便，不需要电源)，"鱼和熊掌兼得"的电子显示器。图 11-223 表示实现电子纸的努力方向和目标。

下面几个实例可代表电子纸的最新进展。

1) 普利司通公司于 2007 年 10 月 19 日宣布研制出一种极薄的彩色电子纸，厚度只有 0.29mm，画面显示区的可显示色彩数达 4 096 色，有效可视范围达 8 英寸，使用树脂薄膜为基板，它可以弯曲并正常显示图像，可用于制作电子书籍和店铺广告。

2) 富士通旗下子公司"富士通 Frontech"发表采用富士通研究所开发的树脂胶片型彩色电子纸型(E-Paper)的 PDA，产品依尺寸分为 A4 与 A5 规格的两款，已于 2007 年 4 月 20 日开始样品出货，2008 年正式推出商用机型。

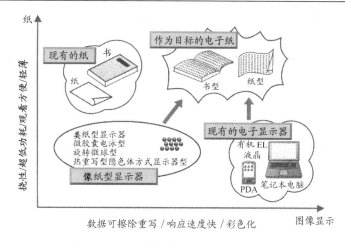

图 11-223　实现电子纸的努力方向和目标

3) 全球第二大液晶面板厂商 LG Philips(LPL)公司于 2007 年底表示，已研发出全球第一款 A4 规格的可弯曲彩色电子纸显示面板，它只有一般纸张的厚度，弯曲后可恢复原状。LPL 指出，这款电子纸面板的对角线长 14.1 英寸，厚度只有 0.3mm，可显示 4 096 色，可提供 180°全视角。

4) 元太科技(PVI)与 E Ink 公司共同发表了新一代电子纸显示器，采用了 E Ink 公司最新的 Vizplex 电子纸技术，可使电子纸显示器的影像切换速度提高一倍，屏幕亮度增加 20%，可支持更高灰阶显示，影像质量也得以提升。

目前，施乐、柯达、3M、东芝、摩托罗拉、佳能、爱普生、理光、IBM 等著名跨国公司都已涉足电子纸。尽管电子纸在响应速度、彩色化、挠性化、驱动电压、成本、显示维持时间、可靠性等方面还有不少问题需要解决，但这些大公司的参与和技术攻关预示着电子纸产业即将腾飞。

电子纸在报纸、书籍、计算机和显示器、电子门票、电子壁纸等领域即将进入人们的生活。电子纸具有省纸、省电、省空间的优点，从节约能源、节省资源、保护环境角度，意义非凡。例如，一个标准 12 型台式显示屏需要 36 个 AA 电池来维持 20h 的运行，而电子纸仅需要一个 AA 电池即可。

据 iSuppli 预测，电子纸 2007 年的市场规模大约为 2 900 万美元，产值为 7 800 万美元；到 2012 年，这类市场将增长至 3 亿 5 000 万美元，产值为 5 亿 1 600 万美元。

11.8　DMD 和 DLP

应该说，DLP 和 DMD 在业内并不是陌生的新器件。它们从 1996 年诞生至今，已成功地应用于商用领域越 10 年。DLP 是 digital light processing 的缩写，意思是数字式光处理(器)。也就是说，这种技术要先把图像信号经过数字式处理，然后再通过光投影成像。DLP 是基于美国得克萨斯州仪器公司开发的数字式微反射镜组件(digital micromirror device, DMD)，来完成显示数字式可视信息的最终环节。1994 年最早由得克萨斯州仪器公司将 digital light processing 命名为 DLP。其实，DLP 系统中的核心 DMD，就是在 CMOS 的标准半导体制程中，加上了一个可以调变反射面的旋转机构所形成的特殊器件。目前，DLP、DLP 投影仪、DLP 技术等名词术语很多，请注意它们的不同含义和本质内容。

11.8.1 DMD 的发明和发展概况

DLP 技术可将光调变为数字式信号，它是 DMD 的基础。1977 年得克萨斯州仪器公司中央研究所的 Hornbeck 博士着手光调变器的研究开发可以看作是 DLP 技术的开始。初期的器件所利用的是，硝酸纤维素薄膜在电场作用下会发生变形的原理，并称它为可变形反射镜器件(deformable mirror device, DMD)，如图 11-224(a)所示；而后，开始研究开发利用一个挠性悬臂梁(cantilever)支撑四方形铝

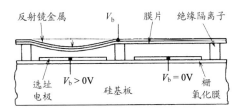

(a) 可变形膜片反射镜器件(膜片 DMD)

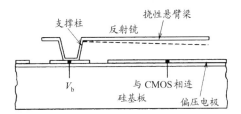

(b) 挠性悬臂梁 DMD

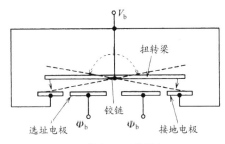

(c) 双稳态 DMD 的概念

图 11-224　DMD 构造的变迁

反射镜的结构，反射镜可以倾斜变形，但是，利用模拟信号很难使反射镜的动作均匀化，也难以获得良好的重复性，一时间，困难的局面难以打开，如图 11-224(b) 所示；在走投无路的情况下，1987 年提出革新型概念，利用挠性铰链将四方形反射镜对角方向支撑，并由静电引力使反射镜扭转，采用这种结构，由接地电极使反射镜产生正向+10°，反向−10°的倾斜状态，而且反射镜可以在这两个倾斜稳定状态间实现开关作用，在此基础上，进一步发明了可对光进行 ON-OFF 数字式调变的双稳态可变形微镜器件(bistable deformable mirror device, DMD)，如图 11-224(c)所示。

1991 年，根据上述器件的工作原理和功能，将它的名称改变为更富表征意义的数字式微镜器件(digital micromirror device, DMD)。尽管 DMD 这一名称跟初期采用膜片(membrane)的模拟型 DMD 是相同的，但内容却发生了本质上的变化。从研究开发开始到 DMD 的发明用了大约 10 年(1977—1987)，再到批量生产开始又用了 10 年(1987—1996)，再达到 DLP 系统的累积出厂数 250 万台，用了 8 年时间(表 11-35)。

表 11-35　DMD 开发的历史

· 1977
在得克萨斯州仪器公司中央研究所(TI CRL)开始研究
· 1984
挠性悬臂梁反射镜方式问世
利用 2 400×1 线阵列，在塑料膜、纸张上印字成功
· 1987
DMD 发明
利用 512×1 线阵列，实现彩色显示
· 1990
开发用于打印机的 2 列配置的 840 个反射镜的阵列元件
开发出用于飞机搭乘票的打印机，并开始实现商品化
开始开发 DMD 投影显示器
· 1992.5
利用 768×576 DMD，实现了最初的全图像分辨率下的全色显示
· 1991.12
得克萨斯州仪器公司制定详细的开发规划
· 1996.4
DMD 产品批量出厂
· 1998.6
累积出厂数达到 10 万台
· 2003.12
累积出厂数达到 250 万台

11.8.2　DMD 的结构和工作原理

11.8.2.1　DMD 的制作工艺

DMD 是在半导体硅圆片(wafer)生产线上制作的，主要包括 CMOS 制作，反射镜形成，组装、封装等几个大的工艺过程。DMD 是利用 SRAM 存储器上布置的极微细的正方形反射镜，实施对光的反射，而对光进行数字式调变。一个一个微反射镜的边长为 14μm，大致为人毛发直径的 1/5。这样一个一个的微反射镜对应于投射图像的一个一个的像素。XGA 规格(1 024×768)图像分辨率的 DMD 共使用 79 万个微反射镜。每个微反射镜通过挠性铰链(hinge)与衬底相连，并以对角轴为中心，可发生±12°(或±10°)的倾斜变形。

在微反射镜下方形成 SRAM 存储电路，利用存储电路的微小电极，对微反射镜施加静电引力，以此对微反射镜向哪个方向倾斜进行驱动并控制。这些微反射镜的开关动作速度极快，可达 15μs 量级。从研究所发明的单纯的基本概念，到产品的试制成功，DMD 的像素结构发生了重大变化(图 11-225)。在 DMD 的封装工序中，经布线连接、引脚键合、焊接封装高品质光学窗口等，完成器件组装(图 11-226)。

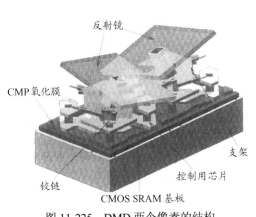

图 11-225　DMD 两个像素的结构

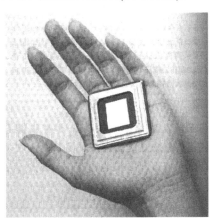

图 11-226　完成封装的 SXGA 规格的
DMD 器件(像素数：1 280×1 024)

11.8.2.2　利用反射镜实现光开关

DMD 的工作原理很简单，如图 11-227 所示，使光源、投影透镜、光吸收板相组合，并利用反射镜实现光开关。

近年来，DMD 中反射镜的倾斜角多设计为 12°。如图 11-227 所示，若光从 24°倾斜方向入射，受处于 ON 状态的+12°倾斜的反射镜反射，向着 DMD 正上方的投影透镜，以 0°反射。此反射光通过投影透镜，投射在显示屏上，对应的像素显示亮状态。而对于反射镜处于 OFF 状态的−12°倾斜的情况，入射光以 48°反射，射向投影透镜的外部，则显示屏上对应的像素显示暗状态。在反射镜从 ON 状态向 OFF 状态反转过程中经过水平状态的瞬间，为保证光不进入投影透镜中，投影透镜的 f 值要设计在 2.4 以上。

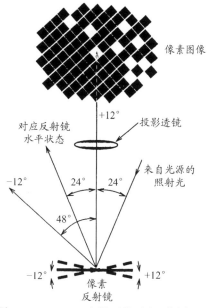

图 11-227　DMD 光学开关(光阀)的原理

如上所述,相应于一个一个反射镜,就可以在显示屏上形成一个一个的像素,而整个显示画面正是由这些像素构成的。每个像素都处于上述白、黑两状态之一。构成 DMD 器件的反射镜阵列中的每个反射镜都起光开关的作用,因此,由整个阵列就会构成白黑方格状图像。

11.8.2.3　利用光的亮灭实现灰度调节(灰阶显示)

每一个反射镜在 1s 时间内发生数千次 ON、OFF 开关动作。人的眼睛对如此高频变化的数字式光不能追随,而眼睛感觉到的是亮、灭光在单位时间内的积分效应。利用 DLP 技术,使这种 ON/OFF 脉冲宽度的比例发生变化,就能达到灰度显示(灰阶显示)的目的。例如,ON 多于 OFF 的状态下,灰阶显示就相对亮;相反,ON 少于 OFF 的状态,灰阶显示就相对暗。像这样,利用 DLP 技术使 ON/OFF 的脉冲宽度比发生变化,采用二进制脉冲宽度调制(pulse width modulation, PWM)技术,就可以实现灰阶显示。

11.8.2.4　从信号源到眼睛全部实现数字化

利用 DLP 投影仪,从放映源的数字式电气信号(数码)输入,可变换为数字式光的(数码)输出。颜色(灰阶)显示利用 PWM 技术,按时间精确地控制。而且,颜色(灰阶)显示不因时间、温度、湿度而变动。基于 DMD 的高速响应特性,不会产生画面延迟、动画拖尾、图像边沿模糊不清等现象。数字式图像显示的再现性好,多次使用也不会引起画面质量下降。

正是因为 DLP 技术具有数字式所特有的高保真性和高稳定性，因此称其为数字式光处理(digital light processing，DLP)，见图 11-228。

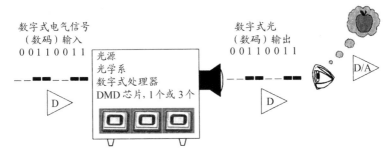

图 11-228　数字式光处理(DLP)过程

11.8.2.5　DLP 投影仪系统

DLP 投影仪系统由光源、光学系统、存储器、图像处理系统、为使在 DMD 中显示的数据变换系统，以及 DMD 构成，对应于计算机、视频(video)系统等各种各样的放映源，以每秒钟放映 60 个图像(60fps)的速度进行显示。利用 PWM 技

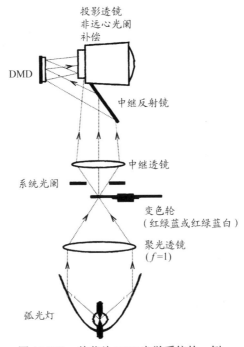

图 11-229　单芯片 DLP 光学系统的一例

术实现灰阶显示，在光路中配置滤色器以实现彩色显示。在采用一个 DMD 芯片的 DLP 投影仪光学系统中，采用变色轮(color wheel)，在以每秒 100~360 次的频率切换彩色的同时，应时地使 DMD 对应的彩色同步驱动，以此实施彩色的时分割驱动。使不同彩色的画面高速切换，在人的眼中进行全色图像的合成，图 11-229。

　　顺便指出，由于高度集成化，DLP 投影仪的电气回路是非常简单的，图 11-230 给出实际应用的 DLP 投影仪的电路方块图。采用三个 DMD 芯片的 3 芯片 DLP 投影仪光学系统，通过红(R)、绿(G)、蓝(B)各专用 DMD 常时动作，可以获得高亮度、大画面、高画质的全色显示。这种方式已在 DLP 电影投影仪、プロベニュ—投影仪中成功使用。

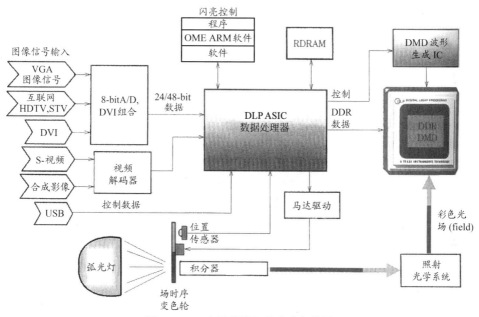

图 11-230　实用投影机的电路方块图

11.8.3　DLP 的性能及特点

1. 画面质量

(1) 图像精细、清晰逼真

这是由于反射镜边长大约为 14μm，间距仅约为 0.9μm，不仅像素精细，而且像素与像素之间的间隙非常小，开口率大，见图 11-231，从而能获得高精细度图像。

(2) 图像明锐、层次分明

一个反射镜对应一个像素，不会发生错乱与偏差，从而可再生明锐、层次分明的图像，如图 11-232 所示。

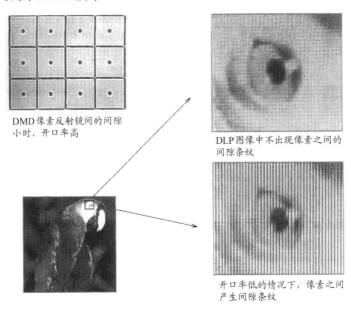

DMD 像素反射镜间的间隙
小时，开口率高

DLP 图像中不出现像素之间的
间隙条纹

开口率低的情况下，像素之间
产生间隙条纹

图 11-231　当 DMD 像素的开口率高时，图像中不会产生像素之间的间隙条纹

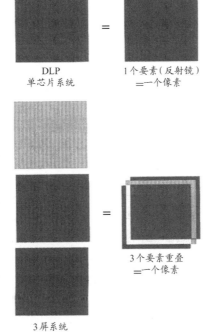

DLP
单芯片系统

1 个要素（反射镜）
=一个像素

3 个要素重叠
=一个像素

3 屏系统

图 11-232　DLP 单芯片系统由一个要素显示一个像素，不会出现不同要素重叠产生误差的问
题，从而可显示明锐、层次分明的图像

(3) 高对比度

显示屏上全白显示时与全黑显示时的亮度之比，定义为(全 ON/全 OFF)对比度。利用 DLP 系统可以较容易地获得 3 000∶1 以上的高对比度，见图 11-233。

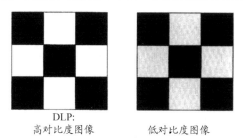

DLP:
高对比度图像　　　　　　　低对比度图像

图 11-233　简单的 DLP 光学系统由于操作管理容易从而可实现高对比度

(4) 视频放映

DMD 以高速开关动作，视频放映不会出现模糊不清、动画拖尾现象，可获得平滑、自然、逼真的动画效果。

(5) 色再现性

DLP 是将数字式信号以数字方式输出实现彩色显示，因此能忠实地实现彩色再现。对于单芯片 DLP 系统来说，每色按 8 位以 256 灰阶显示(24(=8×3)位彩色)；对于 3 芯片 DLP 系统来说，每色按 13 位以 8 186 灰阶显示(39(=13×3)位彩色)。DLP 数字电影技术，每色 24fps，按有效 15 位以 32 768 灰阶显示(45(=15×3)位彩色)。

2. DLP 芯片系列的充实

向 DMD 芯片的数据传送，正从单数据速率(single data rate, SDR)方式向双数据速率(double data rate, DDR)方式，进一步向能实现更高数据传送速率的低电压差动信号传送(low voltage differential signaling, LVDS)方式进展。数据传送速率在 SDR 基础上按倍数增加。通过大量的数据向 DMD 输入，反射镜对光的开关更快地进行，由此可再生画面质量更高的图像。DLP 芯片系列正在不断充实之中(表 11-36)。2004 年 1 月又有新的用于电视的 HD3、XHD3 等第 3 代芯片加入到 DMD 芯片系列。其中，HD3 能以 720p，XHD 能以 1 080p 的图像分辨率进行图像显示。

3. 小型轻量

若采用单芯片系统，光学系的设计可以大大简化，从而在小型、轻量、低价格方面具有明显优势。目前，市场上已有重量 0.9kg 以下的这类投影仪出售。

4. 亮度范围宽

DMD 受来自光源光的照射，因光吸收而造成 DMD 芯片温度上升。为保证 DMD 在适当的温度范围内工作，要依靠封装的背面对 DMD 器件进行冷却。针对低亮度(光通量低于 2 000lm)、中高亮度(2 000~8 000lm)、超高亮度(10 000lm)的各种用途，可设计最佳的冷却系统。

表 11-36　DLP 芯片系列

	SDR	DDR	LVDS
SVGA	 848×600	 800×600	
XGA	 1 024×768	 1 024×768	 1 024×768
SXGA/SXGA⁺		 1 080×1 024	 1 400×1 050
HD		 1 280×720	 1 280×720
WPAL			 1 024×576
数字式电影			 2 048×1 080

5. 可靠性高

DMD 采用可靠性极高的半导体集成电路制程制作，可靠性有保证，工作寿命在 10 万小时以上；DLP 画面质量也不发生经时变化，对比度不发生变化，色度也不发生偏差；从原理上讲，也不会发生图像烧附(图像残留)现象。

11.9　背投电视

背投电视的优势在于大画面且价格便宜。但随着 TFT LCD 和 PDP 性能的提高和价格的下降，背投电视正面临严重的挑战，今后的出路在于开拓新的市场。

11.9.1　背投电视概述

11.9.1.1　何谓背投电视

所谓背投电视，是通过透镜系统将小尺寸的图像放大，并经镜面(背面反射镜)反射，再投影在屏幕上的显示方式。由于图像是从筐体背面投射的，故称其为背投电视(rear-projector)，图 11-234 给出背投电视示意图。目前用于教室、会议室等的也采用基本相同的原理，只是图像是从前方投射，故称其为前投式投影仪

(front-projector，即普通的投影机)，以示二者的区别。

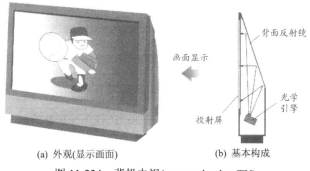

(a) 外观(显示画面) (b) 基本构成

图 11-234 背投电视(rear-projection TV)

　　最开始是利用 CRT 方式①合成 RGB 图像，再进行投影，而目前作为显示器件是以采用像素型 MD 方式②的制品为主流。以这种 MD 为核心的光学引擎③决定着背投显示的画面质量、电视本体的薄厚等，是背投电视的灵魂和显示质量高低的关键所在。因此，背投电视厂商正不遗余力地进行开发。

　　在液晶电视和 PDP 大规模占领电视市场之前，背投电视可以说是大型电视的代名词。但当时以 CRT 方式为主流的背投电视显示质量并不高。例如，空港候机楼设置的背投电视画面较暗，聚焦不好，视角窄，电视框体也较大等。作为 40 型以上的家用电视，仅在美国等居室条件较宽的家庭中被部分地接受。

11.9.1.2 发展现状

　　近年来，采用 MD 方式的背投电视与采用 CRT 方式的相比，在显示特性方面得到大幅度提高：画面亮度更高，聚焦特性更好，图像更清晰，框体也更紧凑等。如果从正面看，显示效果与液晶电视和 PDP 相比毫不逊色，特别是 50 型以上占有廉价的优势，再加上功耗低等，在大型电视市场大有用武之地。表 11-37 是背投电视与液晶电视和 PDP 的对比，表 11-38 是各个背投电视厂商 2005 年在北美所占的市场份额。

　　然而喜中也有忧。最近液晶电视、PDP 电视价格急降，背投电视 50 型级别的价格优势正逐渐缩小。看来开发 60 型以上的产品，开拓所谓家庭影院市场，对于背投电视来说，说不定还有较大的生存空间。

---

① CRT 方式：采用投影仪专用的高亮度小型 CRT 的投影方式。利用 RGB 三色 CRT 图像的合成，经过透镜、反射镜等，在显示屏上投影。

② MD 方式：采用微显示器(micro display)的方式。MD 方式中包括透射型液晶(HTPS LCD)方式、反射型液晶方式(LCOS)方式、数字式微镜器件(DMD)方式三大类。

③ 光学引擎：由光源(灯)、显示元件、透镜等构成的透镜照射系统和电源、电子回路(驱动电路)等一体化的背投显示器用模块。

表 11-37　背投电视与液晶电视和 PDP 电视的性能对比

	背投电视	PDP 电视	液晶电视
视角	×	◎	○
画面质量	○~◎	◎	◎
响应特性	○	○	△
重量	○	△	○
电能消耗	◎	○~△	◎~○
厚度	×~△	○	◎
价格	◎	○	○~△

表 11-38　各个背投电视厂商 2005 年在北美所占的市场份额

排序	背投电视厂商	所占市场份额/%
1	索尼	28
2	三星电子	15
3	汤姆森	12
4	三菱电机	10
5	日立制作所	7
5	东芝	7
	其他	20

资料来源：美国调查公司アイサプライ。

11.9.1.3　市场和预测

利用 MD 方式的背投电视，可实现不亚于液晶和 PDP 的高画质和大画面，而且具有接近 5 000 日元/英寸的低价格优势。其厚度一般为 40~50cm，尽管不能同液晶电视的薄型化相比，但比之传统的 CRT 方式，也算是相当薄的。而且，若不是以壁挂型，而是以台式来使用，厚度较厚的缺点也不致引发什么实际问题。

到目前为止，背投电视的最大市场在北美，约占全世界的 60%。在居住大居室的美国，人们有足够的空间从背投电视大画面的正面观赏节目，但在居室比较狭窄的日本和亚洲地区，背投电视则不太容易推广。即使是北美市场，由于受 50 型以上液晶电视及 PDP 电视急速降价的冲击，今后市场发生变化也在所难免。

据 Display Search 公布的资料，2006 年背投电视的世界市场规模为 391 万台(MD 方式的比率占 72.4%)，预计到 2010 年达到 263 万台(MD 方式的比率占 100%)，见图 11-235。特别是，北美背投电视的市场将成为从 CRT 方式向 MD 方式转变的先驱。而作为 MD 方式的背投电视，预计在目前 DMD 方式、LCD 方式的基础上，LCOS 方式会快速增加。

从薄型电视(40/50 型)的整体市场看，背投电视今后在 50 型以上仍会增长，而与此同时液晶电视和 PDP 电视增长比例会更高，见图 11-236。尽管背投电视从 CRT 方式进展到 MD 方式是一个划时代的飞跃,可惜"生不逢时",其发展前景很难预料。

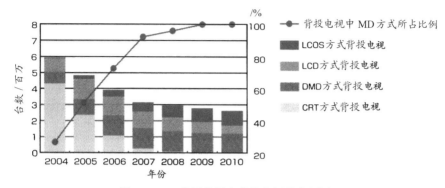

图 11-235　世界范围内背投电视需求预测

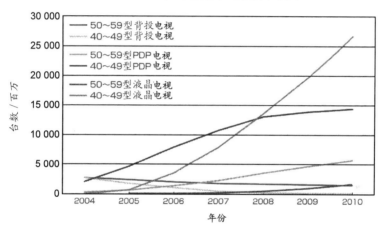

图 11-236　世界范围内 40/50 型电视需求预测

11.9.2　背投电视的三种主要方式

11.9.2.1　从 CRT 方式转变到 MD 方式

图 11-237 以传统的 CRT 方式为例,表示投影仪(左)的原理和背投电视(右)的构成。背投电视的基本原理,是将在前置式屏幕上投影画面的投影仪所必需的投射距离缩短,利用背面反射镜,将画面反(背)投到置于光学引擎背面的屏幕上。背投电视的厚度一般需要 40~50cm,这是由于置于框体内的光学引擎需要一定的投射距离,因此厚度不能太薄。

MD 方式背投电视的基本构造同一般 CRT 方式的基本相同。但传统 CRT 方式具有很多缺点,如画面暗、框体大、图像分辨率低、视角特性差等。MD 方式在克服这些缺点的基础上，由于显示器件的图像分辨率高、亮度强，正逐渐替代过去的CRT方式。目前，MD方式已成为背投电视的主流。

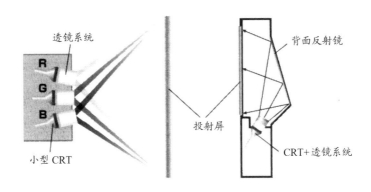

图11-237 CRT方式投影仪(左)的原理和背投电视(右)的构成

11.9.2.2 MD 方式中的三种类型

1. LCD 方式(透射型液晶方式)

LCD 方式(透射型液晶方式)是在投影仪的基础上发展起来的，后者是将一般的液晶电视画面由透镜系统放大，并投影到前置的屏幕上，前者是在此基础上进一步提高液晶元件的图像分辨率，通过与屏幕一体化，而投影到后置屏幕上构成电视的方式。

这种透射液晶方式是利用背光源发出的光透过液晶显示元件、以透射光构成图像的液晶显示器，与一般液晶电视等中所使用的液晶类型相同。但为了提高图像分辨率和电子迁移率，需要采用高温多晶硅(high temperature polycrystal silicon, HTPS)TFT 及与大规模集成电路相同的制作工艺，基板也需要采用耐高温的石英玻璃。

透射型 LCD 方式背投电视的生产厂商主要有已在北美占据市场优势的索尼公司，在日本有成功销售"LIVINGSTATION"系列的 Seiko-Epson 等。

2. DMD 方式(DLP 方式)

DMD 方式[①](DLP 方式)采用的是由美国 TI 公司发明的 DMD(digital

---

① 作为 MD 的成像要素，采用的是 TI(Texas Instrument，德义)公司发明的 DMD 器件。也称为 DLP(digital light processing，数字式光处理器)方式。

micromirror device，数字式微反射镜(半导体)器件)。基本原理是通过将光投射到具有可高速转动的数十万至数百万个超微小反射镜的 DMD 上，通过 DMD 的反射光投影到屏幕上。作为 DMD 方式背投电视厂商，韩国三星电子占据领先地位，在日本有三菱、东芝、夏普等公司介入。

3. LCOS 方式(反射型液晶方式)

LCOS 方式(反射型液晶方式)的原理是，将照射液晶表面的光反射，且按反射的比例决定图像的浓淡，并将该反射光投影到屏幕上。作为 LCOS 显示器件，日本 Victor(ビクター)开发出 D-ILA(Direct-Drive Image Light Amplifier)，索尼开发出 SXRD(Silicon X-tal Reflective Display)。目前日本 Victor(ビクター)已在北美市场占据领先地位，此外，索尼、日立、佳能也参与其中。

表 11-39 给出 MD 方式中三种类型背投电视的对比。

表 11-39　MD 方式中三种类型背投电视的性能对比

方　式	MD (micro device)方式		
	LCD 方式	DMD 方式	LCOS 方式
显示器件	透射型液晶屏(盒)器件	DMD(微反射镜(半导体)器件)	反射型液晶屏(盒)器件
优点	低价格 清晰精细的色表现 灰阶显示优良	高对比度 高响应速度 器件的寿命长	高精细度 高亮度
缺点	对比度较低	可对应高精细度显示 暗部的灰阶显示困难	液晶屏(盒)器件及光学系统的价格高

11.9.3　LCD 方式(透射式液晶方式)

11.9.3.1　LCD 方式的基本原理

图 11-238 给出 LCD 方式背投电视的基本构成。由光源超高压水银灯[①]发出光，经全反射镜、二色性反射镜(dichroic mirror，仅使特定色波长反射，以分离取出光为目的反射镜)将光分解为 RGB 三原色，使三原色中的每一色透过由各色专用图像数据控制的透射型液晶屏(盒)组件，再由二色性棱镜(dichroic prism，仅使特定色(波长)的光透过，与取出膜片共用，进行色合成的棱镜)将三者合而为一，最后经透镜系统放大投射到屏幕上。由于使用小的液晶屏(盒)组件(对角线约 1cm)采用投影方式，容易做到低价格，而且，功耗与画面尺寸无关，基本上是一定的。作

---

① 超高压水银灯：这里所使用的是投影仪专用型，要求光源尺寸小，亮度高。光源特性决定于内部工作气压，投影仪所用的超高压型，一般要超过 100 个大气压。

为大画面电视，有可能做到比液晶电视、PDP 电视的功耗低。例如，Seiko-Epson 对应高精细度的"LIVINGSTATION"系列产品，55 型、65 型的全功耗约为 270W(灯本身的功耗为 100~120W)。顺便指出，其他公司生产的同样等级 50 型 PDP 电视的功耗为 450W，45 型液晶电视的功耗为 350W 左右(截至 2010 年，市售产品的功耗均已下降到当时的大约 1/2)。

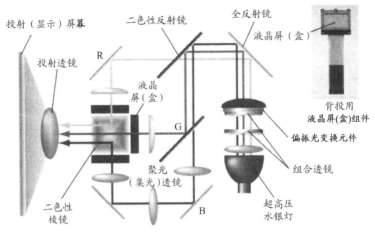

图 11-238　LCD 方式背投电视的基本构成

11.9.3.2　透射型液晶屏(盒)组件

由 LCD 方式背投电视厂商索尼及 Seiko-Epson 生产的透射型液晶屏(盒)组件(图 11-239)，采用高温多晶硅薄膜三极管(high temperature polycrystal silicon thin

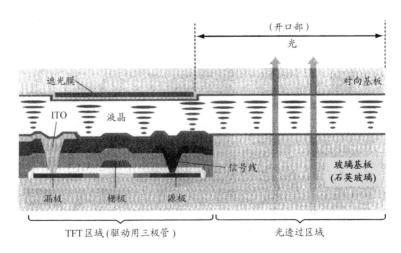

图 11-239　透射型液晶屏(盒)组件(HTPS)像素断面示意图

film transistor, HTPS TFT)驱动[1]。采用这种 HTPS TFT 液晶方式，在石英玻璃基板上制作液晶阵列的同时，还可以形成驱动 TFT 三极管用的驱动回路。与常用的非晶硅(a-Si)、低温多晶硅(lower temperature polycrystal silicon, LTPS)透射型液晶屏(盒)相比，在小型化、高精细化(高图像分辨率)、高响应速度、高可靠性等方面，都得到大幅度改善。顺便指出，由于 Seiko-Epson 称高温多晶硅为 HTPS，故 LCD 方式也称为 HTPS 方式。

11.9.3.3　Seiko-Epson 的液晶屏(盒)组件 HTPS

图 11-239 表示透射型液晶屏(盒)组件(HTPS)像素断面示意图。在 HTPS 的各像素中，都搭载有由高温多晶硅形成的 TFT。通过对这些 TFT 实施电气的 ON/OFF，控制所希望像素的光透过及光遮断。由于高温多晶硅 TFT 具有高性能，从而容易实现像素的微细化(像素节距更小，开口率更大)，而且驱动像素用的三极管(驱动元件)可在基板上同时形成，特别利于小型、高性能化。

11.9.4　DMD 方式(DLP 方式)

11.9.4.1　DMD——微反射镜(半导体)元件

DMD[2]是在 CMOS[3]半导体元件上，集成数十万~数百万个微小反射镜构成的。微小反射镜受输入的图像信号控制，以数千次每秒的速度发生倾角变化，基于反射镜倾角不同，反映出光的明暗变化，再将合成的图像投影到屏幕上。图 11-240 给出 DMD 的构造图，图 11-241 表示 DMD 表面的电子显微镜照片。这种以 DMD 为显示器件而搭载的光学系统，称为 DLP(digital light processing，数字式光处理器)。

11.9.4.2　DMD 方式的基本原理

DMD 中集成的微小反射镜，作为光开关受输入图像信号的控制。在输入图像信号的作用下，一个一个的微小反射镜(像素)可发生±10°~±12°的倾斜。这种倾斜变化表现为明暗变化。

---

① 高温多晶硅薄膜三极管驱动：由于投影仪等中所用的开关驱动用 TFT 是在石英玻璃上，在 1 000℃以上的高温制作的，因此称为高温多晶硅(HTPS)。与常用的非晶硅(a-Si)、低温多晶硅(LTPS)相比，由 HTPS 制作的多晶硅性能优良，载流子转移率高，可形成高性能的薄膜三极管。TFT 是 thin film transistor，即薄膜三极管的缩略语。

② DMD(digital micromirror device，数字式微反射镜(半导体)器件)：1987 年由美国 TI(Texas Instrument)公司的 Hornbeck 发明。利用静电容量实现微机械部件的可动控制。作为目前 MEMS(micro electro-mechanical system，微电子机械系统)的先驱，堪称微细加工制品的典范。

③ CMOS(complementary metal oxide semiconductor，互补金属–氧化物–半导体元件)：是目前应用最广泛的半导体元件。

一个一个的小反射镜，在静电场作用下，可在
以其对角线为轴的±10°~12°范围内发生倾斜

图 11-240　DMD 的构造图

为便于说明，假设将正中间一个微反射镜去
除，以看清其内部结构。每个微反射镜的边
长为 16μm。微反射镜之间的间隔为 1μm，呈
矩阵排列

图 11-241　DMD 表面的电子显微镜照片

　　图 11-242 表示 DMD 方式投影仪的构成。利用旋转的变色轮①使光的 3 原色 (RGB)按时序分割，每种颜色被与图像数据同步动作的 DMD 微小反射镜(像素)反射，并投影到屏幕上，通过人眼中残像的合成，观看者感受到彩色图像。因此，要求变色轮的旋转速度足够快，以使 3 原色(RGB)的切换时间尽量短。如果切换时间过长，则会出现色断②及色闪③现象。但是，目前的市售产品通过变色轮高速旋转和色分割数增加，已可完全消除这些显示不良现象。

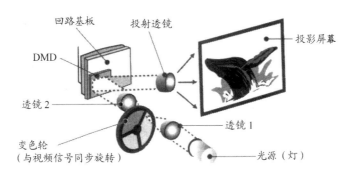

图 11-242　DMD 方式图像投影的构成

　　如图 11-242 所示为单芯片方式，还有高精细的 3 芯片方式，后者采用 3 个芯片的 DMD，并使其相互独立又彼此配合地动作，由此可获得更精细、更大画面的图像，多用于大型投影仪及数字式电影(DLP 电影)等。

---

① 变色轮(colour-wheel):由 RGB 三原色构成的调色旋转盘。基本上是分割为 3 色，但对于更高的精细度要求，有的分割为 6 色，还有的增加黑色而分割为 7 色等。

② 色断(colour breaking)：可感觉到图像按先后分离为 3 色(色分离)。

③ 色闪(colour flicker)：视线移动时，感觉色弥散或颜色若隐若现。

11.9.5　LCOS 方式(反射型液晶方式)

11.9.5.1　LCOS 是硅圆片上的反射型液晶方式

LCOS(liquid crystal on silicon，硅上液晶)是由在硅圆片(单晶硅)上形成的包括驱动晶体管在内的 LSI 回路层，反射电极[①]，液晶层，玻璃基板(对向电极)等构成的。图 11-243 表示 LCOS 的断面结构。由于是在硅圆片上制造，可以原样地采用成熟的大规模集成电路工艺技术，便于制作超高精细、高亮度液晶投影仪所用的器件，其主要用于高精细度、高亮度背投型大型电视等中。

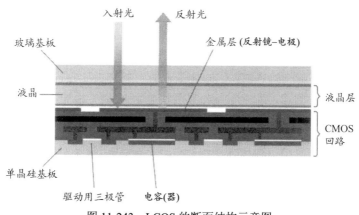

图 11-243　LCOS 的断面结构示意图

LCOS 背投电视的基本原理，是向反射型液晶屏(盒)组件(液晶面)入射光源发出的光，其反射光的偏振光[②]程度，随各像素液晶层上所加的电压(场强)而异。利用这种偏振光程度的变化，可由屏(盒)器件显示(反射)明暗(彩色)可调制的图像，再将其背投到显示屏幕上。

11.9.5.2　LCOS 的特征

LCOS 是在反射型像素的下侧，埋设驱动三极管及数据线、栅线驱动回路等，像素之间的间隙(space)非常窄，同 LCD 方式(透射型液晶)比较，开口率大，可达 90%以上，而且可以实现人感觉不到像素分割痕迹(由像素间隙构成的网络所致)的平滑图像。顺便指出，目前 LCD 方式(透射型液晶)的开口率一般为 60%~80%。

---

① 反射电极：又称反射镜(mirror)电极，在起光反射镜作用的同时，还兼做对液晶层施加电压的一种电极的作用。
② 偏振光：日光和普通灯光是电场向垂直于光传播的所有方向均匀振动的自然光。如果这种光的振动在不同方向有强弱之分，便形成偏振光。偏振光中有 P 偏振光和 S 偏振光。光两次透过 LCOS 液晶层时，依电极间的电压(场强)而异，P 偏振光和 S 偏振光的比例发生变化。

11.9.5.3 LCOS 方式的基本原理

图 11-244 给出 LCOS 方式投影仪的基本构成。由光源发出的光, 经全反射镜、二色性反射镜分解为 RGB 三原色光, 再分别射入偏振光分束器。所谓偏振光分束器(polarizing beams splitter, PBS)是一种偏振光分离板, 该分离板按光的偏振面(P 波、S 波)不同, 将其分离为透射(P 波)束和反射(S 波)束。其中 P 波的电场振动在入射面内为水平的, 而 S 波的电场振动在入射面内为垂直的。三个 PBS 仅使 S 波反射(P 波透射), 反射的 S 波分别射入 LCOS 中。由此, 入射光被像素电极反射, 再次返回到 PBS。其中依 LCOS 液晶层各像素所加电压(场强)不同, 反射光由 S 波变为 P 波。再次返回到 PBS 的反射光, 只有 P 波(亮态)透过, 三原色经二色性棱镜进行 RGB 合成, 最后投影到显示屏幕上。

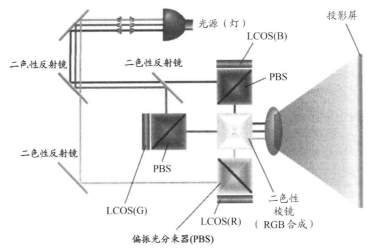

图 11-244 LCOS 方式投影仪的基本构成

11.9.6 背投显示器的技术进展

11.9.6.1 改良投影屏, 以提高视角和对比度

近年来, 背投电视在提高画面质量方面获得突出进展, 目前已达到不亚于液晶电视和 PDP 电视的水平。这主要是通过超高压水银灯的光源改良, 通过 MD 方式的显示像素的高精细化, 进而综合这些优势的光学引擎的改良而获得的。

图 11-245 表示背投电视技术的进展。目前需要进一步改良的课题, 一是视角和对比度的提高, 二是框体的薄型化。前者需要进一步改良投影屏, 后者需要开发新型光学引擎。

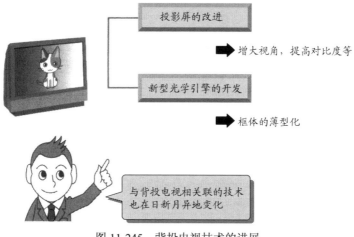

图 11-245 背投电视技术的进展

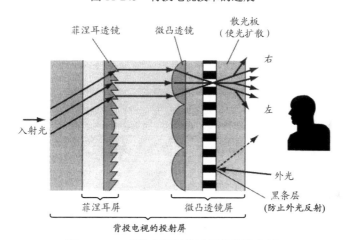

图 11-246 背投电视用投影屏的构造实例

为提高背投电视投影屏的性能，如图 11-246 所示，菲涅耳透镜层[1]和微凸透镜层[2]起重要作用。由光学引擎到投影屏的入射光，经菲涅耳透镜层导向为向投影屏正面入射的平行光，再经微凸透镜层将入射光变为向左右方向的出射光，进而经散光板使光扩散，达到扩大视角的效果。另外，通过设置吸收外光反射光的黑条(black stripe)层，达到增加对比度的效果。

11.9.6.2 背投电视薄型化的激烈竞争

背投电视需要改善的另一个项目是框体的薄型化。在框体内，为确保从光源

---

① 菲涅耳透镜层：将通常的透镜切成同心圆状，使透镜面呈不连续的锯齿状，并经减薄而形成的透镜层。

② 微凸透镜层：将多个断面为蒸糕(近似球缺)型的微细透镜沿纵方向等节距地并排，所构成的透镜层。这种微凸透镜除了在垂直方面布置之外，还可在水平方向布置，以此扩大左右上下方向的视角。

到屏幕的投射距离，需要一定的深度(厚度)。对于 60 型背投电视来说，若用一般的垂直投射方式，即使采用背反射镜，厚度也在 50cm 左右。

三菱电机开发出利用非球面凸面镜的超广角光学引擎(DMD 方式)，通过倾斜投射和背面反射镜的曲折光路，使 59 型背投电视达到 26cm 的薄型化，并将相应业务用背投电视投入市场。这种业务用背投电视的投射角[①]为 136°，进一步将投射角扩大到 160°的试制品，62 型的厚度仅为 26cm(不采用背反射镜)，该试制品发表于 CEATEC JAPAN 2004。

另外，在 2006 International CES[②]上，日本 Victor(ビクター)展示出对应全高清(full high definition, full HD)LCOS(D-ILA)方式的厚度为 25.4cm 的 56 型，索尼展示出对应全高清 LCOS(SXRD)方式的厚度为 31.75cm 的 55 型试制品。

如上所述，为了实现背投电视的薄型化，各公司在开发包括反射镜在内的新的光学引擎方面正稳步取得进展。

11.9.7　LED 光源、激光光源在背投电视的应用

11.9.7.1　LED 光源的特征

最近，有人正在开发利用发光二极管(LED)代替传统超高压水银灯作光源的背投电视(图 11-247(a))。其最基本的原因是蓝色 LED 的出现得以实现白光，当然，LED 发光效率及发光量的改善改变了其原来难以作为投影仪光源的局面。

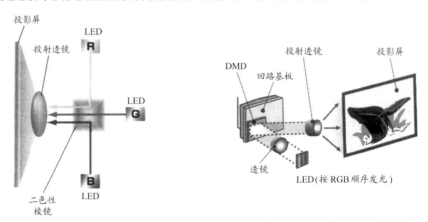

(a) 利用 LED 光源的 LCD 方式背投电视　　　　(b) 利用 LED 光源的 DMD 方式背投电视

图 11-247　利用 LED 光源的背投电视构成实例

---

① 投射角：从光源到投影屏的投射(投影)角度。正文中的投射角并非实际的投射角，而是与前投情况下等效的投射角。

② 2006 International CES(Consumer Electronics Show)：2006 年 1 月初在美国拉斯维加斯举办的消费类电子产品展览会。该展览会每年 1 月初都在同一地点举办。

背投电视中使用 LED 作为光源的主要优点及特征可举出下列几项:

1)寿命长。同大约 1 万小时需要更换的超高压水银灯相比,其寿命约为 4 万小时;

2)色再现性好,即显示器所能显示的色域范围宽;

3)瞬时亮/灭。对于超高压水银灯来说,ON 后达到一定的亮度需要一定的延迟时间,而 OFF 后也需要一定的冷却时间;

4)环境友好。LED 不使用水银(Hg)。

但是,LED 光源并不是像超高压水银灯那样的点光源,而是从数毫米见方的芯片发出的光,为使其聚焦,需配置必要的光学部件。

11.9.7.2　采用 LED 光源的背投电视的构成

采用传统的超高压水银灯光源,为了将白色光分离为 3 原色(RGB),在 LCD 方式/LCOS 方式中需要采用全反射镜及二色性反射镜,而在 DMD 方式中需要采用变色轮。但若采用 LED 光源,如图 11-247(b)所示,包括这些光学系统在内的光学引擎变得相当简单,便于实现背投电视的小型化、薄型化。

在 2006 年 1 月初举行的 International CES 展览会上,三洋电机展示了 3 板 LCD 方式 55 型(1 920×1 080 像素)样机,日本 Victor(ビクター)展示了 3 板 LCOS 方式 43 型样机,韩国三星电子展示了 DMD 方式 56 型样机。

11.9.7.3　采用激光光源的背投电视

激光光源与超高压水银灯同样属于点光源,由于能量密度高,可以实现高亮度,而且不需要 LED 所必要的聚焦系统,从而有可能实现更小型的光学引擎。但是,激光二极管及周边部件的价格较高,电源小型化也是需要解决的问题。三菱电机于 2006 年 2 月 15 日公开展示了采用激光光源的 DMD 方式 52 型背投电视的样机。

第12章 FPD产业现状及发展预测

12.1 电子显示器产业的市场动向

现在，在电子显示器市场上，为满足用途对象功能扩充的需求，各种各样的显示器应运而生，犹如雨后春笋，在显示器的发展史中没有先例的竞争已经开始。这种动向，包括电视的数字化及全高清(full HD)乃至超高清(super HD)化、便携制品的功能扩展等，来势凶猛。本节在对各种显示器的今后发展做出解说的同时，对市场和企业今后的发展方向做简要介绍。

12.1.1 信息系统的发展和电子显示器

当今的电子显示器，数薄型电视最为抢眼，但电子显示器发展的来龙去脉，总离不开"与之相关的系统"。

首先，在20世纪30年代，基于"想传送图像"的愿望和追求，诞生了电视系统。初期的系统，无论是摄像设备还是显示设备，全都是机械式的。但此后，摄像、显示设备逐渐发展为电子式的，而电视系统也迅速达到实用化水平。电子显示器起始于黑白CRT(布劳恩管)。20世纪50年代，为了实现彩色化的愿望，开发出了彩色电视，而彩色CRT一直传承至今。

另外，个人计算机(PC)与显示器的关系日渐密切，20世纪80年代随着计算机图形处理功能的提高，彩色显示器CRT作为显示器一举占领计算机阵地。而且，在20世纪80年代后期，随着半导体集成度的提高，笔记本电脑出现，经过单色(橙色)PDP时代，完成从无源驱动型液晶(STN LCD)向有源驱动型液晶(TFT LCD)的世代交替，并一直发展至今。手机也紧跟其后，开始是只能显示电话号码的LED，经过无源驱动型液晶，发展到今天手机也能观看动画的TFT液晶显示时代。

如上所述，随着系统的进化，用于系统显示的电子显示器也得到开发，每个时代都有与之相匹配的显示器件。那么，随着系统的数字化(数字电视、DVD等)，对显示器有哪些新的要求呢？

以电视为例，作为数字化终端，为满足人们不断提高的观赏及娱乐要求，应具备卜述特征：

1)噪声小，亮度高，图像美丽动人；

2)画面尺寸大，动画逼真，参与(临场)感强；

3)视角大，从任何角度都能正常观视；

4)图像分辨率高,从高清晰度(HD)向全高清(full HD)乃至超高清(super HD)过渡;

5)从薄型壁挂式向挠性壁张式过渡;

6)制作工艺简化,价格便宜等。

幸运的是,随着液晶屏和 PDP 技术的提高,可以不断满足显示器与系统之间的匹配要求。从这种意义上讲,FPD 时代已真正到来。

12.1.2　相互竞争的电子显示器

另一方面,如果从电子显示器一侧看,替代原来唱独角戏的 CRT,首先是液晶屏和等离子屏的出现,进一步在小型领域又有液晶屏和有机 EL 等相对应,形成同一应用领域各种不同电子显示组件相互竞争的局面(图 12-1)。在电视领域,有 CRT、液晶屏、等离子屏、前投、背投等相互竞争,另外,FED 等新技术也参与其中;在 PC 监视器领域,液晶已完成替代 CRT 的世代交替;在便携(主要是手机)领域,为满足数码相机、MP3、MP4、乃至手机电视等功能扩充的要求,液晶(包括无源矩阵驱动型、有源矩阵驱动型、进一步还有 a-Si TFT、LTPS 等)、有机 EL(包括无源矩阵驱动型、有源矩阵驱动型)都参与了竞争。像这样,同一应用领域,多种不同的电子显示器件相互竞争的局面,在显示器漫长的发展史中并无先例。下面,对各种领域中,各种不同显示器的进展情况,做简要说明和介绍。

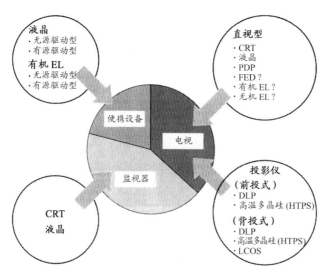

在用于监视器和电视方面,替代原来唱独角戏的 CRT,有多种不同的类型相互竞争;而在便携应用中,为充实对象机型的功能,可满足其要求的几种显示器件也在竞争之中。如图所示,同一应用领域,多种不同的电子显示器件相互竞争的局面,在显示器的漫长发展史中并无先例

图 12-1　相互竞争的电子显示器

12.1.3 电子显示器市场

12.1.3.1 综合市场

电子显示器市场的总规模,预计到 2009 年将达到 1 100 亿美元(约 12 兆日元),如图 12-2 所示。其中唱主角的 TFT 液晶 2003 年已占全体的 50%,到 2007 年可达 2/3。原来的主角 CRT 呈减少趋势,其生产据点向东南亚等发展中国家转移,基于价格方面的优势,估计今后还将长期存在下去。PDP 也急速成长,但不可避免地与 TFT 发生激烈的价格竞争。随着 TFT 液晶价格的降低,其市场规模不断扩大,但从金额讲,2006 年以后其成长会逐步钝化。

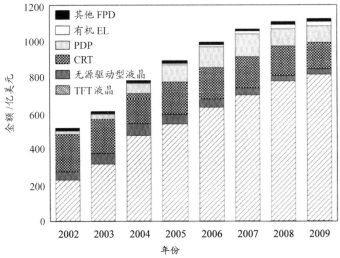

电子显示器市场的总规模,预计到 2009 年将达到 1 100 亿美元(约 12 兆日元)。其中唱主角的 TFT 液晶,到 2007 年可达全体的 2/3

图 12-2　电子显示器的综合市场(资料来源：iSuppli Corporation)

12.1.3.2 CRT

尽管 CRT 电视和 CRT 监视器在先进工业国已被逼到墙角,大有寿终正寝之势,但从世界市场看,即使在 2006 年度,CRT 的产量仍达到 1 亿 7 000 万台(用于电视、监视器等)。从生产地域讲,先进工业国家的工厂先后关闭,并完全转移至中国、印度、东南亚等国家。这种转移不仅仅是新的投资,还包括制造装置的转移。CRT 具有不可比拟的价格优势,上述产业的转移使这种优势发挥得淋漓尽致。例如,一台 29 英寸 CRT 的价格约 60 美元,做成 CRT 电视不超过 100 美元。CRT 这种强烈的价格比照,也是造成 FPD 电视价格竞争的驱动力之一。

12.1.3.3　液晶屏

液晶材料的研究起始于 100 多年前，历史久远。但当时确认，液晶需要在 100℃以上的高温下才能工作。发现液晶可在室温下工作，为现在液晶屏原型的开发提供了基本保证，这是 40 多年前的事。从当时开始，一直期待薄型电视的问世，但实用化是从钟表、游戏机、电子计算器开始的，而应用领域扩展到笔记本电脑加速了普及进程。另外，性能上从单色到彩色，驱动上从无源矩阵型到有源矩阵型(TFT 液晶)，以及亮度、对比度、视角、响应速度的改进都是从 20 世纪 90 年代后期以后完成的，致使彩色液晶电视达到实用化，并发展到今天的水平。

那么，液晶屏在哪些领域又将如何成长呢？图 12-3 按应用领域给出成长预测(按金额)。预计到 2009 年总需求将达到 900 亿美元(10 兆日元)。但是，由于销售单价也在同时下降，金额成长率将会逐渐缓慢。按不同应用领域所占份额看，电视用在 2004 年仅占 16%，而 2009 年将占 35%，一跃成为主角。尽管计算机应用及便携应用等仍占一席之地，但需求金额已按应用领域分散开。显示器的面积随年代将直线上升，图 12-4 表示按用途不同的面积需求预测，2009 年将达到 4500 万 m^2，这相当于 220 个北京奥运会主会场"鸟巢"所占的面积，可以想象面积之大。

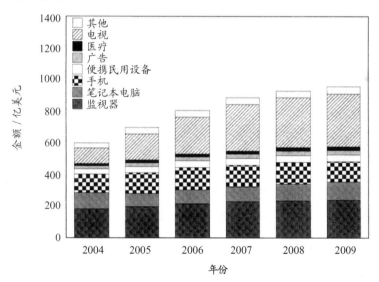

预计到 2009 年总需求将达到 900 亿美元(10 兆日元)，但由于销售单价下降，成长率将会逐渐缓慢

图 12-3　液晶屏市场按应用领域的成长预测(金额)(资料来源：iSuppli Corporation Worldwide
Monitor Market Tracker)

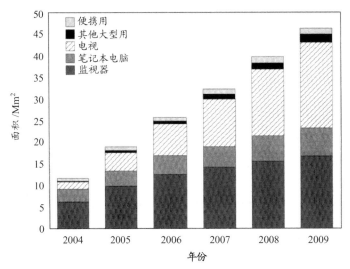

电子显示器若按不同用途的面积需求看,预计2009年将达到220个北京奥运会主会场"鸟巢"所占的面积

图 12-4 TFT 液晶按用途不同的面积需求预测(资料来源：iSuppli Corporation Global LCD Supply-Demand)

那么,如此快速发展的液晶屏的生产基地将会如何分布呢？图 12-5 表示大型(9 英寸以上,包括电视用、监视器用、笔记本电脑用)TFT 液晶屏按地域的生产实绩和对未来的预测。尽管日本也进行大规模投资,但从世界看,呈现中国台湾地区与韩国竞争的势态。

但由此并不能得出日本在液晶屏领域甘拜下风的结论,这大概像过去的民用设备生产那样,为了提高竞争力,从其生产基地国要向外国转移,液晶屏的生产基地也必然要发生转移。与此同时,液晶屏的用途也普及至各种领域,迅速实现"コモディティー(commodity,日用品)化"。若从历史上看,起始于美国的 CRT 产业流向当时价格便宜的日本,随即引起贸易摩擦,与此同时,再流向东亚、东南亚国家,进而日本的电视产业空洞化。眼下,类似的循环又在液晶屏产业中发生。而且,只要某一地域液晶屏的生产基地建立起来,电视及监视器的生产基地也会随之发生自然的转移。

虽说如此,由于对电视的需求因人而异,为了满足世界市场的需求,电视逐渐从普及品向高级品,从小尺寸到超大尺寸,进一步向数字电视进展,而且其性能及式样也确确实实地向多样化发展。面对这种最前沿商品的挑战,日本正满怀信心地应对。

而且,日本在液晶产业中也有强项。为制造液晶屏,离不开从玻璃基板、液晶材料、彩色滤光片、偏光板、扩散板、背光源到制造装置等各种各样的材料及部件。日本在液晶屏开发实用化过程中，在这些领域培育出许多专门技能 (know-how)和核心技术，经过沉淀凝缩，形成雄厚基础。在目前世界范围内液晶显示器产业的发展热潮中，日本已成为上述关键材料和部件(key component)的主要供应源。经过进一步的磨炼与提高，这种基础对今后液晶产业的发展无疑会产生重要贡献并提供足够的后劲。

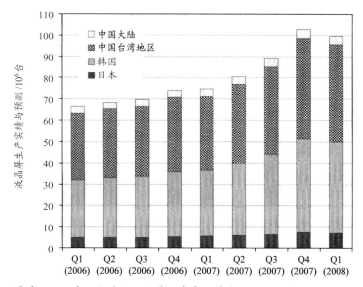

从世界看，呈现中国台湾地区与韩国竞争的势态。但由此并不能得出日本在该领域甘败下风的结论。液晶屏在满足"コモディティー(commodity, 日用品)化"的大趋势下，其生产基地也不断向东亚地区转移

图 12-5　大型液晶屏供应基地(资料来源：iSuppli Corporation Global LCD Supply-Demand)

12.1.3.4　中小型液晶屏

在中小型液晶屏领域，日本处于世界领先位置。中小型是指对角线尺寸 9 英寸以下的液晶屏，其主要用途是手机。从图 12-6 按不同应用领域的中小型液晶屏市场(金额)预测看，手机用占全体的 60%，其次是便携多媒体、汽车用等。在针对汽车的用途中，汽车导航系统以及欧美正在普及的用于后部坐席的液晶屏(图 12-7)等，作为新的产业领域也受到期待。一般认为，日本液晶屏厂商在中小型液晶显示器处于世界领先主要表现在节能、高亮度、利用低温多晶硅(LTPS)实现高图像分辨率等，尽管小型却需要高超技术，从而附加值高等方面。但是，近年来韩国厂商等也奋起直追，竞争日趋激烈。

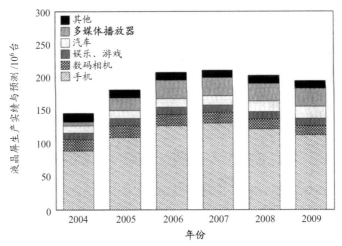

尽管小型，但需要高超技术的中小型液晶屏，属于日本在世界上领先的领域，如果按用途对该领域进行分析，那么手机用占全体的 60%

图 12-6 中小型液晶屏市场(金额)(资料来源：iSuppli Corporation Global LCD Supply-Demand)

尽管中小型液晶屏中手机用途占压倒性多数，但针对汽车导航仪以及如同照片中所示的后部坐席用显示器等应用，作为新的产业领域也受到期待

图 12-7 用于汽车后部坐席的液晶屏(照片来源：iSuppli Corporation Small/Medium Display Market Tracker)

12.1.3.5 等离子显示屏

等离子显示屏(PDP)作为显示器是 20 世纪 80 年代作为便携计算机用橙色(单色)监视器而出现的。但随着无源矩阵驱动型液晶屏(STN 型)的出现，PDP 作为便携计算机监视器的用途急速终结。在此之后，进入 20 世纪 90 年代彩色 PDP 出现，开始了

作为显示器的应用，并发展为今天业务用显示器的广阔市场。另一方面，PDP 作为电视用途也崭露头角，NHK 作为世界上开发的引领者，将其开发为高清晰度用下一代大尺寸显示器，并在长野奥林匹克冬季运动会上(1998 年)推出 42 型高清晰度电视。

在此之后，PDP 作为 30 型以上大型电视的应用市场急速扩大。从图 12-8 对今后 PDP 屏市场的预测中可以看出，40 型级及 50 型级将是成长的主力，到 2010 年将达到 2 000 万台以上。当初是多个厂商参与，但由于 PDP 的经营也同电视的品牌战略密切相关(垂直统合型企业占有明显优势)，现在世界上主要是日本的三大公司(2009 年起只剩下松下一家)、韩国的两大公司参与竞争。另外，液晶屏厂商也介入该尺寸领域，两大体系间的竞争正硝烟四起。PDP 的特征是自发光及响应速度快，特别适合动画显示。基于优良的性能价格比，估计今后 PDP 将占稳大型电视的半壁河山。

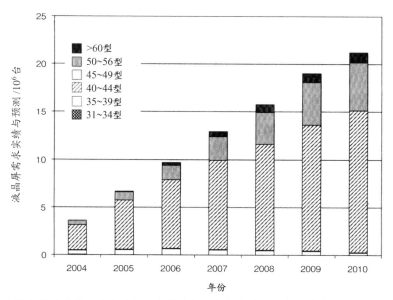

与液晶并肩前进，今后大概也会作为大型电视主角而成长的等离子平板显示器(PDP)，以 40 型级和 50 型级作为主力，预计到 2010 年产量将达到 2 000 万台。现在世界上主要是日本的三大公司、韩国的两大公司参与竞争

图 12-8　PDP 屏市场(资料来源：iSuppli Corporation Plasma Display Market Tracker)

12.1.3.6　有机 EL

有机 EL 按其发光原理又称为 OLED(organic light emitting diode，有机发光二极管)的实用化开始于 1998 年，其标志是，在美国制的手机中正式采用了日本制无源矩阵驱动型有机 EL 屏。之所以采用有机 EL 屏，是由于与当时的液晶屏相比，前者的画面更明亮、色彩更鲜艳、更富于层次感等。在此之后，液晶屏的性能急

速提高，有机 EL 屏在显示性能方面的压倒优势已不复存在，从而给人们造成有机 EL 屏有些停滞不前的感觉。

但是，从世界市场看，随着有机 EL 屏在手机和 MP3 等领域应用的推广，需求将平稳快速增长(图 12-9)。目前的应用领域虽然以手机为中心，但将来在小型电视中的应用也十分看好，不过后者的应用必须以"有源矩阵驱动型有机 EL"的实用化为前提。而随着有源矩阵驱动型的成功及大尺寸全色化的实现，必将开始对液晶等提出挑战。目前小批量样机不存在什么问题，需要应对的挑战来自大批量生产方面。近期人们寄希望于在手机主屏的应用中能成功打开市场。在一些特殊的应用领域，如赛车的仪表盘，由于良好的文字识认性，也已经开始采用，尽管是单色显示，但由于能通过最严酷的使用条件，因此备受注目。

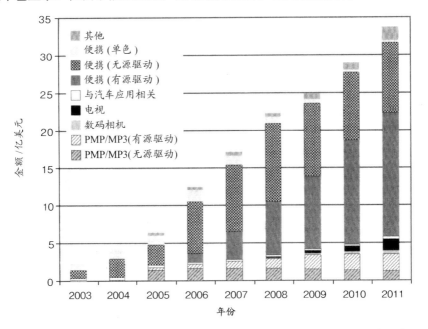

随着液晶屏性能的急速提高，有机 EL 屏在显示性能方面的压倒优势已不复存在，但从世界市场看，后者以手机和 MP3 等为中心的应用将平稳快速增长 (2005—2011 年。年平均增长率(GAGR)约达 31%

图 12-9 有机 EL 屏市场(金额)

虽然这么说，但有机 EL 仍然处于发展途中，如图 12-10 所示，由于还没有越过临界点，仍处于"蹬车上坡，不进则退"的状态。而且，在材料和工艺等方面都还存在一些有待解决的问题。现在欧美、日本、韩国、中国台湾地区都在应对挑战，在显示器产业处于前沿的日本期待着进一步保持领先地位。有机 EL 具有固体发光的优势，而且极具发展成为挠性显示器的可能性，为此需要采用印刷方式等新的制程技术，而其中可弯曲的"有机半导体"必不可缺。世界的挑战还在继续，要实现这些目标，尚需要一定的时间。

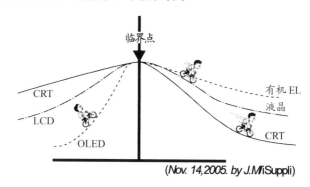

(Nov. 14,2005. by J.MiSuppli)

有机 EL 仍然处于发展途中，如图所示，由于还没有越过临界点，仍处于"蹬车上坡，不进则退"的状态

图 12-10　各种显示器发展的临界点(critical momenture)示意

12.1.4　激烈竞争中的电子显示器产业

在彩色电视问世的半个世纪中，在显示器件的改良和液晶、PDP、有机 EL 等新型器件的开发方面，日本均处于世界领先地位。但是，一旦批量生产开始，日本的生产占有率便从 100%急速下降(图 12-11)。显示器 CRT 从 100%到终结用了 20 年，液晶大型屏经过 10 年后日本仅占 20%，而最尖端的有机 EL(无源驱动型)只经过几年，日本的生产占有率已降落至 20%。造成这种状况的原因可举出下述几个：

1) 制造技术的诀窍(know-how，专门技能)更快地向世界渗透；

2) 海外投资速度的加快，强度的增加；

3) 海外纷纷建立产品生产的据点；

4) 海外自身技术的提高；

5) 海外更低的制作价格等。

日本的确可以在关键材料及部件(key component)、装置产业等方面发挥强势，但制成产品需要一体化的过程。为了确保日本在显示器领域的领先地位，阻止上述现象的进一步发生，继续在世界显示器产业的发展上做出贡献，必须确定研究开发及产业化的范围，明确主攻方向，全行业做出不懈努力。

如上所述，显示器的生产基地正向亚洲地区转移。但是，纵观市场规模的历史，确实处在顺调的发展中。图 12-12、图 12-13 表示按器件不同，开始批量生产之后金额的长年推移，可以看出，液晶经历了 36 年历史，一直处于顺调发展之中。TFT LCD 按累积金额看，约 25 年间超过 20 兆日元，其推移是陡直上升的，估计今后仍将按其延长线增长。世界范围内的竞争正在加剧，但并不意味着没有经营机会(利润空间)。

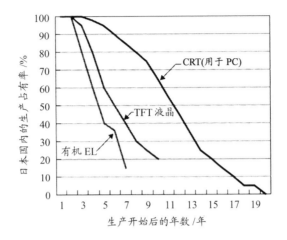

在新器件开发方面处于世界领先地位的日本，一旦批量生产
开始，如图所示，日本国内的生产占有率便从100%急速下
降。究其原因，有文中所述的几个理由

图 12-11 日本国内显示器生产占有率的推移(金额)

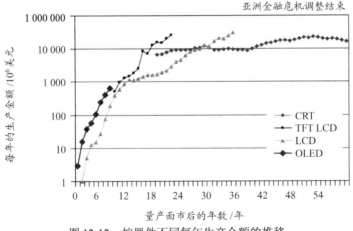

图 12-12 按器件不同每年生产金额的推移

作为显示器产业的经营特征，除了如上所述器件之间的竞争之外，最近还加
上地域(国家和地区)之间的竞争。目前，一改过去先进工业国家生产高端产品，
发展中国家生产普及品的模式，代之以世界范围内的竞争一起喷发。对于这种变
化特点，需要尽早应对。另外，显示器本身的变化也在加速。要想在显示器产业
领域保持一席之地，必须及时了解世界范围内的发展动向，抓住重点，决定取舍，
以赶上或超越世界显示器产业的前进步伐。

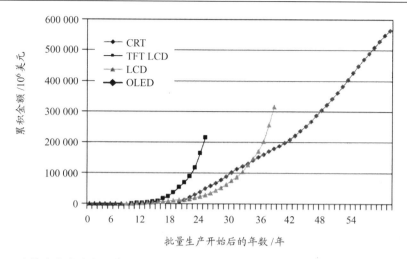

尽管生产基地向海外转移，但从批量生产之后长年的推移看，确实处在顺调发展中。全世界的竞争正在加剧，但并不意味着没有经营机会 (利润空间)

图 12-13　按器件不同累积金额的推移

12.2　FPD 的产业地图

12.2.1　FPD 的用途和市场动向

目前，平板显示器(FPD)已在许多用途中广泛搭载。下面就 FPD 的市场规模以及主要用途的市场动向做简要说明。

12.2.1.1　平板显示器的种类和搭载商品

表 12-1 给出不同种类平板显示器在各种商品中的搭载情况。这些平板显示器包括：液晶显示器(LCD)、等离子显示器(PDP)、有机 EL、无机 EL、场致发光显示器(FED)、电子纸等几大类。

LCD 广泛应用于电视、监视器等画面尺寸 10 型以上的大型显示器、汽车导航系统、DVD 播放器等从 7 型到 8 型左右的中型显示器，以及从手机、数码相机到家电、电子计算器、钟表、医疗器械等小型显示器，所搭载的商品种类繁多，不胜枚举，已渗透到我们生活的各个方面。

PDP 的主要用途在电视，但在机场、车站、饭店等公场所以及机关单位等，作为公共信息发布显示器也有广泛应用。

有机 EL 作为折叠(掀盖)型手机背面用显示器，即所谓副屏，和"数字式便携 audio" (MP3、MP4)以及汽车导航系统用显示器具有巨大市场，期待今后在手机主屏，将来在电视中打开市场。

表 12-1　平板显示器及在各种商品中的搭载

商品种类	LCD	PDP	有机 EL	无机 EL	FED	电子纸
电视	■	■				
监视器	■					
笔记本电脑	■					
公共信息发布显示器	■					■
产业设备、计测器	■			■		
便携式 DVD	■					
汽车导航仪	■					
娱乐设备	■			■		
复印机、MFP	■					
车载用	■		■			
电子书籍	■					■
电子辞典	■					
便携式导航仪	■					
机器人	■					
数码相机	■					
游戏机	■					
智能手机	■					
手机	■		■			■
数码便携式音频设备(MP3 等)	■					
电话、传真机	■					
计算器	■					
钟表	■					■
家电、家政服务设备	■					
医疗设备	■					
投影仪	■					

无机 EL 的开发历史很长，但目前仍主要用于单色显示的计测设备及娱乐设备等。

关于 FED，成为近期话题的 SED 就属于这一类型，作为高画质电视的应用开发引人注目。但总体说来，作为商品，FED 所占的市场份额还相当低，仅限于车载用途中。

关于电子纸，尽管其定义尚未统一，但是具有记忆性的显示器(即使切断电源(不通电)也能进行显示)已开始在手机中搭载，而且电子书籍等也已经面市。

平板显示器的市场规模如图 12-14 所示，可以看出 LCD 占有压倒性比率；按用途所占的比率如图 12-15 所示。尽管如前所述搭载平板显示器的用途极多，但从金额讲，电视、监视器、笔记本电脑、手机等四大用途占全体的约 70%，这些商品每年都以多大比率增长，特别是电视中平板显示屏的搭载率动向，对于业界都有举足轻重的影响。

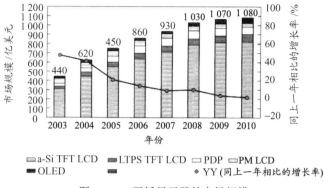

图 12-14　平板显示器的市场规模

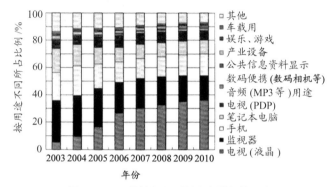

图 12-15　平板显示器按用途所占的比率

12.2.1.2　薄型电视的市场动向

液晶电视、等离子电视等薄型电视替代布劳恩管(CRT)电视首先在日本市场展开，逐渐扩大到欧洲以及电视最大市场的北美，目前这一趋势正向全世界扩展。从全世界市场上薄型电视所占的份额看，2006 年数量上约为 30%，金额上约为 70%，预计 2008 年在数量上也会发生逆转，到 2010 年在全世界范围内，约 70% 的数量将是薄型电视，见表 12-2。

表 12-2　全世界电视市场按不同类型的数量变化　　　（单位：百万台）

电视类型	CRT	LCD	PDP	背投
2006 年	130.7	44.6	9.7	4.0
2010 年	70.0	128.0	18.9	2.0

虽说液晶电视和等离子电视都在快速增长，但业者更为关心的是二者的延伸究竟朝向何方？或者说，二者的产品规格是如何分配的？几年前，松下曾提出"32 型以下是液晶，37 型以上是等离子"的论断，但是这一界限正不断扩大。换句话

说，液晶电视在数量比率上超过等离子电视的画面尺寸范围，正不断扩大。在从40 型到 49 型的画面尺寸范围内，"液晶电视：等离子电视：其他方式"的比率，2005 年为"10：65：25"，预计 2007 年为"60：40：0"，2010 年为"80：20：0"，液晶所占比率快速增长，而在 50~59 型的画面尺寸范围，即使到 2010 年，这一比率为"30：64：6"，等离子电视仍占主流地位(以上根据 Display Search 的预测数据)。这大概是由于 50 型以上的大画面显示中，等离子电视的图像更逼真、更富于参与性、体育节目更生动、更富于刺激性而备受偏爱，而对于 40 型级的液晶电视来说，随着价格的下降，其性能价格比更易被接受所致吧！在大画画尺寸薄型电视增长的同时，尽管是 20 型左右的画面尺寸，但"一个家庭放置两台电视"的需要量也会增加，上述预测也考虑到了这一增长因素。

12.2.1.3 手机的市场动向

对于中小型显示器来说，今后作为中心的用途是手机。手机与其他用途不同的特征之一，是各种不同种类(技术)的显示器都有搭载。虽说主要搭载的类型是 LCD 和有机 EL，但在 LCD 中，就有 TFT、彩色 STN、单色 STN 等各种不同方式，而且在显示方式上还有透射型、反射型、半透射型之分。上述哪种技术和方式在何时会成为主流，对于显示器厂商及关联材料厂商至关重要，因此备受关注。图 12-16 给出手机的市场动向。

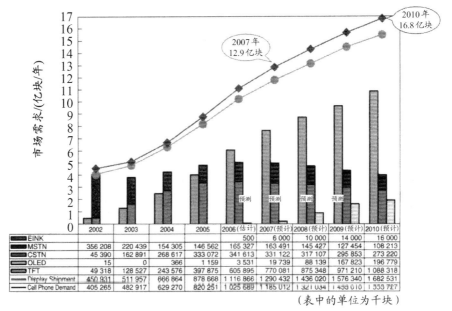

	2002	2003	2004	2005	2006(估计)	2007(预计)	2008(预计)	2009(预计)	2010(预计)
EINK					500	6 000	10 000	14 000	16 000
MSTN	356 208	220 439	154 305	146 562	165 327	163 491	145 427	127 454	108 213
CSTN	45 390	162 891	268 617	333 072	341 613	331 122	317 107	295 853	273 220
OLED	15	0	366	1 159	3 531	19 739	88 139	167 823	196 779
TFT	49 318	128 527	243 576	397 875	605 895	770 081	875 348	971 210	1 088 318
Display Shipment	450 931	511 957	666 864	878 668	1 116 866	1 290 432	1 436 020	1 576 340	1 682 531
Cell Phone Demand	405 265	482 917	629 270	820 251	1 025 689	1 185 012	1 321 034	1 488 010	1 553 727

(表中的单位为千块)

图 12-16 手机用显示屏的市场动向

12.2.1.4　投影仪

投影仪主要设置在会议室、教室等用于讲稿和图像显示，有前投型(front-projector)和背投型(rear-projector)之分。其中背投型中的"背投电视"作为仅次于液晶、等离子的第三位薄型电视，特别是从 2004 年到 2005 年期间，在北美市场呈增长趋势，而广受注目。从画质角度，其视角较小，但正面的对比度同其他方式相比并不逊色，大画面设计十分有利，而且具有低价格、低功耗的优势。但是，在液晶和等离子急速降价和大画面顺调进展的形式下，背投电视从 2006 年起在数量上并无增长。今后的出路在于依靠光源的革新(采用激光光源等)大力开拓新的应用市场。

相比之下，前投型投影仪在世界范围内的年增长率达 10%~20%，呈稳定增长势态。看来，包括 BRICs(金砖四国)，发展中国家市场的教育用途等在内，今后仍会保持增长趋势。投影仪所使用的光学器件有高温多晶硅(HTPS)型、DLP 型(使用 TI 公司开发的 DMD 元件)和 LCOS(liquid crystal on silicon, 硅上液晶(反射式))型等三种，其中采用 HTPS 的被称为 3LCD 的方式(参照图 9-90)应用最多。表 12-3给出前投方式投影仪的市场状况。

表 12-3　前投方式投影仪的市场状况　　　　(单位：千台)

年份		2005	2006	2007	2008	2009	2010
前投式(业务用+家庭用)	HTPS	1 992	2 559	3 009	4 350	5 750	6 800
	DLP	2 081	2 611	2 994	4 350	5 750	6 800
	LCOS	15	30	46	125	190	311
	合计	4 088	5 200	6 049	8 825	11 690	13 911

注：根据 TSR 2006 年 9 月公布的数据整理。

12.2.2　FPD 按不同技术的业界动向

目前，世界范围内参与电子显示器产业的厂商很多，表 12-4 按不同国家和地区，以介入电子显示器领域所涉及的技术不同，列出主要厂商的名称。其中，进行批量生产的，集中分布在东北亚地区，而又以参与 LCD 的最多。韩国的三星、LG 这两大财团企业介入了各种类型的显示器；中国台湾地区参与 PDP 的各个厂商已经撤出。表 12-5 列出目前按主要产品用途对厂商的排名。

表 12-4 不同国家和地区按技术不同主要批量生产厂商的分布

		日本	韩国	中国台湾地区	中国香港地区	亚洲	美国	欧洲
液晶	有源矩阵型	夏普 TMD 日立 爱普生 NEC 卡西欧	三星电子 LPL BOE-Hydis	AUO CMO CPT HANNSTAR TOPPOLY INNOLUX	SVA-NEC INFOVISION BOE-OT 吉林彩晶 南京新华日	AFPD		
		9 个公司	3 个公司	7 个公司	5 个公司	1 个公司		
	无源矩阵型	爱普生 Optolex 日本板硝子 卡西欧	三星 SDI	WINTEK Giant PLUS EDT	信利(Truly) 天马 JIC YEEBO	バリトロ ニクス	スリー ファイブ	TECDIS
		7 个公司	1 个公司	5 个公司	50 个公司	5 个公司	5 个公司	4 个公司
有机 EL		东北先锋 TDK 日本精机	三星 SDI コロソ Orlon	RitDisplay UNIVISION	Philips	Osram	eMagin	
		5 个公司	5 个公司	4 个公司	1 个公司	1 个公司	1 个公司	
PDP		松下 富士通日立 先锋	三星 SDI LG 电子					
		3 个公司	3 个公司					

表 12-5 按主要产品用途的厂商排名

产品及用途		第 1 名	第 2 名	第 3 名	第 4 名	第 5 名
LCD	电视	LPL 24%	AUO 21%	三星电子 20%	CMO 16%	夏普 10%
	监视器	AUO 18%	三星电子 18%	LPL 14%	CMO 12%	CPT 11%
	笔记本电脑	LPL 30%	AUO 25%	三星电子 23%	CMO 9%	TMD 4%
	手机	三星 SDI16%	爱普生 13%	夏普 12%	TOPPOLY 10%	WINTEK 9%
PDP		LG 电子 33%	松下 30%	三星 SDI 23%	FHP 9%	先锋 5%
有机 EL		三星 SDI 22%	RitDisplay22%	LG 电子 17%	先锋 14%	悠景科技 12%

注: 有机 EL 依据 2006 年全年数据, 其他依据 2006 年第 3 季度数据。最新的排名请见图 11-36 和图 11-39、图 11-43 等。

资料来源: Display Search。

12.2.2.1 LCD

在电视、监视器、笔记本电脑等大型领域, 除了夏普在电视领域占有一席之地以外, 日本所占的比例是很小的。中国台湾地区的 AUO 与 QDI 于 2006 年合并, 今后作为厂商的 M&A 不仅在中国台湾地区, 而且在中国内地也将会进一步扩展。

在中小型领域, 日本厂商仍占据很高的份额。但是, 预计今后以三星、AUO 为首, 采取更低价格作为手段, 也必将在中小型领域参与竞争, 如同几年前东芝和松下联合组建 "TMD" 那样, 为了今后的继续投资, 企业间的合并预计也会在注意中小型产品的厂商间进行。

液晶厂商的概要如表 12-6 所示。

表 12-6　液晶厂商的概要(只包括设有前工程(阵列)工程)生产线，且实现批量生产的厂商)

国家和地区	厂商	量产方式				技术				产品种类			备注
		a-Si	LTPS	HTPS	TFD	VA	IPS	TN	OCB	大型	中小型	小型	
日本	夏普		CGS			ASV							液晶电视生产线处于世界领先水平
	日立												以中小型为中心
	IPS-α												日立+东芝+松下, 2006 年 6 月启动
	TMD				撤退								东芝+松下，以中小型为中心
	爱普生												由三洋-爱普生生转为爱普生
	STLCD												索尼+丰田
	STMD												索尼+丰田之前, IDT(CMO)完成 a-Si→LTPS 的转变
	SLCD					PVA							索尼+三星电子，利用韩国国内的工厂
	索尼												将来注重于 LCOS
	ADI												三菱+旭硝子
	卡西欧												
	NEC												
	TOPPOLY(飞利浦)												原有无源矩阵驱动生产线
韩国	三星电子					PVA							
	LPL						AFFS				出售面板		
	BOE-Hydis												在中国北京，"BOE-OT"合资企业实现量产，吸收 QDI
	AUO										出售面板		
	CMO												
	CPT												
中国台湾地区	NANNSTAR												与卡西欧合作
	TOPPOLY												
	IINOLUX												
	PVI												
中国内地	WINTEK												以 CSTN 为中心, 引进二手 TFT 生产线
	SVA-NEC												
	吉林												引进二手 TFT 生产线
	南京												引进二手 TFT 生产线
	INFOVISON												
	BOE-OT												
	天马												原来生产 CSTN, 转向投资 TFT
	TRULY												原来生产 CSTN, 转向投资 TFT

12.2.2.2 PDP

参与 PDP 的厂商呈缩减趋势，估计今后日本的三家(到 2009 年只剩下松下一家)、韩国的两家将成为中坚力量。松下积极扩大投资，表现出主动进取姿态，但仅靠一个公司的继续投资难以保证与 LCD 的竞争，因此各公司的动向引人注目。

12.2.2.3 有机 EL

尽管一直作为中心话题，人们也寄予厚望，但始终未出现如同人们所想象的市场扩大，这便是有机 EL 这些年的发展状况。撤出的厂商包括日本的三洋电机(SK Display)，而中国台湾地区的厂商就更多些。虽说如此，在以手机副屏、数字式便携 audio(MP3、MP4)为中心的无源驱动型应用市场，仍在不断扩大。要实现真正意义上的扩大，有待于以手机主屏开始的动画显示商品搭载的普及，即有源驱动型的批量化生产。目前，在有源驱动型量产化方面走在前面的是三星 SDI，从 2007 年开始商品搭载到 2008 年的生产能力扩大都备受业界关注。

12.2.2.4 电子纸

从概念上讲，电子纸应具备基板是柔软可弯曲(挠性)的，即使不通电也能正常工作(即使切断电源，也能靠记忆进行显示)等特征。目前的现状是，基板采用与其他显示器相同的玻璃基板，可按具有记忆性显示原理工作的产品已经面市。"E Ink 方式"已走在前列，"ブリヂストン"(普利司通公司的产品)的一部分也已经实现产品化。

采用非玻璃基板的制品实现商品化估计还需要一定的时间，但是在手机方面，Motorola 公司在印度于 2006 年 11 月发售了"MOTOFONE F3""3GSM World Congress 2007"，由荷兰 Philips 公司独立出去的"Polymer Vision"公司发表的 5 型 QVGA 级的挠性电子纸(曾预定于 2007 年末发售)等，都备受业界关注。

12.2.2.5 触控屏

触控屏一直以搭载于 PDA 为中心，市场规模并不很大，但目前出现扩大市场规模的征兆。预计除了在游戏机(任天堂 DS)、苹果公司的新商品"iPhone"等时兴商品中搭载之外，加上车载(汽车导航系统)用途中搭载率的稳定上升，智能手机(smart phone)中的应用也会扩大。

在日本还没有引起足够重视，但在欧洲、韩国正在扩大应用的 PND(portable navigation display)中多数已搭载了触控屏。在中国内地为了输入汉字方便，手机中搭载触控屏的比率已经很高。

面对市场的扩大,何种技术方式将成为主流？在材料的构成及与 LCD 的一体化技术方面将如何进行？将是业界今后关注的重点。

表 12-7 给出触控屏的主要用途及市场规模等。

表 12-7 触控屏的主要用途及市场规模

画面尺寸	应用领域	2006 年			电阻膜 F+G	g+G	F+(F)+P	静电容量	电磁感应	光学式	超声波	日写	グンゼ	SMK	アルプス	富士通	松下	シクロ〈(ITS)	テクノプリント	ホシデン	翔荣	ワコム	其他	备 注
		产品市场	触控屏市场	搭载率 /%																				
小型	手机、智能手机	900 000	11 000	1	■																			ドユモ(DoCoMo)发表附带两画面 TP 的便携设备
	数码相机	85 000	500	1	■																			
	信号记发器	18 000	5 800	32	■			■																索尼产品搭载
	PDA	9 500	9 500	100	■																			停滞
	数码便携音频(MP3 等)	100 000	0	0					■															在附带 iPod 功能的便携产品中搭载
	游戏机	40 000	16 000	40			■																	在天堂 DS 中搭载
中型	便携终端	1 000	1 000	100	■																			
	便携导航系统	15 000	3 750	25	■					■														2006 年增长 50%
	車载(汽车导航系统等)	10 000	4 000	40	■																			纯正型 g+G 结构
	PPC·MFP	20 000	11 000	55	■																			
	传真机				■																			
	家电设备				■			■																
大型	笔记本电脑	76 000	500	1				■															■	平板(tablet)电脑(PC)，2010 年初在 CES 上大放异彩
	监视器	130 000	1 100	1				■		■														包括自动售货机、FA 等
	POS	1 500	200	13	■			■		■														
	ATM	200	200	100				■		■														
	公共信息显示装置							■		■														

注：根据 TSR、DS 公司发表的资料整理。

12.2.3 显示器产业的结构

12.2.3.1 显示器产业的多领域交叉性

以液晶产业为例的显示器产业的结构，是以生产销售某种著名商标电视等的液晶显示器产品厂商(以机电厂商居多)为中心，在其周边集合起与高技术相关联的涉及多产业领域的厂商群。这些周边产业有液晶屏和液晶模块厂商，提供电子器件用于驱动液晶的半导体元器件厂商，液晶屏制造用的液晶显示器关键部件(key component)厂商，进而为液晶关键部件提供原材料的液晶原材料厂商，以及对整个液晶显示器产业提供制造装置及试验装置的制造装置厂商等(图 12-17)。液晶显示器产业同半导体集成电路产业极为相似。而且，后者已建立起与前者相匹敌的巨大产业结构。这特别值得国内同行借鉴。

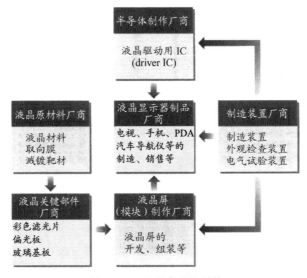

图 12-17　液晶产业的结构

12.2.3.2 液晶产业的形态

如前节所述，与液晶产业相关联的厂商涉及各个产业领域。若对此作为产业形态考虑，根据所生产的液晶显示器产品，可分类为垂直统合型企业和水平分业型企业两大类(图 12-18)。前者从设计、开发、制造到推向市场的最终产品，由同一个厂商完成，后者只是提供液晶屏(液晶模块)等部件。日本的厂商(大型机电/半导体)、韩国的厂商(Samsung 电子，LG Philips)等多为垂直统合型企业；而正在提供液晶屏的中国台湾地区企业等多为水平分业型。但即使是垂直统合型企业，消减成本也是必然追求，为了降低开发费用及价格，正在进行诸如将液晶屏制造及液晶关键部件、材料供应等子公司化，并按需要与其他公司合并等方面的改革，以便进一步提高效率。要想在液晶等显示器产品上争夺霸权，对于决定显示器品质的显示屏供应这一关键环节，应该不是由外部，而是在公司内(同一总公司的系列公司内)解决，看来这是立于不败之地的必要条件。这特别值得国内同行借鉴。

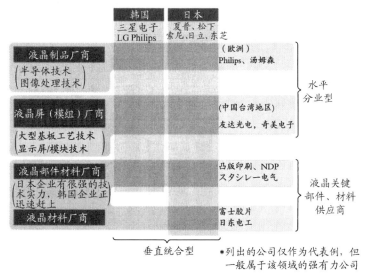

图 12-18　液晶产业的形态

12.2.4　FPD 制造装置的市场动向

(1) 随着 FPD 电视市场的扩大，对于显示屏厂商来说前景有明有暗

2006 年全世界 FPD 市场规模达 9 兆 2 640 亿日元(图 12-19)。但随着 FPD(特别是 FPD 电视市场)的扩大，由于价格下降，对显示屏厂商也造成不小冲击。

随着夏普公司将称为第 8 代(2 160mm×2 400mm)的玻璃基板生产线投产，而且在彩色滤光片制作中采用喷墨(ink-jet)技术，生产效率大大提高。预计到 2008 年 3 月其工厂的生产能力扩大到月产 80 000 块的规模。

由韩国 Samsung 和日本 Sony 联合组建的 S-LCD 公司于 2007 年秋季开始运行第 8 代(2 200mm×2 500mm)生产线。

由此看来，掌握大型电视技术的跨国公司对继续投资态度积极。

LG Philips LCD 公司将称为 7.5 代(1 950mm×2 250mm)的生产线在 2007 年中投产，达到月产 11 万块的规模。另外，暂时搁置向第 8 代生产线投资的议案，转而向 5.5 代线投资。

在中国台湾地区，友达光电(AU Optronics)并购广辉(Quanta Display)公司，

2006 年建成 7.5 代生产线，并于 2007 年春达到月产 2 万块的生产规模。奇美电子 (Chi Mei Optoelectronics) 于 2007 年第二季度开始运行 7.5 代线，对第 8 代线的投资也在讨论之中。

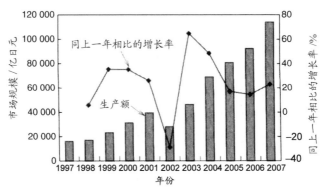

图 12-19 世界 FPD 市场的推移

另一方面，卖掉生产线或打算减缩投资的厂商也是有的，看来前景有明有暗，厂商的热情有增有减。对于 FPD 厂商来说，随着产品价格的下降，主动权会逐渐掌握在投资强度更大的厂商手中。

(2) 预计 2007 年 FPD 关联市场达 5 兆日元

FPD 关联市场由 FPD 制造装置、FPD 检查装置、FPD 材料市场构成。2000 年的 FPD 关联市场随手机市场而扩大，达到超过 1 兆日元的 1 兆 961 亿日元的市场规模 (图 12-20)。2006 年随着大型 FPD 电视市场的扩大而超过 4 兆日元，达到 4 兆 4 335 亿日元。2007 年这种增加趋势将进一步加速，预计市场规模将达到 5 兆 800 亿日元。FPD 关联市场的 72% 是 FPD 材料市场 (图 12-21)，说明 FPD 产业对材料产业的依赖性很大。除此之外，FPD 制造装置市场占 25%，检查装置市场占 3%。

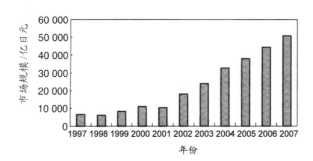

图 12-20 世界 FPD 关联市场推移 (制造装置，检查装置，材料等)

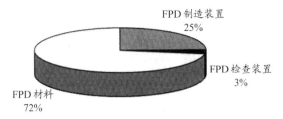

图 12-21　2006 年 FPD 关联产业按领域所占的份额

(3) 2007 年 FPD 制造装置市场达 1 兆 2600 亿日元

FPD 制造装置由 TFT 制造装置、PDP 制造装置及有机 EL 制造装置这三类市场构成。2006 年世界 FPD 制造装置市场增长 11.3%，达 1 兆 989 亿日元(图 12-22)，预计 2007 年的 FPD 制造装置市场将比上一年增加 14.7%，达 1 兆 2600 亿日元。

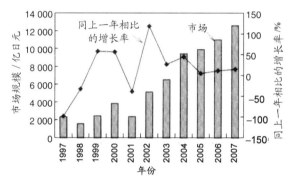

图 12-22　FPD 制造装置的世界市场推移

按地域看，日本市场占 38%，所占份额最高，其次是韩国占 28%，中国台湾地区占 27%(图 12-23)；按应用领域看，TFT 制造装置市场占 75%，其他 FPD 制造装置占 25%(图 12-24)；按工程类别看，包括用于形成图案的曝光装置及薄膜形成装置在内的图案形成工程占 81%，而图案形成之后用于液晶注入及对准贴合等屏组装工程占 19%(图 12-25)。

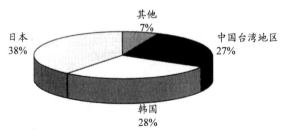

图 12-23　2006 年世界 FPD 制造装置市场按地域所占份额

在 FPD 检查装置市场中，包括玻璃基板的异物检查装置及彩色滤光片/图案检查装置、激光修复装置等。与成品率直接相关的检查装置市场坚挺，2006 年同上一年比增长4.5%达1265亿日元,预计2007年同上一年比增长26.5%,将达1 600亿日元(图12-26)。

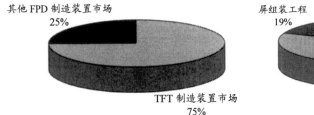 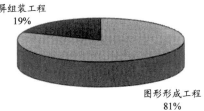

图12-24 2006年FPD制造装置按应用
　　　　　领域所占份额

图12-25 2006年世界FPD装置按工程
　　　　　不同所占份额

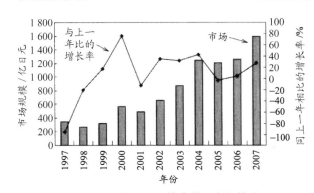

图12-26　世界FPD检查装置市场推移

(4) 预计达3兆6 600亿日元的FPD材料市场

FPD材料占FPD价格的7成,其结果,相关材料已发展成非常大的市场。2006年的世界市场为3兆2081亿日元,与上一年相比增长19.2%,且继续保持增加趋势(图12-27)。预计2007年将达到3兆6 600亿日元。

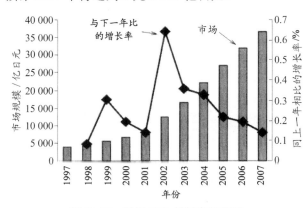

图12-27　世界FPD材料市场推移

FPD 材料市场主要由 FPD 玻璃基板、彩色滤光片(滤色膜)、LCD 驱动 IC、偏光板、光刻胶、背光源、ITO 薄膜、液晶材料、隔离子等构成。份额最大的 FPD 玻璃基板占到 20.7%，其次是 LCD 驱动 IC 和偏光板，二者所占份额都达到 19.6%(图 12-28)。

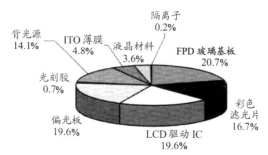

图 12-28　2006 年世界 FPD 材料市场按制品不同所占的市场份额

此外是彩色滤光片(滤色膜)占 16.7%，背光源占 14.1%，上述材料占 FPD 材料市场的 90%以上。由于关键材料和部件(key component)占据 FPD 造价的 70%以上，因此降低材料价格是重要的课题。

在(彩色滤光片滤色膜)制造中，可采用省掉光刻工程的喷墨法，开发成果正向产业化进展；在背光源中也出现采用 LED 的产品，而全面采用 LED 的背光源正在开发之中；手机中由白色有机 EL 实现彩色化的产品已经出现；CNT(carbon nano tube，碳纳米管)的研究开发也在进行之中，目标是实现低价格、轻薄化、低功耗、高亮度的 FED 显示器。

(5) 为适应大型基板的采用和产品价格的降低，需要不断革新

夏普正在策划第 10 代玻璃基板(2 850mm×3 050mm)生产线的建立，在今后的 FPD 制造装置市场，随着大型化的进展，新技术的采用势在必行。

在洗净工程中，正由水平搬送方式转换为纵型搬送的单片洗净方式(参照图 9-71)。洗净液也逐渐淘汰臭氧水、含氢水、碳酸水等药液，而采用新的洗净方法。

在图形(案)化过程中，无掩模曝光及喷墨(ink-jet)技术等的开发也在活跃进行中，以对应大型化、降低价格的要求。对于涂布光刻胶的涂胶工艺来说，考虑到光刻胶膜的均匀性及节省光刻胶，特别是超大型甩胶机缺乏安全性等，利用狭缝喷嘴滴下光刻胶液进行均匀涂布的方式正成为主流。

对于搬送系统来说，为适应玻璃基板的大型化，正替换为由保持玻璃基板的储料箱(stoker)进行搬送的方式。但在今后的大型化过程中，储料箱总会有一定限制，从生产角度讲，单片式的效率更高，预计第 8 代以上的大型生产线将采用空气悬浮搬送的单片式生产方式。

在取向膜形成过程中，为适应大型基板，必须高速、高精度地均匀涂布聚酰

亚胺(PI)膜。其结果,逐渐转换为采用喷墨法的无掩模的 PI 膜形成工艺。在摩擦(取向)制程中, 也正在探讨采用非接触式的离子束和光照射的方式进行取向处理。

检查/修复装置需要完成精细检查,检查后的缺陷定性、定位, 以及对各种各样缺陷的修复。突起缺陷利用砂纸研磨;图形中的多余缺陷利用脉冲激光加以修正;而彩色滤光片(CF)及图形中的漏洞和缺陷利用微喷射器(micro dispenser)来修补。如此, 及时发现缺陷和完美修复是提高成品率的重要措施。

(6) 北京奥林匹克的巨大商机

根据 JEITA(日本电子信息技术产业协会)的统计,2006 年 FPD 电视市场与上一年相比急速增长 83.3%,达 4 683 万台(图 12-29)。如此发展,预计从 2006 年到 2010 年的平均年增长率(CAGR)达 38%,到 2009 年将达 1 亿 400 万台的市场规模。

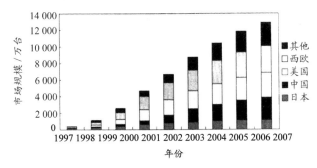

(源于:JEITA)

※2007 年以后为预测值

图 12-29　按地域不同,FPD 电视的市场推移和发展预测

但是,由于市场售价以每年 20%~30%的比例下降,因此只有高强度投资才能取得理想效益。

2006 年中国内地的 FPD 电视市场同上一年相比增长 151%,达 490 万台,预计 2007 年增长 85%,将达到 900 万台,成为世界上增长最快的市场。2008 年正值北京奥运会,FPD 电视的市场需求将达到创纪录的 1 500 万台,其中 42~45 型将成为主流产品。作为中国 FPD 电视厂商的 TCL 及海信(Hisence)等公司正在掌握 FPD 电视技术,而且在国内所占市场份额也最高,在同日、韩厂商争夺市场方面将构成强有力的挑战。中国的 TFT LCD 厂商尽管投入巨大资金,但仍处于赤字状态。由于各种各样的传言不胫而走,也许信息并不准确。

如此,在作为关键部件的显示屏市场上,随着大型化、高精细化、低价格化的进展,各厂商为生存而战的竞争愈演愈烈。

12.2.5　FPD 今后市场扩大面临的课题

以 LCD 为中心,目前已形成巨大市场和产业的电子显示器,今后并非没有死角。LCD 的发展得益于个人电脑监视器、薄型电视的普及(第一波是笔记本电脑，第二波是台式监视器，第三波是薄型电视)，但其置换布劳恩管的时间正在延长。虽然到 2010 年全世界整体电视市场的 70%将是液晶和等离子电视，但此后持续的扩大将变得越来越困难。这是因为，10 年来，电视的需求量是每年 1 亿 6 000 万台左右，尽管在缓慢增长，但即使到 2010 年整体需求也不会超过 2 亿台。

全世界 FPD 的市场规模 2006 年为 849 亿美元,预计 2010 年达 1 141 亿美元。按用途不同所占份额看：

2006 年　电视：32%，监视器：23%，笔记本电脑：11%，手机：17%

2010 年　电视：37%，监视器：20%，笔记本电脑：11%，手机：17%

上述用途占据主要份额，而且从 2006 年的 85%上升到 2010 年的 87%。

从 2005 年到 2006 年前半年，液晶显示器市场持续旺盛，但从 2006 年第二季度开始，无论是大型领域还是中小型领域，都出现供应过剩的局面。持续的降价迫使液晶厂商调整生产计划并造成经营状况恶化。

因此，扩大 FPD 的需求是产业继续发展的关键。作为进一步开发的用途，主要有"公共信息显示器"(公共显示、广告牌、告示板等)，"壁上显示器"(家用壁挂型乃至壁张型显示器)，"网络便携显示器"(挠性基板上的便携终端)等，但这些用途要形成相当于电视用途的市场，离不开大幅度的降价和包括采用印刷方式，喷墨(ink-jet)方式以及卷辊连续式(roll to roll)工艺等在内的技术革新。

"整天很忙，但是并不赚钱"是电子显示器业界的口头禅。而且，由于日本产品的市场占有率逐年下降，因此显示器产量第一把交椅的位置正逐渐被韩国、中国台湾地区厂商抢占。LCD、PDP、有机 EL 等按地域的生产金额见表 12-8，设备投资金额见图 12-30。

表 12-8　LCD、PDP、有机 EL(OLED)按地域的产量(金额)

(单位：百万台)

摘　　要		2004 年		2005 年		2006 年(按原计划列出)	
		产量	份额/%	产量	份额/%	产量	份额/%
LCD	总计	6 023 298	100.0	7 334 400	100.0	8 641 900	100.0
	日本	2 285 783	37.9	2 290 700	31.2	2 440 300	28.2
	韩国	1 793 200	29.8	2 308 100	31.5	2 974 200	34.4
	中国台湾地区	1 761 815	29.3	2 437 900	33.2	2 852 900	33.0
	中国香港地区	165 500	2.7	279 700	3.8	358 500	4.1
	欧美/其他地区	17 000	0.3	18 000	0.2	16 000	0.2
PDP	总计	500 340	100.0	661 100	100.0	1 131 020	100.0
	日本	251 640	50.3	300 230	45.4	534 470	47.3
	韩国	223 670	44.7	343 100	51.9	583 550	51.6
	中国台湾地区	9 350	1.9	2 370	0.4	0	0.0
	中国香港地区	15 680	3.1	15 400	2.3	13 000	1.1
	欧美/其他地区	0	0.0	0	0.0	0	0.0

续表

摘 要		2004 年		2005 年		2006 年(按原计划列出)	
		产量	份额/%	产量	份额/%	产量	份额/%
OELD	总计	46 950	100.0	50 310	100.0	87 300	100.0
	日本	10 500	22.4	9 000	17.9	12 000	13.7
	韩国	20 500	43.7	20 800	41.8	40 300	46.2
	中国台湾地区	15 450	32.9	19 780	39.3	32 000	36.7
	中国香港地区	0	0.0	90	0.2	1 500	1.7
	欧美/其他地区	500	1.1	640	1.3	1 500	1.7

资料来源：富士キソラ总研。

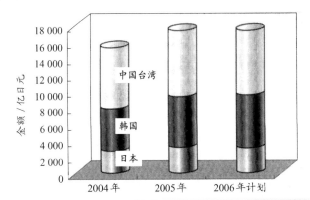

摘 要	2004 年		2005 年		2006 年计划	
	投资/百万日元	与上年比/%	投资/百万日元	与上年比/%	投资/百万日元	与上年比/%
LCD 17社 总计	1 527 670	—	1 735 686	113.6	1 738 150	100.1
日本(11社)	267 800		310 932	116.1	301 000	96.8
韩国(2社)	515 400		622 833	120.8	648 600	104.1
中国台湾(4社)	744 470		801 921	107.7	788 550	98.3
PDP 5社 总计	190 500		143 400	75.3	137 000	95.5
日本(3社)	107 000		84 000	78.5	117 000	139.3
韩国(2社)	83 500		59 400	71.1	20 000	33.7

图 12-30　日本、韩国和中国台湾的 LCD 设备投资规模

　　材料、设备是日本厂商的强项，但即使在材料(部件)领域，组装(assembly)特征很强的背光源单元等，中国台湾地区厂商所占的份额就很高，而日本厂商就很低。因此，关键部件和材料(key component)领域是今后各国厂商竞争的重点。

12.2.6　FPD 产业的 SWOT 分析

目前，全世界的 FPD 产业主要集中在日本、韩国、中国台湾地区、中国内地和香港地区。表 12-9 针对各自的强项(strength)、弱项(weakness)、机会(opportunity)，受到的威胁(threat)进行了分析和汇总。

表 12-9　FPD 产业的 SWOT 分析

国家和地区	强项(strength)	弱项(weakness)	机会(opportunity)	威胁(threat)
日本	强有力的商品品牌效应 关键部件·材料开发、批量生产的优势 关键装置·设备开发、批量生产的优势	劳动力价格高 经营战略的欠缺 选择与集中 撤出的判断力	家电、汽车产业的扩大 新型显示器及材料的开发	韩国、中国台湾地区果断的投资扩大 关键部件、材料厂商的技术流出
韩国	FPD 产业中的领先地位 (LCD)三星电子 　　　LG Philips (PDP)三星 SDI 　　　LG 电子 政府的支持 先端制程技术	核心技术的欠缺(专利) 关键材料、设备依赖海外 价格、定货周期	FPD 市场的成长 海外市场的扩展	向中国台湾地区、中国大陆的技术流出 韩元升值 经济的不稳定
中国台湾地区	地区政府的强有力支持 微机产业的成功经验 快速的经营判断	缺少知名品牌 缺乏关键技术及技术机密(know-how)的积蓄 人才的移动和流失	与北美市场的紧密联系 在中国大陆生产据点的建立	被中国大陆赶上或超过 韩国厂商的先行投资
中国大陆	价格竞争力 丰富的人才资源 政府的支持 广阔的市场	核心技术的缺乏 生产技术、关键设备及技术人才的不足 缺少知名品牌	潜在的需求 流入资金、人才、技术的活用	通货膨胀的不安 政府方针的转换

12.3　日本的 FPD 产业

12.3.1　日本国内的显示器市场

12.3.1.1　日本国内彩色电视市场，液晶早已超过 CRT

根据 JEITA 发表的数据，在日本国内市场布劳恩管电视与液晶电视间，出厂台数发生逆转开始于 2005 年 5 月初，到 2005 年 9 月液晶电视与上一年同期相比增加 52.3%，达 33.5 万台而超过 CRT。这样，2005 年全年液晶已超过 CRT 电视而居首位。而一旦液晶超越 CRT 电视，今后这种倾向肯定会进一步增强。实际上，在出厂台数发生上述逆转之前，按出厂总金额计，2003 年 9~12 月期(第 4 季度)已开始逆转(图 12-31)。顺便指出，以出厂总金额计，从 2004 年未开始有明显下降，表明薄型电视市场的低价格竞争极为激烈。

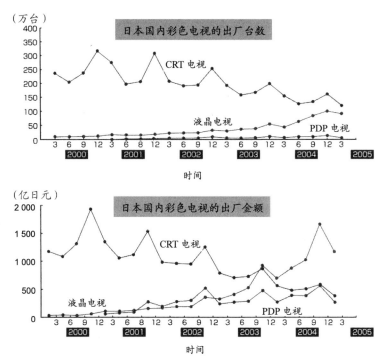

图 12-31　电视生产量的推移(台数、金额)(资料来源：JEITA 日本的电子信息产业 2005)

12.3.1.2　在薄型电视市场上，LCD 与 PDP 的激烈竞争

前些年，薄型电视若按画面尺寸做大致区分，液晶电视在 20~30(40)型，等离子电视在 30(40)型以上。但是，近几年液晶也有 40 型以上大型化电视制品面市。因此，以在 40 型以上领域占有优势而自以为势的等离子，无疑会受到液晶的激烈挑战。如此看来，作为最近的技术动向，液晶阵营不断突破大画面的禁区，逐步侵蚀等离子阵营的大画面阵地；但与此同时，等离子阵营也正视 PDP 的缺点，在长寿命化、像素微细化，以及低功耗方面加以改善。进一步，在 40~50 型以上大画面电视市场，还要加上背投的再挑战、新型 SED 的加入等，大画面电视的霸业争夺更加陷入混沌状态。但是，薄型电视市场今后并非仅仅是价格的竞争，在各类制品保持自身优势的前提下，形成百花齐放、共存共荣的产业布局，这对于用户来讲，不正好可以坐收渔翁之利吗？

12.3.1.3　中小型显示器市场中手机最为突出

毫无疑问，今后可期待急速增长的仍然是使用大型屏(10 型以上)面向家庭的液晶电视。但是，中小型屏(10 型以下)市场虽不比上电视那么风光，但仍可期待一定的增长。

根据美国 Display Search 公布的数据(图 12-32)，2005 年中小型屏的出厂总额为 215 亿 6 630 万美元(按 110 日元兑换 1 美元计，合 2 兆 3 723 亿日元)。按不同厂商所占出厂总额的份额计，第 1 位夏普占 16.3%，第 2 位三洋–爱普生影像器件占 12.2%，第 3 位三星 SDI(韩国)占 9.6%。若按不同用途所占出厂总额的份额计，手机以 58.7%占据第 1 位，十分抢眼。居第 2 位的数码相机只占 7.1%，居第 3 位的游戏机等娱乐设备占 6.9%。

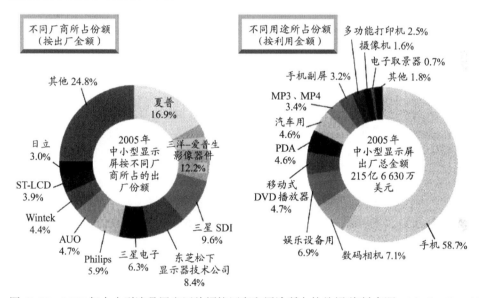

图 12-32　2005 年中小型液晶屏出厂总额按厂商和用途所占的份额(资料来源：Display Search)

12.3.1.4　面向手机的显示器市场动向

面向手机的显示器市场，液晶独占鳌头，有机 EL 仅是在一部分副屏中搭载而已。图 12-33 表示 2005 年手机用显示器市场规模按显示器种类和厂商所占的份额。

2005 年用于手机的液晶显示器市场接近 8 亿块的规模。顺便指出，2004 年全世界手机的总产量为 6 亿 6 450 万部(与上一年相比增加 29.3%)。按厂商所占份额排序，第 1 位是芬兰的诺基亚(31.2%)，第 2 位是摩托罗拉(15.7%)，第 3 位是三星(13.0%)(源于 IDC 2005 年 1 月 27 日发表的数据)。

12.3.1.5 便携用显示器追求高性能的同时正进入低价格化

手机最终在向附带照相机、动画显示、进而跨入便携电视的进化过程中，要求液晶显示器进一步提高显示质量，扩大显示容量(像素数增加)。与此相应，液晶屏正经历从 STN 型向 TFT 型的战略转变。与此同时，伴随手机向新兴工业国出厂台数的增加，手机价格也在不断降低。因此，如何应对液晶屏市场的低价格化，实乃研究开发的当务之急。

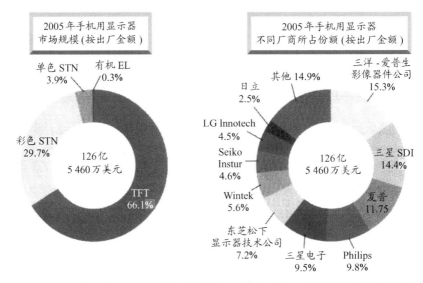

图 12-33　2005 年手机用显示器市场规模按显示器种类和厂商所占的份额(资料来源：Display Search)

12.3.2 日本的 FPD 产能

12.3.2.1 日本国内液晶厂商的业绩

FPD 业界竞争战火最为激烈是发生在液晶厂商之间。日本国内有大型液晶厂商 7 家：夏普、Seiko-Epson、东芝松下显示技术(TMD)、日立制作所、索尼、NEC、三菱电机。根据 Electronic Journal 刊物的统计资料，上述 7 大厂商 2005 年的销售总额/生产总额，同上一年相比增加 9.2%，达到 1 兆 9 430 亿日元(表 12-10)。

夏普在面向液晶电视大型屏(10 型以上)制作方面具有极强的市场竞争力，设在三重县的龟山工厂继续满负荷运行。Seiko-Epson 在面向手机、液晶投影仪等小型屏(10 型以下)生产方面是世界上屈指可数的厂商。关于今后的市场占有率之争，由日立制作所、松下电器产业、东芝合并而设立的 IPS α-Technology 的投资及产品动向将会产生重大影响。

表 12-10　日本国内 7 大厂商的液晶屏销售额/生产额与设备投资情况

业绩 厂商	2004 年度实绩		2005 年度计划		备　注
	销售额 /生产额	设备 投资额	销售额 /生产额	设备 投资额	
夏普	7 201 (36.2)	1 358 (−19.4)	8 300 (15.3)	1450 (6.8)	以生产额为参照
Seiko-Epson (精工–爱普生)	3 168 (6.1)	500 (66.7)	3 930 (24.1)	600 (20.0)	以销售额参照(含三洋、爱普生)，设备 投资额按 Electronic Journal 刊物统计值
东芝松下显示技术 (TMD)	2 988 (4.6)	470 (135.0)	3 050 (2.1)	300 (−36.2)	以销售额为参照
日立制作所	1 940 (−13.4)	230 (4.5)	1 675 (−13.7)	120 (−47.8)	以销售额为参照
索尼	1 600 (23.1)	240 (380.0)	1 500 (−6.3)	330 (37.5)	以生产额为参照
NEC	614 (21.1)	23 (187.5)	675 (1.0)	78 (239.1)	以生产额为参照
三菱电机	290 (−9.4)	20 (100.0)	300 (3.4)	25 (25.0)	以生产额为参照
合计	17 801 (3.4)	2 841 (7.1)	19 430 (9.2)	2 903 (2.2)	

注：单位：亿日元；括号内数据表示相对上一年的增长率。

资料来源：Eletronic Journal. 2005 年 11 月号。

表 12-11　世界主要 TFT LCD 厂商的工厂投资计划

国家 或地区	厂商名称	生产线名称 (生产地点)	玻璃基板尺寸 /(mm×mm)	投产计划，生产能力
日本	夏普	龟山(三重县)	1 500×1 800	2004 年 1 月开始量产。2005 年者达到月产 4 万 5 000 片
		龟山第二(三重县)	2 160×2 400	投资 1 500 亿日元，预计 2006 年 10 月投产。 第一期月产 1 万 5 000 片
	IPS α-Technology	茂原(茨城县)	1 500×1 850	由日立制作所、松下电器产业、东芝合并而设。 投资总额 1 100 亿日元，预定 2006 年第二季度 开始量产
韩国	L. G. Philips LCD	P4(龟尾)	1 100×1 200	2002 年 5 月开始运行。月产 8 万片
		P5(龟尾)	1 100×1 250	2003 年 3 月开始运行。月产 10 万片
		P6(龟尾)	1 500×1 850	2004 年 8 月开始运行。月产 9 万片
		P7(坡州)	1 950×2 250	投资 5 兆 3 000 亿韩元，预定 2006 年第一季度 投产，月产 9 万片
	Samsung Electronics(三星电子)	L5(天安)	1 100×1 250	2002 年 9 月开始运行。月产 10 万片
		L6(天安)	1 100×1 300	2003 年 10 月开始运行。月产 10 万片
		L7-1(汤井)	1 870×2 200	合并厂商(S-LCD)。2005 年 4 月开始运行。月 产 6 万片
		L7-2(汤井)	1 870×2 200	2005 年完成厂房建设。预定 2006 年 4 月开始 运行。第 1 期月产 4 万 5 000 片

国家或地区	厂商名称	生产线名称 (生产地点)	玻璃基板尺寸 /(mm×mm)	投产计划, 生产能力
中国台湾地区	AU Optronics(友达光电)	L8A(龙潭)	1 100×1 250	2003 年 3 月开始运行。月产 5 万片
		L8B(龙潭)	1 100×1 300	2004 年 2 月开始运行。月产 7 万片
		L8C(台中)	1 100×1 300	预定 2005 年第三季度开始运行。月产 6 万片
		L10(台中)	1 500×1 850	2005 年第一季度开始运行。第 1 期月产 6 万片
		L11(台中)	1 950×2 250	投资 350 亿新台币,预定 2006 年第四季度开始量产。月产 3 万片
	Chi Mei Optoelectronics (奇美电子)	Fab3(台南)	1 100×1 300	2003 年 8 月开始运行。月产 12 万片。到 2005 年末,月产达 14 万 5 000 片
		Fab4(台南)	1 300×1 500	2005 年 3 月开始运行。2005 年末月产 9 万片。2006 年末月产 18 万片
		Fab5(台南)	1 100×1 300	2005 年完工。月产 2 万 5 000 片
		Fab6(台南)	1 950×2 250	投资 1 200 亿新台币,计划 2006 年第三季度开始量产
	Quanta Display(广辉显示)	Fab2(龙潭)	1 100×1 300	2003 年 4 月开始运行。月产 6 万片
		Fab3(龙潭)	1 500×1 850	2005 年 8 月开始运行。月产 3 万片
	HannStar Display(瀚宇彩晶)	Fab3(台南)	1 200×1 300	2003 年 10 月开始运行。月产 12 万片
		Fab4(台南)	1 500×1 850	2004 年 3 月完工。预定 2005 年第四季度开始量产月产 9 万片
	Innolux Display(群创光电)	(竹南)	1 100×1 300	2004 年 10 月开始运行。到 2005 年末月产能力增强至 6 万 5 000 片
	Chunghwa Picture Tubes(中华映管)	(桃园)	1 500×1 850	投资 600 亿新台币,2005 年 4 月开始运行。月产 6 万片
中国内地	SVA-NEC	Fab1(上海)	1 100×1 300	2004 年 10 月开始运行。月产 5 万 2 000 片
	BOE-OT	B1(北京)	1 100×1 300	2005 年 1 月开始运行。月产 8 万 5 000 片
		B2(北京)	1 500×1 850	预定 2006 年运行。月产 10 万片弱

注: 以上数据包括 Electronic Journal 刊物的估计。

资料来源: Electronic Journal. 2005 年 10 月号。

12.3.2.2 主要液晶厂商的投资计划

随着液晶屏大画面薄型电视市场的普及扩展,主要液晶厂商竞相建设并增强投资采用大型玻璃基板的 TFT LCD 工厂。家庭用液晶电视的画面尺寸一般为 30~40 型,甚至 40 型以上,若采用由一块玻璃基板可以多面取(多块切割)的大型基板,则无论从生产效率还是从价格方面自然都是非常有利的。在这种工厂的建设竞争中,不仅日本国内,韩国、中国台湾地区,最近还有中国内地也竞相参与,竞争战火日趋激烈。表 12-11 给出世界主要 TFT LCD 厂商的工厂投资计划。

12.3.2.3 代表显示器产业的液晶制造装置市场

(1) 液晶产业与半导体产业相类似

作为显示器产业代表的液晶产业,与半导体产业相类似,也具有周期性反复出现供需平衡变动的特征。与半导体产业的这种特征被称为硅周期(silicon cycle)

相对，液晶产业的这种特征被称为晶周期(crystal cycle)。两大产业都处于激烈的技术革新之中，对于制作生产来说，都需要巨额的设备投资。

(2) 日本的液晶制造装置市场

据 SEAJ 统计，2004 年日本制液晶屏制造装置的销售总额为 5 097 亿日元，同年日本制半导体制造装置的销售总额为 1 兆 6 177 亿日元(图 12-34)。如果说 1993 年液晶屏制造装置销售总额仅占当时半导体制造装置销售总额的约 1/10，现在则达到约 1/3 的规模。这说明，液晶产业已发展成为极为重要的产业。

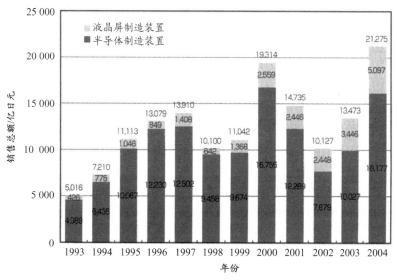

图 12-34　日本制半导体制造装置与液晶屏制造装置的销售总额演变(资料来源：社团法人日本半导体制造装置协会)

(3) 今后的液晶产业如何成长

液晶产业由于受晶周期的影响，随着大画面电视市场的继续扩大，预计今后也将带动整个产业平衡快速发展。但是，并非全部都是玫瑰色，悬念点也是有的。例如，日本制半导体制造装置，峰值时曾占世界市场份额的 50%以上(图 12-35)，但现在欧美厂商卷土重来，日本所占比例呈下降趋势。液晶产业也是从日本始发的，但现在韩国的 Samsung 电子及 LG Philips，进而中国台湾地区的液晶屏专业厂商正在奋起直追，大有后来者居上之势。

最近液晶产业的动向，正从日本流向海外，这在半导体产业已屡见不鲜。液晶制造装置产业也必然会向液晶显示器生产据点转移，造成日本国内空心化，对此业内忧心忡忡。

占现在 70%世界市场份额的日本液晶制造装置产业也不应掉以轻心，必须在满足代表数字家电的大画面电视市场需求方面占据中心地位，进一步提高竞争力。

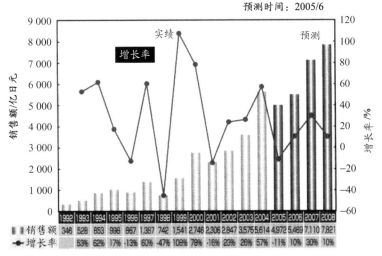

图 12-35　液晶屏制造装置需求预测(日本制装置)(资料来源：社团法人日本半导体制造装置协会)

12.3.3　日本的 FPD 发展战略

12.3.3.1　FPD 市场激烈竞争下的业界重组与再编

(1) 液晶业界的提携与合并

液晶市场在大规模扩展的同时，主要面向家庭用 20 型以上液晶电视的价格，2005 年同 2004 年相比下降 20%，近几年下降幅度更大。面对这种形势，各公司一方面要承担为提高生产效率而投入的研发费用，另一方面要承担投入工厂的大型设备投资，不仅负担重，而且风险大。一个个公司单打独斗地参与竞争，终归要受到限制。通过日本国内企业(包括越来越多的国外企业)间的提携与合并，可"做大规模，分享利益，降低风险"。因此，业界重组与再编是发展的必然趋势(图 12-36)。

如果将这种业界重组与再编视为国策，首先必须考虑的重要课题是，不能重蹈在世界市场上招致地位下降的半导体产业的覆辙，为此必须将知识产权保护战略提高到首位。在上述战略方针指导下，预计今后无论在日本国内、还是国外，关键部件及材料厂商也将卷入其中，今后进一步加速重组与再编。

2008 年 3 月初，夏普与索尼宣布将合建全球首家第 10 代(2 600mm×3 100mm)液晶面板工厂。而在此之前，夏普一直是独立建设第 6 代、第 8 代液晶面板生产线，而索尼则与三星合作建设了第 7 代、第 8 代液晶面板生产线。一系列事件显示，全球液晶面板生产工厂的合纵连横将催生产业新格局。

目前双方在新公司的持股份额暂定为夏普 66%、索尼 34%。工厂预计在 2010 年 3 月投产，产能约为每月 72 000 块基(母)板(初期为每月 36 000 块)。这种第 10

代线(2 600mm×3 100mm)的玻璃母板，每块可面取 15 块 40 型液晶面板，或 6 块 60 型液晶面板，或 8 块 50 型液晶面板。

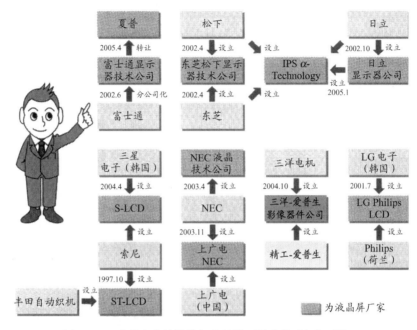

图 12-36　液晶产业的提携与合并进而导致的重组与再编

就在夏普索尼签约前的 2007 年 12 月，日系企业再度掀起了液晶面板结盟风潮：在东芝与夏普进行液晶结盟后不久，松下、日立、佳能宣布合力建立第 8 代液晶屏生产线，由此，日系企业初现"东芝–夏普–先锋"、"松下–日立–佳能"两大新势力联盟的雏形。

在韩国，三星–索尼合资的 S-LCD 与 LG-飞利浦合资的 LPL 是两大液晶面板生产厂。三星近期一直在考虑与索尼继续合作兴建第二条第 8 代线。

在中国台湾地区，2006 年就出现了友达与广辉的合并事件，近日又有报道称奇美正与 Tpodisplay 商议并购，而群创光电和翰宇彩星也在计划合并的事宜。

在世界液晶业界大规模重组与再编潮流下，中国内地京东方、上广电、龙腾光电等几大上游面板制造企业"合并求生"的整合却于 2008 年初令人费解地搁浅。上游产业链的缺失不仅会使中国液晶电视企业丧失产品价格上的优势，更重要的是，自主研发的个性化的功能特点也无法在产品上得以实现，这就不可避免地造成了整机产品在技术和功能上缺乏差异，从而丧失竞争优势。

(2) PDP 业界的提携与合并

相对于液晶显示器涉及从便携设备、汽车导航仪、微机到电视，范围广阔的应用产品而言,等离子平板显示器(PDP)的主导产品目前仅限于家庭用大型电视。2008 年 1 月松下展示出世界最大 150 型高清晰度 PDP 电视,表明 PDP 的发展前景光明。

先锋(Pioneer)公司以等离子电视开发的先头部队于 1997 年在业界率先将 50 型高清晰度电视推向市场(当时售价为 250 万日元),作为下一代电视技术开发的先驱,对业界起到牵引和推动作用,并于 2004 年收购 NEC 等离子显示器公司等(图 12-37),以积极进取的姿态投入开发。但是,松下及日立也同样进行设备投资,从 2004 年日本国内等离子电视的市场占有率看,先锋已屈居松下、索尼、日立等之后,可谓是"起大早,赶晚集"。

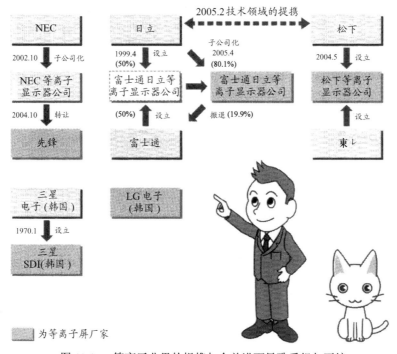

图 12-37　等离子业界的提携与合并进而导致重组与再编

从等离子电视市场看,加上海外势力像 Samsung 电子、LG 电子、Philips 等的攻势,店头(柜台)价格降低了 20%~40%,已形成激烈的竞争市场。像先锋这样的技术先驱,在开拓市场的同时还必须拼死搏斗的例子,正充分反映了数字家电世界的残酷竞争现实。

12.3.3.2　为取得世界领先而进行的技术开发

日本的半导体产业再也不能保持从 1985 年到 1993 年前后压倒性世界领先地位,落得个现在只能步韩国、欧美诸国厂商后尘的尴尬境地。从目前的市场需求看，快速增加的数字家电正成为新的竞争重点。在此环境中，显示器产业作为国家发展战略的组成部分，产官学(企业、政府、研究部门，不同于中国内地的产学研)同心协力是至关重要的。

前面一节已经指出，在伴随工厂建设、组建合并公司的过程中，坚持知识产权保护方针极为重要。除此之外的重要措施自然离不开高效率研究开发的资金投入。以半导体产业作前车之鉴，各个公司虽然单打独斗地投入了高额的研究开发费用，现在却落得个风光不再花去也的悲惨境地。对于数字家电用的电子器件来说，批量产品若非最先进制品则不能立足于市场。为此，需要巨额资金。因此，在当今世界范围的竞争中，由各个厂商唱独角戏实不可取，而国内厂商分属于两个势力集团共同参与竞争不失为最佳选择。在日本的显示器产业中，正向着这一目标，由民间主导的两个势力集团对现有显示器厂商进行重组与再编。

日本国内在原来两大势力集团(一个是夏普，一个是由日立、东芝、松下合并而成的 IPS α-Technology)的基础上，又初现"东芝–夏普–先锋"、"松下–日立–佳能"两大新势力联盟。看来，为了与海外势力(韩国、中国台湾地区、中国内地)对抗，组建这样的势力集团是最佳对策。

(1) 夏普的开发战略

夏普是日本国内液晶产业中的龙头老大，特别是在大型液晶领域，随着设置于三重县的龟山第一工厂投产，生产能力翻一番，在龟山第二工厂(投资 1 500 亿日元)的建设中，决定进一步追加投资 2 000 亿日元等，液晶事业持续急速扩大。另外，2005 年 4 月 11 日夏普还从富士通接受液晶器件事业的转让。这不仅大大增强了含中小型屏在内的生产体制，而且对于夏普获得 VA 液晶的知识产权等具有重大意义。实际上，夏普已经在液晶电视(AQUOS)中成功使用了 VA 液晶的知识产权。

(2) IPS α-Technology 的开发战略

由东芝、松下电器产业、日立制作所和日立显示器(日立占 100%股份的子公司)等四个公司出资组建面向薄型电视用液晶屏制造及销售的联合公司 IPS α-Technology(设备投资 1 100 亿日元)，预定从 2006 年第 2 季度开始生产采用日立显示器公司开发的 IPS 液晶(年生产能力换算为 32 型为 250 万台)。

(3) 索尼的开发战略

索尼自己不生产液晶或等离子面板，一直在向与三星的合资企业采购液晶面板，为此影响了索尼在日本国内同行中的声誉。尽管市场调查显示索尼曾经是液晶电视市场的领头军，但由于产品源头不掌握在自己手中，近年来已被三星超越。

2008 年 2 月索尼表示，为了改变在电视用液晶面板开发、生产上落后于竞争对手的局面，决定与夏普将合建全球首家第 10 代液晶面板生产线，索尼持股

34%,投资 1 000 亿日元(约合 9.26 亿美元)。但索尼与三星的合作似乎并未受到影响(此前二者合作建设了第 7 代、第 8 代线,现正商谈建设第 2 条第 8 代,甚至第 10 代线)。

12.3.4 日本的产官学协调与 PDP 开发战略

12.3.4.1 日本的国家规划

在半导体集成电路领域,日本国家成功的范例可以举出超 LSI 技术研究组合,其经验可供显示器产业所借鉴。图 12-38 表示占据日本液晶电视市场的主要势力图。在显示器相关领域,除了与海外势力的韩国、中国台湾地区乃至中国内地竞争之外,组建高效率的技术开发组织极为重要。表 12-12 给出用于下一代显示器技术开发的主要国家规划。其中,显示器件的低价格化、低功耗化,显示屏大型化,进而制造工程的节能化等,是当时规划的主要题目。但是,由于"计划赶不上变化",规划执行过程中涉及的项目越来越多,而且预算也远超过 10 亿日元。看来,为了在显示器产业中稳操胜券,进一步实施强有力措施极为重要。

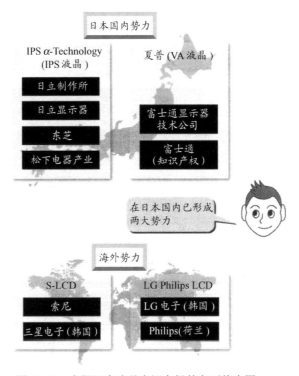

图 12-38 占据日本液晶电视市场的主要势力图

表 12-12　日本下一代显示器技术开发的主要国家规划

年　度	规　划	技术目标
2003—2005	节能型下一代 PDP 规划	功耗仅为现在 1/3 左右的高效率发光技术及革新制造技术的开发
2002—2006	高效率有机 EL 器件的开发	超过 50lm/W 的白色发光元件，能在 50MHz 频率下工作的有机三极管，可动画显示的 0.2mm 左右厚度的薄膜显示器的开发
2003—2005	高分子有机 EL 发光材料规划	有可能在 PDA、汽车导航仪等中使用的小尺寸有机 EL 显示器用高分子发光材料等的开发
2003—2005	碳纳米管(CNT)FED 规划	以碳纳米管(CNT)作为 FED 电子发射源，实现高亮度、高画质、低功耗的显示屏，以及相关评价技术的开发及对试制 CNT-FED 的评价
2005—2007	高性能化 系统显示 平板(platform)技术开发	利用功能单元(element)回路设计技术的开发，器件技术、制程技术的高度更新，在显示器基板上实现高性能功能回路

12.3.4.2　PDP 开发由产业界与政府协调进行

在液晶领域，与国家规划相比，由夏普、IPS α-Technology 等民间主导的技术开发更活跃地进行。而在等离子领域，有以经济产业省·独立行政法人 NEDO 技术开发机构为主导的节能型下一代 PDP 开发规划。这一开发规划以民间 7 个厂商与下一代 PDP 开发中心(APPC)构成的节能型下一代 PDP 共同研究体组织实施，并以协调机制开展研究开发(图 12-39)。

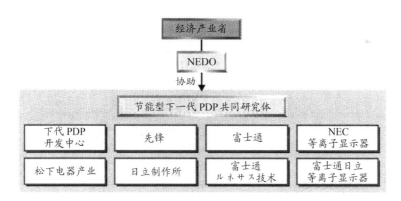

图 12-39　节能型下一代 PDP 规划

12.3.4.3　电机厂商对 PDP 继续积极投资

在面向家用电视的液晶与 PDP 进一步激烈的竞争中，对松下电器产业的等离子电视继续积极投资。在 PDP 制造的最新工厂——松下等离子显示器尼崎工厂，2005 的 11 月末实现月产 12.5 万台(换算为 42 型)的满负荷生产，并达到全公司月产 30 万台的生产体制。下一个目标是进一步增强尼崎工厂(950 亿日元)、建设新工厂(1 800 亿日元),达到 2008 年度满负荷生产大型电视 600 万台/年的目标,而且实现全公司的生产台数为大型电视 1 000 万台/年以上的水平。

另外,日立也紧随松下之后,批准对 PDP 新工厂的建设计划(2006 年 1 月发表)。对新工厂的投资额为 1 000 亿日元的规模,目标是 2008 年投产。

12.3.5 各地区纷纷建立与 FPD 相关联的产业据点

12.3.5.1 依据特定地域建立 FPD 产业据点

面对 FPD 的市场规模不断扩大的形势,青森县、三重县整合与液晶相关联的产业,提出建设"晶谷"(crystal valley)的构想,而山形县则提出建设"有机电子谷"(有机 electronics valley)的构想。

12.3.5.2 山形县的"有机电子谷构想"

这一构想是在山形县米泽市一带,建成与有机电子学相关联的产业基地。在这一地区中,既有山形大学工学部——其中,由已在有机 EL 界成为世界级权威的城户淳二教授正主持有机 EL 的基础研究,又有已在有机 EL 生产方面做出实绩的东北先锋公司的米泽工厂等。这一构想的概要,是形成以有机电子学研究所为中心的"有机电子学谷"(与有机 EL 相关联的企业群,图 12-40)。

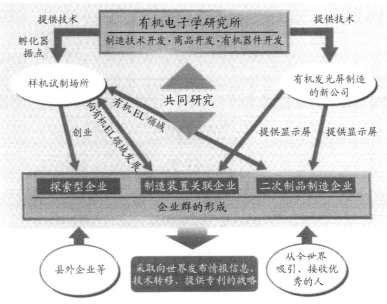

图 12-40　山形县"有机电子谷"构想的概要(资料来源:有机电子学研究所)

12.3.5.3　三重县的"晶谷构想"

自 1990 年夏普三重工厂(多气町)立足三重县起,到 2002 年发表建设用于大型液晶电视生产的最新锐工厂(夏普龟山工厂),应该是这一构想的核心。随着龟山工厂进入这一北势地区后,许多知名的县外企业,如凸版印刷(彩色滤光片)、日东电工(光学膜层)等也决定进入,这就为实现"晶谷构想"向前迈进了一大步。截止到 2005 年 4 月,进入该地区的与液晶相关联的企业已有 65 家,事务所 73 个(图 12-41)。

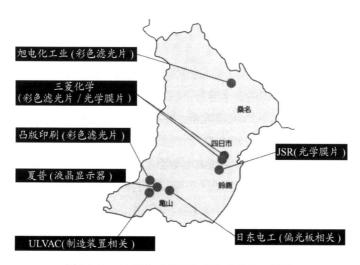

图 12-41　三重县"晶谷"进入企业的一部分

12.3.5.4　青森县的"晶谷构想"

青森县的"晶谷构想",是在まつ市的小川原工业开发地域,打造以液晶为起始的 FPD 知识与产业群,已有 10~15 个公司的企业预定进入。目前已立足的企业是エーアイエス(便携终端用液晶企业,2001 年 7 月开始运行)。

12.4　韩国的 FPD 产业

12.4.1　制定中长期发展蓝图——创立韩国显示器产业协会;提高设备、材料的国产化比例

2007 年 5 月 14 日,韩国显示器产业协会(KDIA)宣布成立。通过该协会的成立,确立 2015 年之前由产官学(企业、政府、研究部门)共同协力的中长期发展蓝图。该发展蓝图提出了"在 2015 年,让韩国产品占领世界显示器市场的半壁江山!"

这一响亮的口号。同时，具体目标包括：① 与 2006 年的 262 亿美元相比(韩国显示器厂商的销售额标准)，2015 年的销售额将实现增长到约 2 倍的飞跃，达到 500 亿美元，从而牵引韩国经济的出口产业；② 将世界市场占有率由 43%(LCD、PDP、OLED 平均)提升至 50%左右，保持业界龙头地位；③ 将设备与材料的国产化比例由 50%提升至 90%；④ 将世界 10 大显示器设备及部件厂商中的韩国公司从 1 家扩充到 7 家；⑤ 确保 2015 年之前拥有 10 项以上的革新性显示器技术。

为了完成这一计划，韩国政府决定在以下方面加大力度，并以韩国显示器产业协会的创立为契机，进一步加速发展：① 加强韩国厂商之间的协作；② 通过 R&D 体制修订支持核心技术的开发；③ 改善投资环境；④ 向中小企业提供人才支持；⑤ 培养设备、材料产业。尤其是，不但要产官学共同奋斗，进一步加强韩国厂商之间的合作，还要朝着提升显示器实际技术能力的方向迈进。

在世界显示器产业中，2006 年韩国公司产分别获得了 LCD36.3%、PDP 52.7%、OLED 39.9%的市场占有率，而且在所有领域均坚守世界第一的位置(参照表 12-13、表 12-14、表 12-15)。2007 年的目标是进一步增加市场占有率，确保 LCD 38%、PDP 53%、OLED 超过 40%。

表 12-13　世界 LCD 厂商排名(2006 年)

排次	公司名		销售额/亿美元	占有率/%
1	三星	(韩国)	118.7	18.0
2	LPL	(韩国)	102.6	15.6
3	AUO	(中国台湾地区)	83.9	12.7
4	夏普	(日本)	60.8	9.2
5	CMO	(中国台湾地区)	55.8	8.5

表 12-14　世界 PDP 厂商排名(2006 年)

排次	公司名		销售额/亿美元	占有率/%
1	LG 电子	(韩国)	22.7	29.4
2	松下	(日本)	22.6	29.2
3	三星 SDI	(韩国)	17.9	23.2
4	FHP	(日本)	7.5	9.7
5	先锋	(日本)	6.4	8.3

表 12-15　世界 OLED 厂商排名(2006 年)

排次	公司名		销售额/亿美元	占有率/%
1	三星 SDI	(韩国)	1.16	24.5
2	LG 电子	(韩国)	0.73	15.4
3	RitDisplay	(中国台湾地区)	0.71	15.0
4	先锋	(日本)	0.65	13.7
5	Univision	(中国台湾地区)	0.58	12.2

注：出处：KDIA。

　　虽然设备领域的国产化比例据说已达 50%左右，但在高附加值的前工程设备领域，国产化比例仅为 36%。而且，材料的国产化比例虽然已经达到了 66%，但核心材料的国外依赖程度(进口)仍然很高，实际的国产化率处于 40%以下的水平，该现状是韩国显示器产业的巨大瓶颈，也是最大的烦恼所在。在这种现实的刺激之下，韩国显示器业界相继制定了今后努力实现核心设备、材料的国产化及开发引领世界市场的新一代产品战略，不过成绩却不容乐观。

　　从 20 世纪 90 年代中后期开始讴歌无限持续高速增长的韩国显示器产业，最近出现了巨大的动荡。由于大型显示器及面板价格的急剧下滑、韩元快速升值、人工费迅速上升等问题带来的不良影响，韩国显示器厂商的压力骤增。

　　尤其是，与生产规模几乎相同的中国台湾地区厂商之间激烈的业界龙头攻防战更趋白热化。由于受到相继收购韩国厂商(Hydis、奥立龙 PDP 分别被 BOE、四川世纪双虹收购)的中国厂商以及拥有技术优势并且在投资规模上先行一步的日本阵营两面夹击，可谓处在苦于找不到出路的严峻状态。

　　另一方面，从韩国大型显示器、面板厂商 2006 年的业绩来看，作为 LCD 厂商的三星电子，销售额与上一年相比增长 21%，达到了 1 兆 5 600 亿日元，营业利润虽然比上一年(970 亿日元)减少了 11.4%，仍达到 860 亿日元。此外，2007年第一季度的销售额为 3 787 亿日元，营业利润率为 3%。LPL 的销售额虽然创下了 1 兆 4 165 亿日元(2005 年为 1 兆 3 434 亿日元)的记录，但是却出现 1 172 亿日元(上一年为 626 亿日元的盈余)的巨大赤字。2007 年第一季度的销售额虽然达到3 629 亿日元，赤字却依然持续(–8%)。作为 PDP 厂商的 LG 电子，显示器事业部门(包括 PDP 面板、PDP 电视)在 2006 年第四季度的销售额为 1 599 亿日元，亏损 195 亿日元(上一季度为盈余 57 亿日元)。三星 SDI 在 2006 年的销售额为 8 866亿日元(PDP 部门所占的比例为 24%)，营业利润却仅为 174 亿日元。从结果上来看，大型显示器厂商的收支情况与上一年相比不是大幅下滑就是出现了巨大赤字，而这种情况在 2007 年依然没有好转的迹象。

　　从韩国银行日元对韩元的汇率变化来看，1997 年是 100 日元兑换 1 291 韩元(以年末为标准)，2002 年急剧上升到 100 日元兑换 999 韩元，2006 年则上升到 100日元兑换 783 韩元，截至 2007 年 6 月达到 100 日元兑换 750 韩元左右，韩元已经升值了 42%。特别是租金上涨的趋势无法阻挡，更令韩国厂商的现状陷入困境。受此影响，去年韩国汽车在北美的售价竟然高于丰田汽车。考虑到质量与品牌影响力，韩国汽车大概不会受到人们的青睐。而在世界市场与日本产品竞争最为激烈的韩国大型显示器、面板等产品，也大半由于韩元升值以及成本增加等原因而导致收益急剧下滑。特别是在部件、材料方面的对日贸易赤字由 2001 年的 103亿美元急剧增加到 2006 年的约 180 亿美元。除了半导体之外，显示器的核心部件也在很大程度上依赖日本。

基于这种现状，2007 年韩国显示器业界计划通过产官学共同努力以提高设备、材料的国产化比例，同时大幅增加高附加值的高端面板产品的产量。并通过"复合型相互合作"(大型与大型企业之间的合作、大型与中小企业之间的合作)等方式，在进一步巩固显示器强国地位的同时，加速实现至 2015 年的中长期发展蓝图。

图 12-42 表示韩国 FPD 厂商的工厂分布示意图。

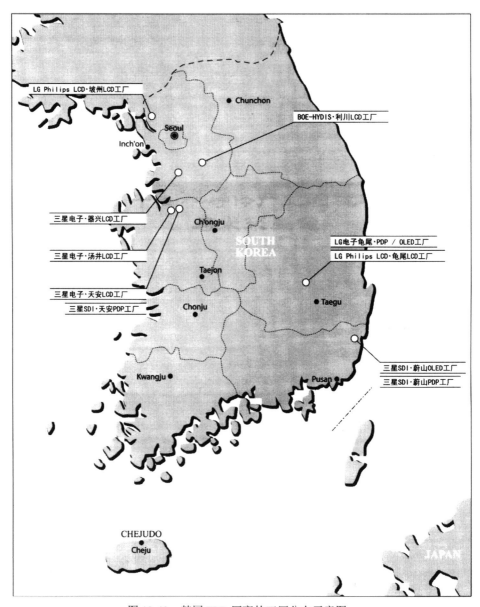

图 12-42　韩国 FPD 厂商的工厂分布示意图

12.4.2　三星电子

12.4.2.1　2007 年推进 7 项重点战略，预计销售额为 2.06 兆日元；在 2007 年之前向汤井投入 2.66 兆日元，建成液晶硅谷

三星电子(首尔市中区太平路 2 街 250，Tel+82-2-727-7114，董事长兼副会长尹钟龙)的 LCD 综合事业部(李相浣社长)决定在 2007 年度推进以下重点商业战略：

1) 为了保持在 LCD 业界的龙头地位，不仅要提高销售额及收益，而且从业务结构的侧面出发也要成为稳如泰山的龙头厂商；

2) 通过建立一流的 LCD 电视事业，进一步加强市场支配能力；

3) 继 40 型、46 型的业界标准化落实之后，调整 50 型级别的标准化基础；

4) 确保在光源、部件、材料等领域的技术领先地位及竞争力；

5) 利用三星独有的广视角技术——S-PVA 技术，提供最佳的画质；

6) 推进 70 型 LCD 的实用化，领导大型化市场；

7) 持续推进大型 OLED、CFL(color filter-less)、挠性等下一代显示器的研发工作。

而各种产品的技术战略方面：

1) 在 LCD 电视产品领域，将增加大型、全高清(full HD)、色彩高度再现性、120Hz 等高性能产品；

2) 在显示器领域，将增加 20 型以上的大型宽屏产品；

3) 在笔记本电脑领域，将通过高清、高亮度及轻量、超薄型等拉开差距；

4) 在中小型产品领域，将扩充全高清、高性能产品的产品阵容。

三星电子 LCD 事业的工厂构成方面，第 1、2 代生产线位于器兴工厂，第 3、4、5、6 代生产线位于天安工厂，第 7-1、7-2、8 代生产线(计划中)位于汤井(忠南道牙山)(表 12-16)。海外工厂方面，位于中国苏州的 LCD 模块生产线已经开始运转，目前正研讨是否进驻东欧。该公司 LCD 综合事业部拥有员工 1 万 5 000 人(如果包括海外员工共计 1 万 7 000 人)，其中天安、汤井、器兴的员工比例分别为 40%、40%、20%左右。

三星电子 LCD 事业部在设备投资的推移演变方面，2006 年约为 25 亿美元，稍稍低于上一年度。主要投资方面，将包括用于伴随第 7 代(L7-1/S-LCD 公司)生产能力增加而来的投资扩大，以及用于三星独创的 L7-2(1 870mm×2 200mm)生产线，该生产线于 2006 年 1 月投入正式量产后，将致力于增加生产能力。预计 2007 年的设备投资规模约为 28 亿美元(包括 S-LCD 部分)。而预测投资方面，将包括用于伴随第 7 代(L7-2，三星独创)生产能力增加而来的投资扩大，以及用于预定在 2007 年 8 月运转的第 8 代(S-LCD，2 200mm×2 500mm)生产线，该生产线正致

力于正式量产。该公司销售额的推移演变方面，2005 年大型面板为 89 亿 9 800 万美元，中小型面板为 19 亿 9 800 万美元，整体销售额达到 109 亿 9 600 万美元。并且，2006 年韩元升值发挥正面的影响，从而创下整体销售额达到 155 亿美元的纪录，远远超出了当初预计的 110 亿美元。预计 2007 年的销售额将达到 170 亿美元(约 2 兆 570 亿日元)。

表 12-16　三星电子的 TFT LCD 生产线的结构

(单位：千片，2007 年 6 月末基准)

工厂	玻璃基板尺寸/(mm×mm)	开工时间	主力产品	产能
器兴 L1	370×470	1995 年 2 月	便携产品	
器兴 L2	550×650	1996 年 10 月	便携产品	
天安 L3	600×720	1998 年 2 月	便携产品/IT	
天安 L4	730×920	2000 年 8 月	IT	
天安 L5	1 100×1 250	2002 年 4Q	IT	120
天安 L6	1 100×1 300	2003 年 4Q	IT	120
汤井 L7-1	1 870×2 200　(S-LCD)	2005 年 4 月	电视	90
汤井 L7-2	1 870×2 200	2006 年 1 月	电视	90
汤井 L8	2 200×2 500　(S-LCD)	2007 年 8 月	电视	50

资料来源：半导体产业新闻调查。

三星电子将比当初预计的时间提前运转第 8 代 LCD 生产线(S-LCD，2 200mm×2 500mm)。当初计划是在 2007 年 10 月正式运转，后来决定提前至同年 8 月。特别是计划在 2008 年将 52 型 LCD 面板定价为 1 000 美元，为正式走向平民化作出贡献并同时实现行业标准化。所谓 LCD 面板的 1 000 美元时代，是三星遵守承诺的一种表现，三星曾在 2005 年正式运转第 7 代生产线时，说过要尝试在 2008 年将 2002 年时逼近 3 000 美元的 40 型 LCD 面板价格下降至 1 000 美元。据称，在三星第 8 代生产线的生产能力达到合理水平的 2008 年下半年，52 型标准 LCD 面板的价格将可能下降至 1 000 美元。以 2006 年 10 月为标准，该公司每月面向 40 型电视生产的面板达 60 万片以上，在 40 型市场创造了 70%市场占有率的记录，今后计划进一步扩大市场占有率。此外，尽管在 2007 年第一季度出现季节性的需求萎缩，但由于判断第二季度之后供应不足的可能性很大，因此似乎并没有考虑减产。

位于韩国忠南牙山市的三星电子汤井 LCD 基地。建筑高度大约相当于 17 层公寓楼，占地面面积即相当于世界杯足球场的 6 倍。三星与索尼的合资公司 S-LCD 在 2006 年 7 月决定投资 2 400 亿日元(用地与建筑物除外)建设第 8 代的生产线。该生产线将加工纵 2.2m、横 2.5m(2 200mm×2 500mm)的玻璃母板，采用一次即可面取 6 块 52 型 LCD 面板的制程。该生产线一旦完工，每月能够生产 5 万片玻璃母板。三星电子还计划在 2010 年之前，向汤井第一基地的 75 万坪(包括三星康宁等合作厂商的 14 万坪用地在内)投资大约 2 兆 6600 亿日元，建设第 9 代生产线。而且，最近又确定了于 2015 年之前在第一基地以南的 64 万坪用地上追加建设三条生产线。如果包括距离汤井以外 14km，位于北方的合作厂商基地在内，将形成总面积达到 221 万坪的液晶硅谷。

12.4.2.2　量产面向 70 型电视的面板，LTPS 面板也将增产 10 倍

三星电子从 2007 年 6 月开始正式量产面向 70 型电视的 LCD 面板。由于 70 型 LCD 面板在面向电视方面属于业界内的最大尺寸，因此预计与 PDP 之间在大尺寸电视领域的竞争将更激烈。70 型面板为全高清(full HD)级，特点是采用下一代光源技术 LED 背光源，其色彩再现性达到 103%，对比度则提高到 1 000 比 1。在目前的情况下，该产品计划从月产 1 000 片起步，然后根据市场需求逐步增产。

三星电子还大幅提高采用低温多晶硅(LTPS)技术的 LCD 面板生产规模。如果对在轻量化且高亮度上均有优势的 LTPS 面板进行增产，则估计在三星 SDI 与 LG 飞利浦 LCD 可能会进行量产的有源矩阵驱动型 OLED 面板及高端便携终端设备市场上，几大巨头将一决雌雄。三星决定在天安工厂的第 4 代生产线(730mm×920mm)部分引入 LTPS 工程，从 2007 年 4 月起，以月产 10 000 片的规模开始进行生产。三星的第 1 代生产线(器兴工厂，370mm×470mm)正以月产 4 000 片的规模进行 LTPS 面板生产，只要新的生产线开始运转，从面积上来说，LTPS 面板的生产规模估计将增加到目前的 9.8 倍。在第 4 代生产线生产的 LTPS 将用作手机、PDA、PMP 等高端便携终端设备的显示屏。

LTPS 面板的增产，相信将对三星 SDI 及 LG 飞利浦 LCD 从 2007 年初开始量产以 LTPS 为基础的有源矩阵驱动型 OLED 的商业战略产生很大的影响。特别是将牵涉三星电子站在配套厂商立场上的高端手机显示屏业务，如此一来潜藏着三星电子 LCD 综合事业部与三星 SDI 正面交锋的可能性。

另一方面，三星电子的目标是掌握下一代 LCD 市场的霸权，其加速建设第 10 代 LCD 面板制造工厂的可能性越来越高。建设时间以 2008 年 10 月为目标，玻璃母板尺寸极有可能实现 3 200mm×3 500mm。这样一来，面向 LCD 电视的 65 英寸面板将可能采用从 6 片切割至 8 片切割的玻璃基板。三星电子之所以采取这种咄咄逼人的战略，是由于它认为在半导体产业出现的前期投资、确保收益、抢夺市场等原则同样适用于 LCD 产业。并且，也是为了尽早与已经涉足世界 LCD 市场并且作为三星电子最大竞争对手的夏普展开对抗。

该公司如果提早建设第 10 代 LCD 工厂，估计对于世界显示器市场将产生非常大的影响。LCD 厂商之间的竞争自不必说，随着 LCD 面板走向大型化的步伐不断加速，与在大型显示器领域实力强大的 PDP 厂商之间的交战也将无

法避免。

12.4.3 LG Philips LCD

12.4.3.1 放弃第5.5代的新投资,开发QVGA级别的AM型OLED;预计2007年销售额为1.48兆日元

LG 飞利浦 LCD(首尔市永登浦区汝矣岛洞 20 LG TWINTOWER 17F, Tel+82-2-3777-0982;董事长兼社长:权英寿,以下简称为"LPL")将把韩国坡州显示器集群的第 7 代生产线的生产能力扩充至月产 11 万片(表 12-17),具体计划是,将该生产线(2006 年 1 月运转,1 950mm×2 250mm)的生产能力进行分阶段扩充,在 2007 年上半年及第三季度分别达到月产 9 万片和月产 11 万片。该公司制定该增产计划的背景是,为了适应 42 型 LCD 电视市场急速发展的需要,同时也希望强化增长潜力。

表 12-17 LG Philips LCD 的 TFT LCD 生产线的结构

(单位:千片,满负荷基准)

工厂	玻璃基板尺寸/(mm×mm)	开工时期	主力产品	产能
龟尾 P1	370×470	1995 年 8 月	NBPC	53
	370×470(增设)	1996 年 8 月		
龟尾 P2	590×670	1998 年 1Q	NBPC	82
龟尾 P3	680×880	2000 年 3Q	NBPC,监视器	82
龟尾 P4	1 000×1 200	2002 年 1Q	NBPC,监视器	90
龟尾 P5	1 100×1 250	2003 年 2Q	大型监视器	100
龟尾 P6	1 500×1 850	2004 年 3Q	电视、监视器	120
坡州 P7	1 950×2 250	2006 年 1 月	大型电视	120

资料来源:半导体产业新闻调查。

LPL 在韩国龟尾(P1-P6)与坡州(P7)拥有正在运转的面板制造工厂。在龟尾、坡州、南京(中国内地),以及从 2007 年 3 月 30 日开始运转的弗罗茨瓦夫(波兰,年产 300 千片)四处基地生产模块,并正在安养(韩国)构建 R&D 基地,可以说正在展开覆盖全球的业务。以首尔汝矣岛总部为中心,在世界范围内共有 6 大销售法人与 9 大销售分公司正在运营,拥有员工 2 万 2 000 人。以 2006 年第四季度为标准,LCD面板的市场占有率(22.2%)坚守业界首位,不过 2006 年全年却出现 1 172 亿日元的巨大赤字。为了打开这种经常利润严重亏损局面,LPL 采取了进攻型的设备投资政策。LPL 计划在 2006 年末,面向第 7 代投资 6 266 亿日元,至 2011 年为止将向波兰工厂投资 4 亿 2 900 万欧元。不过,尽管 LPL 由于 LCD 价格的暴跌而在收益方面成绩不佳,但是从销售额方面来看,在过去 5 年的年平均增长率达到了 31%。今后,在这一增长率的支持之下,将以持续的工程改革为杠杆,致

力于全高清(full HD)电视用产品，努力实现飞跃及转赤字为盈利。

另外，该公司起初计划进行第 5.5 代的新投资，但是由于伴随投资推迟而出现的风险管理等问题，最终放弃新投资计划。取而代之的是，决定在大型电视领域保持稳固的竞争力，同时致力于面向下一代产品的投资。

LPL 计划通过 2007 年对 R&D 进行的持续投资，在高端 LCD 面板部门开发新技术，并集中进行节约成本的技术开发。并且加强有源矩阵驱动型 OLED 以及称之为挠性显示器的下一代产品的技术开发。2007 年 5 月，开发出业界第一台适用 a-Si 技术的 4 英寸"全彩、挠性有源矩阵驱动型 OLED"。该公司与美国 UDC 公司共同开发，计划今后推进能够搭载于军事用显示器及便携式 PMP 等的技术。该 4 英寸画面产品能够呈现 QVGA 级别的分辨率及 1 677 万像素。在此之前，该公司于 2006 年 5 月开发了 14.1 英寸挠性电子纸，2007 年又开发了 14.1 英寸彩色挠性电子纸。LPL 为了节约成本，通过资源的有效分配，与客户共同设计以及现场生产等方式，强化与其他公司的合作。更进一步计划强化与设备、材料、部件厂商之间的战略性合作。LCD 生产线的构成方面，包括在韩国龟尾运转中的第 1 代生产线至第 6 代生产线，以及在坡州运营的最尖端生产线——第 7 代生产线(1 950mm×2 250mm)。其中第 6 代生产线(1 500mm×1 850mm)于 2004 年第四季度开始运转，生产面向 LCD 电视及监视器的产品。而最尖端的第 7 代生产线则从 2006 年 1 月开始生产以面向大型 LCD 电视为主的面板。2005 年的设备投资总额达到 6 133 亿日元。投资将用于第 6 代的扩产投资，以及用于 2006 年第一季度正式投入运转的第 7 代生产线的启动等。2006 年果然进行了约为 4 000 亿日元规模的设备投资。投资内容方面，预计用于第 7 代第一阶段生产线扩产的投资扩大，以及用于第二阶段的 4 万 5 000 片生产线(坡州)于 2006 年第三季度正式运转的启动。此外，预计 2007 年用于现有生产线升级以及追加投资的设备投资总额将达到 1 330 亿日元。

销售额的推移演变方面，尽管 2006 年 LCD 面板价格急剧下降，但由于销量增加，与上一年相比，销售额出现微增，达到 1.4163 万亿日元。预计 2007 年的总销售额将达到大约 1.48 万亿日元(11.1 万亿韩元)。LPL 设想了 LCD 市场供应过剩的可能性，将在充分了解市场情况后对具体投资时期进行调整。在 2003 年 2 月，LPL 提出确保在坡州的 50 多万坪用地并建造第 6 代(第 7 代以后)的 LCD 生产基地。预定在此处构建下一代尖端 LCD 制造生产线，预测仅初期投资规模就会大大超过 3 000 亿日元。此外，为制造 BLU 等核心部件的合作企业而建设的 50 万坪以上追加工业区也正切实地推进。

12.4.3.2　第 7 代产品的生产能力在 2007 年第一季度扩充至 9 万片

LPL 面向 42 型大型 LCD 电视的专用生产线已经开始量产，同时生产 19 型显示器。第 7 代生产线量产显示器面板这一举措的目的大概是为了在收益方面成为业界的领头羊。坡州第 7 代生产线从 2006 年第三季度末开始生产 19 型显示器用的面板，从同年 12 月份开始，在玻璃基板的投入量当中，19 型显示器用面板的生产比例增长至整体的 10%。由于规格为 1 950mm×2 250mm 的该生产线使用一块玻璃母板可以面取 35 片 19 型显示器用面板，其生产效率为目前作为显示器生产线的第 5 代生产线的 5 倍。以 2007 年 6 月为标准，如果第 7 代生产线的玻璃基板投入量达到 9 万片，那么以相当于 10% 的 9 000 片可推算出，第 7 代生产线正以月产 31 万 5 000 片的速度量产 19 型显示器用面板。

预计 LPL 通过第 6 代与第 7 代各自的生产线生产面向电视的特定 LCD 产品，可以拥有比竞争对手更加丰富的产品。LPL 今后计划面向以第 7 代生产线为中心的显示器集群，果断进行相当于约 3 兆 4 880 亿日元的追加投资。与此同时，通过吸引尖端显示器的相关部件及材料领域的外国资本的直接投资，希望依靠京畿地、道、区的经济活性化，促进首都圈的均衡发展等，对国家的经济发展直接或间接地做出贡献。可以判断，该公司对于 LCD 展开积极的商务活动，目的是为了在由于日本与中国台湾地区厂商的积极投资而导致日益激烈的 LCD 首位争夺战中，倾尽全力维持业界首位的根基。特别是，LPL 计划在最短时间内实现第 7 代生产线成品率的最大化，引领 42 型、47 型等主力产品的市场标准，从而在 LCD市场进一步确保领先地位。

12.4.4　三星 SDI

12.4.4.1　2007 年设备投资为 946 亿日元，比上一年减少 15%，大面积 OLED 生产线从第 3 季度开始运转；生产高分辨率的全尺寸 PDP，OLED 事业部推进四大战略

数字显示器、能源专业厂商三星 SDI(首尔市中区太平路 2 街 150 三星生命大厦 15~18 楼，董事长兼社长：金淳泽)于 2007 年计划通过强化现有业务的竞争力以及开发引领市场的产品，进一步增加销售额并提高收益。由此，该公司在 2007年的总体目标是通过 2 万 7 515 名员工实现约 9 300 亿日元的销售额。其主力产品为 PDP、有源矩阵驱动型 OLED、二次电池等。2005 年度的销售额创下了 1 兆 5060亿日元(营业利润 411 亿日元)的记录，2006 年度的销售额为 8 866 亿日元(营业利润 174 亿日元)。不过最近几年，受到韩元升值、竞争加剧以及部分类型产品价格暴跌的影响，销售额与收益结构均出现下滑。三星 SDI 的设备投资方面，在 2006年为 1 106 亿日元，其中面向有源矩阵驱动型 OLED 为 520 亿日元，面向 PDP 为280 亿日元，面向上述两种类型产品的投资额达到了整体的 72%。预计 2007 年的整体投资额为 946 亿日元，与上一年相比将减少 15%，其中面向 PDP 的投资额为

453 亿日元，将用于 P4 生产线的增建；面向有源矩阵驱动型 OLED 的投资额为 146 亿日元，将用于 A1 生产线的增建；面向二次电池的投资额为 106 亿日元，将用于生产线的增建。

对于在北美与欧洲市场人气旺盛的 W1 PDP 与高清级产品领域，将整体销售比例提升至 90%以上。计划在 2007 年上半年实现 63 型与 50 型的量产，在下半年实现 58 型全高清(full HD)级产品的量产，以适应市场急剧增长的需要。此外，利用 50 型专用生产线制造从 2007 年 5 月开始量产的高端级别 PDP 第 4 期生产线，从而占领大型面板市场。为了攻占欧洲市场，位于匈牙利的 PDP 模块工厂也已经正式运转，预计三星 SDI 将确保全球性基地及进一步加强成本方面的竞争力。

三星 SDI 最关注的领域是有源矩阵驱动型 OLED。该公司最近计划开发厚度如同普通名片一般的有源矩阵驱动型 OLED。并且从 2007 年第三季度开始量产 0.52mm 厚的 22 型有源矩阵驱动型 OLED，因此搭载该面板及厚度约为 5mm 的超薄手机可能于 2007 年下半年面市。三星 SDI 还于 2007 年上半年增建有源矩阵驱动型 OLED 的第 4 代生产线。同时已有的第 4 代(第 1 生产线)也开始量产。特别是在第一阶段的生产线中已经引入日本制造的设备，不过目前正在研究在第二阶段引入韩国厂商开发的设备。此外，三星 SDI 计划从 2007 年第三季度开始运转第 1 条生产线，以 730mm×920mm 规格的大面积玻璃基板乃至 2 型产品为标准，进行月产 150 万片的面板生产。因此，2007 年令人关注的是，三星 SDI 如此大胆的投资及开创先河的产品生产、全球性营业战略是否能够奏效，以及是否能扭转最近几年收益逐渐下降的局面。

三星 SDI 的 PDP 事业在今后的重点是：①增加高附加值产品的比例；②增加全高清(full HD)级 50 型产品的销售比例；③制定加强面向北美及欧洲市场营销力度的政策。为了能够在 2006 年第三季度将 50 型以上产品的销售比例(之前为 22%)进一步提高而继续努力，通过强化在北美及欧洲市场好评如潮并且市场需求不断增长的"W1 PDP"的市场营销力度及品牌影响力，以及通过生产和销售高附加值产品，努力实现目标。此外，进一步提高在 2006 年第三季度生产比例已经达到 77%的高清级产品的生产比例，同时为了应对全高清(full HD)级市场增长的需要，在 2007 年加速为全高清(full HD)级量产做好准备。方针是在 2007 年上半年完成 PDP 第 4 生产线(目前 PDP 由 50 型专用生产线量产)的建设工作。三星 SDI 在 2006 年停止生产 42 型 SD 级产品，计划从 2007 年开始生产所有尺寸的高清级产品。量产的计划具体为，准备在 2007 年上半年量产 63 型全高清(full HD)；在 2007 年上半年量产 50 型全高清(full HD)；在 2007 年下半年量产 58 型全高清(full HD)级 PDP。50 型级别所占比例的推移演变方面，在 2004 年、2005 年、2006 年、2008 年的比例分别为 12%、8%、21%、50%以上，计划在 2008 年之前将全高清(full HD)

级产品的生产比例提高到 50%以上。从 PDP 生产线的构成来看，2001 年第三季度运转的第 1 生产线(天安工厂)的 2 片面取为月产 5 万片；2003 年第四季度运转的第 2 生产线(天安)的 3 片面取为月产 8 万片；2004 年第四季度运转的第 3 生产线(天安)的 6 片面取为月产 23 万片；2007 年第二季度预定运转的第 4 生产线(釜山工厂)的 8 片面取为月产 24 万片(表 12-18)。

表 12-18　三星 SDI 的 PDP 生产线现状

(单位：万片，月产最大)

工厂	开工时间	面取片数	生产能力
天安 P1	2001 年 3Q	2	5
天安 P2	2003 年 4Q	3	8
天安 P3	2004 年 4Q	6	23
蔚山 P4	2007 年 2Q	8	24

资料来源：半导体产业新闻调查。

　　三星 SDI 的 OLED 事业部今后的计划是：①维持作为综合解决方案供货商的竞争力；②通过搭载无源矩阵驱动型 OLED 的主显示器，从而增加销售；③通过无源矩阵驱动型 OLED 的原料及制程革新，努力获取最大收益；④为宣传有源矩阵驱动型 OLED，实施"自由市场总体战"等推进战略。三星 SDI 认为由于以 BRICs(巴西、俄罗斯、印度、中国)为中心的低价手机需求旺盛，以及北美、欧洲市场的手机更换需求，预计在以 2007 年下半年之前将出现持续的需求增长，因此计划积极地进行响应(表 12-19)。

表 12-19　三星 SDI 的 OLED 生产线现状

(单位：万片，月产最大)

工厂	开工时间	材料	驱动方式	生产能力
蔚山 1	2001 年 4Q	小分子型	PM	160
蔚山 2	2004 年 3Q	小分子型	PM	190
天安 1	2007 年 3Q	小分子型	AM	165

资料来源：半导体产业新闻调查。

12.4.5　LG 电子

12.4.5.1　在波兰完成 LCD 集群；2007 年的目标是销售额达 5 兆 3 300 亿日元

　　LG 电子(首尔市永登浦区汝矣岛洞 20 LG TWINTOWER，Tel.+82-2-3777-

3920，董事长兼副会长：南镛)在欧洲基地的波兰完成了 LCD 集群。2007 年 5 月 30 日，在波兰的弗罗茨瓦夫市，举行了从 LCD 相关部件乃至电视制造的大规模集成基地(集群)的竣工仪式。从而进一步加强了攻占世界最大需求地——欧洲市场的态势。LG 电子计划今后由韩国供应核心部件 LCD 面板及偏振光板，在欧洲当地组装作为后工程的 LCD 模块及电视组件，以这样的方式加强竞争力。如此一来，继韩国坡州及中国南京之后，又构建了覆盖欧洲区域的第三大全球性 LCD 集群，预计将在更加激烈的显示器市场争夺战中处于有利位置。

波兰 LCD 集群的目标是，2007 年生产 300 万个 LCD 模块及 240 万台 LCD 电视。此外，该集群构建起 LG 集团综合的全流程生产线，其中包括，LG 电子的 LCD 电视产品、LG 飞利浦 LCD 的 LCD 模块组装生产线、LG 化学的偏光板组合、LG INNOTECH 的转换器、动力模块等。其中，LG 飞利浦 LCD 方面，计划在 2007 年生产面向大型电视的 LCD 模块 300 万个，在 2011 年将生产能力扩充至年产 1 100 万个。此外，LG 电子还决定将全高清(full HD)级 LCD 电视的生产规模由 2007 年的 240 万台增加至 2011 年的 1 000 万台。由于波兰 LCD 集群正式运转，LG 电子与 LG 飞利浦 LCD 等不仅可以迅速应对欧洲市场的需求，而且可以节约物流成本，从而令经营状况获得改善。作为道路、航空等交通要塞的弗罗茨瓦夫市，对于进入世界最大的数字电视市场——欧洲市场这一目标而言，可谓是节约物流及制造成本的最佳场所。另一方面，LG 电子自 2005 年 9 月与波兰政府签订投资契约以来，在时隔 1 年又 8 个月后完工的该集群中，投入了大约 4 亿欧元(约 670 亿日元)。LG 电子在 2006 年的整体销售额约为 4 兆 9 330 亿日元，设备投资为 3 866 亿日元(设备 1 866 亿日元、R&D 2 000 亿日元)。2007 年的计划是销售额达到约 5 兆 3 300 亿日元，设备投资计划达 4 133 亿日元(设备 1 866 亿日元、R&D 2 266 亿日元)。

12.4.5.2　通过生产 32 型 PDP 以牵制 LCD，A1 生产线停产

LG 电子正在计划生产价格低于 LCD 的 32 型 PDP。也就是说，果断地将目前收益差的 42 型主力产品，迅速重新调整为生产 32 型及 50 型 PDP。32 型 PDP 的产品战略目标是北京奥运会，期待能够涌现取代布劳恩显像管的特别需求。并且与 40 型 LCD 不断扩大销售而侵食 PDP 市场的动向展开对抗，以 PDP 的价格竞争力为武器，攻击目标是 LCD 所垄断的 32 型市场。如此一来，预计 LCD 与 PDP 之间争夺市场的战火将燃烧至 30 型领域。LG 电子果断地对 PDP 事业部进行结构改革，决定停止运转龟尾 A1 生产线，而 A3、A4 生产线则正常运转。但是在 2008 年上半年之前并未计划对 PDP 实施新的投资或扩充。

另一方面，新 PDP 制造生产线 A3-2 生产线的成品率超过 90%，已经达到所谓的"黄金成品率"。从 2006 年 9 月开始正式运转的 A3-2 生产线在时隔 3 个

月后，生产成品率已经突破了 90%。如此一来，与 A3-1 生产线相同，LG 电子在 2007 年第一季度就开始全速运转 A3-2 生产线，以 42 型为标准，达到月产 12 万片的满负荷生产能力。A3 生产线采用 8 种新工法，与以前相比可以将工程数与交货期缩短大约一半。特别是成品率超过 90%，因而预计 LG 电子将根据市场情况将两条生产线(A3-1、A3-2)都转换为 8 片面取的方式。LG 电子在 2006 年实现了 330 万片的 PDP 销售业绩，2007 年正向着 400 万片的销售目标迈进。另一方面，LG 电子为了实现 PDP 模块的全球化生产，已经建立起 4 处海外前沿基地。2006 年初动工的位于墨西哥雷诺萨的 PDP 模块工厂在 2006 年 10 月开始投入运作。雷诺萨工厂从 LG 电子位于韩国龟尾的工厂处获得 PDP 工程完成度约达 90%的面板，通过添加各种部件与回路等组装成 PDP 模块，负责进行最终的后工程作业。这样，LG 电子的 PDP 模块工厂继韩国龟尾、中国南京与波兰(姆拉沃)之后，再加上墨西哥(雷诺萨)，已经扩大到世界 4 国。LG 电子希望战略性地运用这些分布全球的 PDP 模块工厂，使它们能够分别在亚洲、北美、欧洲起到前沿基地的作用。

12.4.5.3 从2007年中开始正式生产有源矩阵驱动型，并开发OTFT OLED

LG 电子从 1998 年开始进行有机 EL 事业的技术开发，在 2004 年 4 月正式量产。第一阶段的生产线于 2003 年 12 月完工，目前每月生产 100 万片无源矩阵驱动型 OLED，第二阶段是 2006 年初开始以每月 100 万片的水平投入量产。LG 电子主要的有机 OLED 产品包括无源矩阵驱动型的 1.04 型、1.17 型、1.3 型、1.5 型、1.77 型等。并且在 2005 年 6 月开发了三种面向手机主显示屏的 1.77 型产品，从同年 9 月开始搭载于面向中国的 GSM 终端机上。特别值得一提的是，LG 电子正以 2007 年中期为目标加速实现有源矩阵驱动型 OLED 的量产。LG 电子从 2005 年年中开始量产 LG 飞利浦 LCD 的 LTPS(小分子低温多晶硅)产品，同时开始涉足有源矩阵驱动型 OLED 事业，目标是从 2007 年年中开始正式量产。并且 LG 电子最近已经开发出应用 OTFT(organic TFT, 有机薄膜三极管)制造而成的 OLED 面板试制品。

该试制品大小相当于 3.5 英寸，能够实现 176×220 的分辨率。OTFT 一方面具有 a-Si 的优势，即电压均匀性；另一方面具有 LTPS 的优势，即高电子迁移率，有利于提高面板的寿命与实现高分辨率。今后如果能够持续提高氧化物 TFT 元件的可靠性，预计在未来 5 年内可以实现量产。

12.5　中国台湾地区的 FPD 产业

12.5.1　中国台湾地区的 FPD 产业规模目前增大至 4.5 万亿日元,2007 年增加 14%

12.5.1.1　大型 TFT 销售额为 8 781 亿新台币, 增长 14.7%; 中小型 TFT 销售额为 815 亿新台币, 增长 8.6%

根据 ITRI 工研院(Industrial Technology Research Institute)下属的 IEK (Industrial Economics and Knowledge Center)信息显示, 中国台湾地区的 FPD(薄型显示器)产业 2006 年与上一年相比, 增加了 30.8%, 达到 1.272 万亿新台币(约 4.5792 万亿日元, 1 新台币=3.6 日元)(表 12-20)。其中, 面板同比增加 29.1%, 达到 9 115 亿 6 000 万新台币, 零部件材料同比增加 35.5%, 达到 3 604 亿 4 000 万新台币。2007 年预测整体增长 13.9%, 达到 1.4485 万亿新台币(约 5.2146 万亿日元), 其中面板与 2006 年相比增长 13.1%, 达到 1.308 万亿新台币, 零部件材料同比增长 15.9%, 达到 4 177 亿新台币。2006 年, 大型(10 型以上)TFT LCD 与上一年相比增长 34.5%, 达到 7 653 亿 5 000 万新台币, 中小型(10 型以下)TFT LCD 同比增长 10.5%, 达到 751 亿新台币, TN/STN LCD 同比增长 6.8%, 达到 661 亿 3 000 万新台币, OLED 同比减少 6.5%, 为 43 亿 2 000 万新台币, 其他为 6 亿 6 000 万新台币。在零部件材料中, 彩色滤光片(CF)与上一年相比增长 23.3%, 达到 923 亿 2 000 万新台币, 偏光板同比增长 29%, 达到 602 亿 5 000 万新台币, 玻璃基板同比增长 54%, 达到 801 亿 2 000 万新台币, 背光源同比增长 38%, 达到 1 277 亿 5 000 万新台币。

表 12-20　中国台湾地区 LCD 大公司的销售额/营业利益(2006 年)

厂商	2006 年销售额	增长率/%	2006 年营业利益	利益率(销售额比)/%
AUO	1 兆 552 亿日元 (2 931 亿 700 万新台币)	34.8	512 亿日元 (142 亿 1 600 万新台币)	4.9
CMO	6 734 亿日元 (1 870 亿 5 200 万新台币)	22.4	291 亿日元 (80 亿 8 600 万新台币)	4.3
CPT	3 771 亿日元 (1 047 亿 4 000 万新台币)	33.9	▲318 亿日元 (▲88 亿 4 000 万新台币)	▲8.4
Hannstar	2 333 亿日元 (648 亿 1 600 万新台币)	3.8	▲167 亿日元 (▲46 亿 5 000 万新台币)	▲7.2
Wintek	1 213 亿日元 (336 亿 9 433 万新台币)	▲38.4	99 亿日元 (27 亿 3 762 万新台币)	8.1

注: 1 新台币=3.6 日元。

资料来源: 各公司发布的资料统计。

2007 年预计大型 TFT LCD 与 2006 年相比将增长 14.7%，达到 8 781 亿新台币；中小型 TFT LCD 同比增长 8.6%，达到 815 亿新台币；TN/STN LCD 同比增长 3.6%，达到 685 亿新台币；OLED 同比减少 53.7%，为 20 亿新台币；其他为 7 亿新台币。该年度的零部件材料方面，预计 CF 与上一年相比增长 12%，达到 1 034 亿新台币；偏光板同比增长 19%，达到 716 亿新台币；玻璃基板同比增长 18%，达到 945 亿新台币；背光源同比增长 16%，达到 1 482 亿新台币。大型 TFT LCD 制造的各国市场占有率方面，中国台湾地区企业占 45.9%，韩国占 40.4%，日本占 9.9%，中国内地占 3.8%(2006 年)。在中小型 TFT LCD 方面，日本占 64.3%，韩国占 19.1%，中国台湾地区占 13.9%，中国内地占 0.5%，其他占 23%(2006 年)。

2007 年 1~3 月，5 家大型公司与 2006 年 10~12 月相比，销售额均减少了 14%~26%(表 12-21)，与上一年同期相比销售额增加的只有 AUO(友达光电)与 CPT(中华映管)。获得营业利润的只有 CMO(奇美电子)一家，利润率为 1.3%(占销售额的比例)。每年 1~3 月份的需求均低于上一年度的 10~12 月份，这是通例，但是只有一家公司实现了营业利润，而且该利润率仅为 1%，由此可见 FPD 行业现状十分严峻。综观 2006 年大型企业的业绩，AUO 与 CMO 两家实现了营业利润，均挤进了 5%(占销售额的比例)的水平。CPT(中华映管)与 Hannstar(翰宇彩晶)未能获得营业盈利，出现了中国台湾地区的大型 TFT LCD 产业今后将集约为两家大型公司的看法。面向手机等方面，中小型 STN 是主力，2006 年秋季从 Hannstar 收购了第 3 代 TFT 设备的胜华公司实现了 8% 的营业利润率，刷新了纪录，但是销售额方面与上一年相比，大幅度减少。QDI(广辉)于 2006 年秋季被 AUO(友达)吸收合并，从中国台湾地区大型 TFT LCD 产业中下榜。

表 12-21 中国台湾地区 LCD 大公司的销售额/营业利益(2007 年 1~3 月)

厂商	2007 年 1~3 月销售额	同上季度比/%	同上年比/%	2007 年 1~3 月营业利益	利益率/%
AUO	2 906 亿日元(807 亿 2 000 万新台币)	▲14.7	21.8	▲153 亿日元(42 亿 4 300 万新台币)	▲5.3
CMO	1 695 亿日元(470 亿 9 500 万新台币)	▲14.7	▲0.4	23 亿日元(6 亿 500 万新台币)	1.3
CPT	957 亿日元(265 亿 9 500 万新台币)	▲16.0	10.0	▲77 亿日元(21 亿 2 900 万新台币)	▲8.0
Hannstar	577 亿日元(160 亿 2 600 万新台币)	▲18.0	▲2.0	▲61 亿日元(16 亿 8 300 万新台币)	▲10.5
Wintek	262 亿日元(72 亿 8 146 万新台币)	▲26.4	▲15.7	▲3 亿日元(9 224 万新台币)	▲1.3

注：1 新台币=3.6 日元。

资料来源：各公司发布的资料统计。

表 12-22　中国台湾地区 LCD 大公司的设备投资

厂商	2006 年设备投资实际额	2007 年设备投资计划	增长率/%
AUO	3 600 亿日元 (1 000 亿新台币)	3 240 亿~3 420 亿日元 (900 亿~950 亿新台币)	▲5~▲10
CMO	3 960 亿日元 (1 100 亿新台币)	2 520 亿~2 700 亿日元 (700 亿~750 亿新台币)	▲32~▲36
CPT	655 亿日元 (182 亿新台币)	461 亿日元 (128 亿新台币)	▲29.7
Hannstar	277 亿日元 (77 亿新台币)	32 亿日元 (9 亿新台币)	▲88.3

注：1 新台币=3.6 日元。

资料来源：半导体产业新闻调查。

12.5.1.2　AUO 与 CMO 进行 2 500 亿~3 400 亿日元设备投资

在 2007 年的设备投资方面(表 12-22)，AUO(友达光电)与 CMO(奇美电子)两家公司进行 2 500 亿~3 400 亿日元的设备投资，增强第 7.5、第 6 或者第 5 代工厂。在金额方面，AUO 与上一年相比减少了 1%，CMO 同比减少了 36%。AUO 2007 年的设备投资为 3 200 亿~3 400 亿日元，将生产第 7.5 代(1 950mm×2 250mm)的设备处理能力增强至月产达 6 万片。该公司提出"至 2007 年 3 月，凭借应对第 7.5 代的 TFT LCD 制造设备(L7A)的玻璃基板处理能力，每月增加 1 万片，达到月产 2 万片。其后，2007 年 7~9 月扩大至月产 6 万片"(郑 CEO)。其他方面，生产第 3.5 代(620mm×750mm)的设备(L3D)至 2007 年 3 月为止月产减少了 1 万 5 000 片，月产能力降至 3 万 5 000 片。2006 年 10~12 月各应用领域的销售额为，电视机占 37%，监视器占 32%，笔记本电脑占 20%，中小型占 8%。

CMO(奇美电子)提出了"2007 年设备投资为 2 500 亿~2 700 亿日元，增强应对第 7.5 代(1 950mm×2 250mm)与应对第 6 代、第 5 代(1 100mm×1 300mm)、应对第 5.5 代(1 300mm×1 500mm)的 TFT LCD 工厂"(何昭阳总经理)的方针。CMO 计划新设应对第 8 代的工厂，开工日期尚未确定，已于 2006 年在中国台湾地区南部的高雄完成了土地开发。生产 50 型以上的 LCD。正在建设当中的第 6 代(1 500mm×1 850mm)应对工厂于 2007 年 10~12 月开始投入量产，玻璃基板处理能力可增强至月产 9 万片。生产 37 与 32 型 LCD。新设的第 7.5 代工厂生产 47 型与 42 型产品，至 2007 年 12 月达到月产 5 万片的处理能力。应对第 5 代的第 2 工厂除了生产 47 型与 42 型、26 型产品以外，还生产笔记本电脑用产品，至 2007 年 12 月，将扩大至月产 18 万片(2006 年末为 7 万 5 000 片)。应对第 5.5 代方面，生产 50 型以上与 37 型、32 型、27 型、22 型宽屏、19 型产品，至 2007 年 12 月，能力将增强为月产 18 万片(2006 年 12 月为 16 万片)。

CPT(中华映管)2007 年的设备投资计划为 128 亿新台币(460 亿日元)，其中向第 6 代工厂"L2"投资 103 亿新台币，向第 6 代 CF 工厂"Y2"投资 16 亿新台币，向第 4.5 代工厂"L1B"投资 2 亿新台币。

Hannstar(瀚宇彩晶)的设备投资计划为 9 亿新台币，投资额可谓微乎其微。向第 5 代设备投资 3 亿新台币，向第 6 代以外的其他设备投资 6 亿新台币。该公司向中国台湾地区胜华公司出售了一台第 3.5 代的设备(2006 年秋)。

而 Innolux (群创光电)公司则呈现特殊动向，据消息称，2007 年已经在中国内地广东省的巨大 OEM 工厂内开始了第 5 代 TFT 工厂的建设准备。

表 12-23、表 12-24、表 12-25 分别汇总了中国台湾地区的 TFT 工厂、STN 工厂及 OLED 工厂的基本情况。图 12-43 表示中国台湾地区的 FPD 产业基地分布图。

表 12-23　中国台湾地区的 TFT 工厂

公司名	世代/代	玻璃母板尺寸/(mm×mm)	每月的基板产能/片	开工时期/年(季)
AUO	7.5	1 950×2 250	3 万	2008 年以后
	7.5	1 950×2 250	3 万~6 万	2006(Q4)~2007 年
	6	1 500×1 850	12 万	2005(Q1)~2006(Q4)
	5	1 100×1 250	7 万	2003(Q1)
	5	1 100×1 300	12 万	2004(Q1)
	5	1 100×1 300	7 万	2006(Q1)
	4	680×680	6 万	2001(Q1)
	3.5	610×720	4 万	2000(Q4)~2006
	3.5	610×720	2 万(LTPS)	2000(Q4)~2006
	3.5	600×720	6 万	1999(Q3)
(原 QDI)	6	1 500×1 850	6 万	2005~2006 年
	5	1 100×1 300	7 万	2003(Q2)
	3.5	620×750	3 万 5 000	2001(Q4)
CMO	8	2 200×2 400	3 万	2008 年以后
	7.5	1 950×2 250	3 万~5 万	2007 年 6~12 月
	6	1 500×1 850	9 万	2007 年 10~12 月
	5.5	1 300×1 500	1 万 5 000~1 万 8 000	2006(Q4)~2007 年末
	5	1 100×1 300	9 万~18 万	2006(Q4)~2007 年末
	5	1 100×1 300	14 万 5 000	2003(Q4)
	4	680×880	8 万 8 000	2001(Q3)
	3.5	620×750	5 万 5 000	1999(Q4)
CPT	6	1 500×1 850	9 万	2005(Q2)~2006(Q2)
	4.5	730×920	9 万	2003(Q2)
	4.5	730×920	9 万	2005
	4	680×880	7 万 3 000	2001(Q2)
	3	550×670	4 万	1999(Q2)
HannStar	6	1 500×1 850	—	2005(Q3)(延期)
	5	1 200×1 300	8 万	2004(Q1)
	3	550×650	5 万 5 000	2000(Q2)

续表

公司名	世代/代	玻璃母板尺寸/(mm×mm)	每月的基板产能/片	开工时期/年(季)
Innolux	4.5	730×920	3 万	2004(Q4)
	5	1 100×1 300	6 万	2004(Q4)
Toppoly	3.5	620×750	7 万 5 000	2002(Q2)
PrimeView	2	370×470	3 万 6 000	1992
Wintek	3	550×650	5 万 5 000	2001(Q2)(06 年秋收购)

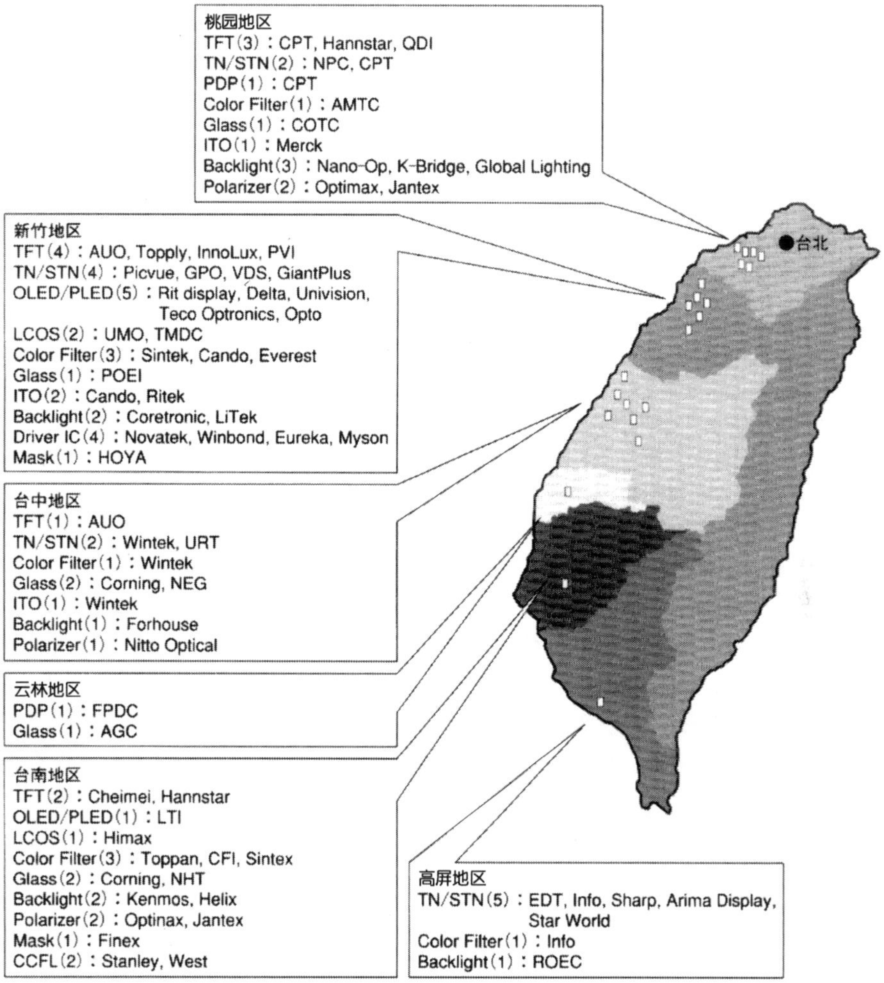

桃园地区
TFT(3)：CPT, Hannstar, QDI
TN/STN(2)：NPC, CPT
PDP(1)：CPT
Color Filter(1)：AMTC
Glass(1)：COTC
ITO(1)：Merck
Backlight(3)：Nano-Op, K-Bridge, Global Lighting
Polarizer(2)：Optimax, Jantex

新竹地区
TFT(4)：AUO, Topply, InnoLux, PVI
TN/STN(4)：Picvue, GPO, VDS, GiantPlus
OLED/PLED(5)：Rit display, Delta, Univision, Teco Optronics, Opto
LCOS(2)：UMO, TMDC
Color Filter(3)：Sintek, Cando, Everest
Glass(1)：POEI
ITO(2)：Cando, Ritek
Backlight(2)：Coretronic, LiTek
Driver IC(4)：Novatek, Winbond, Eureka, Myson
Mask(1)：HOYA

台中地区
TFT(1)：AUO
TN/STN(2)：Wintek, URT
Color Filter(1)：Wintek
Glass(2)：Corning, NEG
ITO(1)：Wintek
Backlight(1)：Forhouse
Polarizer(1)：Nitto Optical

云林地区
PDP(1)：FPDC
Glass(1)：AGC

台南地区
TFT(2)：Cheimei, Hannstar
OLED/PLED(1)：LTI
LCOS(1)：Himax
Color Filter(3)：Toppan, CFI, Sintek
Glass(2)：Corning, NHT
Backlight(2)：Kenmos, Helix
Polarizer(2)：Optimax, Jantex
Mask(1)：Finex
CCFL(2)：Stanley, West

高屏地区
TN/STN(5)：EDT, Info, Sharp, Arima Display, Star World
Color Filter(1)：Info
Backlight(1)：ROEC

●台北

图 12-43　中国台湾岛 FPD 产业基地分布示意图

表 12-24　中国台湾地区的 STN 工厂

公司名	世代/代	玻璃母板尺寸/(mm×mm)	每月的基板产能/片	开工时期/年(季)
Wintek	1	300×400	2~3 线(彩色 STN)	1990
	1.5	350×400	2~3 线(黑白 STN)	1990
	2	370×480	2~3 线(黑白 STN)	2004
	1	320×400	数千~数万(非晶态 TFT)	
Picvue	1	300×350	黑白 STN	1991
	2	370×470	彩色 STN	1992
VBEST	1.5	370×400	5 万 7 000(STN)	
	1	336×220	8 万 8 500(STN)	

表 12-25　中国台湾地区的 OLED 工厂

公司名	世代/代	玻璃母板尺寸/(mm×mm)	每月的基板产能/片	开工时期/年(季)
RiT display	2	370×470	4 线(OLED)	2000
	1.5	400×400	3 线(OLED)	2000
Univision	2	370×470	4 线(OLED)	2003—2006
Optotech	2	370×470	2 线(OLED)	
Delta			高分子 PLED 的试产设备(喷墨方式)	

资料来源：半导体产业新闻调查。

12.5.2　AUO(友达光电)

12.5.2.1　中国台湾地区首次交付 65 型、full HD/120MHz 产品；将第 7.5 代设备的产能增强至 6 万片

AUO 公司(友达光电、新竹市科学工业园区力行二路一区)作为中国台湾地区企业，首次成功实现了在 64 型的画面中显示全高清(full HD，1 920×1 080 像素)、120MHz 数据传输频率的 TFT LCD 产品化(2007 年 6 月)，将于 2007 年 7~9 月出货。处理第 6 代(1 500mm×1 850mm)玻璃基板，一次性生产双面板，工厂位于 Lungke 科学园与中部台湾科学园中。该公司 2007 年 1~3 月的销售额为 807 亿 2 000 万新台币，与上一季度相比减少 14.7%，与上一年同期相比增加 21.8%，同期的营业损益为亏损 42 亿 4 300 万新台币(占销售额的比例为-5.3%)。大型 LCD 的出货量为 1 590 万个，与上一季度相比减少 4.1%，与上一年同期相比增加 69%。在中小型 LCD 方面为 2 210 万个，与上一季度相比减少 9.8%，与上一年同期相比增加 40%。在同期的各个应用领域销售比率方面，电视机占 35%，计算机监视器占 31%，笔记本电脑占 21%，通用及其他占 3%，中小型占 10%。在大型 LCD 的平均销售价格方面，电视机用与 2006 年 10~12 月相比，降低了 19 美元，为 305 美元；计算机用降低了 12 美元，为 105 美元。2007 年 1~3 月的出货面积为

1 858km²(与上一季度相比减少了 107km²)。在设备能力方面,2007 年 6 月将"L6B"(第 6 代)的月产增加 1 万片,处理能力扩大至月产 7 万片；将 "L7A"(第 7 代)的月产增加 2 万片,处理能力扩大至月产 4 万片。

该公司 2006 年的销售额为 2 931 亿 700 万新台币,刷新了纪录,与上一年相比增加了 34.8%。营业利润为 142 亿 1 600 万新台币(占销售额的 4.9%),比上一年减少 16.3%。2005 年的营业利润为 169 亿 8 900 万新台币,占销售额的 7.8%。2006 年 10~12 月的各应用领域的销售额为,电视机占 37%,监视器占 32%,笔记本电脑占 20%,中小型占 8%,其他占 3%。同期的电视机用单价为 324 美元,与 7~9 月的金额相同。计算机用单价为 117 美元,与 7~9 月相比增加了 5 美元。中小型 LCD 在 2006 年 10~12 月的单价为 7.6 美元,与 7~9 月相比减少了 0.1 美元。出货数量在 2006 年 10~12 月为 2 450 万个,与同年 7~9 月的 2 080 万个相比,增加了 370 万个。该公司由于在 2006 年 10 月收购合并了位居中国台湾地区第 5 位的 QDI 公司(广辉电子),因此从 2007 年起年销售额将增加 617 亿新台币(约 2 200 亿日元)。

在设备投资方面,2007 年度计划为 900 亿~950 亿新台币(3 240 亿~3 420 亿日元),增强第 7.5 代(1 950mm×2 250mm)的生产设备。该公司提出的方向为"至 2007 年 3 月,凭借应对第 7.5 代的 TFT LCD 制造设备(L7A)的玻璃基板处理能力,每月增加 1 万片,达到月产 2 万片。其后,2007 年 7~9 月扩大至月产 6 万片"(郑 CEO)。其他方面,应对第 3.5 代(620mm×750mm)的设备(L3D)方面,至 2007 年 3 月,月产减少 1 万 5 000 片,月产能力减少至 3 万 5 000 片。其他设备在 2007 年 3 月前维持现状。第 3.5 代(610mm×720mm)的"L3A"处理能力为每月 4 万片,同尺寸的"L3B"(LTPS,低温多晶硅)的处理能力为每月 2 万片,600mm×720mm(第 3.5 代)的 "L3C"处理能力为每月 6 万片。第 4 代(680mm×880mm)的"L4A"设备处理能力为每月 6 万片,第 5 代(1 100mm×1 250mm)的"L5A"处理能力为每月 5 万片。应对 1 100mm×1 300mm(第 5 代)的"L5B"与"L5C"、"L5D"的处理能力分别为每月 7 万片、12 万片、7 万片。应对 1 500mm×1 850mm(第 6 代)的"L6A"与"L6B"设备的处理能力分别为每月 12 万片与 6 万片。该公司的 TFT LCD 工厂位于新竹与桃园(龙潭),采用了 12 工厂体制。

12.5.2.2　在 2006 年秋季收购合并广辉电子

AUO 由中国台湾地区的计算机龙头企业 Acer Display Technology 公司(达基科技)与半导体企业(位居中国台湾地区第 2 位)UMC 集团的 UNIPAC 公司(联友光电)于 2001 年 9 月合并后组建而成。原 Acer Display 作为一家制造显示器的战略公司,由大型计算机企业 Acer 集团于 1996 年 8 月设立。最初从日本 IBM 引入了 TFT LCD 制造技术。而 UNIPAC 公司从事中小型尺寸 TFT 的制造,在 1994 年 7

月开始生产，其第 2 工厂(应对 610mm×720mm 玻璃基板)获得了松下电器产业的技术支持。其产品阵容涵盖了旧 Acer 的大尺寸到旧 UNIPAC 的中小尺寸，品种齐全。PDP 方面，虽然已经进行至应对 SVGA(600×800 像素)的 42~50 型产品的开发阶段(2000 年)，但其后由于将经营资源集中在液晶事业方面而停止了进一步的事业化。其后，在 2006 年 10 月，收购合并了计算机龙头企业 Quanta(广辉计算机)旗下的 QDI(广辉电子)。AUO 采用 advanced multi-domain vertical alignment (AMVA)技术开发出高对比度的 LCD，采用 AUO simulated pulsed driving (ASPD) 技术改善了动画显示性能，采用 LED 背光源使色再现率(颜色 saturation)超过 NTSC 100%，采用 AUO picture enhancet (APE)技术开发出自然色彩丰富的 LCD(2006 年 10 月)。此外，该公司面向便携应用，在半透射 MVA(transflective MVA) 的基础上开发出更为高端的 advanced transflective (ATR) MVA 技术(2006 年 10 月)。

12.5.3 CMO(奇美电子)

12.5.3.1 2007 年 1~3 月的营业利润率为 1.3%，是中国台湾地区唯一实现盈利的公司；投入 2 520 亿~2 700 亿日元增强第 7.5 / 6 / 5.5 / 5 代设备

位居中国台湾地区 TFT 产业第二位的 Chi Mei Optoelectronice(奇美电子，简称 CMO、74147 台南科学工业园区奇业路 1 号)，2007 年 1~3 月的销售额为 470 亿 9 500 万新台币，与上一年同期相比减少了 0.4%，与上一季度相比减少了 14.7%。营业利润为 6 亿 500 万新台币，占销售额的比例为 1.3%，由于 2006 年 10~12 月的营业利润为 12 亿 9 300 万新台币(占销售额的比例为 2.3%)，即约减少了一半。1~3 月的销售单价为 159 美元，与上一季度相比下降了 10 美元。在各种应用的构成比例方面，电视机占 43%，台式计算机占 44%，笔记本电脑占 11%，中小型占 2%。在各种应用的尺寸构成方面，40 型以上占 7%，30~40 型占 20%，20~30 型占 34%，19 型占 23%，17 型占 3%，15 型占 7%，14 型占 2%，14 型以下占 4%。该公司 2006 年度的销售额与上一年相比，增加了 22.4%，达到 1 870 亿 5 200 万新台币，营业利润为 80 亿 8 600 万新台币(占销售额的比例为 4.3%)。与上一年相比，收入增加、利润减少，这也说明了电视机用 LCD 的价格急剧下跌。销售额与上一年相比，增加了 342 亿 700 万新台币，营业利润同比减少 21 亿 8 900 万新台币。2005 年 12 月营业利润为 102 亿 7 500 万新台币，占销售额的比例为 6.7%。2006 年 10~12 月的销售额为 552 亿 1 700 万新台币，与上一季度相比增加 14.6%，与上一年同期相比增加 2%。营业利润为 12 亿 6 600 万新台币(占销售额的比例为 2.3%)，与 2006 年 7~9 月的 8 亿 7 800 万新台币的损失(占销售额的比例为−1.8%)相比，获得了改善。2006 年 10~12 月的 LCD 出货数量为 990 万块面板，与 2006

年 7~9 月的 920 万块面板相比，增加了 8%。

CMO 与夏普就互相使用 LCD 专利已经达成一致(2006 年 2 月)。这关系到两家公司的上千项专利技术，期限为 5 年(至 2011 年)，但夏普的双面技术除外。该公司还于 2005 年在中国内地成立了从事模块组装生产的新公司"宁波奇美电子"(2005 年 12 月，实收资本 6 000 万美元)，在 2007 年 6 月之前将拥有月产 135 万个的生产能力。设备投资额为 2 亿 7 000 万美元。新的辛迪加贷款(Syndicated Loan)中，550 亿~600 亿新台币的借款将生效。

在设备投资方面，"2007 年计划投入 700 亿~750 亿新台币(2 520 亿~2 700 亿日元)"(何昭阳总经理)。据此，将增强应对第 7.5、6、5.5、5 代的 TFT LCD 生产工厂。第 7.5 代(1 950mm×2 250mm)在 2007 年末以前将按照月产 5 万片的处理能力进行运转，生产 47 型与 42 型的产品。第 7.5 代的 2 期投资(Phase2)计划，采用可以处理月产 5 万片玻璃基板的设计，并将于 2007 年 10~12 月引入设备，与第 1 期投资相同，生产 47 型与 42 型产品。计划新设的第 6 代(1 500mm×1 850mm)工厂采用可以处理月产 9 万片玻璃基板的设计，除了 65 型以外，还生产 37 型与 32 型产品。第 5 代(1 100mm×1 300mm)的第 2 工厂在 2007 年 3 月以月产 9 万片玻璃基板的处理能力运转，至同年 12 月，将扩大至 2 倍，月产能力达到 18 万片，生产 47 型与 42 型、26 型产品。第 5.5 代(1 300mm×1 500mm)工厂正在以 15 万片的处理能力进行运转(2007 年 3 月)，同年 12 月将增加至月产 18 万片，生产 50 型与 37 型、32 型、27 型、22 型宽屏、19 型产品。该公司计划新设可应对第 8 代的工厂，开工日期尚未确定，已于 2006 年在中国台湾地区南部的高雄完成了土地开发。生产 50 型以上的 LCD。第 5 代(1 100mm×1 300mm)的第 1 工厂为月产 14 万 5 000片，第 4 代(680mm×880mm)工厂的处理能力为月产 8 万 8000 片，第 3.5 代(620mm×750mm)工厂的处理能力为月产 5 万 500 片，尚无增加的计划。第 3.5 代生产中小型，第 4 代与第 5 代生产笔记本电脑用与台式计算机用的产品。该公司的生产设施方面，在 2006 年末有 5 家工厂投入运转，而 2007 年的体制则达到 7 家工厂。奇美集团主导的台南电视专用 LCD 工业区(250 万 m²)的规划当中，已定下有 20 多家公司参与。该规划不仅限于工业方面，还将建设健康中心、运动场、绿化带、旅馆等设施。

12.5.3.2　2007 年 1~6 月批量生产面向电视机的 56~47 型产品

CMO 将于 2007 年 1~3 月批量生产 56 型(3 840×2 160 像素)与 52 型(full HD，1 920×1 080 像素，亮度 500nit，对比度 1 500：1，响应速度为 6.5ms)的产品，其中 52 型产品在第 5.5 代工厂生产。此外，将于 2007 年 4~6 月面向电视机生产 47 型级 QHD(quadrable high definition，2 560×1 440 像素)LCD。47 型方面，采用宽高比为 16：9 的宽屏及色再现率为 NTSC 90%的产品。在 FPD 国际展览会(2006

年 10 月)上，面向电视用发布了 56~20 型产品，面向计算机监视器用发布了 30 型宽屏~17 型产品，面向笔记本电脑用发布了 17 型宽屏~7 型产品，面向医疗仪器用发布了21.3~18.1型产品，面向产业仪器发布了15~7型产品。该公司还与 Chi Mei Electroluminescence 公司运用 LTPS 有源矩阵驱动方式共同开发出 25 型的 OLED，并公开发表。该公司还在德国慕尼黑召开的"Electronica"展览会(2006 年 11 月)上，面向医疗领域，以 600nits 的亮度、600：1 的对比度显示了 100 万像素(19 型)、200 万像素(19.6 型)、300 万像素(20.8 型)的 LCD。该公司已经在 30 型方面开发出 400 万像素，在 56 型方面开发出 800 万像素的产品。此外，用于产业及飞机的10.4 型 LCD 可在 70~−20℃ 下工作，显示出 25ms 的响应速度、400nits 的亮度。

12.5.3.3　ABS 树脂的全球最大型公司进入 LCD 行业

CMO 公司是由 ABS 树脂的全球最大型公司奇美实业(Chimei Enterprises)旗下的"奇美电子"(当时生产彩色滤光片)与制造 TFT LCD 的"奇晶光电"合并后组建而成，于 1999 年 12 月开始生产 TFT LCD。CMO 的股东中 20%为该公司的员工，采用了优先认股权制度。该公司为了扩大视角，1999 年从富士通获得了 MVA 技术，2001 年新引进了 super-MVA 技术。CF(color filter)全部在本公司生产，面向液晶驱动用半导体器件方面，设有名为 Himax 的设计公司，在 TSMC 公司等进行生产。2002 年开始采用向玻璃基板中注入液晶材料的"ODF"(one drop filling)方法，将以往需要花 3 天注入液晶的"真空吸附技术"变更为 4 分钟即可注入液晶材料的"一次滴入技术"。ODF 的制造设备是从富士通的相关公司采购的。在研究开发方面，除了开发出低温多晶硅 TFT(LTPS TFT)以外，在 OLED 方面也正在推进研究开发。该公司已经开发出使用非晶硅 TFT 基板的 OLED(20 型级)，在降低成本方面更为有利，预计达到实用化还需要 5 年(至 2009 年)。采用了小分子材料，制造方法方面，采用掩模蒸镀方式形成各像素图形。

12.5.4　CPT(中华映管)

Chunghwa Picture Tube(中华映管，简称 CPT，桃园县八德市 334 大浦里和平路 1127 号)在 2007 年 1~3 月的 TFT LCD 销售额为 265 亿 9 500 万新台币，与上一季度相比减少 16%，与上一年同期相比增加 10%。营业损益为亏损 21 亿 2 900 万新台币(占销售额的比例为−8%)，与 2006 年 10~12 月的 17 亿 6 000 万新台币赤字相比，亏损进一步扩大。出货量为 623 万 7 000 块面板，与上一季度相比减少了 9 万 800 块面板，下降至与 2006 年 7~9 月同等的程度。平均销售单价与上一季度相比减少了 26 美元，为 120 美元，这也与 2006 年 7~9 月相同。在应用领域构成比例方面，监视器占 71%，笔记本电脑占 16%，电视机占 13%。从不同尺寸的构成比例来看，20 英寸以上占 15%，17 英寸和 19 英寸占 59%，15.4 英寸占 14%，

15 英寸占 10%，15 英寸以下占 2%。

　　该公司 2006 年的 TFT LCD 销售额与上一年相比增加了 34%，达到 1 047 亿 4 000 万新台币，大幅度增加，刷新了纪录，但是营业损益为赤字，亏损了 88 亿 4 000 万新台币(占销售额的比例为-8.4%)。"2006 年上半期非常严峻，10~12 月有所提高。今后的 LCD 事业将不依赖于出货量与销售额，而将进入降低制造费用与提升包括电视机本体在内的品牌力的时代。因此，为了强化在中国内地的销售与品牌力，已向中国内地的电视机制造巨头(Xoceco)公司出资(2006 年 9 月)"(坐俊毅，财务总监，副总经理)。对于使用 LED 背光源的 TFT LCD，"2006 年秋季在日本横滨召开的 FPD 展览会上公开了开发制品。最初希望应用于手机，之后的目标是应用于笔记本电脑"(坐俊毅)。该公司整体收入的约 80%均来自于 TFT LCD 事业，18%来自于 CRT(布劳恩显像管)。

　　CRT 作为中国台湾大型综合电机"大同公司"的关联企业，走过了世界屈指可数的 CRT(布劳恩显像管)制造商历程，于 2006 年上半年从 PDP 事业中撤出。向印度的 VIDEOCON 公司出售了 PDP 的制造设备。VIDEOCON 公司准备在意大利新设 PDP 工厂。

　　2007 年的设备投资计划为 128 亿新台币，其中向第 6 代工厂"L2"投资 103 亿新台币，向第 6 代 CF 工厂"Y2"投资 16 亿新台币，向第 4.5 代工厂"L1B"投资 2 亿新台币。2006 年设备投资为 182 亿新台币，比年初计划减少了 45 亿新台币。其中向第 6 代工厂"L2"投资 146 亿新台币(2006 年最初计划为 176 亿)，向第 6 代 CF 工厂"Y2"投资 25 亿新台币(2006 年最初计划为 29 亿)，向第 4.5 代工厂"L1B"投资 14 亿新台币(2006 年最初计划为 17 亿)，向第 4.5 代 CF 工厂投资 9 亿新台币(2006 年最初计划为 5 亿)。从 2006 年初至 2007 年 3 月不再增加"T1"与"T2"、"L1A"三种设备的能力。CPT 在 2006 年末之前将应对第 4.5 代及第 6 代的 TFT 设备能力增强至 2004 年的 3 倍，达到 45 万片/月，并增产可放映电视图像的 15 型 W(宽屏)及 37 型 TFT。另外还研究在 2008 年后兴建第 7 代新工厂，并已在台中取得了用地。

　　该公司的 TFT LCD 生产设备位于龙潭(Lungtan)、桃园(Taoyuan)、杨梅(Yangmei)，加上彩色滤光片(CF)后，合计形成了 7 家设施的体制。第 6 代工厂"L2"与第 4.5 代的第 2 工厂"L1B"位于龙潭。第 6 代"L2"每月处理 9 万片 1 500mm×1 850mm 的玻璃。第 6 代 CF 工厂"Y2"位于杨梅，每月可以处理 4 万片第 6 代尺寸玻璃。第 4.5 代工厂"L1A"与龙潭的"L1B"每月分别处理 9 万片 730mm×920mm 的玻璃，杨梅的第 4.5 代 CF 工厂"Y1"每月可以处理 22 万片 730mm×920mm 的玻璃。桃园的第 4 代工厂"T2"每月处理 7 万 2 600 片 680mm×880mm 的玻璃，第 3 代工厂"T1"每月处理 4 万片 550mm×670mm 玻璃。

　　CPT 的 LCD 组装、模块的后工程设于中国内地的吴江(月产 70 万个以上，15

套设备以上)，福州(月产 28 万个以上，4 套设备以上)。

在马来西亚，CRT 用的电子束设备与后工程设备分别设置在 2 处工厂。CPT 作为中国台湾地区的大型综合电机"大同公司"的关联企业，是世界屈指可数的 CRT(布劳恩显像管)制造商，同时生产 TFT LCD。该公司于 2005 年停止了 PDP 的生产。1999 年 5 月制造 TFT LCD 的设备开始投入运转，同时得到了三菱电机 的技术支持。三菱电机的 LCD 制造公司"ADI"泗水工厂(熊本县)也开始生产 550mm×670mm 尺寸的大型玻璃基板。CPT 生产第 4.5 代产品的第 1 工厂从 2003 年开始投入运转，引进了 ODF(one drop fill)液晶注入模式。据称该公司获得了三 菱电机与夏普、日立制作所提供的技术支持。

12.5.5 Hannstar(瀚宇彩晶)

HannStar Display 公司(翰宇彩昌，桃园县 326 杨梅镇高狮路 580 号)在 2007 年 1~3 月的 TFT LCD 的销售额为 160 亿 2 600 万新台币，与上一季度相比减少 18%，与上一年同期相比减少 2%。营业损益为亏损 16 亿 8 300 万新台币(占销售 额的比例为–10.5%)，从 2006 年 10~12 月的 5 亿 5 800 万新台币的亏损(占销售额 的比例为–2.9%)开始连续亏损。而追溯至 2006 年 1~3 月，当时曾取得 4 亿 4 800 万新台币的营业利润。2007 年 1~3 月的出货量为 404 万 1 000 块面板，与上一季 度相比减少 4.9%，与上一年同期相比增加 26.7%，平均销售单价为 118 美元，与 上一季度相比减少 19 美元，与上一年同期相比减少 38 美元。在各种面板尺寸的 构成比例方面，19 型占 81%，17 型占 17%，12~14 型占 2%。同期开发了 28 型宽 屏与 50 型宽屏的电视机用面板。预计 2007 年 4~6 月，第 3 代工厂生产的 80%以 上为小型 LCD，此外大型 LCD 的 30%为 17 型宽屏型。

该公司 2006 年度的销售额与上一年相比，增加了 3.8%，达到 648 亿 1 600 万新台币，营业利润为亏损 46 亿 5 000 万新台币(占销售额的比例为–7.2%)。19 型与 19 型宽屏的销售额比例为 89%，17 型为 6%(2006 年 10~12 月)。中小型尺寸 方面，生产了 1 500 万个，安装在总公司集团的"HannsG"品牌中，交付了 93 万 3 000 套。2006 年将 2 台第 3 代应对设备(均为每月 5 万 5 000 片的玻璃处理能 力)中的 1 台完全移交至中小型尺寸的生产，其后，出售给制造 STN 的大型公司 Wintek 公司(中国台湾地区)。另一台第 3 代设备使用卡西欧计算器提供的"HAST" (hyper amorphous silicon TFT)技术进行生产，并开始向该公司提供 OEM/ODM。

该公司在 2007 年计划投资 9 亿新台币，其中 3 亿新台币分配给应对第 5 代的 设备，6 亿新台币分配给其他设备。2006 年的设备投资为 77 亿新台币，其中 48 亿新台币分配给第 5 代，27 亿新台币分配给第 6 代，2 亿新台币分配给其他设备。 2007 年不向第 6 代进行投资。该公司在桃园拥有"Fab1"(第 3 代，550mm×650mm) 工厂，在台南拥有"Fab3"(第 5 代)工厂。"Fab4"(第 6 代)的厂房已经开始在台南动工，但其后的设备搬迁工作延期。第 5 代设备"Fab3"在 2006 年 1~3 月每月增加 1 万 5 000 片的产能，达到每月处理 8 万片玻璃基板的能力。该设备采用的是 TN/AS (advanced super)-IPS 技术。生产的 19 型 LCD，面向同属华新丽华集团的"HannsG/Hannspree"品牌供货，另外还向中国台湾地区首位的 PC 显示器制造商供应产品。第 3 代"Fab2"(每月 5 万 5 000 片的玻璃处理能力)使用卡西欧计算器提供的"HAST" (hyper amorphous silicon TFT)技术进行生产，并开始向该公司提供 OEM/ODM。2006 年 4~6 月在第 5 代工厂满负荷运转。2005 年进行了 121 亿新台币的设备投资，其中第 5 代设备投资 71 亿新台币，第 6 代设备投资 40 亿新台币，其他设备投资 10 亿新台币。据此，玻璃基板的投入能力达 419 万 m^2。"Fab2"位于桃园，"Fab3"与"Fab4"位于台南。第 5 代的"Fab3"工厂从日立制作所引入了 IPS 技术，对于部分 CF(彩色滤光片)玻璃基板(1 200mm×1 300mm)在公司内部进行制造。而不足的 CF 则从邻近的"南鑫光电"采购。"Fab3"首次在公司内部制造 CF，应对第 5 代的工厂实现了 50 型 W(宽屏)型的 2 片面取，22~26 型 W(宽屏)型的 6 片面取，23 型 W(宽屏)型的 8 片面取，19 型的 12 片面取及 17~15 型的 15 片面取。

该公司由中国台湾地区半导体制造业中位居第 3 的"华邦电子公司"集团旗下的"华新丽华公司"在接受东芝的 TFT 制造技术支持的背景下成立，于 2000 年开始投入生产。第 1 套设备已投入运作，与东芝、IBM 制造 TFT 的合资公司"DTI"野洲工厂(滋贺县)一样，应对 550mm×650mm 尺寸的玻璃基板。该公司于 2004 年 3 月在台南开始"Fab4"(第 6 代，1 500mm×1 850mm)的建设工程，于 2005 年 1~3 月完成，虽然原定于 2005 年 4~6 月搬入制造设备，但最终还是延期。预定采用从日立制作所导入的 IPS(in plane switching)技术生产 45~32 型 W(宽屏)型电视机用 TFT LCD。其后开始构想建设 Fab5(第 7 代)，考虑 2 120mm×2 450mm 的玻璃基板尺寸并预定于 2006 年着手实施，但最终延期。

12.5.6 Innolux(群创光电)

Innolux 公司(群创光电，新竹科学工业园区苗栗县竹南镇科东 3 路 16 号 2F)与深超光电有限公司(深圳市政府出资)开始在广东省深圳市建设应对第 5 代(1 200mm×1 300mm)的 TFT LCD 工厂，预定于 2008 年末开始生产。2007 年 3 月末开工，2008 年 4 月份运入制造设备，并将按每月 6 万片的玻璃处理能力于 2008 年末开始生产，可以扩大至月产 9 万片。预计 CF(彩色滤光片)将在公司内部制造。由于中国台湾地方当局不认可本地区企业在中国内地生产 TFT 前工程，因此猜测将不采用 Innolux 直接投资的方式。Innolux 与深圳市政府向深超光电有限公司投入了资金。Innolux 的总公司鸿海集团是中国台湾地区的 EMS(使用对方品牌进行生产的制造承包业)业内最大型的龙头企业，在中国深圳市拥有超过 70 栋的工厂群，雇佣了 10 万人。在新工厂生产的 TFT LCD 将供应给深圳的 OEM 工厂。该公司在中国台湾地区拥有第 4.5 代(730mm×920mm)与第 5 代(1 200mm×1 300mm)工厂，于 2004~2005 年开始投入运转。

12.5.7 Wintek(胜华科技)

以中小型产品为主力的中小型 LCD 大型制作商 Wintek 公司(胜华科技，台中县潭子乡台中加工出口区建国路 10 号)在 2007 年 1~3 月的销售额为 72 亿 8 146 万新台币，与上一季度相比减少 26.4%，与上一年同期相比减少了 15.7%。营业损益为亏损 9 224 万新台币(占销售额的-1.3%)，2006 年 10~12 月的营业损益为盈利 10 亿 1 144 万新台币(占销售额的比例为 10.2%)。2006 年全年的销售额为 336 亿 9 433 万新台币，与上一年相比减少了 38.4%，营业损益为盈利 27 亿 7 362 万新台币(占销售额的比例为 8.1%)。2005 的营业损益为盈利 57 亿 9 700 万新台币(占销售额的比例为 10.6%)。2005 年的销售额为 546 亿 7 900 万新台币(约 1 968 亿日元)，与上一年相比增加了 67%。2004 年的营业利润为 46 亿 700 万新台币，取得了利润率为 14%的良好业绩。该公司的各产品销售额比例方面，彩色 STN 约占 50%，单色 STN 占 25%，TFT 占 25%，今后 TFT 将增加。因此，从 Hannstar(瀚宇彩晶)收购了应对第 3 代(550mm×650mm)的 TFT 工厂(2006 年秋)。在各种应用领域的构成比例方面，手机占 85%，产业机械占 5%~10%，剩余的 5%左右由汽车、PDA、OA 设备、消费者用设备占据。

在该公司的制造设备体制方面，彩色 STN 用合计为 6 个设施，其中应对 300mm×400mm 玻璃为 1 个设施，应对 300mm×350mm 为 3 个设施，应对 300mm×370mm 为 2 个设施。除此以外，TFT 制造用为 2 个设施(应对 320mm×400mm 与 550mm×650mm)，单色 TN/STN 用(应对 300mm×350mm)为 4 个设施。应对 TFT 用 550mm×650mm 玻璃基板方面，于 2006 年 10 月以 61 亿新台币(包括土地与建筑物)从 Hannstar 公司(中国台湾地区)收购。此外，Hannstar 公司出资 9 亿新台币，成为 Wintek 公司持股 3.1%的股东。Wintek 公司实现了技术的垂直整合，除了在公司内部制造 ITO、触控屏(ITO+薄膜)以外，也加强了① FPD 面板；②相应模块；③薄膜研究；④导光板研究；⑤OLED 等的研究和开发工作。

该公司成立于 1990 年，1993 年重组。主要投资方为社长的家族成员与银行、机构投资方等。总公司所在地内，除了 STN、TN 的制造以外，还集中了 CF、ITO、触控屏的工厂、研发中心。在台中、周边广大地区拥有 3 000 名员工。中小型尺寸的 LCD 产业中，每块面板均因客户的不同需求而具有不同的规格，其中在模块工程中，需要许多人手与设备，因此投资战略非常重要。为此，该公司继续向后工程进行投资。除了上述以外，该公司在中国内地的东莞设有模块组装工厂，在苏州设有从 STN 前工程至模块工程的一条龙生产工厂(2001 年完成)。在中国内地拥有 1

万 1 000 名员工。TN 的前工程位于潭子,彩色 STN 用方面,除了潭子以外,也将增强移交至苏州工厂的工作。CF 与 ITO、触控屏的生产工程也将增强移交工作。

该公司于 2004 年开始参与 TFT LCD 的制造。2002 年向夏普购买了应对 320mm×400mm 玻璃的制造设备。后工程 TFT 模块于 2001 年开始投产。该公司增强向中国内地的苏州工厂移交 ITO(透明导电膜)、CF(彩色滤光片)等零组件工程。该公司将事业战略集中到 6 型以下的中小型尺寸 LCD 上,产品包括彩色 STN 与 TN、单色 STN,也参与制造 TFT。用于 LCD 的 CF、ITO、触控屏在公司内部制造。应用领域包括手机、汽车搭载用 AV 设备、PDA、OA 设备及 IA 等。销售额的 50%以上为手机领域,客户遍布全球,包括摩托罗拉、诺基亚、三星、西门子、日本企业等。TFT 工厂位于台中产业园区内,设置有从夏普购买的 TFT 制造设备,从总公司(潭子产业园区)驾车 30min 以内可抵达。

12.5.8　Toppoly(统宝光电)

12.5.8.1　在中国南京建设后工程模块工厂

专业从事 LTPS(低温多晶硅)TFT LCD 的该公司(统宝光电,苗粟县竹南镇科中路 12 号)将在中国南京市建设后工程模块工厂"Fab2"。计划投资 1 亿美元,于 2008 年 1~3 月开始生产。地点位于中国江苏省南京市的江宁开发区,占地 26 万 m²,建设的无尘室约为 1.6 万 m²。将于 2007 年 7~9 月竣工,其后运入制造设备等,于 2008 年 1~3 月投入运转。以月产 300 万个开始生产,同年 7~9 月扩大至月产 900 万个。面向 DSC 生产 1.5 型,面向手机生产 2~2.5 型,面向 DVC 生产 3~3.5 型,面向 PDA 生产 3.8 型,面向便携式 PC 生产 6~7 型,面向笔记本电脑生产 10~14 型。现有的"Fab1"(南京市)按月产 650 万个的能力进行生产,至 2007 年 7 月末前将增强至月产 960 万个。通过扩大"Fab1"与新设"Fab2",计划 2008 年全年销售 2 亿 5 000 万个。

中国台湾地区总公司工厂"Fab1"为 8 层建筑,总面积 18 万 m²(无尘室位于 3 楼),于 2002 年 4 月开始运转。一开始时,曾接受三洋电机的生产工程训练,与中国台湾地区的工业技术研究院签订了技术开发与生产技术契约。LCD 模块工厂在中国南京于 2003 年 6 月开始投产。该公司由政府研究机构 ERSO 的 LTPS TFT LCD 开发组的主要成员派生而出,于 1999 年 12 月 24 日成立,以资金 1 亿 9 800 万新台币启动运营。2000 年 10 月发行了股票,并筹集到 220 亿新台币的资金。2002 年 4 月开始 LTPS 模块的初期生产,同年 7 月面向手机、数码相机开始量产。其后于 2003 年 6 月开始了 LTPS 的商业生产。在中国台湾地区的"Fab1",正在生产数码相机用 1.5 型、手机用 2~2.5 型、数字式摄影机用 3~3.5 型、PDA 用 3.8 型、口袋型计算机用 6~7 型、笔记本电脑用 10~14 型产品。

12.5.8.2 进军 OLED 生产

该公司于 2005 年开发 3.5 型的 LCD、2.5 型及 7 型的有源矩阵驱动方式的 OLED(有机发光二极管显示器),并于 2006 年 1~3 月投入生产。3.5 型 LTPS 是 VGA(480×(RGB)×640 像素)显示规格的透射型,针对高性能 PDA 和高性能手机而设计。亮度为 150nits,视角为上下左右 160°,以 180∶1 的对比度展现 26 万 2 000 色,同时配有触控屏。除此以外,还开发了将扫描线/数据线驱动半导体、DC-DC 转换器、DA 转换器、定时控制器、接口电路等所有半导体元件全部集成在 1 个面板上的 3.5 型 SOP(system on panel)架构。该产品不需要将半导体贴装在外部,显示 26 万 2 000 色时的耗电量为 30mW 以下。配备 LED 背光源的产品分辨率为 240×(RGB)×320,以亮度 12nits 和 100 比 1 的对比度展现 26 万 2 000 色。面向高性能 PDA 和 PDA 电话、GRS,于 2006 年 1~3 月开始投入生产。该公司开发的 7 型 OLED 用于汽车导航系统及汽车电视、汽车娱乐系统,以宽屏 VGA(800×(RGB)×600)展现 135 万像素的分辨率及 26 万 2 000 色。融合了白色 OLED 和彩色滤光片阵列技术。

Toppoly 公司的 OLED(有机 EL),生产工厂位于新竹科学工业园区的竹南地区(占地 7 万 3 000m²),邻近该公司现有的 LTPS 工厂。初期以月产 4 000 片的设备能力生产有源矩阵驱动方式的 OLED,可扩大至月产 2 万片。OLED 工厂于 2006 年上半年开始了批量生产。OLED 工厂称为 "Fab2",从现有的 "Fab1"(生产 LTPS)向 "Fab2" 移设了 CF(彩色滤光片)生产设备(620mm×750mm 玻璃基板,月处理能力为 3 万片)与单元/模块工程(2006 年 4~6 月)。移设后空出的 "Fab1" 内的余地用于扩大 LTPS 的 TFT 阵列基板的生产能力等。"Fab1" 拥有月产 TFT 玻璃基板(620mm×750mm 尺寸)7 万 5 000 片的处理能力。该公司制造中小型 LTPS LCD,进入 OLED 领域后,其目标直指超薄/高速/高精细显示的便携式应用以及将来搭载于汽车中。

12.5.8.3 向飞利浦收购 STN LCD 事业

该公司还从荷兰飞利浦收购了面向便携式应用的 STN LCD 事业部门,并设立了名为 "TPO" 的分公司(2005 年秋)。分公司主要股东的出资比率为:中国台湾地区的仁宝电子(25.1%),飞利浦 17.5%,中国台湾地区的统一企业 3.5%。STN LCD 制造设备设置在中国内地等。正在研究将从日本的 HOSIDEN 飞利浦购入的第 2 代 TFT LCD 制造设备(神户市)出售给位于中国广东省深圳市附近的名为铼宝的 CF 制造公司(面向 STN)。

12.5.9 RiTdisplay(铼宝科技)

OLED 专业的 RiTdisplay(铼宝科技)公司的出货数量曾经雄居世界第二位,

2006 年以后,因 STN LCD 的价格竞争而陷入苦战.预计年销售额规模为 1 亿 3 000 万~1 亿 4 000 万美元。在中国内地等市场上,大多安装在 MP3 播放器、手机背景画面中。MP3 播放器有闪存型(1GB 容量)与 HD(hard disk)型(1.3~1.5GB 容量),显示画面尺寸为 1 型,可分为单色、局域色彩、全色显示等类型。HD 型以"iPod"(苹果计算器公司制造)为代表,为全色显示。显示尺寸计有 1.0 型、1.3 型、1.5 型,全色显示占整体的 50%以上,局域色彩/单色显示下降到 50%以下。该公司的工厂应对 400mm×400mm 尺寸玻璃的生产线中配备有 3 套设备,应对 370mm×470mm 的生产线配备有 4 套设备。1 套设备的玻璃基板月处理能力超过 3 000 片,玻璃基板的月处理能力合计在 2 万 1 000 片以上,生产成品率高达 90%。该公司例年投资 30 亿~40 亿日元用于设备。此外该公司拥有多套应对 100mm×100mm 与 200mm×200mm 玻璃的研发设备。该公司的总部工厂为 6 层楼,拥有总面积为 4 万 2000m^2(7000m^2/层)的无尘室,并留有可追加 4 套量产设备的空间。不断推进第 4 代(730mm×920mm 级)玻璃的生产技术开发。模块生产能力规模预计为月产 700 万个。由于中国内地市场的需求不断增长,因此委托在大陆拥有工厂的中国台湾地区所罗门公司等进行模块工程的生产。

RiTdisplay 公司与 Litrex 公司(ULVAC 的子公司)共同开发大画面尺寸用并且通过喷墨技术喷涂 OLED 材料的技术。

RiTdiplay 公司并未使用在市场上受欢迎的 Tokki 公司的蒸镀设备系统(包括封装设备),而是使用集成了 ULVAC 公司的真空蒸镀设备及该公司自行开发的封装设备及 Gator 工程的系统。因此,与原先的 ULVAC 公司关系较强。由该公司自行进行 ITO 图形化工程,光刻设备使用大日本 Screen 公司制造的设备。有关有源矩阵驱动技术,以 LTPS(低温多晶硅 TFT)为基础实现产品化较为简单,但非晶硅 TFT 从电子迁移率、使用寿命、价格、知识产权的观点来看,具有容易产业化的优点。该公司于 2000 年成立,由王鼎章任总裁兼执行长官,他之前曾在中国台湾地区的化学公司任职。美国的化学公司"杜邦"与半导体巨头英特尔公司均向该公司出资。

12.5.10　Univision(悠景科技)

Univision(悠景科技)在中国台湾地区 OLED 制造业的销售额中雄踞第 2 位,以面向手机用背景画面显示及 MP3 播放器显示画面的产品为主力产品。年销售额预计为 5 000 万美元的规模,商业生产从 2003 年末开始。在各地域的出货方面,除了中国内地占据多数之外,还向日本、韩国出货。在日本,菱洋等两家公司为经销商。该公司的制造设备中,研发用设备(100mm×100mm 方形玻璃)与应对 370mm×470mm 玻璃基板(月处理 5 万 5 000 片)的 3 套设备正在运转中,2006 年 10~12 月增加了 1 套设备。2007 年计划进一步增加 1 套设备,在总公司工厂附近

(2 万 m², 现在为停车场)建设新工厂。该公司设想将来进行有源矩阵驱动型 OLED 的生产。将来的生产方面倾向于使用第 3 代(600mm×720mm 级)玻璃基板。小分子材料主要从日本的出光兴产采购，蒸镀设备为 Tokki 制造。为了增设 1 条生产线约需花费 300 万美元的投资额。该公司向 Toppoly 公司出资占几个百分点，采用 LTPS(低温多晶硅)TFT 的可能性较高。该公司成立于 2000 年 7 月，其间持续展开研发工作。注册资金为 300 万美元，员工人数为 400 人。在新竹、上海、深圳设有办事处。

12.5.11 Prime View(元太科技工业)

Prime View(元太科技工业，简称 PVI，新竹市科学园区力行 1 路 3 号)在应对 370mm×470mm 玻璃基板方面，拥有玻璃月处理能力 3 万 6 000 片的设备。生产 1~10 型级的中小型 TFT，主要用于数码相机、PDA、手机、GPS、便携式电视、便携式 DVD 机等。年销售额预计接近 100 亿新台币。该公司在 2003~2004 年实现了自成立以来的首度盈利。该公司成立于 1992 年，是中国台湾地区的第 2 大 TFT 企业(第 1 大为 Unipac 公司，已与 AUO 合并)。与 ITRI 进行技术合作，从 1996 年开始生产 TFT。PVI 将后工程移师中国内地，其后在其空置在中国台湾地区工厂的无尘室内导入了住友化学的 CF 设备(第 2 代)(2005 年秋)。住友化学(株)为此投资了 50 亿日元。这是中国台湾住华科技股份有限公司(新竹)设立的应对第 2 代(360mm×460mm 级)尺寸玻璃基板的工厂，于 2005 年 9 月投入运作。这是应 Prime View 公司(以下称 PVI)要求进行的投资，租借 PVI 工厂内现成的无尘室设置设备。设备应对第 2 代玻璃基板，月处理能力达 5 万片，面向中小型尺寸 LCD 供货。住友化学公司表示：“用于中小型尺寸方面，今后将在中国台湾地区和韩国增加同类型的投资。两地针对中小型尺寸 TFT LCD 的工厂的后工程均转移到中国内地，对于因此而空置的 T 房，厂商们更多地希望用于设置较难加工的中小型尺寸 CF 制造设备。”

12.6 中国内地的 FPD 产业

12.6.1 中国内地搭载有 LCD 应用产品的产量持续增加

12.6.6.1 中国内地制造的手机 4 亿台、监视器 2 亿台、液晶电视 780 万台

目前中国在白色家电的基础上，数字家电的生产不断扩大，搭载有 TFT 液晶的配套机型的生产台数急速增长。不知不觉之间，全球近半数的手机、液晶显示器、笔记本电脑、数码相机均已转至在中国生产。由于 2008 年奥运会所带动的经

济景气，预测这些搭载有 TFT 液晶的应用产品出货量将进一步扩大。

特别是在 TFT 液晶、PDP(等离子平板显示器)等的 FPD(大尺寸薄型显示屏)电视机领域中，生产与市场两方面均有望取得巨大的发展。中国的 FPD 电视机普及程度不如日本、美国。为此，中国的 FPD 电视机市场，预计在 2008 年北京奥运会后仍会持续无止境地高增长。

中国信息产业部下属的 CCID 顾问机构发表的统计报告(图 12-44)显示，2006 年中国生产的搭载有 TFT 液晶的数字家电中，手机为 4.4 亿台，液晶监视器为 2.1 亿台，笔记本电脑为 5 700 万台，数码相机为使 6 000 万台，液晶电视机为 780 万台，便携式多媒体播放器(含 MP4)为 250 万台。手机比上一年增长 59%，液晶监视器增长 78%，液晶电视机增长 70%，便携式媒体播放器持续 5 倍的高增长。

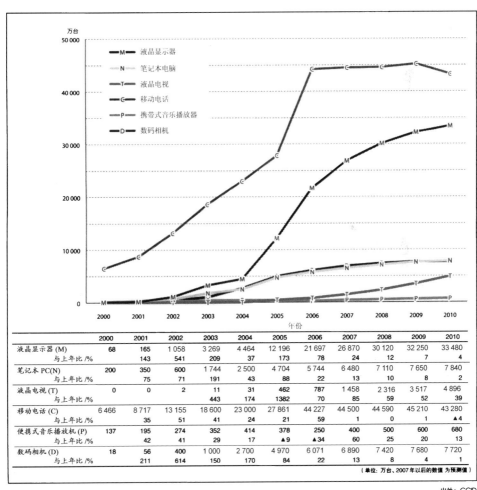

	2000	2001	2002	2003	2004	2005	2006	2007	2008	2009	2010
液晶显示器 (M)	68	165	1 058	3 269	4 464	12 196	21 697	26 870	30 120	32 250	33 480
与上年比 /%		143	541	209	37	173	78	24	12	7	4
笔记本 PC(N)	200	350	600	1 744	2 500	4 704	5 744	6 480	7 110	7 650	7 840
与上年比 /%		75	71	191	43	88	22	13	10	8	2
液晶电视 (T)	0	0	2	11	31	462	787	1 458	2 316	3 517	4 896
与上年比 /%				443	174	1382	70	85	59	52	39
移动电话 (C)	6 466	8 717	13 155	18 600	23 000	27 861	44 227	44 500	44 590	45 210	43 280
与上年比 /%		35	51	41	24	21	59	1	0	1	▲4
便携式音乐播放机 (P)	137	195	274	352	414	378	250	400	500	600	680
与上年比 /%		42	41	29	17	▲9	▲34	60	25	20	13
数码相机 (D)	18	56	400	1 000	2 700	4 970	6 071	6 890	7 420	7 680	7 720
与上年比 /%		211	614	150	170	84	22	13	8	4	1

(单位：万台、2007年以后的数值 为预测值)

出处：CCID

图 12-44　中国内地 TFT 液晶的主要应用产品生产的趋势

在当初的预想中，手机的生产台数约为 3 亿台，液晶监视器约为 1.5 亿台。但是以外资及中国企业为中心的数字家电组装市场持续扩大，实现了大幅超越预期的发展。到中国寻求低价劳动力的外资制造业，近年来除了面向出口生产之外，还增强了面向中国国内巨大市场的生产体制。预计朝着 2008 年上半年的奥运商战，搭载有 TFT 液晶的应用产品生产台数将进一步持续扩大。

12.6.1.2 北京奥运会之后，中国将成为 FPD 电视机的大市场

根据 CCID 顾问机构预测，在举办北京奥运会的 2008 年，中国将生产手机 9.6 亿台，笔记本电脑及数码相机 6 500 万~7 000 万台，液晶监视器 2.6 亿台，液晶电视机 1 500 万台。之后增长曲线将变得缓慢，但普遍认为将持续增长至 2010 年。

这些搭载有 TFT 液晶的应用产品生产扩大浪潮从 2001 年之后每年均有增长的趋势。手机的生产扩大至以亿台计算的规模，而中国台湾地区当局的解禁使笔记本电脑的生产转移到中国内地，急速的价格竞争白热化令数码相机的生产也转移到中国。期间众多外资厂商进驻，在各地建设配套工厂。另外，联想、海尔、TCL 等本地企业也不断增强实力，生产规模不断扩大。该情况将继续以混战的状态进入北京奥运的数字商战。

目前竞争最为白热化的应数 FPD 电视机领域。各电视机厂商均以 2008 年的北京奥运会为目标，加紧增强 FPD 电视机的生产能力。但是中国的电视机用 FPD 面板大部分从国外进口。中国内地有 3 家大型 TFT 液晶面板工厂，但均以监视器用为主，并没有电视机用的 TFT 液晶面板量产工厂。

在这种情况下，中国内地的 3 家大型 TFT 液晶面板企业以 2007 年 6 月末为目标，朝着 3 家公司整合经营的方向展开协商(不知何种原因，始终未协商成功)。3 家公司整合经营后，在上海新设第 6 代以上液晶面板工厂的可能性极高。另外夏普及 TCL 正在研究在深圳市建设第 7.5 代工厂。由此，如果电视机用 TFT 液晶面板工厂诞生，中国的 FPD 产业将迎来新的局面。

12.6.2 挑战目标是电视面板制造的中国内地 FPD 产业

12.6.2.1 TFT 方面，具有第 5 代工厂的 3 家企业推进整合经营；PDP 方面，正式实现量产化

中国的 FPD 产业于 1980~1990 年开始在深圳市进行 TN 及 STN 液晶的制造。20 世纪 50 年代，日本、韩国、中国台湾地区转向 TFT 液晶面板制造，而无法获取高收益的 TN 及 STN 液晶面板制造则不断集中到中国。2000 年之后，液晶监视器及笔记本电脑的价格不断加快下滑。由此，不仅液晶监视器及笔记本电脑的组装，TFT 液晶模块等核心部件在中国的生产也逐渐增加。

2000 年之后，面向 LCD 显示器的 TFT 液晶模块生产在上海、深圳、福建地区急速增长，从 2004 年末至 2005 年初，SVA-NEC(上海广电 NEC 液晶显示器有限公司)及 BOE-OT(北京京东方光电科技有限公司)等公司也开始在中国生产第 5 代玻璃基板尺寸的 TFT 液晶面板。其后，第 5 代以上 TFT 液晶面板工厂的投资计划在各地浮出水面。但是真正建起工厂的仅有昆山 IVO(Info Vision Optoelectronic，昆山龙腾光电有限公司)，其他均在计划阶段便不了了之。

SVA-NEC、BOE-OT 与 IVO 等 3 家公司虽然满负荷运转，但每家公司均为收益的增长而烦恼，无法筹备建设新生产线的资金。2006 年下半年，SVA 集团与 BOE 集团、IVO 等 3 家企业开始朝着整合经营的方向展开协商。以 2007 年 6 月末为目标，对整合经营是否具有可行性作出决定，但至今协商未果。

另外，液晶面板制造巨头夏普与中国电视机制造巨头 TCL 计划合资在深圳市建设第 7.5 代工厂。在 PDP 方面，上海松下 PDP 正在对面板乃至电视机投入量产。此外，中国的大型电视机制造企业长虹集团与制造 CRT 的彩虹集团合资成立四川世纪双虹显示器件有限公司，在四川省绵阳市建设 PDP 全流程制造工厂。四川世纪双虹显示器预定于 2008 年 10 月开始投入生产。OLED(有机 EL)在中国各地拥有试制、开发生产线，但并没有新设面板量产工厂的具体计划。

中国的 FPD 市场在 2007 年之后受到北京奥运景气的带动，迎来了巨大发展的机会。在深圳，信利半导体计划建设第 2.5 代工厂，以群创光电的技术为基础的深超光电子有限公司计划建设第 5 代工场，制造 STN 液晶的 CF(彩色滤光片)的铼宝高科技(深圳铼宝高科技股份有限公司)计划建设第 2.5 代工厂。另外，夏普与 TCL 也研究在深圳建设第 7.5 代的工厂。由此，深圳将成为与北京、上海并列的大型 TFT 液晶面板制造生产基地之一。但是，真正的目标，也即面向 FPD 电视机的面板工厂投资计划来不及在 2007 年开展。第 5 代工厂的 3 家企业推进整合经营以及夏普与 TCL 合资的走向，可以说将成为 2007 年中国 FPD 行业最大的焦点。

12.6.2.2 中国集中生产全球 80% 的 TN、STN 液晶

据称，中国生产着全球约 80% 的 TN、STN 液晶。中国的 TN、STN 液晶开发从 20 世纪 70 年代开始。由中国科学院长春物理研究所(长春市)和清华大学(北京市)的液晶研究队伍开始进行 TN、STN 液晶的研究。长春物理研究所主要开发 TN、STN 液晶的生产制程，而清华大学的液晶研究队伍则进行液晶材料方面的研究。

进入 20 世纪 80 年代，中国也着手推进这些液晶走向产业化。首先是天马微电子(深圳市)和深辉技术(深圳市)两家公司引进了 TN 液晶的生产线。1984 年，天马微电子在中国开始了最早的 TN 液晶生产。1989 年，除了天马微电子之外，康惠电子(惠州市)、信利半导体(TrulySemiconductor，汕尾市)、深辉技术(深圳市)等公司也从国外引进对应大型玻璃基板的制造设备，开始果断进行 TN 液晶的制造。

在 20 世纪 90 年代,这些企业开始了 STN 液晶的制造。在 1992~1996 年,超音显示器(汕头市)和信利半导体开始了 STN 液晶生产。1998 年,信利半导体 370mm×400mm 的 STN 液晶生产线改造成用于 CSTN 液晶的生产线,并开发了 5.7 型的 QVGA 方式 CSTN 液晶面板。2000 年之后,在中国也迎来了 CSTN 液晶市场的蓬勃期。2000~2003 年,精工(广州市)、天马微电子、三星 SDI(东莞市)等进军 CSTN 液晶生产。进入 2004 年,在中国,手机的液晶彩屏也开始普及,CSTN 液晶的生产线不断增设,新工厂的建设也扩大到各地。

12.6.2.3　推进手机液晶彩屏化,从而扩大 CSTN 生产

普遍认为中国的 TN 液晶设备能力超出了世界需求量约 20%以上,TN 液晶厂商的统一、合并、撤退不断深化。在中国,TN、STN 液晶面板的价格急剧下降,相关的生产企业面临财政困难。为此,企业以模块组装为中心,大力推进向 CSTN 及 TFT 等彩色液晶的转换。在日本,手机的液晶画面采用彩色是理所当然的事情。但从全球范围看,仍在采用黑白液晶的国家意外得多。在中国,2003 年可谓手机的彩色液晶元年,CSTN 液晶屏初现市场。2004 年,部分手机厂商首次将 TFT 液晶屏投入市场,手机的液晶彩屏化不断推进。

12.6.2.4　东北、上海、深圳为 TFT 模块制程 3 大基地

中国的 TFT 液晶制造企业,加上面板制造及模块组装,共有接近 40 家(表 12-26)。但大部分都仅负责模块组装,拥有单元制程及阵列制程生产线的生产企业仅有 4 家。模块组装工厂集中在中国内地的原因是由于液晶生产后工程的劳动集约度高,在中国进行大量生产更有利于降低关税及控制成本。

表 12-26　中国大型 FPD 面板工厂的生产和投资计划

企业名称	Fab	地点	基板尺寸	月产能力和投资计划
SVA-NEC	Fab1	上海	5G	月产能力 9 万片(没有扩产的余地)
	Fab2		6G 以上	2008 年以后考虑投资
BOE-OT	Fab1	北京	5G	月产能力 6 万片(追加 2 万片的扩产)
	Fab2	未定	6G 以上	没有具体的投资计划
IVO	Fab1	昆山	5G	月产能力 3 万片(商讨追加 6 万片的扩产)
天马微电子	Fab1	上海	4.5G	预定在 2007 年 4Q,启动月产能力 3 万片的工厂
深超光电	Fab1	深圳	5G	预定和群创光电有业务来往、计划月产能力 3 万片的 3 条线
信利	Fab1	深圳	2.5G	月产能力 3 万片,启动中
铼宝	Fab1	深圳	2.5G	确保了月产能力 3 万片的二手线
北方彩晶	Fab1	长春	1.5G	少量生产中、没有具体的扩产计划

资料来源:半导体产业新闻调查(2007 年 6 月)。

TFT 液晶的模块制程以用于手机的小型尺寸(1~2 型)和用于监视器的中型尺寸(15~19 型)为主。来自中国台湾地区的资本当中，有中华映管(CPT、福州市与吴江市)、友达光电(AUO、苏州市)、瀚宇彩晶(南京市)、统宝光电(Toppoly Optoelectronics，南京市)，日本企业当中有夏普(无锡市)、日立(苏州市)、索尼(无锡市)等，均在中国内地开展 TFT 液晶的模块组装。2005 年开始，有些企业开始将模块组装工程从用于监视器转向用于电视机,面向液晶电视机的竞争愈发严峻。

12.6.2.5　中小型 TFT 液晶面板工厂崛起

在中国内地拥有 TFT 液晶面板生产线的企业，目前仅局限于第 2 代生产线的一家企业和第 5 代生产线的 3 家企业。在中国最初诞生的 TFT 液晶工厂是吉林电子有限公司(长春市)，从东芝和日本 IBM 引进了二手制造设备。之后更名为吉林北方彩晶数字电子有限公司，生产 8~10 型的 TFT 液晶。由于其中一家出资企业做假账而被终止上市，导致该公司至今的生产状况都不算太好。目前正打算将产品阵容转型为面向手机的产品，以期重振经营。

南京新华日液晶显示技术有限公司于 2004 年 1 月从 NEC 鹿儿岛工厂将第 1 代 TFT 液晶生产线转移了过来。南京新华日是在同一工厂用地中制造 STN 液晶的南京华日液晶显示技术的集团企业。当初预定于 2005 年的上半年投入生产，结果推迟至今仍未开始量产。由此可见，中国的 TFT 液晶厂商引入二手设备后，要依靠自己的力量启动生产线，仍面临资金、技术等困难。

其中，中国首位的 STN 液晶厂商信利半导体与深圳天马微电子于 2007 年建起中小型 TFT 液晶面板工厂。信利半导体在深圳建设第 2.5 代、月产能力为 3 万片的工厂，深圳天马微电子在上海建设第 4.5 代、月产能力为 3 万片的非晶硅 TFT 液晶面板工厂。此外，在深圳制造 STN 液晶的 CF(彩色滤光片)的莱宝高科(深圳莱宝高科技股份有限公司)从 TOP DISPLAYS(中国台湾统宝光电与飞利浦移动显示的合并公司)的神户工厂购入第 2.5 代(400mm×500mm)、月产能力为 3 万片的生产线，在深圳建设第 2.5 代工厂。预定 2008 年第一季度搬入设备，第二季度开始生产。这些企业的目标是中小型面板的手机、游戏机及车用显示器等市场。

12.6.2.6　在北京、上海、昆山，第 5 代 TFT 工厂投入运转

在中国投入运转中的第 5 代工厂，有上海的 SVA-NEC、北京的 BOE-OT 和昆山的 IVO 三家。SVA-NEC 和 BOE-OT 从 2004 年末到 2005 年初开始投入生产。初期的生产能力为月产 3 万片，目前 SVA-NEC 生产能力扩大至月产 9 万片，BOE-OT 生产能力扩大至月产 6 万片。IVO 于 2006 三季度建设起月产能力为 3 万片的工厂。

SVA-NEC 是一家由中国的家电巨头上海广电(SVA)集团与 NEC 液晶科技合资组成的企业(出资比率：SVA 为 75%，NEC 为 25%)。1 100mm×1 300mm 的玻

璃基板尺寸，从阵列到单元、模块，实行全流程生产。该公司目前生产的液晶面板大部分面向监视器，尤其以 15 型的产品居多。该公司面向联想、惠普、戴尔等计算机厂商供应液晶面板，据称在 15 型领域占世界生产 40%的市场份额。

中国显示器制造商龙头企业京东方(BOE)于 2004 年收购韩国 Hynix 集团的平板显示事业部 Hydis，共同设立了 BOE Hydis 科技公司。BOE Hydis 科技公司投资 12.5 亿美元，在北京建设起第 5 代液晶面板工厂。出资比率为，BOE 占 70%、BOE Hydis 的技术投资为 30%。产品虽然包括各种尺寸，但当中 17 型面板的比例居多。

拥有中国第 3 大第 5 代工厂的 IVO 于 2006 年 8 月启动月产能力为 3 万片的生产线。从 17 型面板的生产开始，11 月之后提高了 19 型宽屏的生产比例。

12.6.2.7　制造第 5 代 TFT 的 3 家公司研究整合经营

BOE 在 2006 年第一季度表明，将研究是否加入中国四大电视品牌(TCL、康佳、创维、长虹)建设大型 TFT 液晶面板共同 Fab 的构想。中国四大电视品牌与深圳政府携手，在深圳市成立聚龙光电这一液晶事业公司，计划进行第 6 代工厂的建设。对于 BOE 而言，这一举措在减轻启动工厂的资金负担及确保面向电视机面板的客户方面较为有利。但是，由于资金不足等原因，聚龙光电计划被迫中断。

SVA-NEC 与 BOE-OT、IVO 等 3 家公司面向显示屏的面板生产线虽然满负荷运转，但每家公司均为收益的增长而烦恼，无法筹备建设新生产线的资金。2006 年下半年，上述 3 家公司开始朝着整合经营的方向进行协商。以 2007 年 6 月末为期限，归纳汇总整合经营的计划。预计 3 家公司于 2007 年第二季度进入了出资比率的最终调整。已经推出了 SVA 占 33%、BOE 占 27%、IVO 占 7%、中国政府占 33%的方案，调整交涉仍在继续。据闻将朝着最终以 SVA 集团为最大出资者的方向进行协商。由于长期协调未果，据说 3 家公司的整合计划已经搁浅。

不论是否整合经营，SVA 正研究在上海建设第 6 代以上的工厂。另外，IVO 利用 Fab1 内的剩余空间追加第 5 代的制造设备，正研究扩张至月产能力为 9 万片的工厂。而 BOE 的下一期设备投资计划则似乎仍未定下来。

液晶面板制造巨头夏普与中国的电视机制造巨头 TCL 计划合资在深圳市建设第 7.5 代工厂。计划最终建成月产能力为 6 万片的工厂，估计首先会于 2008 年 10 月建成月产能力为 3 万片的工厂。当初预计 2007 年第二季度会公布计划，但直至 6 月初仍未有正式的公布。

12.6.2.8　PDP 的全流程生产方面，松下等离子 1 家独秀

在中国，仅有松下电器与 SVA 集团合资的上海松下等离子显示器公司在进行从 PDP 面板至模块组装、PDP 电视机的一条龙生产。CPT(福州市)与 LG 电子(南

京市)仅进行 PDP 的模块组装。上海松下 PDP 从 2002 年 10 月开始在上海生产 PDP 面板。其后，Fab2 启动，量产体制得到了增强。

CRT 厂商彩虹集团在北京拥有 PDP 的试制生产线，不断推进 PDP 面板制造的研究开发。虽然曾与先锋公司共同推进在上海建设 PDP 面板工厂的计划，但计划最终放弃。彩虹集团与电视机制造的龙头企业长虹集团于 2006 年 7 月成立了名为四川世纪双虹显示器件的合资公司。该公司收购了韩国奥立龙 PDP，将 PDP 面板制造技术尽收囊中。四川世纪双虹显示器件在四川省绵阳市的 PDP 工厂正在建设中。预定 2008 年 10 月开始投入生产。

在拥有 TFT 液晶面板工厂的 3 家公司无法转换至电视机用面板制造的情况下，继投入运作中的上海松下 PDP 之后，四川世纪双虹显示器件开始建设电视机用 PDP 面板工厂。中国的信息产业部为了让电视机用的 FPD 面板产业正式启动，表示考虑在 PDP 产业的培养(材料、面板、电视机)方面加大力度。在全球范围内，PDP 厂商所剩无几，淘汰不断推进，普遍认为市场进入了稳定的增长期，而中国在处于滞后的情况下，2007 年将进行积极的投资。

12.6.2.9　OLED 开发企业的量产开展困难

在 OLED 领域，以大学及研究所的技术为基础，在中国各地推进研究开发。但是几乎没有进行量产的工厂。信利半导体引进了应对 200mm×200mm 玻璃基板的试验生产线，并与柯达签订了专利合同，生产无源矩阵驱动型 OLED。此外，并未进入研究开发的阶段。北京的维信诺科技公司以清华大学为研究母体，2005 年决定在昆山市建设量产生产线，但该计划于 2006 年冻结。长春激光物理研究所拥有 200mm×200mm 的试验生产线，计划试制无源矩阵驱动型 OLED，并计划从 2005 年开始生产有源矩阵驱动型 OLED。成都电子科技大学从韩国的设备厂商处引进了 OLED 制造设备，试制无源矩阵驱动型 OLED。上海的欧德科技开发了蓝色和绿色的单色有机 EL，目前正在摸索将其投入商业化。深圳的 LightArei 与柯达携手进行无源矩阵驱动型 OLED 的试制。中国的家电制造巨头 TCL 集团正与香港城市大学推进共同开发项目。

除此以外，潜在项目还有中国大型机电厂商和造酒厂商为将事业推向多样化而正商讨投资 OLED 领域。但是 OLED 面板量产工厂的启动预定期并非现阶段。无论是 PDP 还是 OLED，由于限于资金、技术等问题，可以说中国企业仍然难以独力实现量产。

面向 2008 年的奥运商战，搭载有 TFT 液晶的应用产品的生产台数进一步持续扩大。特别是与 FPD 电视机的普及日益推进的日美相比，中国可谓 FPD 电视机领域前途无量的市场。但真正的目标，也即面向 FPD 电视机的面板制造方面却大幅滞后。SVA 与 BOE、IVO 等 3 家公司必须首先总结整合经营的方案，才能推进电视机用面板工厂的投资计划。夏普与 TCL 虽然决定投资第 7.5 代工厂，但是在中国的电视机用面板生产正式启动相信要到 2009 年之后。对于中国的 FPD 行业而言，2007 年可谓是电视机用面板迈向国产化的重要一年。

12.6.3 SVA-NEC(上海广电 NEC 液晶显示器有限公司)

12.6.3.1 中国内地首条第 5 代 TFT 液晶全流程生产线

在中国首创先河制造第 5 代 TFT 液晶面板的 SVA-NEC(上海广电 NEC 液晶显示器有限公司，中国上海市闵行区华宁路 3388 号，Tel.+86-21-3407-4600，其 Fab1 的月产能力为 9 万片(表 12-27)，已经到达满负荷运转的生产能力。满负荷运转却无法提高收益，而且仍未下定决心进行下一期投资，在这种情况下，总公司 SVA 与另外 2 家大型 TFT 液晶面板企业展开了整合经营的协商。将研讨整合经营后 3 家公司共同建设第 6 代以上 Fab 的计划。即使 3 家公司无法实现整合经营，SVA 也将朝着独力建设第 6 代以上面板工厂的方向，就开展事业进行探索。

表 12-27 SVA-NEC 的生产情况

FAB No	地域	世代	基板尺寸	生产状况	生产品目
FAB 1	上海(闵行)	5G	1 100mm×1 300mm	月产能力 9 万片(生产中)	15、17 型为主力产品，开发 19 型、26、27 型产品

资料来源：半导体产业新闻调查(2007 年 6 月)。

12.6.3.2 Fab1 月产能力达 9 万片

SVA-NEC 是中国的通信、家电厂商上海广电(SVA 集团)和 NEC 液晶科技公司的合资企业(当初的投资资金为 500 亿日元，出资比例：SVA 为 75%，NEC 为 25%)。NEC 液晶科技公司负责制程技术和产品开发，并将技术转移至 SVA-NEC。从 2004 年 5 月开始，启动了第 1 阶段的营运，将月产能力 2.5 万片的设备引进 Fab1。同年 10 月开始试生产并同时进行月产 2.5 万片生产线的扩产工程(第 2 阶段)。2005 年 1 月的月产能力提高到 4.5 万片、4 月产能力则达 5.2 万片。原计划在第 3 阶段将月产能力扩大至 6 万片，并计划之后新建 Fab2。但是 SVA-NEC 最终决定将无尘室内的设备重新布局，计划将 Fab1 扩建为月产能力达 9 万片的工厂。

此次追加扩张中，追加投资了 320 亿日元，于 2006 年 10 月已具备了月产能力为 9 万片的生产体制。目前的 Fab1 扩张已告一段落，下一期的投资将集中了计划为第 6 代以上的 Fab2。Fab2 的建设原来预计从 2006 年末至 2007 年开始着手，但总公司 SVA 与 BOE、IVO 等 3 家第 5 代面板厂商朝着整合经营的方向展开协商，因此第 6 代以上的计划将暂缓。

3 家中国的大型 TFT 液晶面板企业以 2007 年 6 月末为目标，朝着 3 家公司整合经营的方向展开协商。3 家公司整合经营后，预计在上海新建第 6 代以上 LCD 面板工厂的可能性极高。SVA 在整合经营的结论出台之前，也在研究视情况在上海独力建设第 6 代以上工厂的可能性。根据不同的投资时期而定，作为面向电视机面板的工厂，为了维持自身的竞争力，甚至考虑投资第 7.5 代级别的工厂。

12.6.3.3 在邻近用地兴建玻璃工厂

SVA-NEC 工厂的总占地面积为 124 万 m^2。其中 70 万 m^2 是 TFT 液晶制造的 Fab1~Fab3 用地，而在剩下的 54 万 m^2 用地上将计划建设玻璃基板、CF、背光源等关键零部件(key component)及材料工厂。Fab1 的建筑面积为 16 万 $200m^2$，其中无尘室面积为 4 万 $300m^2$。无尘室中陈列工程部分为 2 万 $1\,500m^2$，单元工程以及模块工程部分共 1 万 $8\,800m^2$。

母公司 SVA 将在邻近用地与日本电气硝子合资兴建用于 TFT 液晶面板的玻璃加工厂。合资公司的注册资金为 1 500 万美元，总投资额为 4 550 万美元。投资比例方面，日本电气硝子占 65%，上海广电光电子占 20%，住友商事株式会社占 12.5%，住友商事(中国)有限公司占 2.5%。合资公司的名称为电气硝子玻璃(上海)光电有限公司。玻璃工厂于 2006 年第三季度开始建设，于 2007 年第三季度投入量产。

另外，彩色滤光片(CF)方面，与富士菲林合资成立上海广电富士光电材料有限公司。注册资金为 1 亿美元，设备总投资额约为 2.7 亿美元。采用第 5 代玻璃基板尺寸，生产能力预定为月产 7 万片。目标是 2007 年 11 月开始生产。SVA 集团通过将液晶制造用的关键零部件(key component)及材料转为内制，在成本削减上加大力度。

12.6.4 BOE-OT(北京京东方光电科技有限公司)

12.6.4.1 在北京生产第 5 代 TFT 液晶面板，月产能力为 6 万片

BOE-OT(北京京东方光电科技有限公司，中国北京市朝阳区酒仙桥路 10 号，Tel.+86-10-6785-5688)的第 5 代 TFT 液晶工厂在 2006 年的月产能力达 6 万片(表12-28)。2006 年在深圳市，中国的 4 家大型电视机公司联盟曾商议共同建设第 6 代面板工厂，但其后计划无疾而终。母公司 BOE 集团正在研究与其他两家制造第 5 代面板的公司进行整合经营。设想中的第 6 代以上 Fab2 的新设计划并未具体化。

表 12-28 BOE-OT 的生产情况

FAB No	地域	世代	基板尺寸	生产状况	生产品目
FAB1	北京	5G	1 100mm×1 300mm	月产能力 6 万片 (生产中)	17 型为主力产品、也有 19 型等的产品

资料来源：半导体产业新闻调查(2007 年 6 月)。

12.6.4.2 通过收购韩国 Hydis 获得核心技术

中国的显示器制造商 BOE(北京京东方科技集团有限公司)收购了韩国 Hynix 半导体公司的平板显示事业部 Hydis，并在韩国设立了 BOE Hydis 科技公司。在北京市成立了制造第 5 代 TFT 液晶的 BOE-OT，2005 年 1 月工厂投入运转。

BOE 与 BOE Hydis 合资的 BOE-OT 的投资额为 12.5 亿美元。出资比率为 BOE 占 70%，BOE Hydis 负责技术投资，占 30%。总占地面积 19.1 万 m^2，建筑面积 15.6 万 m^2。该工厂在 2004 年 9 月开始引进制造设备，2005 年 1 月开始投入试生产。于 2005 年第一季度引进了月产约 4.5 万片的设备，并在 2006 年将生产能力提升至 6 万片的水平。

12.6.4.3 中国四大电视企业联盟计划兴建 6G Fab

BOE-OT 在北京经济技术开发区内拥有 2 处土地(2 处土地约距离 3km)。液晶面板工厂占地约 60 万 m^2，可在此建设 3 栋 Fab。另一块土地约 70 万 m^2，将引进玻璃基板、彩色滤光片、背光源等关键零部件(key component)及材料工厂。作为玻璃工厂，Corning 决定兴建用于 TFT 液晶面板的玻璃加工厂。另外，中国台湾地区的 Shintech 曾研讨兴建 CF(彩色滤光片)工厂，但其后该投资计划搁置。

BOE 在 2006 年第一季度曾考虑在北京建设 Fab2，但其后变更了该计划，有意加入中国四大电视品牌企业在深圳市进行的大型 TFT 液晶面板共同 Fab 的构想。四大电视企业联盟是指 TCL、康佳、创维、长虹，该联盟设立起名为聚龙光电的液晶事业公司，计划进行第 6 代面板工厂的投资。如能与中国的电视机厂商共同建设第 6 代工厂，对 BOE 而言，在减轻 Fab2 设备投资负担及确保电视机液晶面板的客户方面将较为有利。但是，由于资金周转不灵等原因，该项目被冻结。

中国政府眼看已投入运作的第 5 代液晶面板工厂的 3 家公司(BOE-OT、SVA-NEC、IVO)均陷入经营上的苦战，开始对这 3 家公司的整合问题进行研讨。3 家公司正朝着以 2007 年 6 月末为目标的整合经营方向进行调整。2007 年第二季度，3 家公司进入了交涉最终出资比率的重要关头。3 家公司整合经营后，优先进行 IVO 的工厂扩建及 SVA 的 Fab2 建设可能性较高，因此有部分消息称 BOE 可能无法就整合经营达成一致。而 BOE 设想独立进行第 6 代以上的 Fab2 启动计划仍未得具体化。

12.6.5 IVO(昆山龙腾光电有限公司)

12.6.5.1 中国排行第 3(按时间先后)的 5G 工厂，目前月产能力 3 万片

IVO(Info Vision Optoelectronics，昆山龙腾光电有限公司，中国江苏省昆

山市龙腾路 1 号，Tel.+86-512-5727-8888)正在江苏省昆山市生产第 5 代 TFT 液晶面板。2006 年启动月产能力达 3 万片的 Fab，2006 年 6 月进行 17 型 TFT 液晶面板的试生产，8 月开始生产(表 12-29)。2006 年 11 月也开始了 19 型宽屏面板生产。IVO 正与 SVA 集团及 BOE 集团以 3 家公司整合经营的方针展开协商。该公司正在研究整合后 3 家公司共同、或整合前单独将目前的月产能力提升至 9 万片。

表 12-29　IVO 的生产情况

FAB No	地域	世代	基板尺寸	生产状况	生产品目
FAB1	昆山	5G	1 100mm×1 300mm	月产能力 3 万片 (生产中)	19 型宽屏为主力产品

资料来源：半导体产业新闻调查(2007 年 6 月)。

12.6.5.2　Fab1 以月产能力 3 万片开始

IVO 作为位居中国第 3 的第 5 代 TFT 液晶面板制造商，从 2005 年初开始已经与液晶制造设备厂商交涉，开始了工厂建设。2005 年 7 月 12 日获得了中国政府的批准，正式完成在中国的企业注册。注册资金为 2 亿美元，初期总投资额为 6 亿美元。工厂的建设分 3 期进行，投资计划最终将达数十亿美元的规模。

2005 年 7 月 Fab1 竣工，接着开始了无尘室的工程。Fab1 占地面积为 26.3 万 m²、建筑面积为 23.4 万 m²。Fab1 划分为 2 个区域，Fab1A 为 5.9 万 m²、Fab1B 为 11.2 万 m²。Fab1 主要由阵列和单元的工程构成。最终生产能力为月产 9 万片，计划分为 3 阶段进行扩张，每阶段提升月产 3 万片。最初的制造设备搬入比当初的预定延迟了半年，于 2006 年 3 月开始。

Fab1 引进了月产能力为 3 万片的制造设备，从 2006 年 6 月开始进行 LCD 面板的试生产。2006 年 8 月生产 17 型面板。11 月开始 19 型宽屏面板生产，12 月末提高了 19 型宽屏面板的生产比重。

12.6.5.3　研讨将月产能力提升至 9 万片

IVO 的投资母体据说是昆山市政府与中国台湾宝成集团的个人企业主。宝成集团进行 NIKE 及锐步等运动鞋的 OEM 生产，是运动鞋制造业的世界顶级企业。近年还进军电子领域，向事业多元化发展。

中国当地政府与液晶行业以外的人物投资成立的 IVO，并未拥有大型 TFT 液晶面板的制造技术。因此在技术方面，以之前的 IBM 液晶事业部门和奇美电子出身的技术人员为中心组成 NV 技术(总公司在京都市)全面负责，构建起生产线。IVO 月产能力为 3 万片的 Fab 虽然满负荷运转，但据说每月生产如果不到 9 万片则无法盈利。因此，IVO 考虑利用目前 Fab1 余下的区划，将目前 3 万片的月产能力提升至最大达 9 万片的月产能力。

IVO 正与 SVA 集团及 BOE 集团以 2007 年 6 月末，对整合经营的方针展开协商。IVO 正朝着 3 家公司整合后共同实现月产 9 万片或独自推进月产 9 万片的计划这两个方向进行研讨。从月产能力 3 万片扩张至 9 万片的方案方面，分为 2 阶段、每阶段提升 3 万片的方案相比，一次性扩张 6 万片的可能性似乎更大。

12.6.6 深圳天马微电子

12.6.6.1 TN、STN 液晶制造的中国顶级厂商

中国的 STN 液晶厂商深圳天马微电子股份有限公司(深圳市深南中路中航苑航都大厦 22 楼，Tel.+86-755-8379-0774)从 2004 年第二季度开始量产彩色 STN，并组装 TFT 液晶的模块。在上海启动第 4.5 代的非晶硅 TFT 液晶工厂，扩充用于手机等的中小型液晶面板的产品阵容。

12.6.6.2 在 STN 液晶方面是中国顶级厂商

深圳天马微电子于 1983 年在深圳成立后，开始 TN 液晶面板生产。并扩大事业范围至 STN，CSTN 液晶面板、TFT 液晶模块。2006 年的总资产额为 1.94 亿美元，销售额为 1.96 亿美元。员工人数将近 5 000 人。深圳的 Fab1 生产 STN 液晶模块，Fab2 生产 TN 液晶面板，Fab3 生产 STN 液晶面板，Fab4 生产 CSTN 液晶面板，Fab5 生产 TFT 液晶模块。

深圳天马的 CSTN 液晶方面，14 英寸×16 英寸的玻璃基板，1 天可处理 25 套(玻璃基板 50 片)。CSTN 液晶方面，在手机背景画面的 1 型和 1.28~1.9 型 STN 液晶方面，按 6 500 显色、128×128 像素的标准实现了商品化。另外，该公司还生产液晶监视器等用的 14 型、15 型、17 型产品。

2005 年实现了 STN 液晶响应速度达每秒 20~30 画面高速传送的 SFD(super fast display)技术实用化。2004 年该公司从韩国和中国台湾地区的企业处购入 TFT 液晶面板，开始了模块的组装。今后还将致力于开拓手机和车用业务的市场。

12.6.6.3 在上海建设第 4.5 代 TFT 液晶工厂

深圳天马微电子于 2006 年 4 月在上海市成立了上海天马微电子有限公司(中国上海市浦东新区龙东大道 6111 号)。吴光权董事长，顾铁总经理出任公司的代表。资本金为 10.3 亿人民币，除了深圳天马微电子之外，深圳中航实业、上海张江集团、上海国有资产经营、上海工业投资集团等均出资。

上海天马微电子于 2006 年第三季度在上海市开始建设第 4.5 代(730mm×

920mm)的非晶硅 TFT 液晶面板工厂。投入 31 亿元人民币(约 460 亿日元),构筑月产能力为 3 万片的 Fab。工厂建设从 2006 年 4 月开始,2007 年 3 月进入工厂大楼主体部分的钢骨工程。2007 年第三季度进行无尘室工程,第四季度开始投入试生产。从 2007 年第四季度开始试生产,大规模的量产时间预定在 2008 年第二季度。

深圳天马微电子的刘瑞林总经理说:"我们判断上海正逐渐形成 TFT 液晶产业链,投资环境比深圳更好。"该公司生产 10.4 型以下的中小型液晶面板,将面向手机、游戏机、车载显示器、产业机械等。表 12-30 列出上海天马微电子的生产情况。

表 12-30　上海天马微电子的生产情况

FAB No	地域	世代	基板尺寸	生产状况	生产品目
FAB1	上海(张江)	4.5G	7 300mm ×920mm	月产能力 3 万片(建设中)	10.4 型以下的中小型面板

资料来源:半导体产业新闻调查(2007 年 6 月)。

12.6.7　Truly Semiconductor(信利半导体有限公司)

12.6.7.1　中国大型香港系 TN/STN 液晶面板厂商

Truly Semiconductor(信利半导体有限公司,中国广东省汕尾市信利工业城)于 1989 年开始 TN 液晶面板制造,其后扩充至 STN 及 CSTN 液晶等生产品种。2004 年开始 TFT 液晶模块的正式量产,朝着 TFT 液晶的更新换代推进。2007 年 3 月终于开始启动第 2.5 代 TFT 液晶面板工厂(表 12-31)。计划从 2007 年第三季开始投入生产。同时计划进行 OLED 面板工厂的投资,不断扩充面向手机及车载面板的 FPD 面板产品阵容。

表 12-31　信利的生产情况

FAB No	地域	世代	基板尺寸	生产状况	生产品目
FAB1	深圳	2.5G	400mm ×500mm	月产能力 3 万片(启动中)	10.4 型以下的中小型面板

资料来源:半导体产业新闻调查(2007 年 6 月)。

12.6.7.2　生产面向手机的中小型面板

信利半导体在广东省汕尾市的 70 万 m² 工厂用地内,开展从 TN 液晶到 STN、CSTN 液晶面板工厂、TFT 液晶模块工厂等事业。拥有 1 台 TN 液晶面板(14 英寸×16 英寸)的制造设备,1 台 CSTN 液晶面板(370mm×470mm、370mm×400mm)的制造设备,2 台 STN 液晶面板(14 英寸×16 英寸)的制造设备。此外还有 1 台触控面板的制造设备，1 台 OLED 模块(200mm×200mm)的制造设备，并运营着 2 家 COG 型自动键合工厂、CCM(小型产品，相机，模块)及车用产品等工厂。

各产品销售量结构中，CSTN 液晶产品占 45%、TFT 液晶模块占 30%、单色 STN 占 20%、TN 液晶占 5%(2005 年实绩)。面向手机的产品占 80%，占压倒性份额。其他也有用于工业产品、电子仪器、车载、OA 仪器、MP3 等，但手机居多是一大特征。

2005 年的销售额为 5 亿 7 000 万美元(比上一年增加 170 亿美元)。利润率约为 15%。预计 2006 年销售额为 9 亿美元，2007 年为 13 亿美元。各地区的销售额比例为，中国内地约占 80%、亚洲约占 15%、日本和欧州分别占几个百分点。

12.6.7.3　第 2.5 代的 TFT 液晶面板工厂启动

在 2006 年的中长期计划当中，计划增强 CSTN 液晶面板生产线，新设 TFT 液晶面板工厂及新设 OLED 面板工厂等。2007 年 3 月，第 2.5 代 TFT 液晶面板工厂开始启动。预计月产能力约为 3 万片。

此外，在增强 OLED 模块组装的同时，计划新设 OLED 面板的生产线。

OLED 面板为有源矩阵驱动型，预定 2008 年之后进行设备投资。在制造设备方面，将采取购入日本制造的全新设备，不买二手货的方针。从中长期来看，除了手机，车载用面板的需求也日益扩大。如果转用二手 OLED 面板的制造设备，在车载用方面则无法应对顾客的要求。信利半导体的战略是从 TN 到 STN、CSTN、TFT 液晶、甚至 OLED，综合地扩大生产品种。

12.6.8　吉林北方彩晶数字电子有限公司

12.6.8.1　中国首家 TFT 液晶面板厂商

吉林北方彩晶数字电子有限公司(中国吉林省长春市苏州南街 299 号)从东芝及日本 IBM 购入二手的第 2 代 TFT 液晶面板制造设备，于 1999 年在中国初次量产液晶面板(表 12-32)。其后，由于资金等方面的问题导致生产停滞。2004 年改善生产线，朝着面向手机的产品开发方向转型，力求改善经营状况。虽然该公司还有第 4.5 代 Fab 的投资计划，但投资方案尚未具体化。

表 12-32　吉林北方彩晶的生产情况

FAB No	地域	世代	基板尺寸	生产状况	生产品目
FAB1	长春	1.5G	300mm ×400mm	少量生产中	10.4 型以下的中小型面板

资料来源：半导体产业新闻调查(2007 年 6 月)。

12.6.8.2 将第 2 代工厂改造为手机用面板生产

吉林省政府设定液晶产业培养计划，1996 年从韩国大宇集团引入 TN 及 STN 液晶面板的制造技术。其后成立了吉林电子股份有限公司，1998 年 5 月从东芝与日本 IBM 的液晶制造合资公司——DTI 购入第 2 代的制造生产线，开始 TFT 液晶工厂的建设。

该工厂在 1999 年 6 月开始引进制造设备，1999 年 12 月开始进行 TFT 液晶模块的试生产。2000 年 7 月开始阵列及单元工程的试生产，2000 年 9 月开始正式生产。期间，从 1998 年下半年开始，约 100 人分 6 次在 DTI 野洲工厂接受了技术培训。

工厂为 3 层建筑，无尘室面积为 2 万 m^2(其中模块为 4000m^2)，员工有 750 人 (包括模块组装在内共 900 人)。玻璃基板尺寸为 300mm×400mm，生产能力方面，按投入玻璃基板计算，月产 2 万 8 800 片。合同中并未包括设计技术的转移，另外与日本 IBM 及东芝分别签订 16 型及 10.4 型的产品技术合同。16 型的生产主要以技术测试为目的，10.4 型则用于量产。

吉林北方彩晶数字电子没有 TFT 液晶面板的设计技术，因此在独立开发方面加大了力度。至今为止开发了 8.2 型、6.5 型、2 型、1.8 型 4 种，同时，生产线也与此配合地加以改造。设备引入初期需进行 7 次掩模光刻工程，经过 2 年后，减少至 5 次，实现了成本节省。另外，模块组装也从 TAB 转换为 COG，2004 年 5 月完成了设备的改造。除了为面向美国销售车载显示器的厂商每月提供 5 万片之外，同时还向中国台湾地区的显示器厂商 Proview 公司每月提供 10 万片 6.5 型产品。

工厂启动后，通过不断开发公司的独创技术，从而使该公司积累了坚实的技术基础，成为一大优势。该公司活用这些技术力量，计划建设第 4.5 代的 TFT 液晶面板工厂。已经在现有工厂的邻近地区确保了建设用地(整体占地面积 25 万 m^2、其中使用 7 万 m^2)。第 4.5 代工厂并非该公司独有，而是与其他伙伴合作，共同推进事业计划。但合作企业尚未确定，直到 2007 年为止投资计划仍处于空白状态。

12.6.9 南京新华日液晶显示技术有限公司

12.6.9.1 从 NEC 鹿儿岛购入第 1 代 TFT 液晶设备

南京新华日液晶显示技术有限公司(中国南京新港经济技术开发区恒通大道 19 号)从 NEC 鹿儿岛引进了第 1 代 TFT 液晶面板的制造设备，计划进行 TFT 液晶面板的制造。最初预定从 2005 年中期开始生产，但直到 2007 年为止仍未开始量产(表 12-33)。集团企业南京华日液晶显示技术公司进行 STN 液晶面板制造及模块组装。

表 12-33　南京新华日液晶的生产情况

FAB No	地域	世代	基板尺寸	生产状况	生产品目
FAB1	南京	1G	300mm ×350mm	导入设备后、没有启动量产线	10.4 型以下的中小型面板

资料来源: 半导体产业新闻调查(2007 年 6 月)。

12.6.9.2　TFT 生产线的启动大幅推迟

南京新华日液晶显示技术公司的股东有华东电子信息科技、日本企业 ITT、南京新港高科技公司 3 家。华东电子占股 42%,ITT 占股 38%,南京新港占股 20%。目前投资额 5 400 万人民币。该工厂与制造单色 STN 液晶的南京华日液晶显示技术有限公司在同一地点,华日的 STN 液晶要比新华日 TFT 领先进入量产。

南京新华日液晶在南京华日液晶的旁边新建了厂房,在 2004 年 1 月从 NEC 鹿儿岛引进了第 1 代 TFT 液晶板制造设备。玻璃基板的尺寸是 300mm×350mm。液晶模块的生产涵括了 TAB、COG、COF 等技术。无尘室面积 700m²,工厂内还留有足够建设 2 栋厂房的空地。但是 TFT 液晶面板制造的 Fab 引入设备后经营已将近 3 年,却由于资金及技术的瓶颈而无法实现量产。原计划是先进行数码相机用的 2.5 型 TFT 液晶量产,然后开始进行手机用的 2 型 TFT 液晶量产。

生产 TN/STN 液晶的华日液晶公司在 2002 年 3 月引进了 TN 及 STN 液晶的制造设备,同年 8 月起开始试生产(玻璃基板尺寸为 300mm×400mm)。公司生产单色 TN、STN 液晶,而彩色 STN 液晶方面仅限于从其他公司采购来的面板上进行模块工程而已。

STN 液晶的面板 2004 年年产为 24 万片,2005 年为 48 万片,2006 年 84 万片,呈倍增增长,模块方面,计划 2004 年生产 1 200 万个,2005 年生产 3 600 万个,2006 年生产 6 000 万个。南京新华日液晶与南京华日液晶公司共有员工 1 000 人,平均年龄为 25.9 岁。TFT 液晶的工程师占 20%,其他 80%均为 STN 液晶的工程师。

12.6.10　上海松下等离子(上海松下等离子显示器有限公司)

12.6.10.1　中国唯一的一条 PDP 全流程生产线

上海松下等离子显示器(上海松下等离子显示器有限公司,中国上海市浦东金桥进出口加工区金穗路 1398 号, Tel.+86-21-5899-6699)是中国内地唯一一家(2008 年之前)全流程生产从 PDP 面板到成品的公司。2002 年 10 月第 1 生产线开始投入生产,2003 年 12 月第 2 生产线开始投入量产。2005 年 10 月的月产能力达 2 万片。

12.6.10.2　第 2 条线年产 PDP 电视机 24 万台

上海松下等离子显示器有限公司由松下电器株式会社、上海广电电子有限公司(SVA)、上海工业投资(集团)公司、上海广电(集团)公司共同出资，于 2001 年 1 月设立。注册资本 7 000 万美元，总投资额 9 877 万美元。松下电器的出资比例为 51%，上海广电电子出资 41.9%。Fab2 的投资额为 9 873 万美元，总投资额达到 1.9 亿美元。

上海松下 PDP 显示器公司从 2002 年 10 月开始生产 PDP 面板。2003 年末的月产量为 5 000 片左右，但由于中国国内及外国的 PDP 需求扩大，2003 年开始 Fab2 的建设。Fab2 从 2003 年 4 月引入设备，8 月开始试生产，12 月开始正式生产。预计 Fab2 每年能生产 24 万台 42 型的彩色 PDP 电视机。这些产品 20% 会在国内市场上销售，80% 计划出口到日本、欧洲和美国。

12.6.11　四川世纪双虹显示器件有限公司

12.6.11.1　电视与 CRT 企业建设 PDP 面板工厂

中国内地四川世纪双虹显示器件有限公司计划从 2008 年 10 月开始在四川省绵阳市生产 PDP 面板。世纪双虹显示器件是中国电视机大型厂商长虹集团与 CRT 大型厂商彩虹集团的合资企业。2006 年 12 月收购韩国奥立龙 PDP，获得 PDP 面板制造技术。生产预定于 2008 年 10 月开始，届时月产为 18 万片(最新的进展见 11.1.9 节)。产品计划为 42 型的 8 片面取及 50 型的 6 片面取。

12.6.11.2　2008 年 10 月，预定生产 PDP 面板

中国国家发展和改革委员会于 2006 年 12 月公开宣布，对四川省的电视机大型厂商长虹集团与陕西省的 CRT 型厂商彩虹集团收购韩国奥立龙 PDP 一事表示承认。奥立龙 PDP 是在韩国最早制造 PDP 面板的厂商，拥有将复数 PDP 面板拼为大尺寸使用的复合技术并获得专利。

长虹集团与彩虹集团两家公司于 2006 年 7 月成立合资公司世纪双虹。通过荷兰的投资公司 Sterope Investments，获得美国基金 Metrin Paterson 持有的奥立龙 PDP 股份。将奥立龙的 PDP 面板制造技术尽收囊中。

世纪双虹投入 6 亿 5 000 万美元(约 764 亿日元)，在四川省绵阳市建设年产 200 万台的 PDP 工厂。奥立龙 PDP 负责生产线的设计等技术方面工作，长虹与彩虹则负责投入资金。出资比例方面，中方为 80%，奥立龙 PDP 为 20%。

世纪双虹显示器件已经在绵阳市开始工厂建设。2007 年第二季度开始主要制造设备的选定。第三季度进行主要部件及材料的选定。生产预定于 2008 年 10 月开

始，届时月产为 18 万片。产品计划采用 42 型的 8 片面取及 50 型的 6 片面取。

长虹集团与彩虹集团在中国 FPD 市场扩大及 CRT 事业低收益化的背景下，很早便开始计划进军 PDP 面板制造领域。而奥立龙虽然在韩国最早开发 PDP 产品，但在面向家庭用电视机的面板量产方面经验少。因此在行业相关人士当中，对世纪双虹显示器件的 PDP 计划表示担心的人为数不少。

12.6.12 维信诺(Visionox，北京维信诺科技有限公司)

12.6.12.1 昆山工厂的 OLED 工厂计划冻结

维信诺(Visionox，北京维信诺科技有限公司，北京海淀区上地信息路 11 号，Tel.+86-10-6296-8822)于 2003 年交付单色及彩色 OLED 的样本。2005 年投资 5 亿人民币，计划在昆山市建设 1.2 型的全彩色 OLED 面板工厂(年产 1 000 万片)。但在 2006 年中止了建设计划，该项目一直被冻结。

12.6.12.2 以清华大学 OLED 开发项目组为母体

维信诺 OLED 技术的前身是清华大学的 OLED 项目组，从 1996 年起开始进行研究。2000 年开发出 128×64 像素的无源矩阵驱动型 OLED，并于 2001 年 12 月设立了维信诺科技有限公司。当时已经由企业单位和政府向清华大学的 OLED 项目组的投资人民币 4 000 万，这笔投资成为研究开发的基本资金。

维信诺的股东由中国最大的 CRT 电视机制造商彩虹集团、香港的冠京公司和清华大学组成。而香港冠京的母公司就是制造单色 STN 液晶的香港上市企业亿都集团(Yeedo)。

2004 年第一季度香港冠京收购了清华创投及南风集团所持的全部股份，占股 73%，从而成为了维信诺最大的股东(其他则由清华大学出资 16%，彩虹集团出资 11%)。香港冠京为了大量生产 OLED 而增购股份。由此也为维信诺开辟出一条建设 OLED 量产工厂的道路。

2005 年，投资 5 亿元人民币，计划 OLED 的量产生产线建设。同时在江苏省昆山市确保了工厂用地。生产品种预计是无源矩阵驱动型 OLED，全彩的 1.2 型产品方面，年产能为 800 万~1 000 万个。技术上上采用已经成熟的小分子 EL 的 RGB 分涂方式，也曾研讨少量地生产一些白色+彩色滤光片方式的 OLED。但是，由于资金、技术两难，2006 年暂时停止了工厂投资。2007 年仍未见有重新展开投资的迹象。

图 12-45、图 12 46、图 12-47、图 12-48 分别表示中国 TFT 面板厂商分布示意图、TFT 模块厂商分布示意图、PDP 开发、制造企业分布示意图及 OLED 开发、制造企业分布示意图。

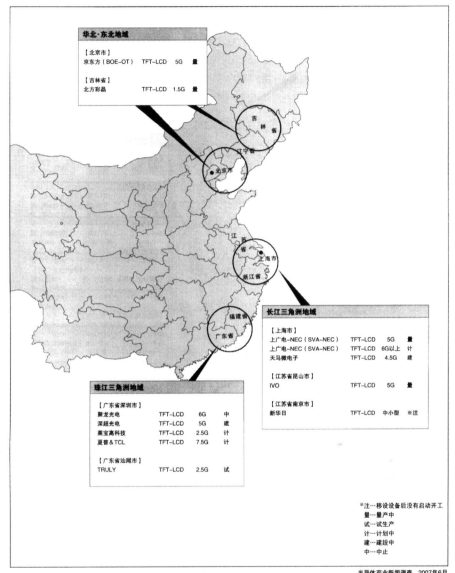

图 12-45 中国内地 TFT 面板厂商分布示意图

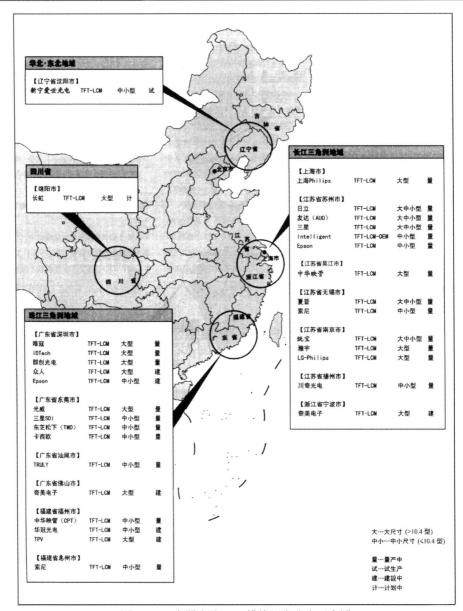

华北·东北地域

【辽宁省沈阳市】
新宁爱世光电　　TFT-LCM　　中小型　　试

四川省

【绵阳市】
长虹　　　TFT-LCM　　　大型　　计

珠江三角洲地域

【广东省深圳市】
唯冠　　　　　TFT-LCM　　大型　　　量
IDTech　　　　TFT-LCM　　大型　　　量
群创光电　　　TFT-LCM　　大型　　　量
众人　　　　　TFT-LCM　　大型　　　建
Epson　　　　 TFT-LCM　　中小型　　建

【广东省东莞市】
光威　　　　　　　TFT-LCM　　大型　　　量
三星SDI　　　　　TFT-LCM　　中小型　　量
东芝松下（TMD）　TFT-LCM　　中小型　　量
卡西欧　　　　　　TFT-LCM　　中小型　　量

【广东省汕尾市】
TRULY　　　　TFT-LCM　　中小型　　量

【广东省佛山市】
奇美电子　　　TFT-LCM　　大型　　　建

【福建省福州市】
中华映管（CPT）　TFT-LCM　　中小型　　量
华冠光电　　　　　TFT-LCM　　中小型　　建
TPV　　　　　　　TFT-LCM　　大型　　　建

【福建省惠州市】
索尼　　　　　TFT-LCM　　中小型　　量

长江三角洲地域

【上海市】
上海Philips　　TFT-LCM　　大型　　　量

【江苏省苏州市】
日立　　　　　　TFT-LCM　　　大中小型　量
友达（AUO）　　TFT-LCM　　　大中小型　量
三星　　　　　　TFT-LCM　　　大中小型　量
Intelligent　　TFT-LCM-OEM　中小型　　量
Epson　　　　　 TFT-LCM　　　中小型　　量

【江苏省吴江市】
中华映管　　　TFT-LCM　　大型　　　量

【江苏省无锡市】
夏普　　　　　TFT-LCM　　大中小型　量
索尼　　　　　TFT-LCM　　中小型　　量

【江苏省南京市】
统宝　　　　　 TFT-LCM　　大中小型　量
瀚宇　　　　　 TFT-LCM　　大型　　　量
LG-Philips　　TFT-LCM　　大型　　　量

【江苏省扬州市】
川奇光电　　　TFT-LCM　　中小型　　量

【浙江省宁波市】
奇美电子　　　TFT-LCM　　大型　　　建

大…大尺寸 (>10.4 型)
中小…中小尺寸 (<10.4 型)

量…量产中
试…试生产
建…建设中
计…计划中

图 12-46　中国内地 TFT 模块厂商分布示意图

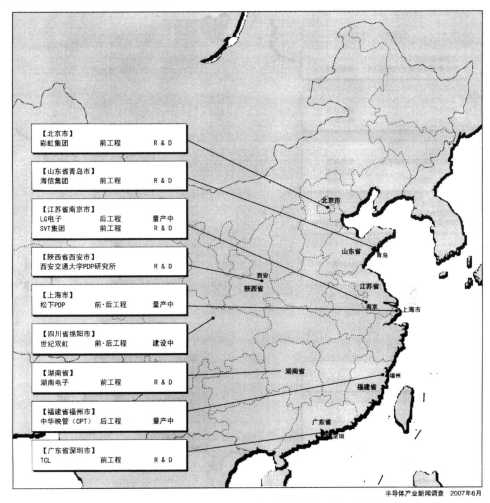

图 12-47　中国内地 PDP 开发、制造企业分布示意图

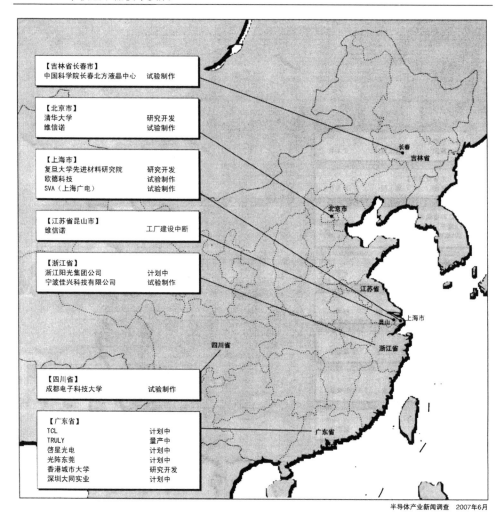

图 12-48 中国大陆 OLED 开发、制造企业分布示意图

参 考 文 献

[1] 田民波. 电子显示. 北京: 清华大学出版社, 2001

[2] 田民波. 薄膜技术与薄膜材料. 北京: 清华大学出版社, 2006

[3] 田民波. 半導體電子元件構裝技術. 臺北: 五南圖書出版股份有限公司, 2005

[4] 鈴木 八十二. 液晶ディスプレイのできるまで. 日刊工業新聞社, 2005

[5] 西久保 靖彦. 薄型ディスプレイ. 秀和システム, 2006

[6] 内田 龍男. 電子ディスプレイのすべて. 工業調査会, 2006

[7] (株)次世代 PDP 開發センター編. プラズマディスプレイの本. 日刊工業新聞社, 2006

[8] 越石 健司. 電子ディスプレイの市場動向と産業地図. 電子材料, 2007 年 5 月号別冊, 9~16

[9] 武野 泰彦. 電子ディスプレイ製造装置の市場動向. 電子材料, 2007 年 5 月号別冊, 17~20

[10] 久保 恭宏. 液晶材料. 電子材料, 2007 年 5 月号別冊, 48~53

[11] 三村 秀典. FED の最新技術動向. 電子材料, 2007 年 5 月号別冊, 35~39

[12] 和迹 浩一. 無機 EL ディスプレイの最新技術動向. 電子材料, 2007 年 5 月号別冊, 29~34

[13] 内池 平樹. プラズマディスプレイ(PDP)の最新技術動向. 電子材料, 2007 年 5 月号別冊, 21~28

[14] 面谷 信. 電子ペーパーの最新技術動向. 電子材料, 2007 年 5 月号別冊, 40~47

[15] 鈴木 充博. 大型液晶用バックライト. 電子材料, 2007 年 5 月号別冊, 54~58

[16] 陳金鑫, 黃孝文. OLED 有機電激發光材料與元件. 臺北: 五南圖書出版股份有限公司, 2005

[17] 戴亚翔. TFT-LCD 的驅動與設計. 臺北: 五南圖書出版股份有限公司, 2006

[18] 西久保 靖彦. ディスプレイ技術の基本と仕組み. 秀和システム, 2003

[19] 泉谷 渉. これが液晶・プラズマ・有機 EL・FED・リアプロのすべてディスプレイの全貌だ！かん
    き出版, 2005

[20] 時任 静士, 安達 千波矢, 村田 英幸. 有機 EL ディスプレイ. ohmsha, 2004

[21] 苗村 省平. はじめての液晶ディスプレイ技術. 工業調査會, 2004

[22] 鈴木 八十二. 液晶の本. 日刊工業新聞社, 2003

[23] 水田 進. 図解雑学液晶のしくみ. ナツメ社, 2002

[24] 鈴木 八十二. 液晶ディスプレイ工学入門. 日刊工業新聞社, 2002

[25] 岩井 善弘, 越石 健司. ディスプレイ部品・材料最前線. 工業調査會, 2002

[26] 北原 洋明. 新液晶産業論・大型化から多様化への轉換. 工業調査會, 2004

[27] 内田 龍男. 次世代液晶ディスプレイ技術. 工業調査會, 1994

[28] 岩井 善弘. 液晶産業最前線. 工業調査會, 2001

[29] 竹添 秀男, 高西 陽一, 宮地 弘一. イラスト・図解液晶のしくみがわかる本. 技術評論社, 1999

[30] 岩井 善弘, 越石 健司. 液晶・PDP・有機 EL 徹底比較. 工業調査會, 2004

[31] 城户 淳二. 有機 EL のすべて. 日本實業出版社, 2003

[32] 河村 正形. よくわかる有機 EL ディスプレイ. 電波新聞社, 2003

[33] 那野 比古. わかりやすい液晶のはなし. 日本實業出版社, 1998

[34] 日本電子(株)応用研究センター編著. WEEE & RoHS 指令. 日刊工業新聞社, 2004

[35] WEEE & RoHS 研究會編著. WEEE & RoHS 指令とグリーン調達. 日刊工業新聞社, 2005

[36] 須賀 唯知. 鉛フリーはんだ技術. 日刊工業新聞社, 1999

[37] 菅沼 克昭. はじめてのはんだ付け技術. 工業調査會, 2002

[38] 杉本 榮一. 図解プリント配線板材料最前線. 工業調査會, 2005

[39] 平尾 孝, 吉田 哲久, 早川 茂. 薄膜技術の新潮流. 工業調査會, 1997

[40] 麻蒔　立男. 超微細加工の本. 日刊工業新聞社, 2004

[41] 麻蒔　立男. 薄膜の本. 日刊工業新聞社, 2002

[42] 伊藤　昭夫. 薄膜材料入門. 東京棠華房, 1998

[43] 麻蒔　立男. 薄膜作成の基礎(第 3 版). 日刊工業新聞社, 2000

[44] 田民波. 电子封装工程. 北京: 清华大学出版社, 2003

[45] 田民波. 磁性材料. 北京: 清华大学出版社, 2001

[46] 田民波, 林金堵, 祝大同. 高密度封装基板. 北京: 清华大学出版社, 2003

[47] 田民波. 集成电路(IC)制程简论. 北京: 清华大学出版社, 2009

[48] 田民波, 刘德令. 薄膜科学与技术手册(上、下册). 北京: 机械工业出版社, 1991

[49] 唐伟忠. 薄膜材料制备原理、技术及应用(第 2 版). 北京: 冶金工业出版社, 2003

[50] 范星河. 图解液晶聚合物——分子设计、合成和应用. 北京: 化学工业出版社, 2005

[51] 应根裕, 胡文波, 邱勇. 平板显示技术. 北京: 人民邮电出版社, 2002

[52] 朱履冰. 表面与界面物理. 天津: 天津大学出版社, 1992

[53] 掘浩　雄, 铃木　幸治. 彩色液晶显示. 北京: 科学出版社, 2003

[54] 小林　骏介. 下一代液晶显示. 北京: 科学出版社, 2003

[55] 面谷　信. 電子ペーパーの技術動向とその可能性. 電子材料, 2003, 4: 18~23

[56] 高相　緑. 電子ペーパーの市場動向. 電子材料, 2003, 4: 24~27

[57] 藤挂　英夫. フレキツブルフィルム液晶ディスプレイ. 電子材料, 2003, 4: 28~32

[58] 石毛　剛一. In-plane 型電気泳動ディスプレイ. 電子材料, 2003, 4: 33~37

[59] 服部　励治. マイクロレンブアレイ電気泳動ディスプレイ. 電子材料, 2003, 4: 38~43

[60] 山本　兹. 光アドレス電子ペーパー. 電子材料, 2003, 4: 44~48

[61] 筒井　恭治. サーマルリライタブル方式電子ペーパー. 電子材料, 2003, 4: 49~52

[62] 越石　健司. 液晶パネル業界. 電子材料, 2004, 4: 24~30

[63] 武野　泰彦. 液晶製造装置・材料界. 電子材料, 2004, 4: 31~33

[64] 林　秀介, 須藤　茂. 有機 EL ディスプレイ業界. 電子材料, 2004, 4: 34~38

[65] 林　秀介. PDP 業界. 電子材料, 2004, 4: 39~42

[66] 増田　淳三. 電子ディスプレイ産業の市場動向. 電子材料, 2004, 4: 43~49

[67] 鈴木　八十二. 液晶ディスプレイの基礎. 電子材料, 2004, 4: 51~63.

[68] 古川　県治, 谷口　彬雄. 有機 EL ディスプレイの基礎. 電子材料, 2004, 4: 65~71

[69] 松元　榮一. 有機 EL 製造装置の基礎. 電子材料, 2004, 4: 72~77

[70] 和迩　浩一. 無機 EL 製造装置の基礎. 電子材料, 2004, 4: 78~82

[71] 石原　浩之. プラズマディスプレイの基礎. 電子材料, 2004, 4: 83~87

[72] 一ノ瀬　昇. LED(發光ダイオード)の基礎. 電子材料, 2004, 4: 88~93

[73] 菰田　卓哉. FED(電界放射型ディスプレイ)の基礎. 電子材料, 2004, 4: 94~102

[74] 横井　利彰. 電子ペーパーディスプレイの基礎. 電子材料, 2004, 4: 103~107

[75] 土岐　均. VFD(螢光表示管)の基礎. 電子材料, 2004, 4: 108~124

[76] 帰山　敏之. DLP(ディジタルライトプロセッシング)の基礎. 電子材料, 2004, 4: 125~121

[77] 増田　淳三. 有機 EL ディスプレイの産業動向と市場展望. 電子材料, 2003, 12: 23~28

[78] 服部　励治. アモルファスシリコン TFT 駆動有機 EL ディスプレイ. 電子材料, 2003, 12: 29~34

[79] 小林　誠. 色變換方式フルカラー有機 EL ディスプレイの開發. 電子材料, 2003, 12: 45~48

[80] 昔俊　亨. 液晶ディスプレイの技術開發動向. 電子材料, 2004 年 8 月号別冊, 20~24

[81] 何村　祐一郎　有機 EL ディスプレイの技術動向. 電子材料, 2004 年 8 月号別冊, 42~46

[82] 山崎　正宏, 荒川　公平. LCD 用光学フィルム. 電子材料, 2004 年 8 月号別冊, 82~85

[83] 矢寺　順太郎. 液晶向けバックライト. 電子材料, 2004 年 8 月号別冊, 91~95

[84] 佐藤　佳晴. 有機 EL 用材料開發の現狀と今後のロードマップ. 電子材料, 2004 年 8 月号別冊, 99~104

[85] 城戸　淳二. 有機 EL の最新技術動向. 電子材料, 2004, 12: 18~21

[86] 三好　敬. LED 用高透明シリコーン材料. 電子材料, 2005, 5: 126~129

[87] 前田　和夫. ナノプロセス時代の半導體製造装置. 電子材料, 2005, 3: 8~13

[88] 浜本　賢一. 有機 EL ディスプレイの業界動向. 電子材料, 2004, 12: 22~25

[89] 結城　敏尚, 辻大志. 携帯電話用フルカラー有機 EL パネル――燐光材料の實用化. 電子材料, 2004, 12: 26~29

[90] 阿部　十嗣男, 田尾　鋭司, 小林　理. 量産有機 EL 製造システム. 電子材料, 2004, 12: 30~32

[91] 松元　祐司. 次世代有機 EL 製造装置. 電子材料, 2004, 12: 33~37

[92] 井上　一吉. 透明電極用 IZO 膜. 電子材料, 2004, 12: 38~42

[93] 北原　洋明. 液晶ディスプレイの最新技術動向. 電子材料, 2005 年 5 月号別冊, 18~28

[94] 打土井　正孝. プラズマディスプレイ(PDP)の最新技術動向. 電子材料, 2005 年 5 月号別冊, 29~33

[95] 時任　静士. 有機 EL ディスプレイの最新技術動向. 電子材料, 2005 年 5 月号別冊, 34~40

[96] 三浦　登. 無機 EL ディスプレイの最新技術動向. 電子材料, 2005 年 5 月号別冊, 41~46

[97] 中本　正幸. FED の最新技術動向. 電子材料, 2005 年 5 月号別冊, 47~56

[98] 天野　浩. LED ディスプレイ技術の進展. 電子材料, 2005 年 5 月号別冊, 57~61

[99] 柴田　恭志. LCOS 技術を用いた(D-ILA)デバイス. 電子材料, 2005 年 5 月号別冊, 62~67

[100] 久保　恭宏. 高速応答液晶材料. 電子材料, 2005 年 5 月号別冊, 73~78

[101] 小林　裕史. 液晶用カラーフィルタ. 電子材料, 2005 年 5 月号別冊, 79~85

[102] 高橋　修一. 液晶パネル用フォトレジスト材料. 電子材料, 2005 年 5 月号別冊, 86~90

[103] 韓田　功. LED バックライト. 電子材料, 2005 年 5 月号別冊, 91~96

[104] 猟狩　徳夫. LCD バックライト用機能複合型導光體. 電子材料, 2005 年 5 月号別冊, 97~101

[105] 細川　地潮. 有機 EL 材料の開發現状. 電子材料, 2005 年 5 月号別冊, 102~106

[106] 北原　洋明. 液晶ディスプレイの最新技術動向. 電子材料, 2006 年 5 月号別冊, 14~24

[107] 篠田　傳, 粟本　健司. プラズマディスプレイ(PDP)の最新技術動向. 電子材料, 2006 年 5 月号別冊, 25~29

[108] 上村　強. 有機 EL ディスプレイの最新技術動向. 電子材料, 2006 年 5 月号別冊, 30~35

[109] 三浦　登. 無機 EL ディスプレイの最新技術動向. 電子材料, 2006 年 5 月号別冊, 36~42

[110] 三村　秀典. FED の最新技術動向. 電子材料, 2006 年 5 月号別冊, 43~47

[111] 面谷　信. 電子ペーパーの最新技術動向. 電子材料, 2006 年 5 月号別冊, 48~49

[112] Hideki Wakabayashi, Mizuho Securities. FPD industry heading into the third period of growth; surviving amidst structural changes. Electronic Display Forum 2003 Proceedings: Tokyo Big Sight, Japan, 2003

[113] David Choi. Future trends in large TFT-LCD screen technology. Electronic Display Forum 2003 Proceedings: Tokyo Big Sight, Japan, 2003

[114] Chao-Yih Chen. Taiwan FPD industry roadmap. Electronic Display Forum 2003 Proceedings: Tokyo Big Sight, Japan, 2003

[115] Hideki Wakabayashi, Mizuho Securities, Po-Yen Lu. Panel discussion: their strategy challenging to new market from Korea, Taiwan, China and Japan. Electronic Display Forum 2003 Proceedings: Tokyo Big Sight, Japan, 2003

[116] Takashi Kitaimira. Electronic paper. Electronic Display Forum 2003 Proceedings: Tokyo Big Sight, Japan, 2003

[117] Satoru Miyashita. Ink-jet production process for a high resolution OLED display. Electronic Display Forum 2003 Proceedings: Tokyo Big Sight, Japan, 2003

[118] Koichi Wani. Development status update on iFire's thick-film dielectric EL (TDEL) display technology. Electronic Display Forum 2003 Proceedings: Tokyo Big Sight, Japan, 2003

[119] Michiya Kobayashi. Development of a 17-in. WXGA polymer OLED display. Electronic Display Forum 2003 Proceedings: Tokyo Big Sight, Japan, 2003

[120] Sweta Dash. TFT LCD fabs; is bigger always better. Information Display, 2004, 12: 10~15

[121] Tsutae Shinada(杨兰兰译). 等离子显示开启显示世界之梦. 现代显示, 2004, 3: 6~12

[122] 朱昌昌. 我国平面显示技术的现状和几点思考. 2004 年中国平板显示学术会议论文集. 广电电子, 2004

[123] 廖良生, 邓青云. Development of organic light-emitting diode technology for display application. 2004 年中国平板显示学术会议论文集: 广电电子, 2004

[124] 田民波. 平板显示器产业化进展及发展趋势. 2004 年中国平板显示学术会议论文集. 广电电子, 2004

[125] 邓江, 林祖伦, 张义德. 场发射显示器研究现状. 现代显示, 2005, 4: 8~12

[126] 段诚. 日本大企业社长谈 2005 年平板电视战略. 现代显示, 2005, 4: 12~16

[127] 季国平. FPD 产业在中国的发展. 电子工业专用设备, 2004, 8: 1~16

[128] 王小菊, 林祖伦, 祈康成. 场发射显示器阴极的制备方法及研究现状. 现代显示, 2005, 3: 46~50

[129] 童林夙. 彩色 PDP 技术现况与发展. 现代显示, 2005, 2: 4~9

[130] 陈金鑫, 黄孝文编著, 田民波修订. OLED 有机电致发光材料与器件. 北京: 清华大学出版社, 2007

[131] 戴亚翔编著, 田民波修订. TFT LCD 的驱动与设计. 北京: 清华大学出版社, 2008

[132] 潘金生, 仝健民, 田民波. 材料科学基础. 北京: 清华大学出版社, 1998

[133] 高鸿锦, 董友梅. 液晶与平板显示器技术. 北京: 北京邮电大学出版社, 2007

[134] 许军. 液晶科学技术的回顾与展望. 现代显示, 2006, 11

[135] 童林夙. 2012 年后的平板显示世界. 现代显示, 2007, 7

[136] SD Yeo. 电视应用的 LCD 技术. 现代显示, 2006, 1

[137] 张晶思. TFT LCD 能否赢得大尺寸显示市场. 现代显示, 2007, 1

[138] David Deagzio. 关于 LED 背光源设计及制造的思考. 现代显示, 2006, 1

[139] 王文根等. 液晶显示器的快速响应技术. 现代显示, 2006, 4

[140] 唐进等. 大尺寸 TFT LCD 的 LED 背光技术. 科技咨询导报, 2007, 5

[141] Lary F Weber. 高发光效率电视的竞争. 现代显示, 2007, 2

[142] 徐重阳等. 低温多晶硅 TFT 技术的发展. 现代显示, 2003, 1

[143] 日本半導體產業新聞/産業時報社. 亞洲半導體/液晶 2007 年最新動態, 中國大陸·臺灣·韓國的產業分析及投資計畫. 半導體產業參考系列叢書, 2007 年 8 月 25 日

[144] 田民波著, 顏怡文校定. 薄膜技術與薄膜材料. 臺北: 五南圖書出版股份有限公司, 2007

[145] 田口　常正. 白色 LED 照明技術のすべて. 工業調査会, 2009

[146] 鵜飼　育弘. 液晶ディスプレイの最新技術動向. 電子材料, 2009 年 4 月号別冊, 15~23

[147] 内池　平樹. プラズマディスプレイ(PDP)の最新技術動向. 電子材料, 2009 年 4 月号別冊, 24~27

[148] 米田　清. 大型有機 EL ディスプレイに向けた白色有機 EL の最新技術. 電子材料, 2009 年 4 月号別冊, 28~31

[149] 足立　吉弘. デジタルサイネージの市場動向. 月刊ディスプレイ, 2009, (4): 37~47

[150] 宇佐　見博. 裸眼 3D と高輝度 DID ディスプレイ. 月刊ディスプレイ, 2009, (4): 61~66

薄型显示器常用缩略语注释

A

AA active addressing 全部扫描线同时选择法

AC PDP alternating current plasma display panel 交流型等离子平板显示器

AC alternating current 交流电路

ACF anisotropic conductive film 各向异性导电膜

ACP anisotropic conductive paste 各向异性导电浆料

AD analog-to-digital 模拟-数字转换

ADS address and display period separated 选址与显示周期分离型子帧驱动

AFLC anti-ferroelectric liquid crystal 反铁电性液晶

AFLCD anti-ferroelectric LCD 反铁电型液晶显示器

AFP anti-ferroelectric phase 反铁电相

AG anti-glare (对偏光片表面的)防眩光处理

AGA advanced global alignment 整片基板自动对准标记

AGV automatic guided vehicle (用于大型玻璃基板传输的)无轨道吊车输运系统

AI artificial intelligence 人工智能，如液晶人工智能等

AL aluminium TFT 栅极制作材料之一的铝膜或铝电极

ALE atomic layer epitaxy 原子层外延

ALIS alternate lightning of surfaces method 表面交替发光方式(PDF 用)

AM amplitude modulation 电压调制模式

AM ELD active matrix-ELD 有源(主动式)矩阵驱动方式电致发光显示器

AMHS automated material handling systems 自动化搬运系统

AM LCD active matrix-LCD 有源(主动式)矩阵驱动方式液晶显示器

AOI automatic optical inspection 自动光学检查

APC advanced process control 先进的过程控制

APR APR plate 取向膜印刷用凸板

APT alt-pleshko technique TN 简单矩阵用的逐行驱动法

AR anti-reflection (对偏光片表面的)防反射处理

AR banded panel anti-reflection bonded panel 防反射多层膜平板显示屏

ARG area ratio grayscale 面积比例灰阶

ASIC application specific integrated circuits 专用集成电路

a-Si TFT LCD amorphous silicon TFT LCD 非晶硅薄膜三极管液晶显示器

ASM axially symmetric aligned micro-cell 轴对称取向像素

ASV advanced super view 夏普为液晶电视开发的新液晶名称

ATE automatic test equipment 自动化测试设备

AUO AU Optronics 中国台湾友达光电公司

AWD address while display 同时选址和显示技术

AV audio visual 音频可视(系统)

B

BEF brightness enhancement film 增亮膜，增辉膜

BHF buffered hydrofluoric acid 缓冲氢氟

酸

BiNem bistable nematic 双稳态扭曲向列液晶

BL blocking layer 阻隔层

BM black matrix 黑色本底，黑色矩阵条

BPF bipotential focus 双电位透镜聚焦

BS broadcasting satellite 广播用卫星

BSD ballistic electron surface-emitting device 弹道电子表面发射器件

BTN LCD bistable twisted nematic LCD 双稳态扭曲向列相 LCD

C

CAD computer aided design 计算机辅助设计

CAT computer aided testing 计算机辅助测试

Cat-CVD catalytic chemical vapor deposition 触媒式化学气相沉积

CATV cable television 有线电视

CBB color by blue 由蓝光的色变换方式(无机 EL 用)

CBE chemical beam epitaxy 化学束外延，或称有机金属分子束外延(MOMBE)

CCD charge coupled device 电荷耦合器件

CCF capsulated color filter 微胶囊化彩色滤色器，包封式彩色滤光片

CCFL/CFL cold-cathode fluorescent lamp 冷阴极荧光管灯

CCM color changing medium 色变换方式

CD critical dimension 临界尺寸

CD compact disc 小型光盘，小型光碟

CDA clean dried air 洁净压缩空气

CD-ROM compact disc read only memory 小型光盘只读存储器

CDT color display tube 彩色显示 CRT

CES International Consumer Electronics Show 国际消费类电子产品展览会(每年在美国拉斯维加斯举办)

CEL crystal emissive layer 晶体发射层(设于 PDP 用 MgO 层的表面)

CF color filter 彩色滤光片，滤色膜

CFF critical fusion frequency 临界融合周波数

CFP color flat panel 彩色平板显示器，彩色平面显示屏

CG continuous grain 连续晶界(Si)

CGA color graphics adapter 彩色图形适配级分辨率，320×200 个像素

CGL charge generation layer 电荷生成层(堆叠式有机 EL 器件用)

CGS continuous grain boundary crystal silicon 连续晶界(结晶)硅

c-HTL composite hole-transport layer) 混合式空穴传输层

CIE chromaticity diagram CIE 色度图

CIE Commission International del'Eclairage 国际照明委员会

CIG chip in glass 芯片植入玻璃

CIG circuit integrated glass 集成有周边电路的玻璃基板

CIM computer integrated manufacturing 计算机集成制造加工

CISPR Comite' International Spe'cial des Perturbations Radioe' lectriques 国际无辐射伤害特别委员会

CISC complex instruction set computer 复杂指令计算机

CMOS complementary metal oxide semiconductor 互补金属氧化物半导体

CMP chemical mechanical polishing 化学机械抛光

CNT carbon nano tube 碳纳米管

CNT computer numerical control 计算机数值控制

COB chip-on-board 印刷电路板上直接搭载裸芯片，板上芯片

COF chip-on-film 膜片(挠性线路板)上芯片封装，比 TCP 基膜更薄、引脚更细的挠性封装

COG chip-on-glass 玻璃上芯片技术

COG circuit-on-glass 玻璃基板上贴装芯

片

COO cost of ownership 设备占用成本

COP chip-on-plastic 塑料基板上贴装芯片

CP chilling plate 对玻璃基板降温用的冷却板

CPA continuous pinwheel alignment 连续型针盘排列

CPU central processing unit (计算机)中央处理器

CR clean room 洁净工作间,无尘室

CR contrast ratio 对比度

CRI color rendering index 显色性指数,演色性指数

CRT cathode-ray tube 阴极射线管,布劳恩管

CSH color super homotropic 彩色超垂直均质取向(模式)

CVD chemical vapor deposition 化学气相沉积

CV cyclic voltammetry 循环伏安法

D

DA digital-to-analog 数字-模拟转换

DAB digital broadcasting or digital multimedia broadcasting 数字音频广播,即由广播机构向移动或便携式接收机传送高质量的声视频节目和数据业务

DAC digital-to-analog converter 数字-模拟转换器

DAC-QFP dynamic astigmatism control-quadrapotential focus 动力学像散性控制-四电位透镜聚焦系统

DAF dynamic astigmatism and focus 动力学像散性控制及聚焦系统

DAP deformation of vertically aligned phase 垂直取向

D-A pair donor-acceptor pair 施主-受主对

DAP LCD deformation of vertically aligned phase LCD 垂直取向液晶

DBS dynamic beam shaping 动力学束整形系统

DC direct current 直流电路

DC dynamic scattering 动态散射效应

DC-PDP direct current plasma display panel 直流型等离子体显示板

DDTN domain divided twisted nematic 分畴(区域)扭曲向列

D-ECB double layered-electrically controlled birefringence 双层双折射电场控制效应

DFD dye foil display 箔吸引型显示器

DFS de facto standard 行业标准

DFT density-functional theory 密度泛函理论

DGH double guest host 双层宾-主模式

DH data handling 数据处理

DH double heterojunction 双异质结

DHF diluted HF 稀释氟酸

DLP digital light processing 数字式光处理(器)

DMA differential mobility analyzer 净化室用尘埃微粒分级器

DMD digital micromirror display 数字式微反射镜器件

DMD deformable mirror display 可变形镜面显示器

DMGH double metal guest host 双层金属宾-主液晶显示器

DOBAMBC p-decycloxybenzylidene-p'-amino-2-methylbutylcinnamate

DOP dioctyl phthalate particle 空气过滤器验证用标准微粒

DOS disc operating system 磁盘操作系统

DOT depth of focus 焦点深度

dpi dots per inch 每英寸像素数(图像分辨率单位)

DQL dynamic quadrapole lens 动力学四极透镜系统

DRAM dynamic random access memory 动态随机存取存储器

DRC design rule check 设计规则检查

DS dynamic scattering 动态散射(LCD)

DSF disc storage facility 磁盘存储设备

DSF digital simulation facility 数字模拟设备

DSM dynamic scattering mode 动态散射模式

DSM-LCD dynamic scattering mode LCD 动态散射模式液晶显示器

DSP data start pulse 数据启动脉冲

DSP deposition scanned process 扫描式蒸镀制程

DSP digital signal processor 数字信号处理器

DSTN dual-scan super twisted nematic 双-扫描超扭曲向列液晶

DTP desk top publishing 桌面出版系统

DUT device under test 被测元器件

DVD digital versatile disc 数字式视频光盘

E

EA-DF elliptical aperture with dynamic electrostatic quadrapole focus lens 带有动力学静电四极聚焦透镜的椭圆孔径系统动力学像散性控制

EBBA p-ethoxybenzylidene-p'-bytyraniline 乙氧苯亚甲基丁酰替苯胺

EBU European Broadcasting Union 欧洲播放联合会

ECB electrically controlled birefringence 电场控制双折射(效应)

ECD electrochemical display 电化学显示

ECL exciton confinement layer 激子幽禁层

ECR electron cyclotron resonance 电子回旋共振

EDA electronic design automation 电子设计自动化

EEPROM electrically erasable programmably read only memory 电气可擦除可编程只读式存储器

EFL extended field lens 扩展场透镜系统

EGA enhanced graphics adapter 增强图形适配级图像分辨率, 640 × 350 个像素

EIL electron injection layer 电子注入层

EL electroluminescence 电致发光效应

ELA excimer laser annealing 准分子激光退火

ELD electroluminescent display 电致发光显示器

EMI electromagnetic interference 电磁场干扰

EML emitting layer 发光层

EOD electroosmotic display 电渗透型显示器

EPD etch pit density 线缺陷密度

EPID electrophoretic image display 电泳成像显示器

EPROM erasable programmable read only memory 紫外线可擦除可编程只读式存储器

ESCA electro spectroscopy for chemical analysis X 线光电测定材料元素

ETL electron transporting layer 电子传输层

EuP Eco-Design Energy-using Products (欧盟)用能产品的生态设计要求的框架指令, 耗能产品环保设计指令, 2007 年 8 月 11 日起正式实施

EWD electro-wetting display 电浸润显示器

EWS engineering workstation 工程机算用工作站

F

FA factory automation 工厂自动化

FDD floppy disc drive 软盘驱动器

FEC fully encapsulated Czochralski 全保护的切克劳斯基法

FEC field emission cathod 场发射阴极

FED field emission display 场发射显示器

FET field effect transistor 场效应三极管

FEM field emission microscope 场发射显微镜

FFD feed forward driving 前馈驱动方式

FFL　flat fluorescent lamp　平面型荧光灯

FFS　fringe-field switching　边缘电场驱动模式

FIB　focused ion beam　聚焦离子束

FID　field ion display　场离子显示器

FIM　field ion microscope　场离子显微镜

FIM　flat tension mask　平面张力荫罩

FL　fluorescent lamp　荧光灯

FLASH　Memory flash memory　快闪存储器

FLC　ferroelectric liquid crystal　铁电液晶

FLCD　ferroelectric liquid crystal display　铁电液晶显示器

FLVFD　front luminous VFD　前面发光型VFD

FPC　flexible printed circuit　挠性印制线路板

FPD　flat panel display　平板显示器

FRC　frame rate control　亮灭平均时间调制

FRM　frame rate modulation　亮灭平均时间调制方式

FS　flat & square　平面及四方 CRT

FS　field sequential　场序法，色序法

FSC　field-sequential color　场序列彩色显示，即 RGB 时间分割显示

FSFC　field-sequential full color　场序列全彩色显示

FSP　field shield pixel　遮场像素

FSTN　film compensated STN　光学膜补偿的 STN

FSTN　film super twisted nematic　带光学补偿片的 STN，单补偿膜型 STN

full HD　full high definition　全高清，像素数 1 920 × 1 080 以上

G

GCK　gate clock　栅极时钟

GH　guest-host　宾-主效应

GPS　global positioning system　卫星全球定位系统

GSP　gate starting pulse　栅极启动脉冲

GUI　graphical user interface　图形用户接口

H

HAN　hybird aligned nematic　(液晶按)混合渐变方式排列

HAST　hyper amorphous silicon TFT　(卡西欧的)显示屏的铝外引线技术

HAVD　horizontal address and vertical deflection　水平选址和垂直偏转系统(平板 CRT)

H-BPF　hi-bipotential focus　增强型双电位透镜聚焦

HD　high definition　高清，高清晰度，高图像分辨率

HDD　hard disc drive　硬盘驱动器

HDD　head down display　(汽车驾驶室常用的)头下(下视)显示器

HD-ICP-CVD　high density inductively coupled plasma CVD　高密度电感耦合式等离子体 CVD

HDT　heat deformation temperature　热变形温度

HDTV　high definition television　高清晰度电视

HD-TV1　high definition TV1　高清晰度电视 1 级分辨率，1 280 × 720 个像素

HEPA　high efficiency particulate air filter　能滤除 0.3 微米尘粒的空气过滤材料

HID　high intensity discharge　高强(密)度放电

HIL　hole injection layer　空穴注入层

HMD　helmet-mounted displays　头盔显示器

HOMO　highest occupied molecular orbital　最高占据的分子轨道

HPDLC　holographically formed polymer dispersed liquid crystal　全息高分子分散型液晶

HS　holographic stereogram　全息立体照相术

HTL　hole transporting layer　空穴传输层

HTP　herical twisting power　诱发扭曲取向的力(又称扭曲形成力)

HTPS　high temperature poly-silicon　高温多晶硅(薄膜三极管液晶显示器)

HUD　head up display　平视显示器(在汽车驾驶室挡风玻璃上形成虚拟图像)

H-UPF　hi-unipotential focus　增强型单电位透镜聚焦

I

IAPT　improved APT　任意偏压法

IC　integrated circuit　集成电路，积体电路

ICU　interface control unit　设备间连锁控制装置(设备间通信)

ILA　image light amplifier　图像信号放大器

ILB　inner lead bonding　内侧引线(脚)键合(TAB封装术语)

I-MODE　internet-mode　互联网模式

IPA　isopropyl alcohol　异丙醇

IPT　immersive projection technology　没入型投影技术

IPS　in-plane switching　面内开关(切换)，横向电场驱动

IR　infrared　红外加热

ISDN　integrated services digital network　综合服务数字网

ITO　indium tin oxide　铟锡氧化物透明导电膜

J

JEITA　Japan Electronics and Information Technology Industries Association　社团法人日本电子信息产业协会

JIS　Japan Industrial Standard　日本工业标准

K

KGD　known good die　合格芯片，质量确保芯片

L

LALCD　laser address LCD　激光地(选)址型LCD

LAN　local area network　局域网

LAO　level adaptive overdrive　电平自适应超速(过)驱动

LCD　liquid crystal display　液晶显示器

LCD-TV　LCD television　液晶电视机

LCF　light control film　光控薄膜

LCM　liquid crystal module　液晶模块

LCOS　liquid crystal on silicon　单晶硅反射式液晶，硅上液晶

LCPC　liquid crystal polymer composite　液晶聚合物复合材料

LC-SLM　liquid crystal spatial light modulator　液晶空间光调制器

LD　laser diode　激光二极管

LDD　lightly doped drain　轻掺杂漏极

LED　light emitting diode　发光二极管，发光二极管平板显示器

LFD　large format display　超大屏液晶显示屏

LITI　laser-induced thermal imaging　激光热转印成像技术

LPCVD　low pressure CVD　低压化学气相沉积

LPE　liquid phase epitaxy　液相外延

LR　low reflection　低反射

LSI　large scale integrated circuit　大规模集成电路，大规模积体电路

L&S　line and space　线宽/间隔

LTPS　lower temperature poly-crystal silicon　低温多晶硅

LUMO　lowest unoccupied molecular orbital　最低不占据的分子轨道

LVDS　low voltage differential signaling　低压微分信号，低压差分取样信号

M

MA　module assembly　模块封装

MAPLE　MIN active panel LSI mount engineering　MIN主动(有源)平面LSI安装工艺

MBBA　p-methoxybenzylidene-p'-butyraniline　甲氧苯亚甲基丁酰替苯胺

MBE　molecular beam epitaxy　分子束外延

MCM　multi-chip module　多芯片组件

MD　micro display　微显示器(用于投影机)

MD　mini disk　小型光盘，小型磁盘

MD　molecular dynamics　分子动力学

MDD　moving dielectric display　动态介电显示器

MDS　matrix drive and deflection system　矩阵驱动及偏转系统

MDT　monocolor display tube　单色显示CRT

MF　micro filter　制作高纯水用的微孔过滤膜

MFD　vacuum micro-tip flat panel display　真空微尖平板显示器

MGV　manual guided vehicle　手推的搬运车

MIM　metal-insulator-metal　金属-绝缘层-金属

MIS　metal-insulator-semiconductor　金属-绝缘体-半导体

MLA　multi-line addressing　多扫描线选址驱动方式

MLCT　metal-to-ligand charge transfer　金属-配位基电荷转移

MLS　multi-line selection　多扫描线同时选址驱动方式

MLU　multi-layer display　多层显示

M&M　mix and match　根据工业生产采用相应曝光设备

MO　magneto-optical disc　磁光盘

MOCVD　metal-organic chemical vapor deposition　有机金属化学气相沉积

MOSFET　metal-oxide-semiconductor field effect transistor　金属氧化物场效应三极管

MPD　magnetophoretic display　磁泳成像显示(器)

MPD　magnetic particle display　磁性颗粒显示(器)

MPE　multi photon emission　堆叠式有机EL

MPEG　motion picture coding experts group　运动图像专家组，彩色动画标准化、符号化

MPU　microprocessing unit　微处理单元，在CPU部分仅装入一个LSI芯片构成的

MQW　multiple quantum well　多重量子阱

MSDS　material safety data sheet　材料安全数据卡

MSF　multi-step focus　多级透镜聚焦

MSI　metal-semi-insulator metal　金属-半绝缘体-金属

MTBF　mean time between failure　两次失效间的平均时间

MVA　multi-domain vertical alignment　多畴垂直取向

N

NB　normal black mode　常黑型显示模式

NB-PC　note book-personal computer　笔记本电脑

NCAP　nematic curvilinear aligned phase　向列毛团准直相

NH　new hysteresis　新磁滞现象

NSIB　negative sputter ion beam technology　负离子束溅镀技术

NTSC　National Television System Committee　国家电视系统委员会；电视制式标准的一种

NW　normal white mode　常白型显示模式

NEDO　the New Energy and Industrial Technology Development Organization　(日本)新能源及产业技术综合开发机构

O

OA　office automatic　办公自动化

OC　over coat　外覆层

OCB　optically compensated bend　光学自补偿双折射或光学自补偿弯曲

OCT　optically compensated twisted nematic　光补偿扭曲向列模式

OD optical density 光密度

ODF one drop filling 液晶预滴入技术，液晶滴下注入方式

OEIC optoelectronic integrated circuit 光电子集成电路，光电子积体电路

OELD organic electroluminescent display 有机电致发光显示器，有机发光二极管显示器

OEM original equipment manufacturer 原始设备制造厂商

OHP over head projector 架空式投影机

OHS over head shuttle （用于大型玻璃基板传输的)天井吊送系统

OHT over head transport （用于大型玻璃基板传输的)天井吊送传输

OLB outer lead bonding 外引线(脚)键合 (TAB 术语)

OLED organic light emitting diode 有机发光二极管平板显示器

OneSeg one segment 单段，用于便携播放的频段

OP output pulse 输出脉冲

OPC organic photoconductor 有机光导电材料

OS operating system 操作系统

OTFT organic TFT 有机薄膜三极管

P

PA parts assembly 部件组装

PAL Phase Alternation by Line Color Television 电视制式标准的一种

PALC plasma addressed liquid crystal 等离子体选址液晶显示器

PBN pyrolytic boron nitride 热解氮化硼

PBS polarized beam splitter 偏振光分束器

PC personal computer 个人计算机

PC phase change 相变

PCB printed circuit board 印制线路板

PCGH phase-change-guest-host 相变宾-主(模式)，胆甾-向列相变型

PCL protective cap layer 溅镀保护(封装)层

PCM purity convergence magnet 色纯度会聚磁铁

PCS precison convergence system 精细聚焦系统

PD polymer dispersed liquid crystal 聚合物分散型液晶(模式)

PDA personal digital assistant 个人数据助理器，便携式信息终端

PDLC polymer dispersed liquid crystal 聚合物分散型液晶(模式)

PDN polymer dispersed LCD with crossed Nicols 带有正交尼科耳透镜的高分子分散型液晶

PDP plasma display panel 等离子体显示板 (等离子体平板显示器)

PEB post exposure bake 曝光后加热

PECVD plasma enhance chemical vapor deposition 等离子体增强化学气相沉积

PEP photolithography and etching process 光刻和腐蚀工艺

PET polyethyleneterephthalate 聚对苯二甲酸乙二醇

PHS personal handy phone system 个人手提电话系统

PIL precision in-line 精密一字型单枪三束系统电子枪

PIPS polymerization induced phase separation 聚合相分离法

PJT projection tube 投影机用 CRT 管

PLE peak luminance enhancement 峰值亮度增强

PLED polymer (organic) light emitting diode 高分子有机发光二极管平板显示器

PLL phase locked logic 相同步逻辑

PM passive matrix 被动(无源)矩阵(驱动方式)

PM preventive maintenance 预防性维修

PMMA polymethyl methacrylate 俗称有机玻璃(导光板材料之一)

PN polymer network 聚合物网络

PND portable navigation display 便携式导航系统用显示器

PN-LCD polymer network-liquid crystal display 高分子网络液晶显示器

P&P pick and place 抛送机械装置

PPF periodic potential focus 周期电位透镜聚焦

PPC plain-paper copier 普通纸复印机

ppi pixels per inch 每英寸像素数

PPIPS photo-polymerization induced phase separation 光聚合引起相分离法

PPM pages per minute 每分钟页数

PQC process quality control 生产(制程)质量控制

PSA pressure swing adsorption 变压吸附

PSBTC polymer stabilized bistable twist cell 高分子双稳态扭曲单元

PSCT polymer stable cholesteric 高分子稳态胆甾相

PS-FLCD polymer stabilized-FLCD 高分子稳定化铁电液晶显示器

P-Si TFT poly-silicon TFT 低温多晶硅薄膜三极管

PSL polystyrene latex 校准水质测量仪用的标准颗粒

PVA patterned vertical alignment 花样垂直取向排列，构型垂直取向排列

PVA polyvinylalcohol 聚乙烯醇

PVD physical vapor deposition 物理气相沉积

PWB printed wiring board 印制线路板

PWM pulse width modulation 脉冲宽度调制模式

Q

QFP quad flat package 四边平面封装

QPF quadrapotential focus 四电位透镜聚焦

QQXGA quadrable quadrable extended graphics array 图像分辨率等级，像素数 4 096×3 072

QSXGA quadrable super extended graphics array 图像分辨率等级，像素数 2 560×2 048

QUXGA quadrable ultra extended graphics array 图像分辨率等级，像素数 3 200×2 400

QVGA quasi+VGA 准视频图像阵列级分辨率

QXGA quadrable extended graphics array 图像分辨率等级，像素数 2 048×1 536

R

RAC relative atomic concentration 相对原子浓度分布

RAM random access memory 随机写读存储器

RGB red, green, blue 红绿蓝三原色

RGV rail guided vehicle (用于大型玻璃基板传输的)有轨吊车系统

RIE reactive ion etching 反应离子刻蚀

RISC reduced instruction set computer 简单指令计算机

RMS root mean square 均方根

R-OCB reflective optically compensated bend cell 反射式 OCB

RoHS Restriction of the Use of Certain Hazardous Substances in Electrical and Electronics Equipment (欧盟)在电气和电子设备中禁止使用某些有害物质的法案，简称 RoHS 法案，2006 年 7 月 1 日执行

ROM read only memory 只读存储器

RTA rapid thermal annealing 快速加热退火

RTC response time compensation 反应时间补偿

S

SA-SFT super advanced-Super fine TFT 超先进超精细 TFT

SBE super twisted birefringent effect 超扭曲双折射效应

SBE/STN super-birefringence effect/super-twisted nematic 超双折射/超扭曲向列效应

SCE   standard calomel electrode   饱和甘汞电极电极

SCE   surface conduction electron-emitter display   表面传导型电子发射器(用于场发射显示器)

SCL   space-charge-limited   空间电荷限制

SEAJ   Simiconductor Equipment Association of Japan   社团法人日本半导体制造装置协会

SED   surface-conduction electron emitter display   表面传导型电子发射显示器

SBG   sequence of events generator   事件序列发生器

SEMI   Simiconductor Equipment and Materials International   与半导体/平板显示器相关的制造装置及部件材料国际产业协会

SID   Society of Information Display   国际信息显示学会

SIP   system in panel   显示屏上系统(集成)

SIPS   solvent induced phase separation   溶媒蒸镀相分离法

S-IPS   super-IPS   超 IPS 液晶显示模式

SLM   spatial light modulator   空间光调制元件

SM-LCD   simple matrix-LCD   简单矩阵驱动方式液晶显示器

SNF   scanning-line negative feedback   扫描线负反馈驱动

SOG   spin-on-glass   玻璃上甩胶工艺

SOG   system on glass   玻璃上系统(液晶)

SOI   silicon on insulator   绝缘体上硅

SOLED   stacked OLED   叠层型 OLED

SPAN   spiral polymer-aligned nematic   螺旋高分子排列向列

SPC   solid phase crystallization   固相结晶化

SPD   single polarizer display   1 枚偏光片方式

SPD   suspended particle image display   分散颗粒旋转型显示器

SPICE   circuit simulator   电路模拟程序

SPM   slit wounded precison deflection with magnetic current modulation   带有磁场电流调制器的精密偏转磁轭狭缝系统

SRAM   static random access memory   静态随机存取存储器

SS   saddle-saddle   鞍-鞍型

SSFLC   surface stabilized ferroelectric liquid crystal   表面稳定铁电液晶

SS-FLCD   surface stabilized-FLCD   表面稳定化铁电液晶显示器

S²LM   solid state light modulator   固态光调制器件

SSM   saddle-saddle with modulator unit   带调制单元的鞍-鞍型

SST   saddle-saddle toroidal   鞍-鞍-环方式

ST   saddle-toroidal   鞍-环型

STD   standard   标准规格

STM   saddle toroidal with modulator   带调制器的鞍-环系统

STN   super twisted nematic   超扭曲向列液晶

STN-LCD   super twisted nematic LCD   超扭曲向列液晶显示器

SVGA   super video graphics array   超视频图像阵列级分辨率，800(× 3 色) × 600 个像素

SWEP   stylus writable electrophoretic   笔尖可写入电泳显示板

SWOT   strength, weakness, opportunity, threat   强项、弱项、机会、威胁分析

SXGA+   super extended graphics array   +超扩展图像阵列级分辨率，1 280(3 色) × 1 024 个像素

SXGA+   super extended graphics array   +超扩展图像阵列级分辨率，1 400(3 色)×1 050 个像素

T

TAB   tape automated bonding   带载自动键合

TAC   top emission adaptive current drive   适合上发光型的电流驱动

TAC   triacetylcellulose   三乙酰纤维素

TAT   turn around time   制作周期

TBD twisting ball display 旋转微球显示器

TCAD technology CAD 工艺技术计算机辅助设计

TCO transparent conducting oxide 透明导电氧化物

TCP tape carrier package 带载封装

TDEL thick dielectric inorganic EL 厚膜绝缘体无机 EL

TDS total dissolved solid 蒸发后残留水渍

TEOS tetraethyl orthosilicate 原硅酸四乙酯

TEOS-CVD tetraethylorthosilicate CVD 原硅酸四乙酯化学气相沉积

TERES technology of reciprocal sustainer 反向脉冲加压驱动技术

TFD thin film diode 薄膜二极管

TFEL thin film inorganic EL 薄膜型无机 EL

TFT thin film transistor 薄膜三极管

TFT LCD thin film transistor LCD 薄膜晶体管液晶显示器

TIPS thermally induced phase separation 热相分离法

TN twisted nematic 扭曲向列(液晶)

TN LCD twisted nematic LCD 扭曲向列液晶显示器

TOC total organic carbon 总有机碳(含量)

TOF time of flight method 飞行时间法

TOG TAB on glass 玻璃基载带自动键合

TOX total organic halogen 全有机卤素化合物

TPF tripotential focus 三电位透镜聚焦

TRG time ratio grayscale 时间比例灰阶

TSTN tripotential focus 三电位透镜聚集

TSTN triple STN 双补偿膜型 STN

TTA technology transfer agreement 技术转让合同

TV television 电视(机)

TWG technology working group 技术项目组

U

UCS uniform chromaticity scale diagram 均等色度

UXGA ultra-extended graphics array 超扩展图像阵列分辨率, $1\,600(\times 3\ 色)\times 1\,200$ 个像素

UHF ultra high frequency 超高频

ULPA ULPA filter 能滤除 $0.15\mu m$ 尘粒的空气净化用过滤材料

UPF unipotential focus 单电位透镜聚焦

UPS uninterruptable power supply 不间断供电电源

USB universal serial bus 通用连续总线

UV ultra-violet 紫外线

UVC ultra violet curing 紫外线固化

V

VA vertically aligned 垂直取向排列

VAN vertically aligned nematic 垂直整齐排列向列液晶

VCO voltage controlled oscillator 电压控制振荡器

VESA Video Electronics Standards Association 视频电子学标准协会

VF vacuum fluorescent 真空荧光管

VFD vacuum fluorescent display 荧光管显示器

VFPH vacuum fluorescent print head 荧光管打印头

VGA video graphics array 视频图像阵列级分辨率, $640(\times 3\ 色)\times 480$ 个像素

VHD video high density 高密度视频光盘

VHF video holographic disc 视频立体光盘

VHF very high frequency 甚高频

VICS vehicle information and communication system 用于交通路况信息服务的道路交通信息服务系统

VPE vapor phase epitaxy 气相外延

VTR video tape recorder 磁带录音机

W

WAP wireless application protocol （手机上网)无线应用协议

WEEE Waste Electrical and Electronics Equipment (欧盟)关于废弃电气和电子设备(回收)的法案，简称 WEEE 法案，2006 年 7 月 1 日执行

WOA wire on array 阵列布线

WS work station （计算机)工作站

X

XGA extended graphics array 扩展图像阵列级分辨率，1 024(×3 色) × 1 024 个像素

Z

ZBD zenithal bistable devices 双稳态向列液晶器件